YOUJI HECHENG HUAXUE YUANLI
JI XINJISHU YANJIU

有机合成化学原理

及新技术研究

唐慧安　罗志荣　陈荷莲　编著

中国水利水电出版社
www.waterpub.com.cn

内 容 提 要

全书主要内容包括：绪论，基团取代反应，烷基化反应，酰基化反应，烃基化反应，缩合反应，碳环合成反应，分子重排反应，不对称合成反应，官能团的引入、转换及保护，有机合成化学新技术等。本书内容新颖，可供从事化学、化工、材料、生物及药物化学等相关领域的研究人员和技术人员参考使用。

图书在版编目（CIP）数据

有机合成化学原理及新技术研究 / 唐慧安，罗志荣，陈荷莲编著. -- 北京 ：中国水利水电出版社，2015.7（2022.10重印）
ISBN 978-7-5170-3167-3

Ⅰ. ①有… Ⅱ. ①唐… ②罗… ③陈… Ⅲ. ①有机合成－合成化学－研究 Ⅳ. ①O621.3

中国版本图书馆CIP数据核字(2015)第101678号

策划编辑:杨庆川　责任编辑:陈　洁　封面设计:马静静

书　　名	有机合成化学原理及新技术研究
作　　者	唐慧安　罗志荣　陈荷莲　编著
出版发行	中国水利水电出版社
	（北京市海淀区玉渊潭南路1号D座 100038）
	网址:www. waterpub. com. cn
	E-mail:mchannel@263. net(万水)
	sales@ mwr.gov.cn
	电话:(010)68545888(营销中心)、82562819（万水）
经　　售	北京科水图书销售有限公司
	电话:(010)63202643、68545874
	全国各地新华书店和相关出版物销售网点
排　　版	北京厚诚则铭印刷科技有限公司
印　　刷	三河市人民印务有限公司
规　　格	184mm×260mm　16开本　16.5印张　401千字
版　　次	2015年8月第1版　2022年10月第2次印刷
印　　数	3001-4001册
定　　价	58.00元

前　言

有机合成化学是有机化学最重要的组成部分之一,它的基础是各种各样的基团反应,它的过程是选择有效的合成方法和技术。随着化学和材料科学、生命科学的交叉融合,作为设计合成功能性物质的重要手段,有机合成化学显得越来越重要。

有机合成化学的发展十分迅速,有关新试剂、新方法、新理念、新路线不断涌现。尤其是当今,新材料和新药物的需求、资源的合理开发和应用、减少和消除环境问题的可持续发展问题等的出现对化学尤其是有机合成化学提出了更新的需求、更高的目标,带来了更大的挑战。基于以上考虑,特编撰了《有机合成化学原理及新技术研究》一书。本书在编撰时,既注重对有机合成化学基本原理的描述,又注重引入学科前沿的一些新理论和最新的科研成果,以体现其新颖性。

本书全面系统地介绍了有机合成化学的基本知识和进展,力求体现有机合成化学的基础性、系统性、科学性和前沿性。全书共11章:第1章主要论述了有机合成的基本概念,从而对有机合成有一个较为初步的认识;第2~9章探讨了几种主要的有机合成反应,分别为基团取代反应、烷基化反应、酰基化反应、烃基化反应、缩合反应、碳环合成反应、分子重排反应、不对称合成反应等;第10章对官能团的引入、转换及保护进行了研究;第11章对近年来出现的有机合成化学新技术进行了探讨,如一锅合成、固相合成、组合合成、无溶剂反应、有机声化学合成、有机光化学合成、有机电化学合成、生物催化有机合成等。

本书构思新颖、内容丰富,在编撰过程中,参考了大量有价值的文献与资料,吸取了许多人的宝贵经验,在此向这些文献的作者表示敬意。由于有机合成化学是一门迅速发展的学科,新知识、新方法、新技术不断涌现,加之作者自身水平有限,书中难免有错误和疏漏之处,敬请广大读者和专家给予批评指正。

作者
2015 年 3 月

目　　录

第1章 绪 论

1.1 有机合成概述

有机合成是从简单化合物出发,运用有机化学的理论或反应来合成新的有机化合物的过程。一般情况下,有机合成是从分子结构较为简单的化合物出发逐步转变为结构复杂的预期目标化合物的过程,有时也可能会应用降解和分解的手段,将结构复杂的化合物转化为所需的结构较为简单的化合物。

有机合成是一个富有创造的领域。它不仅可以合成天然化合物,确切地确定天然产物的结构,也可以合成自然界不存在但预期会有特殊性能的新化合物。事实上,有机合成就是用简单易得的原料与试剂,加上人类的智慧与技术创造更复杂、更奇特的化合物。有人将有机合成称为"无中生有的学科"。

2001年诺贝尔化学奖得主日本名古屋大学教授野依良治博士说:"有机合成有两大任务:一是实现有价值的已知化合物的高效生产;二是创造新的有价值的物质与材料。"

有机合成的目的有两个:一是为了合成一些特殊的、新的有机化合物,探索一些新的合成路线或研究其他理论问题的实验室合成。实验室合成所需量较少,但对纯度要求较高,而成本在一定范围内不是主要问题。另一目标是为了工业上大量生产的工业合成。在这一目标中成本问题是非常重要的,即使是收率上的极小变化,或工艺路线、设备的微小改进都会对成本产生很大的影响。

实验室合成是根据有机化学反应、有机合成的基本规律和实验室反复试验的结果,它是有机合成的基础,在这样的基础上再经过严格筛选、改进才可能成为工业生产所适用的合成路线。工业合成则是将简单的原料利用化学反应通过工业化装置生产各种化工中间体及化学产品的过程。实验室合成是依据一般碳骨架和官能团的变化规律研究分析所得出的结论,大部分具有普遍的意义,但并非能适应于工业生产,能适应于工业生产的只有一小部分。

工业合成与实验室合成虽然在反应原理和单元操作上大致相同,但在规模大小上是有差别的,工业生产上常常有些特殊要求。工业上除了考虑反应原理和单元操作之外,还必须考虑整个生产过程的要求,如设备、操作、产物的综合利用、物料和能量的平衡以及是否适合于连续性生产等;而且还必须考虑"三废"的处理和环境的保护。因此,有时在实验室合成中被否定的合成路线,在工业生产上却有较大的生产价值;反之,有时实验室合成中认为十分理想的合成路线,在工业生产上却有很大的困难,甚至难以实现。工业合成除了理论研究之外,还有更加精确和具体的要求,而且工业合成路线的改进对工业生产的影响是巨大的,因而必须重视和加强对有机合成的研究,对整个生产过程工业合成的研究。

1.2 有机合成的发展历程

自1828年德国科学家沃勒(Wöhler)成功地由氰酸铵合成尿素揭开有机合成的帷幕至

今,有机合成学科经历了 170 多年的发展历史。从整体上对有机合成的历史进行划分,大致可划分为第二次世界大战前的初创期和第二次世界大战之后的辉煌期两个阶段。

第一阶段的有机合成主要是围绕以煤焦油为原料的染料和药物等的合成工业。

1856 年霍夫曼(A. W. Hofmann)发现的苯胺紫,威廉姆斯(G. Williams)发现的菁染料;1890 年费歇尔(Emil H. Fischer)合成的六碳糖的各种异构体以及嘌呤等杂环化合物,费歇尔也因此荣获第二届(1902 年)诺贝尔化学奖;1878 年拜耳(A. Von Baeyer)合成了有机染料——靛蓝,并很快实现了工业化。此后,他又在芳香族化合物的合成方面取得了巨大的成就,并获得了第五届(1905 年)诺贝尔化学奖;尤其值得一提的是 1903 年德国化学家维尔斯泰特(R. Willstätter)经过卤化、氨解、甲基化、消除等二十多步反应,第一次完成了颠茄酮的合成,这是当时有机合成的一项卓越成就。1917 年英国化学家罗宾逊(Robinson)第二次合成了颠茄酮,他采用了全新的、简捷的合成方法,模拟自然界植物体合成莨菪碱的过程而进行的,其合成路线为:

这一合成曾被 Willstätter 称为是"出类拔萃的"合成,可以将它作为这一时期有机合成突飞猛进的发展的反映。与此同时,许多具有生物活性的复杂化合物相继被合成,例如,获 1930 年诺贝尔化学奖的 Hans Fischer 合成的血红素;1944 年 R. B. Woodward 合成的金鸡纳碱等。

以上这些化合物的合成标志着这一时期有机合成的水平,奠定了下一阶段有机合成辉煌发展的基础。

二战结束到 20 世纪末是有机合成空前发展的辉煌时期。这一阶段又分为 50、60 年代的 Woodward 艺术期,70、80 年代 Corey 的科学与艺术的融合期和 90 年代以来的化学生物学期三个时期。

美国化学家 R. B. Woodward(1917～1979 年)是艺术期的杰出代表,也是到目前为止最杰出的合成化学大师之一。除 1944 年完成了喹咛的全合成外,他的其他重要杰作还有生物碱如马钱子碱(1954 年)、麦角新碱(1956 年)、利血平(1956 年);甾体化合物如胆甾醇、皮质酮(1951 年)、黄体酮(1971 年)以及羊毛甾醇(1957 年);抗生素如青霉素、四环素、红霉素以及维生素 B_{12} 等,并因此而获得 1965 年诺贝尔化学奖。其中维生素 B_{12} 含有 9 个手性碳原子,其可能的异构体数为 512。维生素 B_{12} 的合成难度是巨大的,近百名科学家历经 15 年才完成了它的全合成。维生素 B_{12} 全合成的实现,不单是完成了一个高难度分子的合成,而且在此过程中,Woodward 和量子化学家 R. Hofmann 共同发现了重要的分子轨道对称守恒原理。这一原理使有机合成从艺术更多地走向理性。

进入 20 世纪 70 年代开始,在完成大量结构复杂的天然分子全合成后,天然产物的全合成超越艺术开始进入科学与艺术的融合期。合成化学家开始总结有机合成的规律和有机合成设计等问题。其中最著名的、影响最大的是 E. J. Corey 提出的反合成分析。他从合成目标分子出发,根据其结构特征和对合成反应的知识进行逻辑分析,并利用经验和推理艺术设计出巧妙的合成路线。运用这种方法 Corey 等人在天然产物的全合成中取得了重大成就。其中包括银杏内酯、大环内酯如红霉素、前列腺素类化合物以及白三烯类化合物的合成。Corey 也因此而荣获 1990 年诺贝尔化学奖。

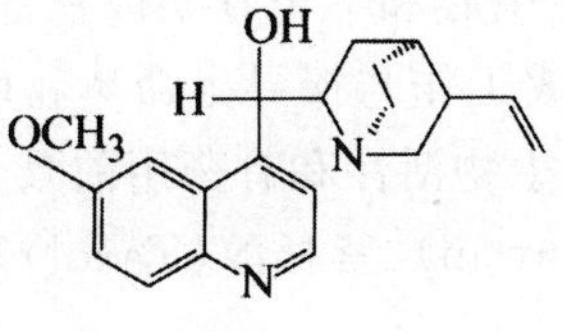

喹啶

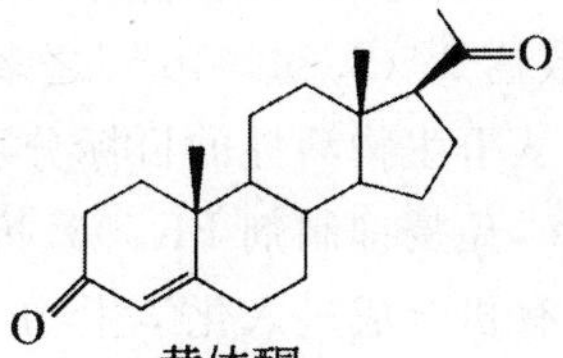

黄体酮

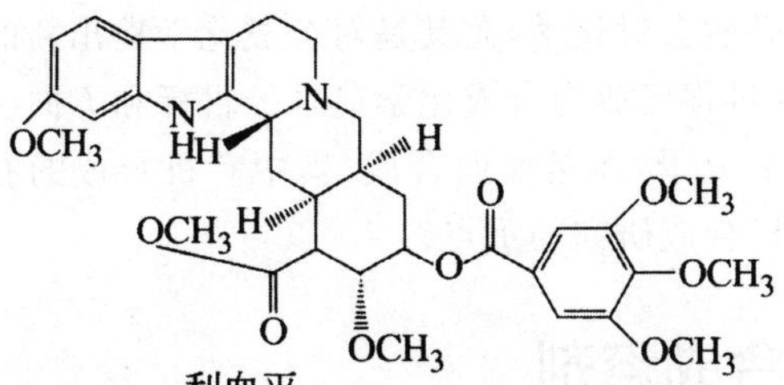

利血平

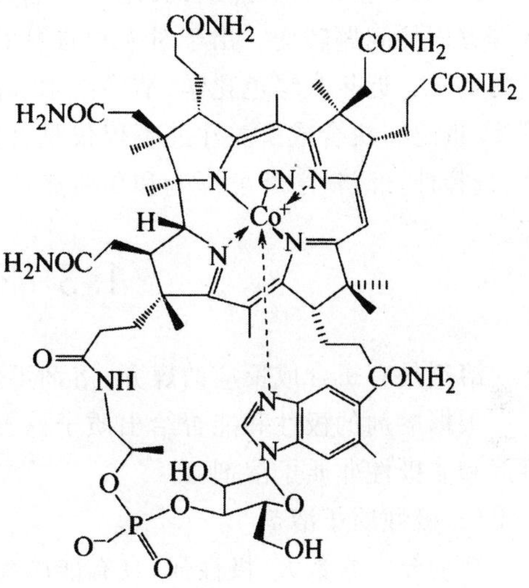

胆甾醇

维生素 B_{12}

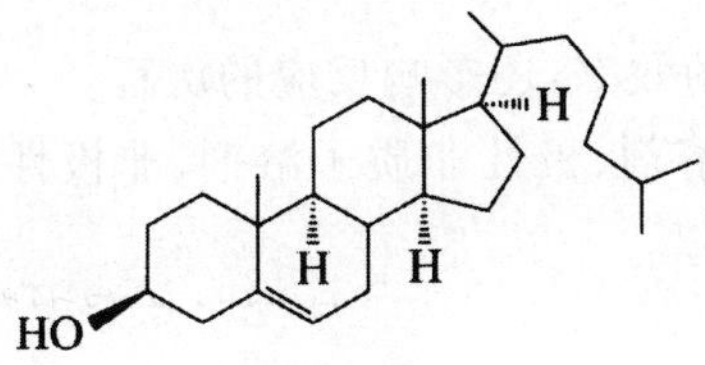

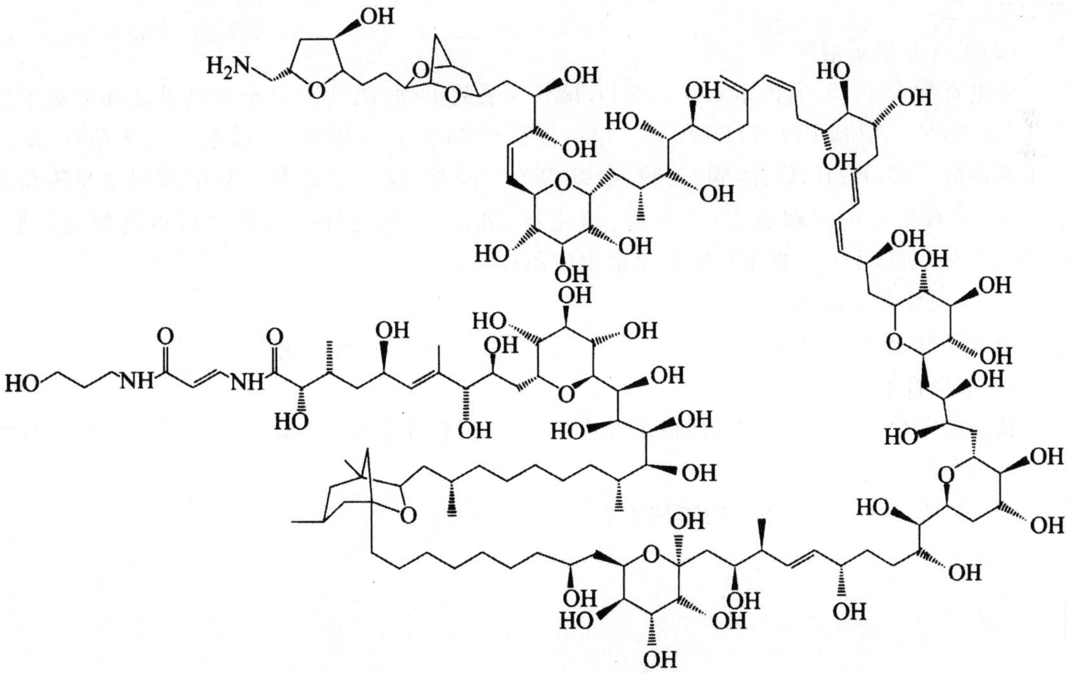

海葵毒素

Kishi 小组的海葵毒素（Palytaxin）的合成是 20 世纪 90 年代合成化学家完成的最复杂分子的合成。海葵毒素的结构复杂，含有 129 个碳原子、64 个手性中心和 7 个骨架内双键，可能的异构体数达 2^{71}（2.36×10^{21}）之多。近年来，合成化学家把合成工作与探寻生命奥秘联系起来，更多地从事生物活性的目标分子的合成，尤其是那些具有高生物活性和有药用前景分子的合成。例如，免疫抑制剂 FK506、抗癌物质埃斯坡霉素（Esperimycin）、紫杉醇（Taxol）等的合成。至此，有机合成进入化学生物学期。

进入 21 世纪，国际社会关注的焦点开始向社会的可持续发展及其所涉及的生态、资源、经济等方面的问题转变。出于对人类自身的关爱，必然会对化学，尤其是对合成化学提出新的更高的要求。近年来绿色化学、洁净技术、环境友好过程已成为合成化学追求的目标和方向。可见 21 世纪有机合成所关注的不仅仅是合成了什么分子，而是如何合成，其中有机合成的有效性、选择性、经济性、环境影响和反应速率将是有机合成研究的重点。

1.3 有机合成溶剂

溶剂是有机合成反应的媒介，溶剂不仅影响合成反应的效率，还影响反应的历程。

根据溶剂的极性和能否给出质子，一般分为极性质子溶剂、极性非质子溶剂、非极性质子溶剂和非极性非质子溶剂。

（1）极性质子溶剂

溶剂介电常数大，极性强，具有能电离的质子，能与负离子或强电负性元素形成氢键，对负离子产生较强的溶剂化作用，如水和醇。故极性质子溶剂有利于共价键的异裂，可加速大多数离子型反应。

（2）极性非质子溶剂

介电常数大于 15，偶极矩大于 2.5 D，具有较强的极性，能使阳离子特别是金属阳离子溶剂化，如 N,N-二甲基甲酰胺（DMF）、二甲基亚砜（DMSO）、四甲基砜、碳酸乙二醇酯（CEG）、六甲基磷酰三胺（HMPA）、丙酮、乙腈、硝基烷等。同时，也由于此类溶剂中溶剂本身不易给出质子，又有很强的溶解能力（氯化铬、氯化锌、氯化锰、氯化钾等无机盐可以溶解在乙腈、DMSO、DMF、DMI 中），故在有机电化学中应用较多。

（3）非极性质子溶剂

如叔丁醇、异戊醇等醇类，其羟基质子可被活泼金属置换，极性很弱。

（4）非极性非质子溶剂

其介电常数一般在 8 以内，偶极矩在小于 2 D，在溶液中既不能给出质子，极性又很弱，如一些烃类和醚类化合物等。

表 1-1 是一些常见的溶剂的物性参数。

表 1-1 溶剂的分类及其物性参数

	质子溶剂			非质子溶剂		
	名称	介电常数 ε(25℃)	偶极矩 μ/D	名称	介电常数 ε(25℃)	偶极矩 μ/D
极性	水	78.29	1.84	乙腈	37.50	3.47
	甲酸	58.50	1.82	二甲基甲酰胺	37.00	3.90
	甲醇	32.70	1.72	丙酮	20.70	2.89
	乙醇	24.55	1.75	硝基苯	34.82	4.07
	异丙醇	19.92	1.68	六甲基磷酰三胺	29.60	5.60
	正丁醇	17.51	1.77	二甲基亚砜	48.90	3.90
	乙二醇	38.66	2.20	环丁砜	44.00	4.80
非极性				乙二醇二甲酸	7.20	1.73
	异戊醇	14.7	1.84	乙酸乙酯	6.01	1.90
	叔丁醇	12.47	1.68	乙醚	4.34	1.34
	苯甲醇	13.10	1.68	二烷	2.21	0.46
	仲戊醇	13.82	1.68	苯	2.28	0
	乙二醇单丁醚	9.30	2.08	环己烷	2.02	0
				正己烷	1.88	0.085

选用溶剂的原则如下：

①化学性质稳定，不参与反应，不影响催化剂的活性，贮存稳定性好。

②毒性小，使用安全。

③溶解性好，降低用量。

④挥发性小，减少损耗。

⑤易回收，便于再利用。

⑥来源广泛，价格便宜。

有机溶剂虽然具有良好的溶解性，但易挥发，毒性大，使用有机溶剂必须采取安全防范措施。因此不用溶剂或环境友好、无毒且易回收的介质来代替有机溶剂成为目前有机合成发展的趋势，如离子溶剂和微波辐射下的无介质反应。

第2章 基团取代反应

2.1 卤化反应

在有机化合物分子中引入卤原子,形成碳-卤键,得到含卤化合物的反应被称为卤化反应。

2.1.1 卤化反应原理分析

由于被卤化脂肪烃、芳香烃及其衍生物的化学性质各异,卤化要求不同,卤化反应类型也不同。

①加成卤化,如不饱和烃类及其衍生物的卤化。

②取代卤化,如烷烃和芳香烃及其衍生物的卤化。

③置换卤化,如有机化合物上已有官能团转化为卤基。

1. 加成卤化

(1)卤素与烯烃的加成

氟是卤素中最活泼的元素,它与烯烃的加成反应非常剧烈,并有取代、聚合等副反应伴随发生,易发生爆炸,故在有机合成上无实用意义。

碘的化学性质不活泼,与烯烃加成相当困难,且生成的碘化物热稳定性、光稳定性都比较差,反应是可逆的,所以应用亦很少。

氯、溴与烯烃的加成在有机合成上应用广泛。

烯烃的 π 键具有供电性,卤素分子受 π 键影响发生极化,其正电部分作为亲电试剂,对烯烃的双键进行亲电进攻,生成三元环卤鎓离子。然后,卤负离子从环的背面向缺电子的碳正离子做亲核进攻,结果生成反式加成产物。

影响反应的主要因素如下:

①烯键邻近基团。与烯键碳原子相连的取代基性质不仅影响着烯键极化方向,而且直接影响着亲电加成反应的难易程度。烯键碳原子上接有推电子基团,则有利于烯烃卤加成反应的进行;反之,若烯键碳原子上接有吸电子基团,则不利于该反应的进行。因此,烯烃的反应活性顺序为:

$$R_2C—CR_2 > R_2C—CHR > R_2C—CH_2 > RCH—CH_2 > CH_2—CH_2 > CH_2—CHCl$$

②卤素活泼性。由于 Cl^+ 的亲电性比 Br^+ 强,所以氯与烯烃的加成反应速度比溴快,但反应选择性比溴差。

③溶剂。当卤化产物是液体时,可以不用溶剂或直接卤化产物作溶剂;当卤化产物为固体时,一般用四氯化碳、三氯甲烷、二氯甲烷等惰性非质子传递溶剂;在不引起副反应时,也可以用甲醇、乙醇、羧酸等质子传递溶剂。

④温度。温度对于烯烃加成卤化反应有较大影响。一般反应温度不宜太高,如烯烃与氯的加成,需控制在较低的反应温度下进行,以避免取代等副反应的发生。

(2)卤化氢与烯烃的加成

氟化氢、氯化氢、碘化氢与烯烃的加成,以及在隔绝氧气和避光的条件下,溴化氢与烯烃的加成,均属于离子型亲电加成反应。反应结果生成相应的卤代饱和烃,加成定位方向遵守马氏规则。卤化氢的反应活性顺序为:

$$HI > HBr > HCl > HF$$

例如:

$$C_6H_5CH_2CH{=}CH_2 + HBr \xrightarrow[0℃,\,12\,h]{AcOH} C_6H_5CH_2\underset{\underset{Br}{|}}{C}HCH_3$$
$$71\%$$

而在光照或过氧化物存在下,溴化氢与烯烃进行自由基加成反应,加成产物与马氏规则相反。

$$(CH_3)_2C{=}CHCH_3 + HBr \xrightarrow{过氧化苯甲酰} (CH_3)_2CH\underset{\underset{Br}{|}}{C}HCH_3$$

反应历程为:

①离子型亲电加成反应历程。反应首先是卤化氢与烯烃反应,形成碳正离子,然后碳正离子再与卤负离子结合,生成卤代烃。

$$RCH{=}CH_2 + H{-}X \longrightarrow \left[\overset{+}{R}CH{-}CH_3 + X^- \right] \longrightarrow R\underset{\underset{X}{|}}{-}CH{-}CH_3$$

由于 Lewis 酸能促进卤化氢分子的离解,因而有加速这类反应的作用。

②自由基加成反应历程。

$$RCH{=}CH_2 + Br\cdot \longrightarrow R\overset{\cdot}{C}H{-}CH_2Br \xrightarrow{H-Br} RCH_2CH_2Br + Br\cdot$$

影响反应定位方向的主要因素如下:

①烯键上取代基的电子效应。卤化氢与烯烃的离子型亲电加成反应的第一步,即烯键质子化是发生在电子云密度较大的烯键碳原子上。当烯键碳原子接有推电子取代基时,加成方向符合马氏规则;接有吸电子取代基时,加成方向反马氏规则。

而溴化氢与烯烃的自由基加成,因溴自由基属于亲电试剂,所以它进攻的部位也主要是电子云密度较大的烯键碳原子。

②活性中间体碳正离子或碳自由基的稳定性。碳正离子或碳自由基的稳定性顺序为:叔>仲>伯。当它们与苯环、烯键、烃基等相连接时,由于共轭或超共轭效应的存在,而使其更加稳定,卤加成更易在此碳原子上进行。

另外,反应倾向于生成更稳定的碳正离子,因而发生了碳正离子的重排反应。

③取代基的空间效应。由于基团空间效应的影响,溴自由基与端位烯键碳原子的碰撞会

远远多于第二位碳原子,因此产物以 1-溴代化合物为主。这类反应已成为 1-溴代烷的重要合成方法。

2. 取代卤化

(1)芳环上的取代卤化

芳环上的取代卤化是亲电取代反应,其反应通式为:

$$\text{C}_6\text{H}_5\text{-H} + X_2 \longrightarrow \text{C}_6\text{H}_5\text{-X} + HX$$

这是精细有机合成中的一类重要的反应,可以制取一系列重要的芳烃卤化衍生物。例如:

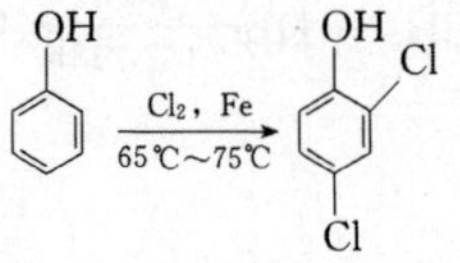

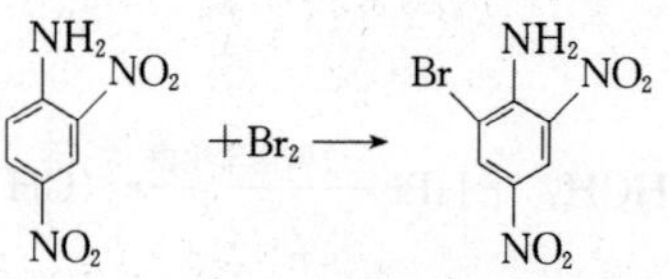

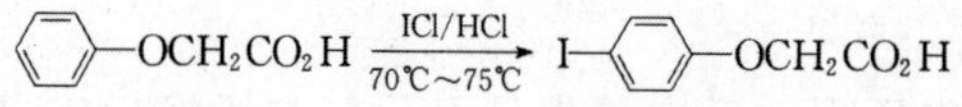

这类反应常用三氯化铝、三氯化铁、三溴化铁、四氯化锡、氯化锌等 Lewis 酸作为催化剂,其作用是促使卤素分子的极化离解。

芳环上的取代卤化一般属于离子型亲电取代反应。首先,由极化了的卤素分子或卤正离子向芳环做亲电进攻,形成 σ-络合物,然后很快失去一个质子而得卤代芳烃。即

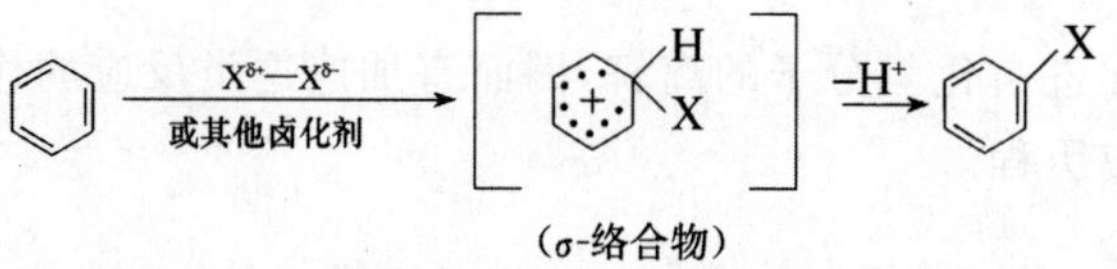

(σ-络合物)

例如,在无水状态下,用氯气进行氯化时,最常用的催化剂是各种金属氯化物,例如,$FeCl_3$、$AlCl_3$、$SbCl_3$ 等 Lewis 酸。无水 $FeCl_3$ 的催化作用可简单表示如下:

$$FeCl_3 + Cl_2 \rightleftharpoons [FeCl_3 \overset{\delta^-}{-}Cl \overset{\delta^+}{-}Cl] \rightleftharpoons FeCl_4^- + Cl^+$$

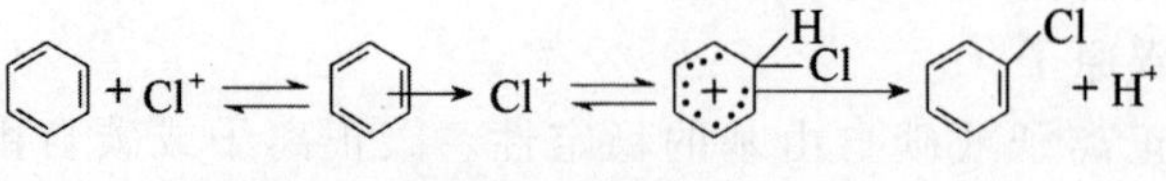

$$FeCl_4^- + H^+ \longrightarrow FeCl_3 + HCl\uparrow$$

在氯化过程中,催化剂 $FeCl_3$ 并不消耗,因此用量极少。

影响反应的主要因素如下:

①芳烃取代基。芳环上取代基的电子效应对芳环上的取代卤化的难易及卤代的位置均有

很大的影响。芳环上连有给电子基,卤代反应容易进行,且常发生多卤代现象,需适当地选择和控制反应条件,或采用保护、清除等手段,使反应停留在单、双卤代阶段。

芳环上若存在吸电子基团,反应则较困难,需用 Lewis 酸催化剂在较高温度下进行卤代,或采用活性较大的卤化试剂,使反应得以顺利进行。例如,硝基苯的溴化:

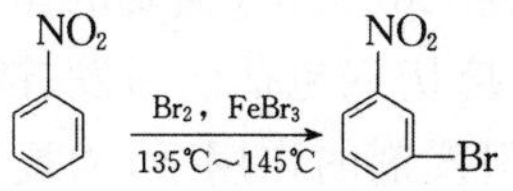

若芳环上除吸电子基团外还有给电子基团,卤化反应就顺利多了。例如,对硝基苯胺的取代氯化,氯基的定位取决于给电子基团。

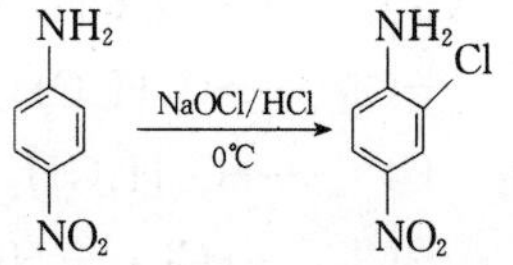

萘的卤化比苯容易,可以在溶剂或熔融态下进行。萘的氯化是一个平行-连串反应,一氯化产物有 α-氯萘和 β-氯萘两种异构体,而二氯化的异构体最多可达 10 种。

②卤化试剂。直接用氟与芳烃作用制取氟代芳烃,因反应十分激烈,需在氩气或氮气稀释下于 $-78℃$ 进行,故无实用意义。

合成其他卤代芳烃用的卤化试剂有卤素、N-溴(氯)代丁二酰亚胺(NBS)、次氯酸、硫酰氯($SOCl_2$)等。若用碘进行碘代反应,因生成的碘化氢具有还原性,可使碘代芳烃还原成原料芳烃,所以需同时加氧化剂,或加碱,或加入能与碘化氢形成难溶于水的碘化物的金属氧化物将其除去,方可使碘代反应顺利进行。若采用强碘化剂 ICl 进行芳烃的碘代,则可获得良好的效果。

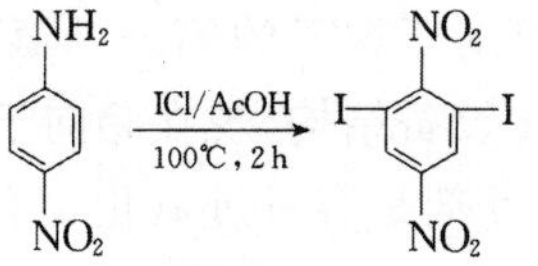

在芳烃的卤代反应中,应注意选择合适的卤化试剂,因这往往会影响反应的速度、卤原子取代的位置、数目及异构体的比例等。

一般来说,比较由不同卤素所构成的卤化剂的反应能力时有如下顺序:

$$Cl_2 > BrCl > Br_2 > ICl > I_2$$

③介质。常用的介质有水、盐酸、硫酸、醋酸、氯仿及其他卤代烃类化合物。反应介质的选取是根据被卤化物的性质而定的。对于卤化反应容易进行的芳烃,可用稀盐酸或稀硫酸作介质,不需加其他催化剂;对于卤代反应较难进行的芳烃,可用浓硫酸作介质,并加入适量的催化剂。

另外,反应若需用有机溶剂,则该溶剂必须在反应条件下显示惰性。溶剂的更换常常影响到卤代反应的速度,甚至影响到产物的结构及异构体的比例。一般来讲,采用极性溶剂的反应速度要比用非极性溶剂快。

④反应温度。一般情况下,反应温度越高,则反应速度越快,也容易发生多卤代及其他副反应。故选择适宜的反应温度亦是成功的关键。对于取代卤化反应而言,反应温度还影响卤素取代的定位和数目。

(2)芳烃侧链的取代卤化

芳环侧链的取代卤化主要是侧链上的氯化,重要的是甲苯的侧链氯化。芳环侧链氢的取代卤化是典型的自由基链反应,其反应历程包括链引发、链增长和链终止三个阶段。

链引发:氯分子在高温、光照或引发剂的作用下,均裂为氯自由基。

$$Cl_2 \xrightarrow{\text{均裂}} 2Cl\cdot$$

链增长:氯自由基与甲苯按以下历程发生氯化反应。

$$C_6H_5CH_3 + Cl\cdot \longrightarrow C_6H_5CH_2\cdot + HCl\uparrow$$
$$C_6H_5CH_2\cdot + Cl_2 \longrightarrow C_6H_5CH_2Cl + Cl\cdot$$
$$C_6H_5CH_3 + Cl\cdot \longrightarrow C_6H_5CH_2Cl + H\cdot$$
$$H\cdot + Cl_2 \longrightarrow Cl\cdot + HCl$$

需要指出的是,在上述条件下,芳环侧链的非 α-氢一般不发生卤基取代反应。

链终止:自由基互相碰撞将能量转移给反应器壁,或自由基与杂质结合,可造成链终止。例如:

$$Cl\cdot + Cl\cdot \longrightarrow Cl_2$$
$$Cl\cdot + H\cdot \longrightarrow HCl$$
$$Cl\cdot + O_2 \longrightarrow ClOO\cdot \xrightarrow{Cl\cdot} O_2 + Cl_2$$

芳烃侧链的取代卤化的主要影响因素如下:

①光源。甲苯在沸腾温度下,其侧链一氯化已具有明显的反应速度,可以不用光照和引发剂,但是甲苯的侧链二氯化和三氯化,在黑暗下反应速度很慢,需要光的照射。一般可用富有紫外线的日光灯,研究发现高压汞灯对于甲苯的侧链二氯化有良好效果,但光照深度有限,安装光源,反应器结构复杂。为了简化设备结构,现在趋向于选用高效引发剂。

②引发剂。最常用的自由基引发剂是有机过氧化物和偶氮化合物,它们的引发作用是在受热时分解产生自由基。这些引发剂的效率高,但在引发过程中逐渐消耗,需要不断补充。

复合引发剂的效果比较好,其添加剂可以加速自由基反应,添加剂主要有吡啶、苯基吡啶、烯化多胺、六亚甲基四胺、磷酰胺、烷基酰胺、二烷基磷酰胺、脲、膦、磷酸三烷基酯、硫脲、环内酰胺和氨基乙醇等,添加剂的用量一般是被氯化物质量的 $0.1\% \sim 2\%$。

③杂质。凡能使氯分子极化的物质都有利于芳环上的亲电氯基取代反应,因此甲苯和氯气中都不应含有这类杂质。有微量铁离子时,加入三氯化磷等可以使铁离子配合掩蔽,使铁离子不致影响侧链氯化。

氯气中如果含有氧,它会与氯自由基结合成稳定的自由基 $ClOO\cdot$ 导致链终止,所以侧链氯化时要用经过液化后,再蒸发的高纯度氯气。但是当加有被氯化物 PCl_3 时,即使氯气中含有 5% 氧,也可以使用。

④温度。为了使氯分子或引发剂热离解生成自由基,需要较高的反应温度,但温度太高容易引起副反应。现在趋向于在光照和复合引发剂的作用下适当降低氯化温度。

（3）脂肪烃的取代卤化

脂肪烃的取代卤化反应,大多属于自由基取代历程,与芳环侧链卤化的反应历程相似。就烷烃氢原子的活性而言,若无立体因素的影响,叔 C—H＞仲 C—H＞伯 C—H,这与反应过程中形成的碳自由基的稳定性是一致的。

卤化试剂有氯、溴、硫酰氯、N-溴代丁二酰亚胺（NBS）等。它们在高温、光照或自由基引发剂存在下产生卤自由基。就卤素的反应选择性而言,Br·＞Cl·。N-溴代丁二酰亚胺等的选择性均好于卤素。

3. 置换卤化

（1）醇羟基的卤置换

醇羟基的卤置换反应通式为:

$$ROH + HX \rightleftharpoons RX + H_2O \quad (X=Cl、Br、I)$$

醇与氢卤酸的反应是可逆的。若使醇或氢卤酸过量,并不断地将产物或生成的水从平衡混合物中移走,可使反应加速,产率提高。去水剂有硫酸、磷酸、无水氯化锌、氯化钙等,亦可采用恒沸带水剂。

醇和氢卤酸的反应属于酸催化下的亲核取代反应,其中叔醇、苄醇一般按 S_N1 历程,而其他醇大多按 S_N2 历程进行反应。

S_N1 历程:

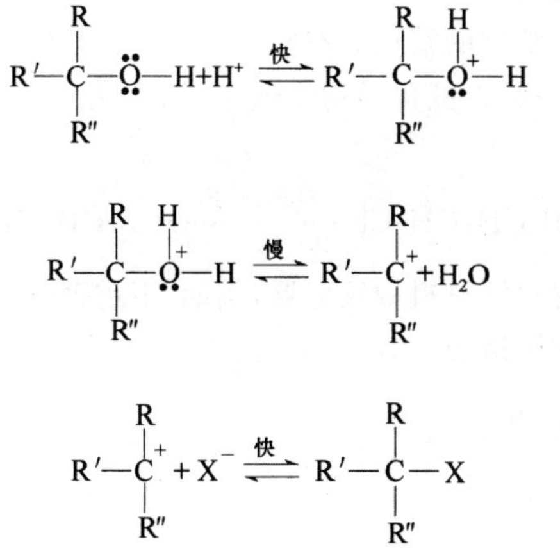

S_N2 历程:

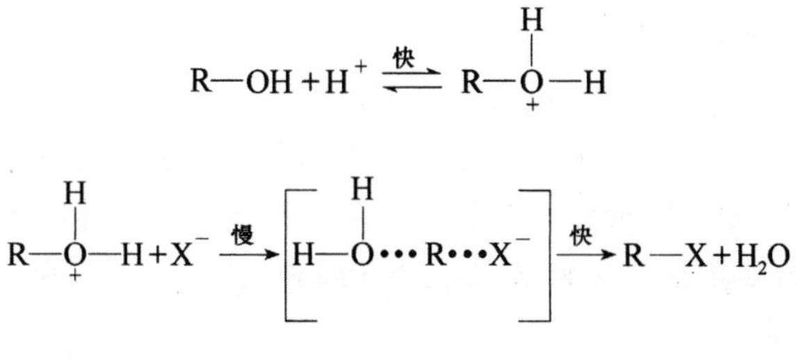

醇的反应活性为:

苄醇、烯丙醇＞叔醇＞仲醇＞伯醇

11

氢卤酸的反应活性为：

$$HI > HBr > HCl > HF$$

伯醇卤置换制取氯代烃或溴代烃也可采用卤化钠加浓硫酸作为卤化剂。但是，碘置换不可用此法，因为浓硫酸可使氢碘酸氧化成碘，也不宜直接用氢碘酸作卤化剂，因氢碘酸具有较强的还原性，易将反应生成的碘代烃还原成原料烃。醇的碘置换一般用碘化钾加磷酸作为碘化试剂，用碘加赤磷的办法亦可。

（2）酚羟基的卤置换

酚羟基的活性较小，由酚制备氯代芳烃，一般需用强卤化试剂在较剧烈的条件下反应。由于五氯化磷受热易离解成三氯化磷和氯，温度越高，离解度越大，置换能力也随之而下降；且因氯的存在可能产生芳核上的卤代或烯键加成等副反应，故用五氯化磷进行卤置换反应时，温度不宜过高。

此外，酚还可用有机磷复合卤化试剂进行卤置换，如二卤代三苯基膦，其反应活性更大，反应条件一般比较温和。对于活性较小的酚羟基，也可在较高温度和常压下进行卤置换。

（3）卤代烃的卤置换

卤代烃分子中的氯或溴原子，与无机卤化物的氟原子进行交换，这是合成用一般方法难以得到的氟代烃的重要方法。常用的氟化剂有氟化钾、三氟化锑、五氟化锑、氟化汞等，其中以氟化汞的反应性最强。三氟化锑、五氟化锑均能选择性地作用于同一碳原子上的多卤原子，而不与单卤原子发生交换。

$$CCl_3CH_2CH_2Cl \xrightarrow[165℃, 2\sim3\ h]{SbF_3/SbF_5} CF_3CH_2CH_2Cl$$

制取氟代烃必须选用耐腐蚀材料做反应器，例如，不锈钢、镍、聚乙烯等。操作中要注意环境的通风，并加强防毒、防腐蚀措施。

2.1.2 卤化反应的方法

卤化反应的方法如下所示。

1. 置换氯化

（1）置换羟基

氯甲烷可由甲醇的置换氯化而得。

$$CH_3—OH + HCl \longrightarrow CH_3Cl + H_2O$$

在工业上有三种方法，即气-液相催化法、气-液相非催化法和气-固相接触催化法。

①气-液相催化法。气-液相催化法是将甲醇蒸气和氯化氢气体在140℃～150℃和常压通入质量分数75%氯化锌水溶液中。此法反应条件温和、设备流程简单，适于小规模生产，但消耗定额高，设备腐蚀严重。

②气-液相非催化法。气-液相非催化法是将甲醇和氯化氢在120℃和1.06 MPa压力下，在回流塔式反应器中连续反应和连续精馏，塔顶蒸出氯甲烷，塔底排出水。此法的优点是：甲

醇的选择性好、转化率高,单耗接近理论值,产品纯度高,但是对设备材料要求高。只适用于大规模生产。

③气-固相接触催化法。气-固相接触催化法是将甲醇蒸气和氯化氢气体在 250℃～300℃ 连续地通过硅胶催化剂,甲醇的选择性 99.8%,单程转化率 98.5%。此法对原料中水含量控制严格,反应器制造技术复杂,只适用于大规模生产。

用上述类似的方法可以从乙醇的置换氯化制得氯乙烷,但氯乙烷的制备也可以用乙烯和氯化氢的加成氯化法或乙烷的热取代氯化法。

正十二烷基溴是有机合成原料和溶剂,它是由正十二醇与 40% 溴化氢水溶液和浓硫酸按 1∶1∶1 的物质的量之比回流而得,加入醇质量 0.5% 的四丁基溴化铵,可使收率提高到 96%。

1,6-二溴己烷是医药和香料中间体,它是由 1,6-己二醇与三溴化磷在 100℃～150℃ 反应而得,收率 80.5%。

(2)置换杂环上的羟基

芳环上和吡啶环上的羟基很难被卤原子置换,但是某些杂环上的羟基则容易被氯原子或溴原子置换。所用的卤化剂可以是 $COCl_2$ 和 $SOCl_2$,在要求较高的反应温度时可用三氯氧磷或五氯化磷。例如:

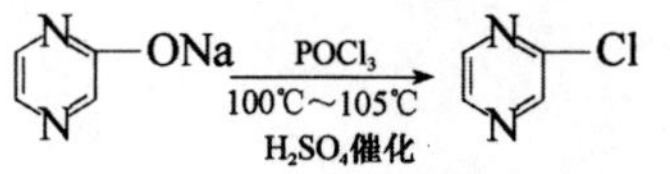

有机中间体

(3)置换硝基

氯置换硝基是自由基反应:

$$Cl_2 \longrightarrow 2Cl \cdot$$
$$ArNO_2 + Cl \cdot \longrightarrow ArCl + NO_2 \cdot$$
$$NO_2 \cdot + Cl_2 \longrightarrow NO_2Cl + Cl \cdot$$

工业上,间二氯苯是由间二硝基苯在 222℃ 下与氯反应制得。1,5-二硝基蒽醌在邻苯二甲酸酐存在下,在 170℃～260℃ 通氯气,硝基被氯基置换,制得 1,5-二氯蒽醌。以适量的 1-氯蒽醌为助熔剂,在 230℃ 熔融的 1-硝基蒽醌中通入氯气,可制得 1-氯蒽醌。当改用 1,5-或 1,8-硝基蒽醌为原料时,则可得到 1,5-或 1,8-氯蒽醌。

通氯的反应器应采用搪瓷或搪玻璃的设备,因为氯与金属可产生极性催化剂,使得在置换硝基的同时,发生离子型取代反应,生成芳环上取代的氯化副产物。

(4)置换磺酸基

在酸性介质中,氯基置换蒽醌环上磺酸基的反应也是一个自由基反应。采用氯酸盐与蒽醌磺酸的稀盐酸溶液作用,可将蒽醌环上的磺酸基置换成氯基。

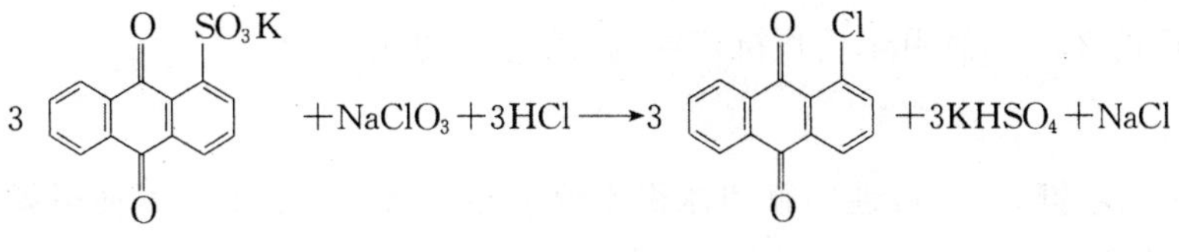

工业上常采用这一方法生产 1-氯蒽醌以及由相应的蒽醌磺酸制备 1,5-和 1,8-二氯蒽醌。方法是在 96℃～98℃下将氯酸钠溶液加到蒽醌磺酸的稀盐酸溶液中,保温一段时间即可完成反应;收率为 97%～98%。由于氯蒽醌具有固定的熔点,而且卤基置换蒽醌环上磺酸基的反应几乎是定量进行,因此这一反应也常用于分析、鉴定蒽醌磺酸。

(5)置换重氮基

置换重氮基是制取芳香卤化物的重要方法之一,特别是对于一些不能直接采用卤素亲电取代,或取代后所得异构体难以分离提纯的芳香族化合物具有重要的意义。芳香重氮盐与氯化亚铜或者是溴化亚铜作用,制备芳香氯化物或溴化物的反应称为桑德迈耶尔反应。

$$ArN_2^+ \ X^- \xrightarrow{CuX} ArX + N_2 \uparrow \quad (X=Cl、Br)$$

反应过程中同时有副产物偶氮化合物(ArN=NAr)和联芳基化合物(Ar—Ar)生成,置换反应收率在 70%～90%。芳香氯化物的生成速度与重氮盐及一价铜的浓度成正比。增加氯离子浓度可以减少副产物的生成。

重氮基被氯基置换的反应速度受到对位取代基的影响,其影响按以下顺序减小:

$$NO_2 > Cl > H > CH_3 > OCH_3$$

置换重氮基的反应温度一般为 40℃～80℃,卤化亚铜用量按化学计算量是重氮盐的 10%～20%。例如:

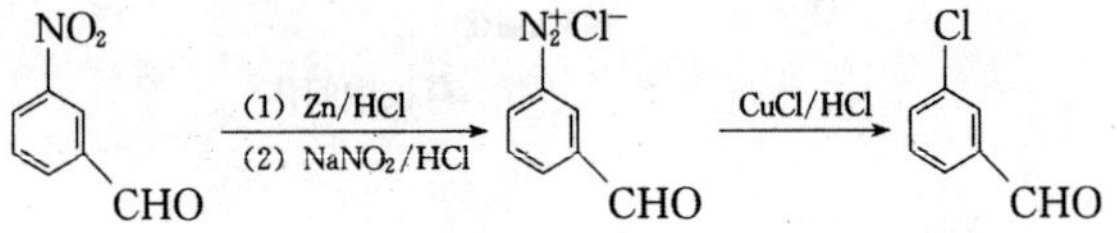

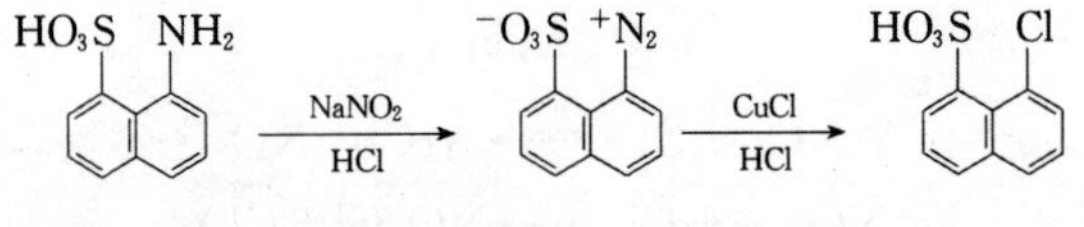

桑德迈耶尔反应包括重氮卤化物溶液的制备,以及将此溶液加入相应的卤化亚铜溶液中。对于易于挥发的物料,必须使用回流冷凝器。在某些情况下,重氮化溶液的制备是在卤化亚铜存在下进行的。此时,可将亚硝酸钠溶液加入到胺和铜盐的热酸溶液中。这样重氮化反应和桑德迈耶尔反应可在一个操作下进行。例如:

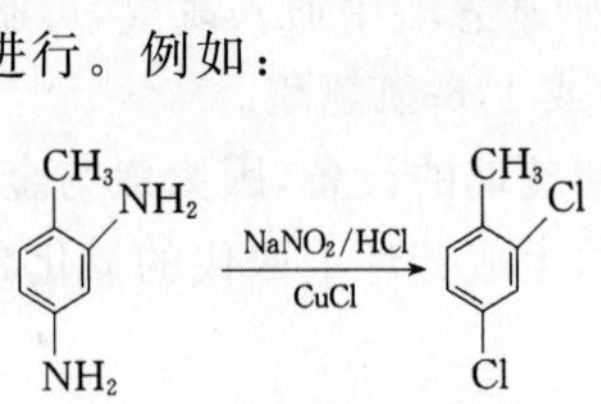

重氮化及其置换为氯基是在同一个反应器中完成的。先将 2,4-二氨基甲苯溶解,然后加入盐酸和氯化亚铜,再均匀加入亚硝酸钠,维持反应温度 60℃,反应之后分层分离,粗品经水蒸气蒸馏,制得的 2,4-二氯甲苯用作抗疟疾药"阿的平"的中间体。

2. 氟化

高强度的碳-氟键,高电负性的氟和体积比较小的氟原子这三个因素使得氟化物的制备技术与其他卤素有很大的不同,其应用性能亦往往特别优越。

制备全氟化合物的方法主要有：F_2 直接氟化、电解氟化、高价金属盐氟化、卤素-氟交换的间接氟化等。

（1）F_2 直接氟化

F_2 非常活泼，与有机物猛烈反应，放出大量的热量，导致有机物的降解或破坏，也极易引起燃烧和爆炸。尽管可采用惰性气体稀释氟，或使反应在惰性溶剂中进行，来缓和直接氟化。但所得产物的组成仍很复杂，难以分离；另外，设备技术也较复杂，尚未被工业界所接受。

$$CH_4 + 4F_2 \longrightarrow CF_4 + 4HF$$

（2）电解氟化

电解氟化可以制备许多带有功能基团的有机氟化合物及众多含 O、N、S 的全氟杂环化合物。理论上，只需不断补充 HF 和加入有机底物，电解可连续进行。同时，电解法具有产率高，选择性好和环境污染小等优点。因此，该法在工业上应用非常广泛。

许多有机物能溶于无水氟化氢，将这个溶液在 4.5～6 V 低电压下进行电解，在阳极表面的新生态氟，并不释放，而是在阳极和电解质的界面处使有机物氟化。阳极一般用石墨、微孔碳或镍，阴极一般用铁。为了提高电解液的导电性，可加入 KF、$R_3N \cdot HF$ 或 $R_4N^+F^- \cdot HF$ 并使用非质子传递极性有机溶剂，例如，乙腈、环丁砜、二甲基亚砜等。

电解过程中也会发生一系列降解和重排反应而影响目的产物的收率和纯度。因此，电解技术、工艺设计和副产物的综合利用非常重要。例如，当以正辛酰氯为原料时，全氟辛酰氟的收率只有 37％ 左右，但同时生成了高达 40％ 的全氟环醚。

用电解氟化法可制备全氟羧酸、全氟磺酸、全氟叔胺、全氟环醚等一系列产品，广泛用于制备全氟表面活性剂、织物和皮革的防水、防油、防尘整理剂、高效消防灭火剂、电子元件监测介质和高绝缘电器冷却剂等。但是烃类因不易溶于无水氟化氢，它们的电解氟化不易成功。

（3）高价金属盐氟化

高价金属盐氟化剂的氟化能力的顺序为：

$$AgF_2 > CoF_3 > MnF_3，PbF_4 > HgF_2$$

从经济和活性角度综合考虑，使用最普遍的是 CoF_3。

相对直接氟化来说，CoF_3 氟化优点是反应释放的热量比 F_2 直接氟化低得多，因此降解产物也少。另外，工业上生产采用了流动床反应器，就可实现连续化操作。最适用从烃类制备全氟化合物。

该方法是在曼哈顿计划中发展形成的，当时用来制造生产核燃料的全氟油，是已经工业化的一种方法。

（4）卤素-氟交换的间接氟化

此法为工业上大量使用的氟化方法，交换能力：I＞Br＞Cl，但由于有机氯产品价格低，因此工业上多采用 Cl。

氟原子置换氯原子是制备有机氟化物的重要方法之一。常用的氟化剂是无水氟化氢、氟化钠和氟化钾等。用无水氟化氢时反应可在液相进行，也可在气相进行。用氟化钠或氟化钾时，反应都是在液相进行。

脂链上和芳环侧链上的氯原子比较活泼，氟原子置换反应较易进行。

芳环上的氯原子不够活泼,只有当氯原子的邻位或对位有强吸电基时,氯原子才比较活泼,但仍需很强的反应条件。为了使反应较易进行,要使用对氟化钠或氟化钾有一定溶解度的高沸点无水强极性有机溶剂。最常用的溶剂是 N,N-二甲基甲酰胺、二甲基亚砜和环丁砜。为了促使氟化钠分子中的氟离子活化,最好加入耐高温的相转移催化剂。

HF 氟化主要用于交换烷烃上或芳烃侧链上的 Cl。

$$CCl_4 + 2HF \xrightarrow{SbCl_2F_3} CF_2Cl_2 + 2HCl$$

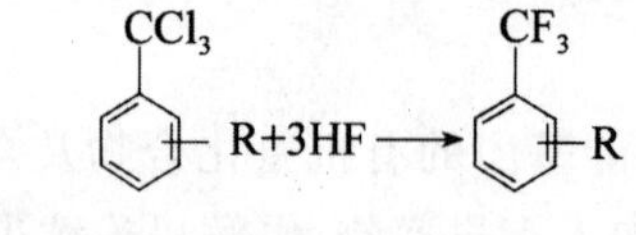

HF 氟化过去采用液相氟化法,现在工业上较多采用更先进的气相氟化法。HF 氟化具有原料价格低、工艺路线成熟的特点,而得以在工业上应用。但安全防护要求高,设备极易腐蚀,不可使用玻璃设备。

KF 氟化主要用于交换芳族和杂环化合物环上的 Cl。KF 氟化同样具有原料易得、反应简单和专一性等优点。尤其是近年来相转移催化技术的发展,可提高产率和减少反应时间,更重要的是可以不使用昂贵的非质子极性溶剂,因此其工业应用日益广泛。

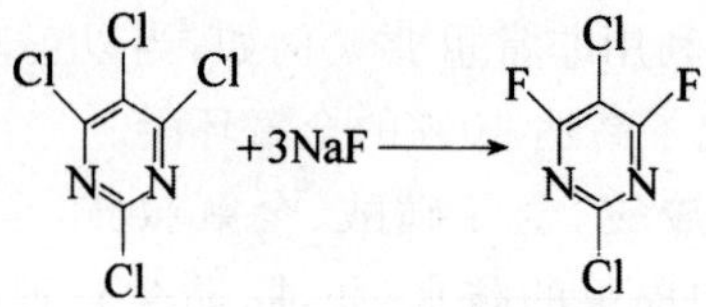

3. 碘化

由于碘的价格昂贵,碘化反应的实际应用受到很大限制。按碘化试剂分类,在芳环上碘化的方法主要有:I_2 直接碘化和 ICl 碘化。相对来说,其中 ICl 碘化在工业上应用得最多。

(1)I_2 直接碘化

因 I_2 是活性最低的亲电试剂,因此十分活泼的芳香族化合物工业上可直接用 I_2 直接碘化。但该反应为一平衡反应,为使平衡向着有利于碘化方向进行,要采用加入氧化剂或加碱除去 HI 的方法。这些都在一定程度上限制其在工业上的应用。

$$RH + I_2 \longrightarrow RI + HI$$

(2)ICl 碘化

ICl 是较强的亲电取代试剂,能使碘化反应顺利进行。因此该反应具有反应速度快,反应温度低,产物易分离,而被工业界广泛采纳。

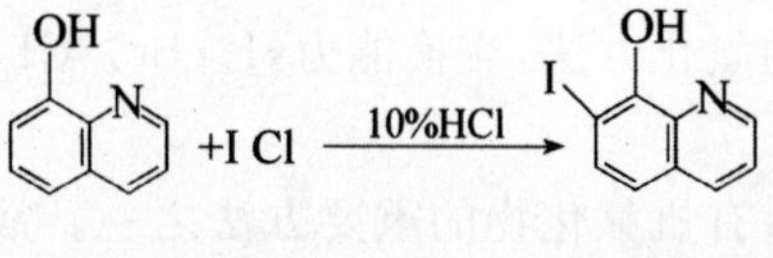

4. 溴化

由于溴比氯贵 4 倍,因而在合成中常用溴化物作中间体,卤素所占的成本很可能是相当于氯化物作中间体的 10 倍左右。所以溴化物只能用于特殊产品性能需要或特殊合成需要的场合。因此溴化物生产规模甚小。

有机化合物的溴化反应与氯化反应基本类似,有双键加成溴化,芳环取代溴化,芳环支链及饱和烷烃溴化以及置换溴化等。就采用的溴化试剂而言,Br_2 的直接溴化在工业上应用得最多,而其他溴化方法也各具特色,在工业上有着特殊用途。

2.2　硝化反应

向有机化合物分子的碳原子上引入硝基($-NO_2$)的反应称硝化反应。在精细有机合成工业中,最重要的硝化反应是用硝酸作硝化剂向芳环或芳杂环中引入硝基:

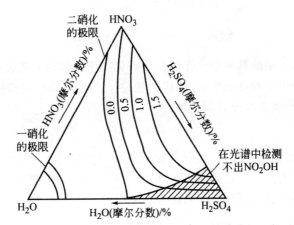

2.2.1　硝化反应原理分析

1. 硝化反应质点和历程

芳烃取代硝化是亲电取代反应,亲电质点是硝酰正离子(N^+O_2),反应速率与 N^+O_2 浓度成正比。硝化剂离解的 N^+O_2 量少,硝化能力弱,反应速率慢。图 2-1 是 H_2SO_4-HNO_3-H_2O 系统 N^+O_2 的浓度分布。

图 2-1　H_2SO_4-HNO_3-H_2O 三元系统中 N^+O_2 的浓度(mol/kg 溶液)

由图 2-1 可见,N^+O_2 浓度随水含量增加而下降,代表 N^+O_2 可测出极限的曲线与发生硝化反应的混酸组成极限曲线基本重合。

此外,硝化反应质点还有其他形式。有机溶剂中的硝化反应质点是质子化的分子,如 N^+O_2-OH 或 $CH_3COONO_2 \cdot H^+$ 等。可认为是 N^+O_2 负载于 H_2O 或 CH_3COOH,反应质点形式不同,反应历程相同。用稀硝酸硝化,反应质点可能是 N^+O,其反应历程与 N^+O_2 不同。

硝化反应历程的研究已经实验证实。苯硝化反应历程如下:

$$2HNO_3 \underset{慢}{\xrightleftharpoons{}} N^+O_2 + NO_3^- + H_2O \tag{1}$$

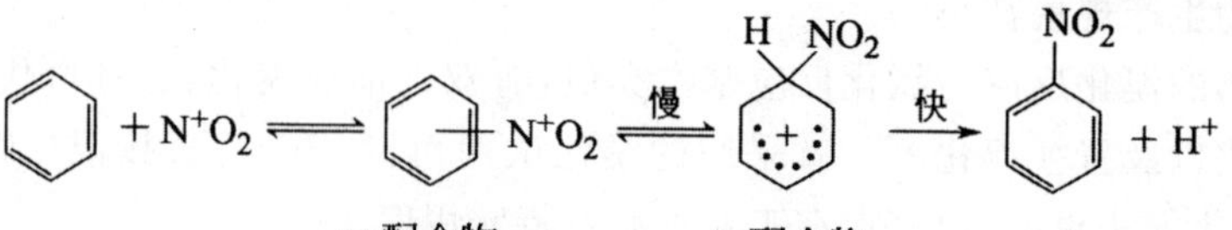

①硝化剂离解产生硝酰正离子 N^+O_2。

②N^+O_2 进攻芳环形成 π-配合物,进而转变为 σ-配合物,这一步是控制步骤。

③σ-配合物脱去质子,形成稳定的硝基化合物。

稀硝酸硝化反应质点是亚硝酰正离子(NO^+)。NO^+ 由硝酸中痕量亚硝。酸离解产生:

$$HNO_2 \rightleftharpoons NO^+ + HO^-$$

NO^+ 进攻芳环生成亚硝基化合物,随即亚硝基化合物被硝酸氧化,生成硝基化合物,并产生亚硝酸:

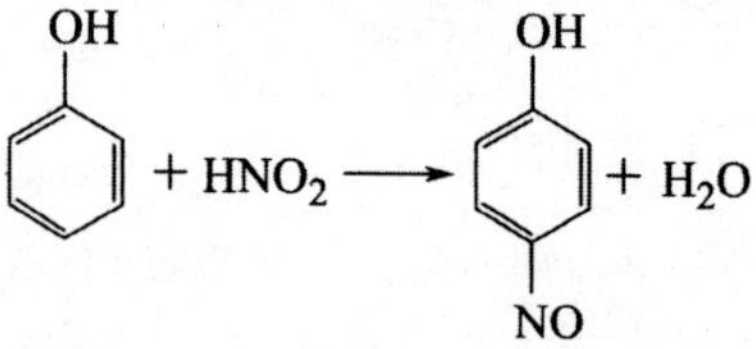

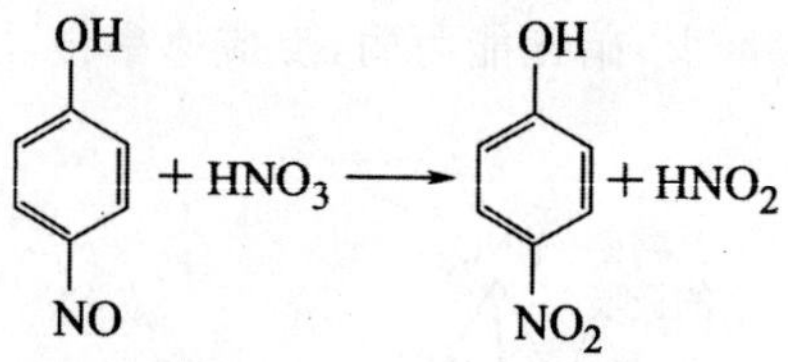

在稀硝酸硝化中,亚硝酸具有催化作用。如硝化前用尿素除去硝酸中的亚硝酸,反应很难发生;只有硝酸氧化产生少量亚硝酸后,硝化才能进行。由于 NO^+ 反应性比 N^+O_2 弱得多,故稀硝酸硝化只适用于活泼芳烃及其衍生物。

2. 均相硝化过程

均相硝化是被硝化物与硝化剂、反应介质互溶为均相的硝化。均相硝化无相际间质量传递问题,影响反应速率的主要因素是温度和浓度。例如,硝基苯、对硝基氯苯、1-硝基蒽醌,在大大过量的浓硝酸中硝化属均相硝化,硝化为一级反应:

$$r = k[ArH]$$

浓硝酸含以 N_2O_4 形式存在的亚硝酸杂质,当其浓度增大或水存在时,产生少量 N_2O_3:

$$2N_2O_4 + H_2O \rightleftharpoons N_2O_3 + 2HNO_3$$

N_2O_4、N_2O_3 均可离解:

$$N_2O_4 \rightleftharpoons NO^+ + NO_3^-$$

$$N_2O_3 \rightleftharpoons NO^+ + NO_2^-$$

离解产生的 NO_3^-、NO_2^- 使 $H_2NO_3^+$ 脱质子化,从而抑制硝化反应。加入尿素可破坏亚硝酸:

$$CO(HN_2)_2 + 2HNO_2 \longrightarrow CO_2 \uparrow + 2N_2 \uparrow + 3H_2O$$

硝化反应是定量的。若尿素加入量超过亚硝酸化学计量的 1/2,硝化反应速率下降。

硝基苯或蒽醌在浓硫酸介质中的硝化为二级反应:

$$r = k[\text{ArH}][\text{HNO}_3]$$

式中,k 是表观反应速率常数,其数值与硫酸浓度密切相关。

不同结构的芳烃硝化,在硫酸浓度 90% 左右时,反应速率常数呈现最大值。

甲苯、二甲苯或三甲苯等活泼芳烃,在有机溶剂和过量很多的无水硝酸中低温硝化,可认为硝酸浓度在硝化过程中不变,对芳烃浓度反应为零级。

$$r = K_0$$

式中,K_0 为硝酸离解平衡常数。这表明反应(2)中生成 σ-配合物的正向速率比反应(1)的逆向速率快得多。硝酸按反应(1)离解成 N^+O_2 的速率是控制步骤。随着硝化反应体系水含量增加,平衡左移,反应速率下降,当含水量达到一定值时,硝化反应速率与芳烃浓度的关系,由零级反应转成一级。

3. 非均相硝化过程

被硝化物与硝化剂、反应介质不互溶呈酸相、有机相,构成液-液非均相硝化系统,例如,苯或甲苯用混酸的硝化。非均相硝化存在酸相与有机相间的质量、热量传递,硝化过程由相际间的质量传递、硝化反应构成。例如,甲苯用混酸的一硝化过程:

①外扩散:甲苯通过有机相向相界面扩散。

②内扩散:甲苯由相界面扩散进入酸相。

③发生反应:甲苯进入酸相与硝酸反应生成硝基甲苯。

④内扩散:产物硝基甲苯由酸相扩散至相界面。

⑤外扩散:硝基甲苯由相界面扩散进入有机相。

对于硝酸而言,它由酸相向相界面扩散,扩散途中与甲苯进行反应;反应生成水扩散到酸相;某些硝酸从相界面扩散,进入有机相。

上述步骤构成非均相硝化总过程,影响硝化反应速率因素既有化学的,又有物理的。

研究表明,硝化反应主要发生在酸相和相界面,有机相硝化反应极少。苯、甲苯和氯苯的非均相硝化动力学研究认为,硫酸浓度是非均相硝化的重要影响因素,并将其分为缓慢型、快速型和瞬间型,根据实验数据按甲苯-硝化初始反应速率对 $\lg k$ 作图,如图 2-2 所示。图中表示出相应的硫酸浓度范围,非均相硝化反应特点和三种动力学类型的差异。

①缓慢型。缓慢型即动力学型。反应主要发生在酸相,反应速率与酸相甲苯浓度、硝酸浓度成正比,特征是反应速率是硝化过程的控制阶段。甲苯在 62.4%～66.6% 的 H_2SO_4 中硝化,即此类型。

②快速型。快速型即慢速传质型。随着硫酸浓度提高,酸相中的硝化速率加快,当芳烃从有机相传递到酸相的速率与其反应而移出酸相的速率达到稳态时,反应由动力学型过渡到传质型。反应主要发生在酸膜中或两相边界层,芳烃向酸膜中的扩散速率是硝化过程的控制阶段,反应速率与酸相交换面积、扩散系数和酸相中甲苯浓度成正比,特征是反应速率受传质速率控制。甲苯在 66.6%～71.6% 的 H_2SO_4 中的硝化属此类型。

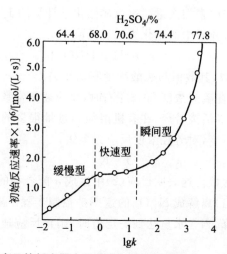

图 2-2　在无挡板容器中甲苯的初始反应速率与 lg$k$ 的变化图

(25℃，2500 r/min)

③瞬间型。瞬间型即快速传质型。继续增加硫酸浓度，反应速率不断加快，硫酸浓度达到某一数值时，液相中反应物不能在同一区域共存，反应在相界面上发生。硝化过程的速率由传质速率控制，如甲苯在 71.6%～77.4% 的硫酸中的反应。

由于硝化过程中硫酸不断被生成水所稀释，硝酸也因反应不断消耗。因此对于具体硝化过程而言，不同的硝化阶段属不同的动力学类型。例如，甲苯用混酸硝化生产一硝基甲苯，采用多釜串联硝化器。第一釜酸相中硫酸、硝酸浓度较高，反应受传质控制；第二釜硫酸浓度降低，硝酸含量减少，反应速率受动力学控制。一般，芳烃在酸相的溶解度越大，硝化速率受动力学控制的可能性越大。另外，硫酸浓度是非均相硝化的重要影响因素。

4. 硝化反应的影响因素

被硝化物、硝化剂、硝化温度、搅拌、相比与硝酸比、硝化副反应等，是硝化反应过程的主要影响因素。

(1)被硝化物

被硝化物性质对硝化方法的选择、反应速率以及产物组成，都有显著影响。芳环上有给电子基团时，硝化速率较快，硝化产品常以邻、对位产物为主；芳环上具有吸电子基团，硝化速率较慢，产品以间位异构体为主。卤基使芳环钝化，所得产品几乎都是邻、对位异构体。芳环上—$N^+(CH_3)_3$ 或 NO_2 等强吸电子基团，相同条件下，其反应速率常数只是苯硝化的 10^{-7}～10^5。

一般具有吸电子取代基(—NO_2、—CHO、—SO_3H、—COOH、—CN 或—CF_3 等)芳烃硝化，主要生成间位异构体，产品中邻位异构体比对位异构体的生成量多。

萘 α 位比 β 位活泼，萘的一硝化主要得到 α-硝基萘。蒽醌的羰基使苯环钝化，故蒽醌硝化比苯难，硝基主要进入蒽醌的 α 位，少部分进入 β 位，并有二硝化产物。故制取高纯度、高收率的 1-硝基蒽醌，比较困难。

（2）硝化剂

被硝化物不同，硝化剂不同。同一被硝化物，硝化剂不同，产物组成不同。例如，乙酰苯胺使用不同硝化剂，硝化产物组成相差很大。

混酸组成是重要影响因素，混酸中硫酸含量越高，硝化能力越强。如甲苯用混酸的一硝化，硫酸浓度每增加 1%，反应活化能降低约 2.8 kJ/mol；氟苯一硝化，硫酸浓度每增加 1%，活化能降低（3.1±0.53）kJ/mol。极难硝化的物质，可使用三氧化硫与硝酸混合物硝化，反应速率快，废量少。使用有机溶剂、以三氧化硫代替硫酸，可大幅度减少废酸量。某些芳烃混酸硝化，用三氧化硫代替硫酸可改变产物异构体比例。例如，在二氧化硫介质、三氧化硫存在下，温度为 -10℃，氯苯一硝化得 90% 对位异构体；硝化温度 > 70℃，一般得 66% 左右的对位异构体；苯甲酸一硝化间硝基苯甲酸比例是 80%，而用上述方法可得 93% 间硝基苯甲酸。

在混酸中添加适量磷酸，或在磺酸离子交换树脂参与下硝化，可改变异构体比例，增加对位异构体的含量。

硝酰正离子的结晶盐，如 NO_2PF_6、NO_2BF_4 是最活泼的硝化剂。芳腈用 NO_2BF_4 硝化，得一硝基芳腈和二硝基芳腈；用其他硝化剂硝化，腈基易水解。

使用不同的硝化介质，也能改变异构体组成比例。例如，1,5-萘二磺酸硝化，在浓硫酸介质中硝化，主产品是 1-硝基萘-4,8-二磺酸；在发烟硫酸介质中硝化，主产品是 2-硝基萘-4,8-二磺酸。具有强给电子基的芳烃在非质子化溶剂中硝化，生成较多的邻位异构体；而在质子化溶剂中硝化，可得到较多的对位异构体。

（3）硝化温度

温度对乳化液的黏度、界面张力、芳烃在酸相中的溶解度以及反应速率常数，均有影响。甲苯硝化，温度每升高 10℃，反应速率常数增加 1.5～2.2 倍。

硝化是强放热反应，用混酸硝化生成的水稀释硫酸产生稀释热，相当于 7.5%～10% 的反应热，苯的一硝化总热效应 152.7 kJ/mol。如不及时移除硝化产生的热量，会导致硝化温度迅速上升，引起多硝化、氧化等副反应，造成硝酸分解，产生大量红棕色二氧化氮气体，甚至爆炸。因此，必须及时移除硝化产生的热能，严格控制反应温度。为移除反应热，维持硝化温度，一般硝化设备都配置夹套或蛇管式换热器。

确定硝化温度，应考虑被硝化物性质，对易硝化和易被氧化的活泼芳烃（如酚、酚醚、乙酰芳胺），可低温硝化；对含有硝基或磺酸基等较难硝化的芳烃，可在较高温度下硝化。

此外，温度还影响硝化产物的异构体比例。选择和控制适宜的硝化温度，对于获得优质产品、降低消耗、安全生产十分重要。

（4）搅拌

大多数硝化过程属于非均相体系，良好的搅拌装置是反应顺利进行和提高传热效率的保证。加强搅拌，有利于两相的分散，增大了两相界面的面积，使传质阻力减小。

在硝化过程中，特别是在间歇硝化反应的加料阶段，停止搅拌或浆叶脱落，将是非常危险的！因为这时两相快速分层，大量活泼的硝化剂在酸相积累，一旦重新搅拌，就会突然发生激烈反应，瞬时放出大量的热，导致温度失控，以至于发生事故。一般要设置自控和报警装置，采取必要的安全措施。

（5）相比与硝酸比

相比又称为酸油比，是混酸与被硝化物的质量比。适宜的相比是非均相硝化的重要因素之一。提高相比，被硝化物在酸相中溶解量增加，反应速率加快；相比过大，设备生产能力下降，废酸量增多；相比过小，硝化初期酸浓度过高，反应剧烈，温度不易控制。生产上采用套用部分废酸（循环酸），不仅可以增加相比保持硝化平稳，还有利于热量传递、减少废酸产生量。

硝酸比是硝酸和被硝化物的摩尔比，被硝化物为限量物，硝酸是过量物。混酸为硝化剂，对容易硝化的芳烃，硝酸过量 $1\% \sim 5\%$，对难硝化的芳烃，过量 $10\% \sim 20\%$。采用溶剂硝化法，硝酸过量百分数可低些，有时可用理论量的硝酸。

大吨位产品生产如硝基苯等，可以被硝化物为过量物，采用绝热硝化技术，以减少废水对环境的污染。

（6）硝化副反应

由于被硝化物的性质、反应条件选择或操作不当等原因，可导致硝化副反应。例如，氧化、脱烷基、置换、脱羧、开环和聚合等副反应。氧化是影响最大的副反应。氧化可产生一定量的硝某酚：

48%　　49%　　<1%

烷基苯硝化，其硝化液颜色常会发黑变暗，尤其是接近硝化终点，其原因是烷基苯与亚硝基硫酸及硫酸形成配合物，这已得到实验证明。例如，甲苯形成配合物 $C_6H_5CH_3 \cdot 2ONOSO_3H \cdot 3H_2SO_4$。配合物形式与芳环上取代基的结构、数量、位置有关。一般苯不易形成配合物，含吸电子基芳烃衍生物次之，烷基芳烃最易形成，烷基链越长，越易形成。

硝化液中形成配合物颜色变深，常常是硝酸用量不足。形成的配合物，在 45℃～55℃ 及时补加硝酸，可将其破坏；温度高于 65℃，配合物沸腾，温度上升，85℃～90℃时再补加硝酸也难以挽救，生成深褐色的树脂状物。

许多副反应与硝化的氮氧化物有关。因此，必须设法减少硝化剂中氮的氧化物，严格控制硝化条件，防止硝酸分解，避免或减少副反应。

2.2.2　硝化反应的方法

实施硝化的方法为硝化方法。根据硝基引入方式，分直接硝化法和间接硝化法。直接硝化法是以硝基取代被硝化物分子中的氢原子的方法。间接硝化法是以硝基置换被硝化物分子中的磺酸基、重氮基、卤原子等原子或基团的方法。

1. 硝酸硝化法

硝酸可作为硝化剂直接进行硝化反应，但硝酸的浓度显著地影响其硝化和氧化两种功能。硝酸硝化按浓度不同，分为浓硝酸硝化和稀硝酸硝化。浓硝酸硝化易导致氧化副反应。稀硝酸硝化使用 30% 左右的硝酸浓度，设备腐蚀严重。一般地说，硝酸浓度越低，硝化能力越弱，而氧化作用越强。

(1)浓硝酸硝化法

硝酸硝化法须保持较高的硝酸浓度,以避免硝化生成水稀释硝酸。为此,液相硝化、气相硝化、通过高分子膜硝化等是其努力的方向。由于经济技术原因,硝酸硝化法限于蒽醌硝化、二乙氧基苯硝化等少数产品生产。这种硝化一般要用过量许多倍的硝酸,过量的硝酸必须设法回收或利用,从而限制了该法的实际应用。

浓硝酸硝化,硝酸过量很多倍,例如,对氯甲苯的硝化,使用 4 倍量 90% 硝酸;邻二甲苯二硝化用 10 倍量的发烟硝酸;蒽醌用 98% 硝酸硝化,生产 1-硝基蒽醌,蒽醌与硝酸的摩尔比为 1:15,硝化为液相均相反应。

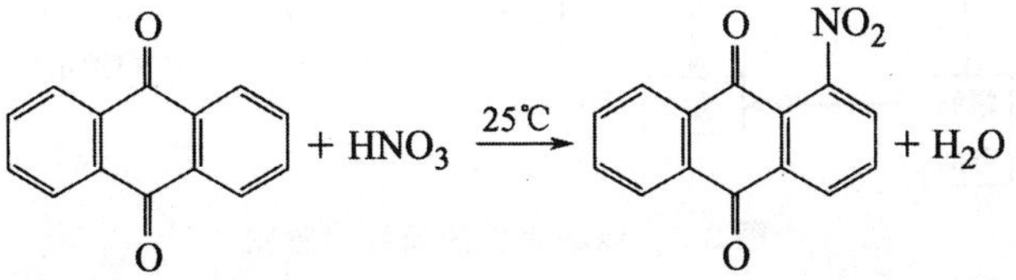

在终点控制蒽醌残留 2%,则可得副产物主要是 2-硝基蒽醌和二硝基蒽醌。

以浓硝酸作为硝化剂有一些缺点,但在工业中也有一定的应用。例如,染料中间体 1-硝基蒽醌的制备即采用硝酸硝化法。

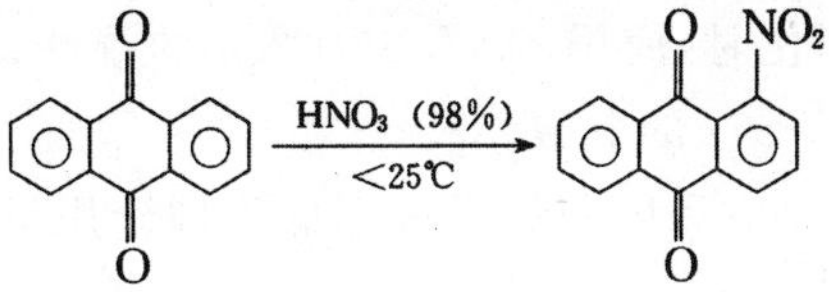

(2)稀硝酸硝化法

用稀硝酸硝化,仅限于易硝化的活泼芳烃,使用时要求过量,因为稀硝酸是一种较弱的硝化剂,反应过程中生成的水又不断稀释硝酸,使其硝化能力逐渐下降。例如,含羟基和氨基的芳香化合物可用 20% 的稀硝酸硝化,但易被氧化的氨基应在硝化前将其转变为酰胺基,从而给予保护。由于稀硝酸对铁有严重的腐蚀作用,生产中必须使用不锈钢或搪瓷锅作为硝化反应釜。

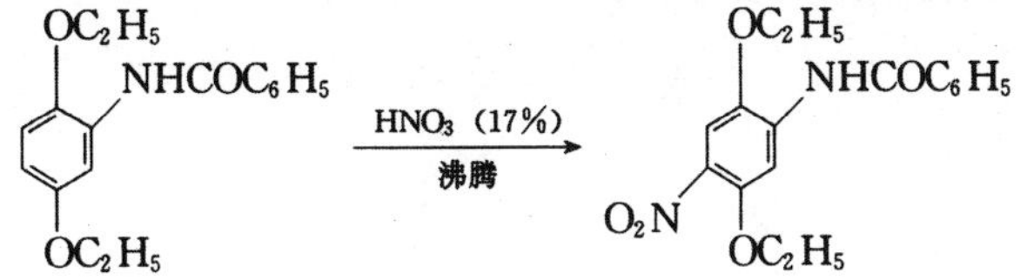

2. 混酸硝化法

混酸硝化法主要用于芳烃的硝。一般的混酸硝化工艺流程可以用图 2-3 表示。

(1)混酸的硝化能力

硝化能力太强,虽然反应快,但容易产生多硝化副反应;硝化能力太弱,反应缓慢,甚至硝化不完全。工业上通常利用硫酸脱水值(D. V. S)和废酸计算浓度(F. N. A)来表示混酸的硝化能力,并常常以此作为配制混酸的依据。

①硫酸的脱水值(D. V. S)。D. V. S 是指硝化结束时废酸中硫酸和水的计算质量比。

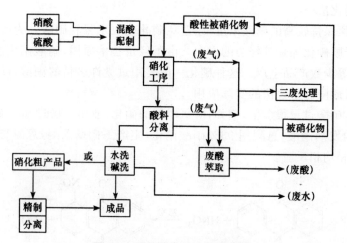

图 2-3 混酸硝化的流程示意图

$$D.V.S = \frac{废酸中硫酸的质量}{废酸中水的质量} = \frac{废酸中硫酸的质量}{混酸中水的质量 + 硝化后生成水的质量}$$

混酸的 D.V.S 越大,表示其中的水分越少,硫酸的含量越高,它的硝化能力越强。

对于大多数芳香烃而言,D.V.S 介于 2～12 之间,具有给电子基团的活泼芳烃宜用 D.V.S 小的混酸,如苯的一硝化时,使用 D.V.S 为 2.4 的混酸;对于难硝化的化合物或引入一个以上的硝基时,需用 D.V.S 大的混酸。

假定反应完全进行,无副反应和硝酸的用量不低于理论用量。以 100 份混酸作为计算基准,D.V.S 可按下式计算求得

$$D.V.S = \frac{S}{(100 - S - N) + \frac{2}{7} \times \frac{N}{\varphi}}$$

式中,S 为混酸中硫酸的质量百分比浓度;N 为混酸中硝酸的质量百分比浓度;φ 为硝酸比。

②废酸计算浓度(F.N.A)。F.N.A 是指硝化结束时废酸中的硫酸浓度。当硝酸比 φ 接近于 1 时,以 100 份混酸为计算基准,其反应生成的水为:

$$水 = \frac{18}{63} \times N = \frac{2}{7}N$$

$$废酸量 = 100 - N + \frac{2}{7}N = 100 - \frac{5}{7}N$$

$$F.N.A = \frac{S}{100 - \frac{5}{7}N} \times 100 = \frac{140S}{140 - N}$$

当 $\varphi = 1$ 时,可得出 D.V.S 与 F.N.A 的互换关系式为:

$$D.V.S = \frac{F.N.A}{100 - F.N.A}$$

实际生产中,对每一个被硝化的对象,其适宜的 D.V.S 值或 F.N.A 值都由实验得出。

(2)混酸的配制

配制混酸的方法有连续法和间歇法两种。连续法适用于大吨位大批量生产,间歇法适用

于小批量多品种的生产。配制混酸时应注意以下几点：

①配制设备要有足够的移热冷却,有效的搅拌和防腐蚀措施。

②配酸过程中,要对废酸进行分析测定。

③补加相应成分,调整其组成,配制好的混酸经分析合格后才能使用。

④用几种不同的原料配制混酸时,要根据各组分的酸在配制后总量不变,建立物料衡算方程式即可求出各原料酸的用量。

(3)混酸硝化过程

硝化过程有连续与间歇两种方式。连续法的优点是小设备、大生产、效率高、便于实现自动控制。间歇法具有较大的灵活性和适应性,适用于小批量、多品种的生产。

由于被硝化物的性质和生产方式的不同,一般有正加法、反加法和并加法。正加法是将混酸逐渐加到被硝化物中。该反应比较温和,可避免多硝化,但其反应速度较慢,常用于被硝化物容易硝化的间歇过程。反加法是将硝化物逐渐加到混酸中。其优点是在反应过程中始终保持有过量的混酸与不足量的被硝化物,反应速度快,适用于制备多硝基化合物,或硝化产物难于进一步硝化的间歇过程。并加法是将混酸和被硝化物按一定比例同时加到硝化器中。这种加料方式常用于连续硝化过程。

(4)反应产物的分离

硝化产物的分离,主要是利用硝化产物与废酸密度相差大和可分层的原理进行的。让硝化产物沿切线方向进入连续分离器。

多数硝化产物在浓硫酸中有一定的溶解度,而且硫酸浓度越高其溶解度越大。为减少溶解度,可在分离前加入少量水稀释,以减少硝基物的损失。

硝化产物与废酸分离后,还含有少量无机酸和酚类等氧化副产物,必须通过水洗、碱洗法使其变成易溶于水的酚盐等而被除去。但这些方法消耗大量碱,并产生大量含酚盐及硝基物的废水,需进行净化处理。另外,废水中溶解和夹带的硝基物一般可用被硝化物萃取的办法回收。该法尽管投资大,但不需要消耗化学试剂,总体衡算仍很经济合理。

(5)废酸处理

硝化后的废酸主要组成是:73%～75%的硫酸,0.2%的硝酸,0.3%亚硝酰硫酸,0.2%以下的硝基物。

针对不同的硝化产品和硝化方法,处理废酸的方法不同,其方法主要有以下几种:

①分解吸收法。废酸液中的硝酸和亚硝酰硫酸等无机物在硫酸浓度不超过 75% 时,加热易分解,释放出的氧化氮气体用碱液进行吸收处理。工业上也有将废酸液中的有机杂质萃取、吸附或用过热蒸气吹扫除去,然后用氨水制成化肥。

②闭路循环法。将硝化后的废酸直接用于下一批的单硝化生产中。

③浸没燃烧浓缩法。当废酸浓度较低时,通过浸没燃烧,提浓到 60%～70%,再进行浓缩。

④蒸发浓缩法。一定温度下用原料芳烃萃取废酸中的杂质,再蒸发浓缩废酸至 92.5%～95%,并用于配酸。

(6)硝化异构产物分离

硝化产物常常是异构体混合物,其分离提纯方法有物理法和化学法两种。

①物理法。当硝化异构产物的沸点和凝固点有明显差别时,常采用精馏和结晶相结合的方法将其分离。随着精馏技术和设备的不断改进,可采用连续或半连续全精馏法直接完成混合硝基甲苯或混合硝基氯苯等异构体的分离。但由于一硝基氯苯异构体之间的沸点差较小,全精馏的能耗很大,因而非常不经济。因此,近年来多采用经济的结晶、精馏、再结晶的方法进行异构体的分离。

②化学法。化学法是利用不同异构体在某一反应中的不同化学性质而达到分离的目的。例如,用硝基苯硝化制备间二硝基苯时,会产生少量邻位和对位异构体的副产物。因间二硝基苯与亚硫酸钠不发生化学反应,而其邻位和对位异构体会发生亲核置换反应,且其产物可溶于水,因此可利用此反应除去邻位和对位异构体。

3. 硝酸-乙酐法

浓硝酸或发烟硝酸与乙酐混合即为一种优良的硝化剂。大多数有机物能溶于乙酐中,使得硝化反应在均相中进行。此硝化剂具有硝化能力较强、酸性小和没有氧化副反应的特点,又可在低温下进行快速反应,所以很适用于易与强酸生成盐而难硝化的化合物或强酸不稳定物质的硝化过程。通常,产物中很少有多硝基存在,几乎是一硝基化合物。当硝化带有邻、对位取代基的芳烃时,主要得到邻硝基产物。

硝酸-乙酐混合物应在使用前临时配置,以免放置太久生成硝基甲烷而引起爆炸,反应式如下:

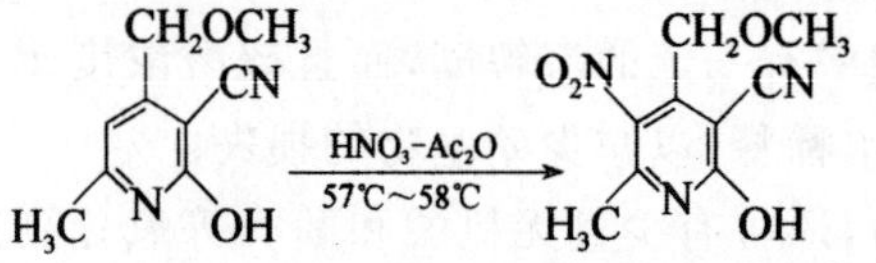

4. 浓硫酸介质中的均相硝化法

当被硝化物或硝化产物在反应温度下是固态时,多将被硝化物溶解在大量的浓硫酸中,然后加入硝酸或混酸进行硝化。这种均相硝化法只需使用过量很少的硝酸,一般产率较高,所以应用范围广。

5. 非均相混酸硝化法

当被硝化物和硝化产物在反应温度下都呈液态且难溶或不溶于废酸时,常采用非均相的混酸硝化法。这时需剧烈的搅拌,使有机物充分地分散到酸相中以完成硝化反应。该法是工业上最常用、最重要的硝化方法。

6. 有机溶剂硝化法

该法可避免使用大量的硫酸作溶剂,从而减少或消除废酸量,常常使用不同的溶剂以改变硝化产物异构体的比例。常用的有机溶剂有二氯甲烷、二氯乙烷、乙酸或乙酐等。硝化特点如下:

①进行硝化反应的条件下,反应是不可逆的。

②硝化反应速度快,是强放热反应。

③在多数场合下,反应物与硝化剂是不能完全互溶的,常常分为有机层和酸层。

7. 间接硝化法

一些活泼芳烃或杂环化合物直接硝化,容易发生氧化反应,若先在芳或杂环上引入磺酸基,再进行取代硝化,可避免副反应。

芳香族化合物上的磺酸基经过处理后,可被硝基置换生成硝基化合物。硝化酚或酚醚类化合物时,广泛应用该方法。引入磺酸基后,使得苯环钝化,再进行硝化时可以减少氧化副反应的发生。

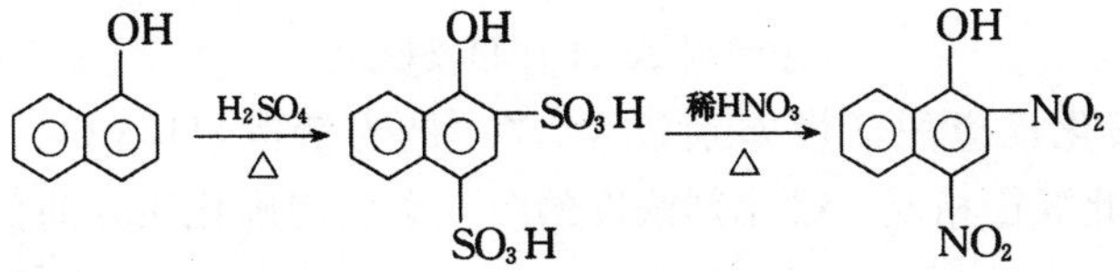

为了制备某些特殊取代位置的硝基化合物,可使用下述方法:芳伯胺在硫酸中重氮化生成重氮盐,然后在铜系催化剂的存在下,用亚硝酸钠处理,即分解生成芳香族硝基化合物。

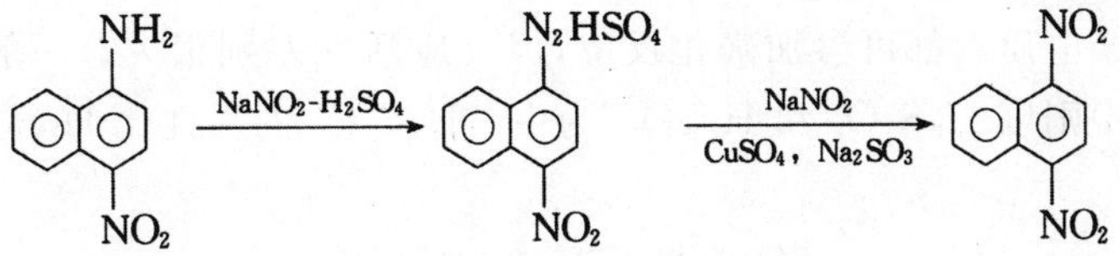

2.3 磺化反应

磺化是在有机物分子碳原子上引入磺酸基,合成具有碳硫键的磺酸类化合物;在氧原子上引入磺酸基,合成具有碳氧键的硫酸酯类化合物;在氮原子上引入磺酸基,合成具有碳氮键的磺胺类化合物的重要有机合成单元之一。

2.3.1 磺化反应原理分析

1. 磺化动力学

以硫酸、发烟硫酸或三氧化硫作为磺化剂进行的磺化反应是典型的亲电取代反应。磺化剂自身的离解提供了各种亲电质子,硫酸能按下列几种方式离解:

$$2H_2SO_4 \rightleftharpoons SO_3 + H_3^+O + HSO_4^-$$
$$2H_2SO_4 \rightleftharpoons H_3SO_4^+ + HSO_4^-$$
$$3H_2SO_4 \rightleftharpoons H_2S_2O_7 + H_3^+O + HSO_4^-$$
$$3H_2SO_4 \rightleftharpoons HSO_3^+ + H_3^+O + 2HSO_4^-$$

发烟硫酸可按下式发生离解:

$$SO_3 + H_2SO_4 \rightleftharpoons H_2S_2O_7$$
$$H_2S_2O_7 + H_2SO_4 \rightleftharpoons H_3SO_4^+ + HS_2O_7^-$$

硫酸和发烟硫酸是一个多种质点的平衡体系,存在着 SO_3、$H_2S_2O_7$、H_2SO_4、HSO_3^- 和 $H_3SO_4^+$ 等质点,其含量随磺化剂浓度的改变而变化。

磺化动力学的数据表明:磺化亲电质点实质上是不同溶剂化的 SO_3 分子。在发烟硫酸中亲电质点以 SO_3 为主;在浓硫酸中,以 $H_2S_2O_7$ 为主;在 $80\%\sim85\%$ 的硫酸中,以 $H_3SO_4^+$ 为主。以对硝基甲苯为例,在发烟硫酸中磺化的反应速度为:

$$v=k[ArH][SO_3]$$

在 95% 硫酸中的反应速度为:

$$v=k[ArH][H_2S_2O_7]$$

在 $80\%\sim85\%$ 硫酸中的反应速度为:

$$v=k[ArH][H_3SO_4^+]$$

各种质子参加磺化反应的活性差别较大,SO_3 最为活泼,$H_2S_2O_7$ 次之,$H_3SO_4^+$ 活性最差,而反应选择性与此规律相反。磺化剂浓度的改变会引起磺化质点的变化,从而影响磺化反应速度。

2. 磺化反应机理

磺化剂浓硫酸、发烟硫酸以及三氧化硫中可能存在 SO_3、H_2SO_4、$H_2S_2O_7$、HSO_4^-、$H_3SO_4^+$ 等亲电质点,这些亲电质点都可参加磺化反应,但反应活性差别很大。一般认为 SO_3 是主要磺化质点,在硫酸中则以 $H_2S_2O_7$ 和 $H_3SO_4^+$ 为主。$H_2S_2O_7$ 的活性比 $H_3SO_4^+$ 大,而选择性则是 $H_3SO_4^+$ 为高。

$$SO_3 + H_2SO_4 \rightleftharpoons H_2S_2O_7$$

$$H_2S_2O_7 + H_2SO_4 \rightleftharpoons H_3SO_4^+ + HS_2O_7^-$$

磺化是芳烃的特征反应之一,它较容易进行。芳烃的磺化是典型的亲电取代反应,其机理有如下两步反应历程:

(1)形成 σ-络合物

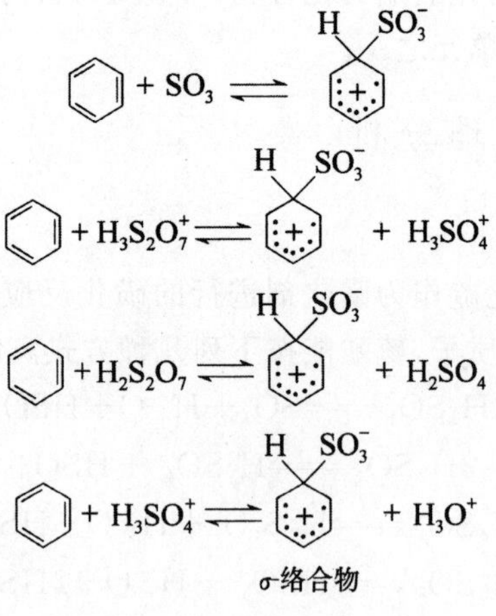

(2)脱去质子

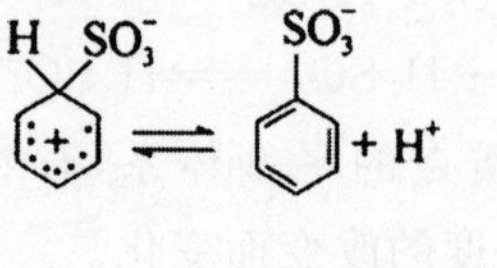

研究证明,用浓硫酸磺化时,脱质子较慢,第二步是整个反应速度的控制步骤。

芳烃的磺化产物芳基磺酸在一定温度下于含水的酸性介质中可发生脱磺水解反应,即磺化的逆反应。此时,亲电质点为 H_3O^+,它与带有供电子基的芳磺酸作用,使其磺基水解,其水解反应历程如下:

$$\text{SO}_3^- \ + \text{H}_3^+\text{O} \rightleftharpoons \text{SO}_3\cdots\text{H}\cdots\text{H}_2\text{O} \rightleftharpoons \text{H SO}_3^- \ + \text{H}_2\text{O} \rightleftharpoons \text{H} \ + \text{H}_2\text{SO}_4$$

当芳环上具有吸电子基时,磺酸基难以水解;而芳环上具有给电子基时,磺酸基容易水解。

3. 磺化反应的影响因素

磺化反应的主要影响因素如下所示。

(1)被磺化物的结构

被磺化物的结构和性质,对磺化的难易程度有着很大影响。例如,饱和烷烃的磺化较芳烃的磺化困难得多。而芳烃结构上存在给电子基时,芳环上的电子云密度较高,有利于 σ -络合物的形成,磺化反应易于进行。如果芳环上具有吸电子基,受吸电子基的影响,芳环上电子云的密度较低,不利于 σ -络合物的形成,磺化反应较难进行。苯及其衍生物用 SO_3 磺化时,其反应速度的大小顺序为:

苯＞氯苯＞溴苯＞对硝基苯甲醚＞间二氯苯＞对硝基甲苯＞硝基苯

另外,磺酸基所占的空间体积较大,磺化具有明显的空间效应,特别是芳环上的已有取代基所占空间较大时,其空间效应更为显著。烷基苯磺化时,邻位磺酸的生成量随烷基的增大而减少;而叔丁基苯的磺化几乎不生成邻位磺酸。

在芳烃的亲电取代反应中,萘环比苯环活泼。萘的磺化根据反应温度、硫酸的浓度和用量及反应时间的不同,可以制得一系列有用的萘磺酸。

2-萘酚的磺化比萘还容易,使用不同的磺化剂和不同的磺化条件,可以制取不同的 2-萘酚磺酸产品。

(2)磺化剂

动力学研究表明,磺化剂的浓度对磺化反应速度具有显著的影响。如用硫酸作磺化剂,每引入一个物质的量的磺酸基,同时生成一个物质的量的水。随着磺化反应的进行,硫酸的浓度逐渐下降,其磺化能力和反应速度也大为降低。当硫酸的浓度降到一定程度时,磺化反应事实上已经停止。此时的硫酸称为"废酸",将废酸的浓度折算成 SO_3 的质量分数称为"π值"。

不同的磺化过程,π值不同。易于磺化的π值要求较低;难以磺化的π值要求较高,甚至废酸浓度高于 100% 的硫酸,如硝基苯的一磺化。目前工业生产中,磺化剂的选择和用量的确定,主要是通过实验或经验决定。

(3)磺化温度和反应时间

温度是影响磺化反应速度的重要因素之一。一般来说,磺化温度低,反应速度慢,反应时间长;磺化温度高,则反应速度快,反应时间短。在工业上,要提高生产效率,则需要缩短反应时间,同时又要保证产品质量和产率。磺化反应的温度每增 10℃,反应时间缩短为原来的约 1/3。但是,温度过高会引起副反应,如多磺化、氧化、砜和树脂化物质的生成,产品质量将会下降。所以,除个别情况采用高温和短时的方案外,大多数情况下均采用较低温度和较长的反应时间。这样,反应产物纯度较高,色泽较浅,也能保证产率。

温度除对反应速度有影响外,还会影响磺酸基的引入位置。如当萘磺化时,温度对磺化产物异构体的比例亦有影响。

低温有利于磺酸基进入 α 位,高温则有利于磺酸基进如 β 位。

当要求产物含有一定比例的二磺酸时,温度将起重要作用。如工业上用发烟硫酸来磺化4-氨基偶氮苯时,0℃反应36 h,只有一磺化产物;10℃～20℃反应24 h,一、二磺化产物各占一半;9℃～30℃反应12 h,全部生成二磺化产物。

以上均说明,温度对磺化的影响很大。另一方面,也有一些例子说明,温度和时间对产物的定位影响很小,如蒽醌同系物等。

除上述影响因素外,良好的搅拌及换热装置可以加快有机物在酸相中的溶解,提高传质、传热效率,防止局部过热,有利于反应的进行。

2.3.2 磺化反应的方法

根据使用磺化剂的不同,磺化反应的方法如下所示。

1. 氯磺酸磺化法

氯磺酸的磺化能力比硫酸强,比三氧化硫温和。在适宜的条件下,氯磺酸和被磺化物几乎是定量反应,副反应少,产品纯度高。副产物氯化氢在负压下排出,用水吸收制成盐酸。但氯磺酸价格较高,使其应用受限制。根据氯磺酸用量不同,用氯磺酸磺化得芳磺酸或芳磺酰氯。

(1)制取芳磺酸

用等物质的量或稍过量的氯磺酸磺化,产物是芳磺酸。

$$ArH + ClSO_3H \longrightarrow ArSO_3H + HCl \uparrow$$

由于芳磺酸为固体,反应需在溶剂中进行。硝基苯、邻硝基乙苯、邻二氯苯、二氯乙烷、四氯乙烷、四氯乙烯等为常用溶剂。例如:

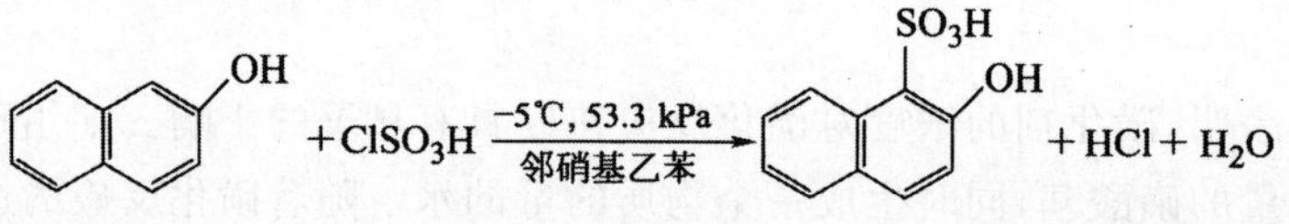

醇类硫酸酯化,也常用氯磺酸为磺化剂,以等物质的量配比磺化,产物为表面活性剂,由于不含无机盐,产品质量好。

(2)制取芳磺酰氯

用过量的氯磺酸磺化,产物是芳磺酰氯。

$$ArSO_3H + ClSO_3H \rightleftharpoons ArSO_2Cl + H_2SO_4$$

由于反应是可逆的,因而要用过量的氯磺酸,一般摩尔比为1∶(4～5)。过量的氯磺酸可使被磺化物保持良好的流动性。有时也加入适量添加剂以除去硫酸。例如,生产苯磺酰氯时加入适量的氯化钠。氯化钠与硫酸生成硫酸氢钠和氯化氢,反应平衡向产物方向移动,收率大大提高。

单独使用氯磺酸不能使磺酸全部转化成磺酰氯,可加入少量氯化亚砜。

芳磺酰氯不溶于水,冷水中分解较慢,温度高易水解。将氯磺化物倾入冰水,芳磺酰氯析出,迅速分出液层或滤出固体产物,用冰水洗去酸性以防水解。芳磺酰氯不易水解,可以热水洗涤。

芳磺酰氯化学性质活泼,可合成许多有价值的芳磺酸衍生物。

2. 三氧化硫磺化法

用三氧化硫磺化,其用量接近理论量。磺化剂利用率可以高达90%以上。使用三氧化硫作磺化剂明显的优点就是反应不生成水,反应迅速,三废少,经济合理。所以近年来的应用日益增多,它不仅可用于脂肪醇、烯烃的磺化,而且可直接用于烷基苯的磺化。

三氧化硫磺化包括以下四种形式:

(1)气体三氧化硫磺化

气体三氧化硫磺化主要用于十二烷基苯生产十二烷基苯磺酸钠。磺化采用双膜式反应器,三氧化硫用干燥的空气稀释至4%～7%。此法生产能力大,工艺流程短,副产物少,产品质量好,得到广泛应用。

(2)液体三氧化硫磺化

液体三氧化硫磺化主要用于不活泼的液态芳烃磺化,在反应温度下产物磺酸为液态,而且黏度不大。例如,硝基苯在液态三氧化硫中磺化:

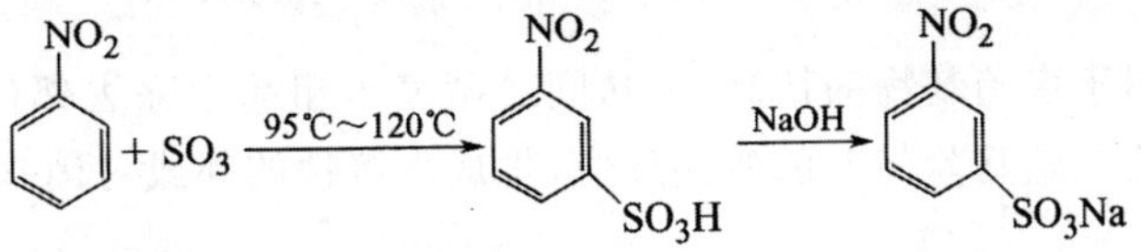

操作是将过量的液态三氧化硫慢慢滴至硝基苯中,温度自动升至70℃～80℃,然后在95℃～120℃下保温,直至硝基苯完全消失,再将磺化物稀释、中和,得间硝基苯磺酸钠。此法也可用于对硝基甲苯磺化。

制备液态三氧化硫时,以20%～25%发烟硫酸为原料,将其加热至250℃产生三氧化硫蒸气,三氧化硫蒸气通过填充粒状硼酐的固定床层,再经冷凝,即得稳定的SO_3液体。液体三氧化硫使用方便,但成本较高。

(3)三氧化硫-溶剂磺化

三氧化硫-溶剂磺化适用于被磺化物或磺化产物为固态的情况,将被磺化物溶解于溶剂,磺化反应温和、易于控制。常用溶剂如硫酸、二氧化硫、二氯甲烷、1,2-二氯乙烷、1,1,2,2-四氯乙烷、石油醚、硝基甲烷等。

硫酸可与SO_3混溶,并能破坏有机磺酸的氢键缔合,降低反应物黏度。其操作是先在被磺化物中加入质量分数为10%的硫酸,通入气体或滴加液体SO_3,逐步进行磺化。此法技术简单、通用性强,可代替发烟硫酸磺化。

有机溶剂要求化学性质稳定,易于分离回收,可与被磺化物混溶,对SO_3溶解度在25%以上溶剂的选择,需根据被磺化物的化学活泼性和磺化条件确定。一般有机溶剂不溶解磺酸,故磺化液常常很黏稠。

磺化操作可将被磺化物加到SO_3-溶剂中;也可先将被磺化物溶于有机溶剂中,再加入

SO_3-溶剂或通入 SO_3 气体。例如,萘在二氯甲烷中用 SO_3 磺化制取 1,5-萘二磺酸。

（4）SO_3 有机配合物磺化

SO_3 可与有机物形成配合物,配合物的稳定次序为:

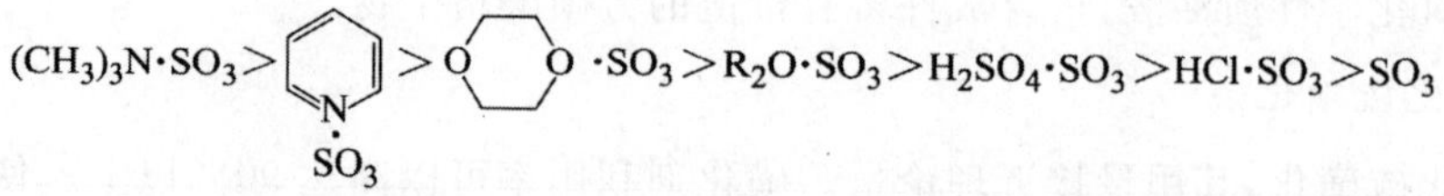

SO_3 有机配合物的稳定性比发烟硫酸大,即 SO_3 有机配合物的反应活性低于发烟硫酸。故用 SO_3 有机配合物磺化,反应温和,有利于抑制副反应,磺化产品质量较高,适于高活性的被磺化物。SO_3 与叔胺和醚的配合物应用最为广泛。

3. 亚硫酸盐磺化法

不易用取代磺化制取芳磺酸的被磺化物,可用亚硫酸盐磺化法。亚硫酸盐可将芳环上的卤基或硝基置换为磺酸基,例如:

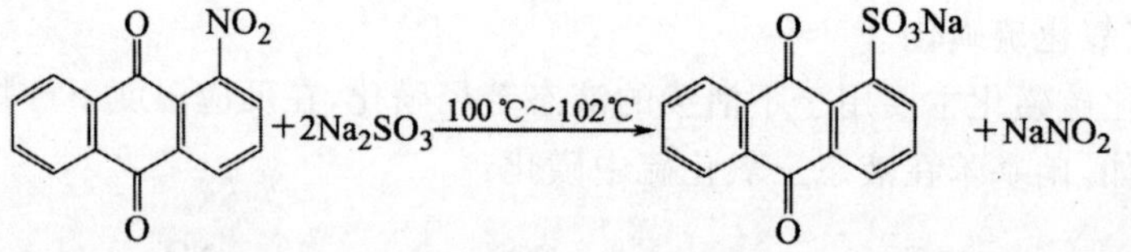

亚硫酸钠磺化用于多硝基物的精制,如从间二硝基苯粗品中除去邻位和对位二硝基苯的异构体。邻位和对位二硝基苯与亚硫酸钠反应,生成水溶性的邻或对硝基苯磺酸钠盐,间二硝基苯得到精制提纯。

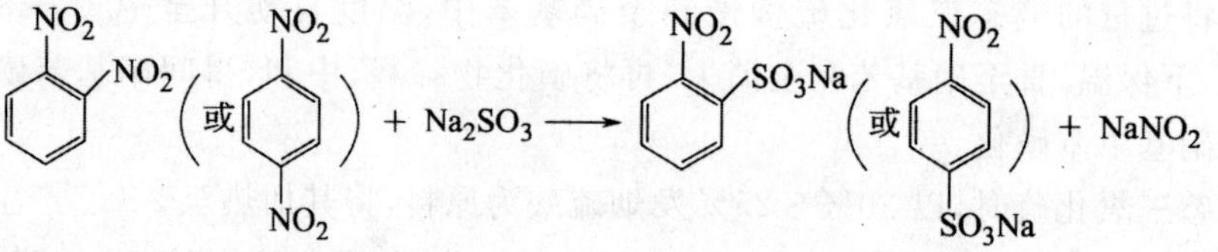

4. 过量硫酸磺化法

过量硫酸磺化法是指被磺化物在过量硫酸或发烟硫酸中进行磺化的方法。这种方法适用面较广,在过量硫酸磺化中,若反应物在磺化温度下是液态的,一般是先在磺化锅中加入被磺化物,然后再慢慢加入磺化剂,以免生成较多的二磺化物。若反应物在磺化温度下是固态的,则先在磺化锅中加入磺化剂,然后在低温下加入被磺化物,再升温至反应温度。在制备多磺酸时,常采用分段加酸法,目的是使每一个磺化阶段都能选择最适宜的磺化剂浓度和反应温度,从而使磺基进入所需位置,得到所需的磺化产物。

此磺化方法的缺点是生产能力较低,得到较多的酸性废液或废渣。

5. 烘焙磺化法

芳伯胺磺化多采用此法。芳伯胺与等物质的量的硫酸混合,制成固态芳胺硫酸盐,然后在 180℃～230℃高温烘焙炉内烘焙,故称为烘焙磺化,也可采用转鼓式球磨机成盐烘焙。例如,苯胺磺化:

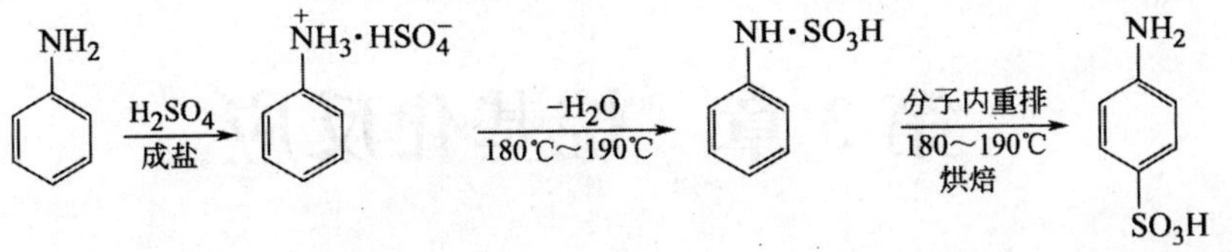

烘焙磺化法硫酸用量虽接近理论量,但易引起苯胺中毒,生产能力低,操作笨重,可采用有机溶剂脱水法,即使用高沸点溶剂,如二氯苯、三氯苯、二苯砜等,芳伯胺与等物质的量的硫酸在溶剂中磺化,不断蒸出生成的水。

苯系芳胺进行烘焙磺化时,其磺酸基主要进入氨基对位,对位被占据则进入邻位。烘焙磺化法制得的氨基芳磺酸如下:

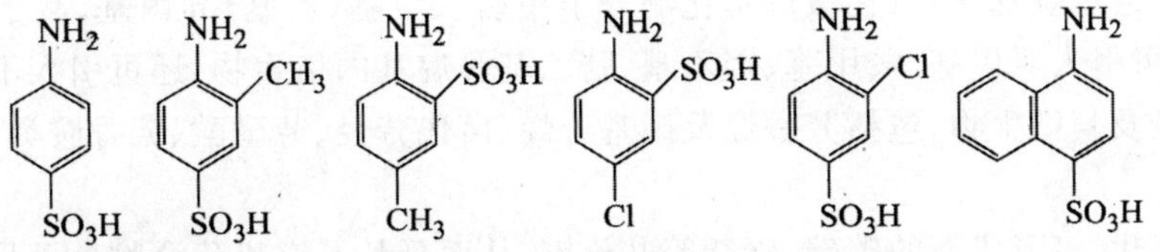

由于烘焙磺化温度较高,含羟基、甲氧基、硝基或多卤基的芳烃,不宜用此法磺化,防止被磺化物氧化、焦化和树脂化。

6. 恒沸脱水磺化法

由于苯与水可形成恒沸物,故以过量苯为恒沸剂带走反应生成的水,苯蒸气通入浓硫酸中磺化,过量苯与磺化生成的水一起蒸出,维持磺化剂一定浓度,停止通蒸气苯,磺化结束;若继续通苯,则生成大量二苯砜。此法适用于沸点较低的芳烃的磺化,如苯、甲苯。

第3章 烷基化反应

3.1 烷基化反应概述

有机物分子碳、氮、氧等原子上引入烷基，合成有机化学品的过程称为烷基化。被烷基化物主要有烷烃及其衍生物、芳香烃及其衍生物。烷烃及其衍生物，包括脂肪醇、脂肪胺、羧酸及其衍生物等。通过烷基化，可在被烷基化物分子中引入甲基、乙基、异丙基、叔丁基、长碳链烷基等烷基，也可引入氯甲基、羧甲基、羟乙基、腈乙基等烷基的衍生物，还可引入不饱和烃基、芳基等。芳香烃及其衍生物，包括芳香烃及硝基芳烃、卤代芳烃、芳磺酸、芳香胺类、酚类、芳羧酸及其酯类等。

通过烷基化，可形成新的碳碳、碳杂等共价键，从而延长了有机化合物分子骨架，改变了被烷基化物的化学结构，赋予了其新的性能，制造出许多具有特定用途的有机化学品。有些是专用精细化学品，如非离子表面活性剂壬基酚聚氧乙烯醚、邻苯二甲酸酯类增塑剂、相转移催化剂季铵盐类等。

烷基化在石油炼制中占有重要地位。大部分原油中可直接用于汽油的烃类仅含 10% ~ 40%。现代炼油通过裂解、聚合和烷基化等加工过程，将原油的 70% 转变为汽油。将大分子量烃类，变成小分子量易挥发烃类称为裂解加工；将小分子气态烃类，变成用于汽油的液态烃类称为聚合加工；烷基化是将小分子烯烃和侧链烷烃变成高辛烷值的侧链烷烃。烷基化加工是在磺酸或氢氟酸催化作用下，丙烯和丁烯等低分子量烯烃与异丁烯反应，生成主要由高级辛烷和侧链烷烃组成的烷基化物。该种烷基化物是一种汽油添加剂，具有抗爆震作用。

现代炼油过程通过烷基化，按需要将分子重组，增加汽油产量，将原油完全转变为燃料型产物。

实现烷基化反应，需要应用取代、加成、置换、消除等有机化学反应。

实施烷基化过程，使用的烷基化剂、被烷基化物等物料，均为易燃、易爆、有毒害性和腐蚀性的危险化学品，必须严格执行安全操作规程。

烷基化过程包括气相烷基化与液相烷基化，烷基化条件有常压和高压烷基化，烷基化操作伴有物料混配、烷基化液分离、产物重结晶、脱色等化工操作；执行烷基化任务，注意操作安全，认真执行生产工艺规程。

3.2 芳环上的 C-烷基化

C-烷基化即在芳烃及其衍生物芳环上，引入烷基或取代烷基，合成烷基芳烃或烷基芳烃衍生物的过程。

3.2.1　C-烷基化的解释

在催化剂作用下,烷化剂形成亲电质点——烷基正离子,烷基正离子进攻芳环,发生烷基化反应。

烯烃类烷化剂,使用能够提供质子的催化剂,使烯烃形成烷基正离子:

$$R-CH = CH_2 + H^+ \rightleftharpoons R-CH-CH_3$$

烷基正离子进攻芳环,发生亲电取代反应,生成烷基芳烃并释放质子:

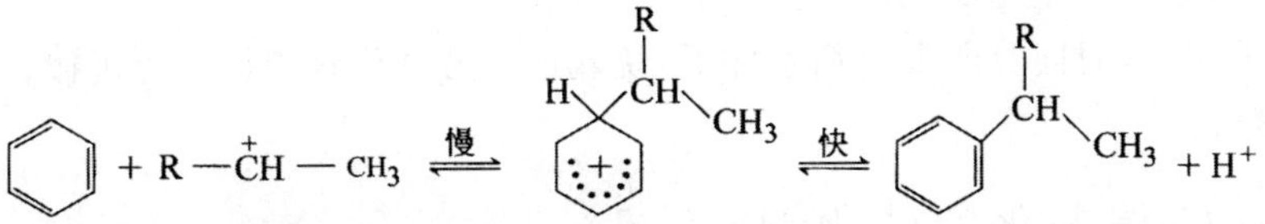

质子与烯烃加成遵循的规则为马尔科夫尼柯夫规则,质子加在含氢较多的碳上,所以除乙烯外,采用烯烃的 C-烷基化生成支链烷基芳烃。

卤烷类烷化剂,氯化铝可使其变成烷基正离子:

$$R-Cl + AlCl_3 \rightleftharpoons R \rightarrow Cl : AlCl_3 \rightleftharpoons R^+ \cdots AlCl_4^- \rightleftharpoons R^+ + AlCl_4^-$$

分子配合物　　　离子对或离子配合物

卤烷的烷基为叔烷基或仲烷基时,易生成离子对或 R^+;伯烷基以分子配合物形式参加反应。离子对形式的反应历程为:

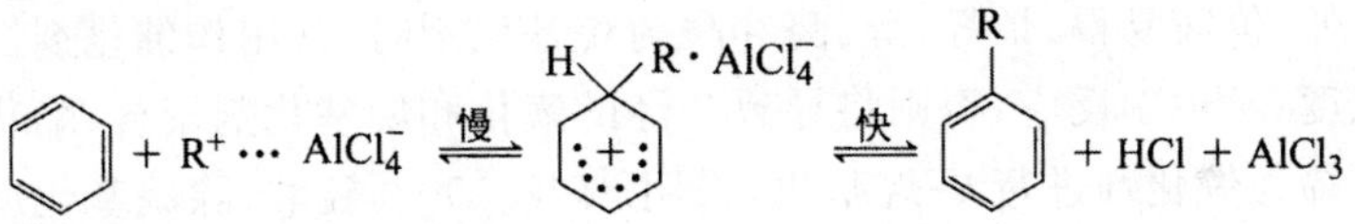

理论上不消耗 $AlCl_3$。1 mol 卤烷实际需要 0.1 mol $AlCl_3$。

醇类烷化剂先形成质子化醇,再离解为水与烷基正离子:

$$R-OH + H^+ \rightleftharpoons R-\overset{+}{O}H_2 \rightleftharpoons R^+ + H_2O$$

在质子存在下,醛类烷化剂形成亲电质点:

芳环上 C-烷基化的难易程度主要取决于芳环上的取代基。芳环上的给电子取代基,促使烷基化容易进行。烷基给电子性取代基,不易停留在烷基化一取代阶段;如果烷基存在较大的空间效应,如异丙基、叔丁基,只能取代到一定程度。氨基、烷氧基、羟基虽属给电子取代基,由于其与催化剂配合而不利于烷基化反应。芳环上含有卤素、羧基等吸电子取代基时,烷基化不易进行,此时需要较高温度、较强催化剂。硝基芳烃难以烷基化,如果邻位有烷氧基,采用合适的催化剂,烷基化效果较好。例如:

硝基苯不能进行烷基化,然而其可溶解氯化铝和芳烃,因此可作烷基化溶剂。

稠环芳烃如萘、芘等极易进行 C-烷基化反应,呋喃系、吡咯系等杂环化合物对酸较敏感,在合适条件下可进行烷基化反应。

低浓度、低温、短时间及弱催化剂条件下,烷基进入芳环位置遵循定位规律;否则烷基进入位置缺乏规律性。

3.2.2 C-烷基化的催化剂

C-烷基化的烷化剂需在催化剂作用下转变成烷基正离子。催化剂主要有质子酸、酸性卤化物、酸性氧化物和烷基铝等物质。不同催化剂,催化活性相差较大。

1. 质子酸

质子酸是能够电离出质子 H^+ 的无机酸或羧酸及其衍生物。硫酸、磷酸和氢氟酸是重要的质子酸,活性顺序为:

$$HF > H_2SO_4 > H_3PO_4$$

(1)硫酸

硫酸使用方便、价廉易得,烯烃、醇、醛和酮为烷基化剂时,常用作催化剂。硫酸为催化剂,必须选择适宜浓度,避免副反应,否则将导致芳烃的磺化和烷基化剂聚合、酯化、脱水及氧化等副反应。用异丁烯为烷化剂进行 C-烷基化,采用 85%~90%硫酸,除烷基化反应外,还有一些酯化反应;使用 80%硫酸时,主要是聚合反应,同时伴随有一些酯化反应,但并不发生烷基化反应;如使用 70%硫酸,则主要是酯化反应,而不发生烷基化和聚合反应。若乙烯为烷化剂,98%硫酸足以引起苯和烷基苯磺化。故乙烯与苯的烷基化不用硫酸催化剂。

(2)氢氟酸

熔点为 -83℃,沸点为 19.5℃,在空气中发烟,其蒸气具有强烈的腐蚀性和毒性,溶于水。液态氢氟酸对含氧、氮和硫的有机物溶解度较高,对烃类有一定的溶解度,可兼作溶剂。氢氟酸的低熔点性质,可使其在低温使用。氢氟酸沸点较低,易于分离回收,温度高于沸点时加压操作。氢氟酸与三氟化硼的配合物,也是良好的催化剂。氢氟酸不易引起副反应,对于不宜使用氯化铝或硫酸的烷基化,可使用氢氟酸。氢氟酸的腐蚀性强、价格较高。

(3)磷酸和多磷酸

100%磷酸室温下呈固体,常用 85%~89%含水磷酸或多磷酸。多磷酸为液态,也是多种有机物的良好溶剂。负载于硅藻土、二氧化硅或氧化铝等载体的固体磷酸,是气相催化烷基化的催化剂。磷酸和多磷酸不存在氧化性,不会导致芳环上的取代反应,特别是含羟基等敏感性基团的芳烃,催化效果比氯化铝或硫酸好。

磷酸和多磷酸,主要用作烯烃烷基化、烯烃聚合和闭环的催化剂。与氯化铝或硫酸相比,磷酸和多磷酸的价格较高,故其应用受到限制。

阳离子交换树脂催化剂,如苯乙烯-二苯乙烯磺化物,其优点为副反应少、易回收,然而其受使用温度限制,失效后不能再生。苯酚用烯烃、卤烷或醇烷基化常用阳离子交换树脂催化剂。

2. 酸性卤化物

酸性卤化物是烷基化常用的催化剂,其催化活性次序为:

$$AlBr_3 > AlCl_3 > GaCl_3 > FeCl_3 > SbCl_5 > ZnCl_4 > SnCl_4 > BF_3 > TlCl_4 > ZnCl_2$$

其中最常用的为 $AlCl_3$、$ZnCl_2$、BF_3。

(1)无水氯化铝

催化活性好、技术成熟、价廉易得、应用广泛。无水氯化铝可溶于液态氯烷、液态酰氯,具有良好的催化作用;可溶于 SO_2、$COCl_2$、CS_2、HCN 等溶剂,形成的 $AlCl_3$-溶剂配合物具有催化作用;然而溶于醚、醇或酮所形成的配合物,催化作用很弱或无催化作用。

升华无水氯化铝几乎不溶于烃类,对烯烃无催化作用。少量水或氯化氢存在,使其有催化活性。

红油即无水氯化铝、多烷基苯及少量水形成的配合物。红油不溶于烷基化物,易于分离,便于循环使用,只要补充少量 $AlCl_3$ 即可保持稳定的催化活性,且副反应少,是烷基苯生产的催化剂。

因为烷基化产生的氯化氢与金属铝生成具有催化作用的氯化铝配合物,因此用氯烷的烷基化、酰基化,可直接使用金属铝。

无水 $AlCl_3$ 与氯化钠等可形成复盐,如 $AlCl_3$-NaCl,其熔点为 185℃,141℃开始流化。

如果需较高温度,并且没有合适溶剂时,此时 $AlCl_3$-NaCl 既为催化剂,又作反应介质。

无水氯化铝为白色晶体,熔点为 190℃,180℃升华,吸水性很强,遇水分解,生成氯化氢并释放大量的热,甚至导致事故。与空气接触吸潮水解,逐渐结块,氯化铝潮解,从而失去催化性能。所以,无水氯化铝贮存应隔绝空气,保持干燥;使用要求原料、溶剂及设备干燥无水;硫化物降低无水氯化铝活性,含硫原料应先脱硫。

无水氯化铝有两种状态,即粒状和粉状两种。粒状氯化铝不易吸潮变质,粒度适宜的便于加料,烷基化温度易于控制,工业常用粒状氯化铝。

(2)三氟化硼

用于酚类烷基化。与醇、醚和酚等形成具有催化活性的配合物,催化活性好,副反应少。烯烃或醇作烷化剂时,三氟化硼可作硫酸、磷酸和氢氟酸催化剂的促进剂。

(3)其他酸性卤化物

$FeCl_3$、$ZnCl_2$、$CuCl$ 等性能温和,活泼的被烷化物可选用氯化锌等温和型催化剂。

3. 酸性氧化物及烷基铝

重要的有 SiO_2-Al_2O_3,其催化活性良好,用于脱烷基化、酮的合成和脱水闭环等过程,常用于气相催化烷基化。

烷基铝,主要有烷基铝、苯酚铝、苯胺铝等。烯烃烷化剂选择性催化剂,可使烷基选择性地进入芳环上氨基或羟基的邻位。苯酚铝是苯酚邻位烷基化催化剂;苯胺铝是苯胺邻位烷基化催化剂。脂肪族烷基铝或烷基氯化铝,要求烷基与导入烷基相同。

3.2.3　C-烷基化的方法

1. 用烯烃 C-烷基化

烯烃是价格便宜的烷化剂,用于烷基酚、烷基苯、烷基苯胺生产,常用乙烯、丙烯、异丁烯及长链 α-烯烃等,常用催化剂为三氟化硼、氯化铝、氢氟酸。

烯烃比较活泼,易发异构化、生聚合以及酯化等反应。所以,用烯烃 C-烷基化应严格控制条件,避免副反应。

工业用烯烃 C-烷基化,有如下两种方法:

(1)气相法

采用固定床反应器,气相芳烃和烯烃在一定温度和压力下,催化 C-烷基化,催化剂为固体酸。

(2)液相法

液态芳烃、气(液)态烯烃通过液相催化剂进行的 C-烷基化。一般情况下,反应器为鼓泡塔、多级串联反应釜或釜式反应器。

2. 用卤烷 C-烷基化

卤代烷活泼,不同结构的卤代烷其活性不同,烷基相同时的卤代烷的活性次序为:

$$RCl > RBr > RI$$

卤代烷的卤素相同,烷基不同时的卤代烷的活泼性次序为:

$$C_6H_5CH_2 > R_3CX > RCH_2X > CH_3X$$

氯化苄的活性最强,少量温和催化剂,便可与芳烃 C-烷基化。氯甲烷活性较小,氯化铝用量较多,在加热条件下,与芳烃发生 C-烷基化反应。卤代芳烃因其活性较低,通常情况下不作烷化剂。

卤代烷中常用氯代烷,其反应在液相中进行。因为烷基化过程产生氯化氢,所以用氯烷C-烷基化应注意以下几点:

①管道和设备作防腐处理,以防烷基化液腐蚀设备、管道。

②不使用无水氯化铝,而用铝锭或铝丝。

③须在微负压下操作,以导出氯化氢气体。

④具备吸收装置,以回收尾气中的氯化氢。

C-烷基化物料必须干燥脱水,以避免氯化铝水解、破坏催化剂配合物,这不仅消耗铝锭,而且导致管道堵塞,影响生产。

氯烷比烯烃价高,芳环上的 C-烷基化较少使用氯烷,具有活泼甲基或亚甲基化合物的C-烷基化常用卤烷。

3. 用醇 C-烷基化

醇类属弱烷化剂,适用于酚、芳胺、萘等活泼芳烃的 C-烷基化,烷基化过程中有烷基化芳烃和水生成。

例如,苯胺用正丁醇烷基化合成染料中间体正丁基苯胺,氯化锌为催化剂。温度太高时,烷基取代氨基上的氢发生 C-烷基化反应：

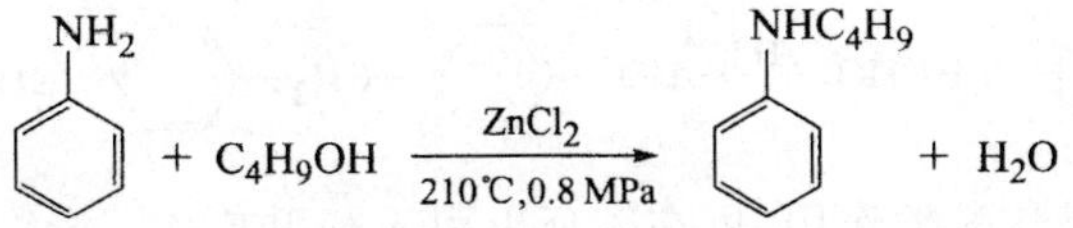

$$\text{(苯胺) } NH_2 + C_4H_9OH \xrightarrow[\text{210℃,0.8 MPa}]{ZnCl_2} \text{(苯胺) } NHC_4H_9 + H_2O$$

温度为 240～300℃时，烷基从氨基转移至芳环碳原子上，主要生成对烷基苯胺：

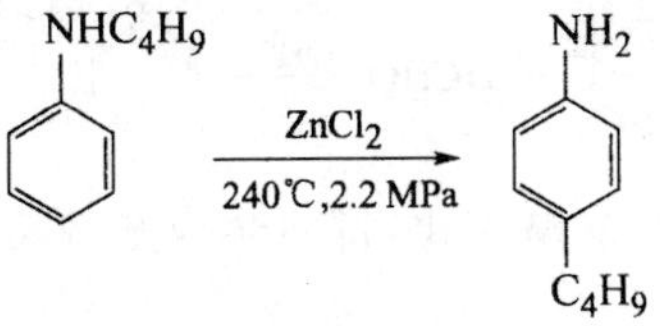

$$\text{(苯环) } NHC_4H_9 \xrightarrow[\text{240℃,2.2 MPa}]{ZnCl_2} \text{(苯环) } NH_2 \text{,对位 } C_4H_9$$

工业用压热釜，苯胺、正丁醇按 1：1.055（摩尔比）配比，无水氯化锌加入高压釜，升温、升压于 210℃，0.8 MPa 保温 6 h，然后在 240℃、2.2 MPa 保温 10 h，再在碱液中回流 5 h，分离得正丁基苯胺，以苯胺计收率 40%～45%。未反应的苯胺、正丁醇及副产物 C-正丁基苯胺，分离后回收套用。

发烟硫酸存在下，萘用正丁醇同时进行 C-烷基化和磺化，生成 4,5-二丁基萘磺酸，中和后为渗透剂 BX。

渗透剂 BX 有以下两种生产方法：

①萘与正丁醇搅拌混合后，加浓硫酸，继续搅拌至试样溶解于水为透明溶液为止，静止分层，上层溶液用烧碱中和，过滤、干燥即为成品。

②用同等质量的硫酸磺化，生成的 2-萘磺酸冷却后，在剧烈搅拌下加入浓硫酸和正丁醇，搅拌数小时至烷基化终点，静置分层，上层溶液用烧碱中和、蒸发、盐析后过滤、干燥得成品。

4. 用醛或酮 C-烷基化

醛或酮活性较弱，主要用于酚、萘等活泼芳烃的 C-烷基化，催化剂常用质子酸。例如，在稀硫酸作用下，2-萘磺酸与甲醛的 C-烷基化：

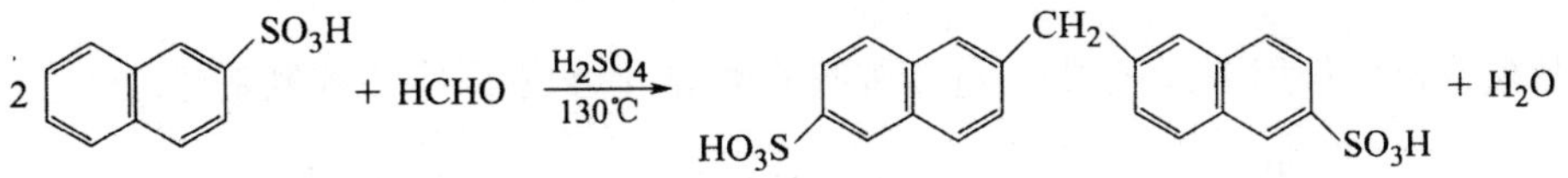

$$2 \text{(萘) } SO_3H + HCHO \xrightarrow[\text{130℃}]{H_2SO_4} HO_3S \text{(萘)} CH_2 \text{(萘)} SO_3H + H_2O$$

产物亚甲基二萘磺酸，经 NaOH 中和后得扩散剂 N，扩散剂 N 是纺织印染助剂。反应可在水溶液、中性或弱酸性无水介质中进行，不仅生成两个萘环的亚甲基化合物，还可生成多个萘环的亚甲基化合物。

在质子酸作用下，烷基酚用甲醛 C-烷基化，合成一系列抗氧剂。例如：

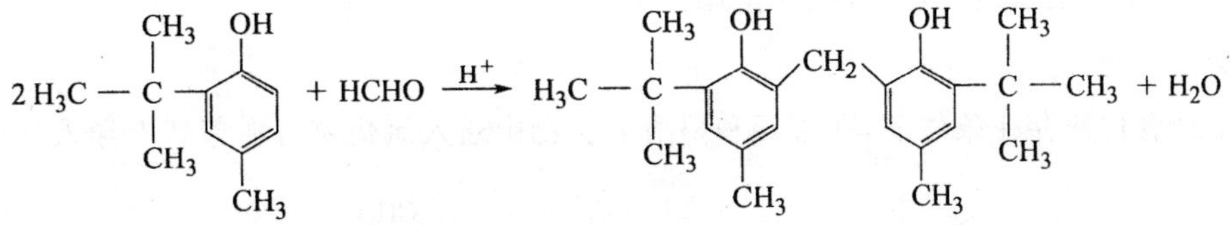

$$2\, H_3C-\underset{CH_3}{\overset{CH_3}{C}}-\text{(苯酚,CH}_3\text{)} + HCHO \xrightarrow{H^+} H_3C-\underset{CH_3}{\overset{CH_3}{C}}-\text{(苯酚)}CH_2\text{(苯酚)}\underset{CH_3}{\overset{CH_3}{C}}-CH_3 + H_2O$$

在无机酸存在下，甲醛与过量苯酚 C-烷基化，合成双酚 F：

$$2 \text{ C}_6\text{H}_5\text{OH} + \text{HCHO} \xrightarrow{\text{H}^+} \text{HO}-\text{C}_6\text{H}_4-\text{CH}_2-\text{C}_6\text{H}_4-\text{OH} + \text{H}_2\text{O}$$

以碱为催化剂，甲醛与酚类作用，可在芳环上引入羟甲基：

$$\text{C}_6\text{H}_5\text{OH} + \text{HCHO} \xrightarrow{\text{OH}^-} \text{邻-HOC}_6\text{H}_4\text{CH}_2\text{OH}$$

如果酚不是大大过量，无论酸或碱催化，都将生成酚醛树脂。

$$2 \text{ C}_6\text{H}_5\text{NH}_2 + \text{HCHO} \xrightarrow[100\,℃]{\text{HCl}} \text{H}_2\text{N}-\text{C}_6\text{H}_4-\text{CH}_2-\text{C}_6\text{H}_4-\text{NH}_2 + \text{H}_2\text{O}$$

醛类与芳胺的 C-烷化产物，用于合成染料中间体。盐酸存在条件下，甲醛与过量苯胺烷基化，合成 4,4′-二氨基二苯甲烷。

$$2 \text{ C}_6\text{H}_5\text{NH}_2 + \text{C}_6\text{H}_5\text{CHO} \xrightarrow{\text{HCl}} \text{H}_2\text{N}-\text{C}_6\text{H}_4-\text{CH}(\text{C}_6\text{H}_5)-\text{C}_6\text{H}_4-\text{NH}_2 + \text{H}_2\text{O}$$

在 30% 盐酸作用下，苯甲醛与苯胺在 145℃ 下减压脱水，产物 4,4′-二氨基三苯甲烷。在无机酸作用下，丙酮与过量苯酚烷基化，合成 2,2′-双丙烷，即双酚 A。

$$2 \text{ C}_6\text{H}_5\text{OH} + \text{CH}_3\text{COCH}_3 \xrightarrow{\text{H}^+} \text{HO}-\text{C}_6\text{H}_4-\text{C}(\text{CH}_3)_2-\text{C}_6\text{H}_4-\text{OH} + \text{H}_2\text{O}$$

在盐酸或硫酸作用下，环己酮与过量苯胺 C-烷基化合成 4,4′-二苯氨基环己烷。

$$2 \text{ C}_6\text{H}_5\text{NH}_2 + \text{环己酮} \xrightarrow[130\,℃,0.13\,\text{MPa}]{\text{H}_2\text{SO}_4} \text{产物} + \text{H}_2\text{O}$$

将无机酸作为催化剂，设备腐蚀严重，产生大量含酸、含酚废水；若使用强酸性阳离子交换树脂，从而上述问题可避免，并可循环使用。

5. 氯甲基化

在无水氯化锌存在条件下，在芳烃和甲醛混合物中通入氯化氢可在芳环上导入氯甲基：

$$\text{C}_6\text{H}_6 + \text{HCHO} + \text{HCl} \xrightarrow{\text{无水ZnCl}_2} \text{C}_6\text{H}_5\text{CH}_2\text{Cl} + \text{H}_2\text{O}$$

40

氯甲基化为亲电取代反应,芳环上的给电子取代基有利于反应。甲醛、聚甲醛及氯化氢为常用的氯甲基化剂,催化剂有氯化锌及盐酸、硫酸、磷酸等。

为避免多氯甲基化反应发生,氯甲基化使用过量芳烃。反应催化剂用量过大、温度过高时,易发生副反应,生成二芳基甲烷。

芳烃氯甲基化是合成 α-氯代烷基芳烃的一个重要方法。例如,在乙酸及 85% 磷酸存在下,将萘与甲醛、浓盐酸加热至 85℃,产物是 1-氯甲基萘:

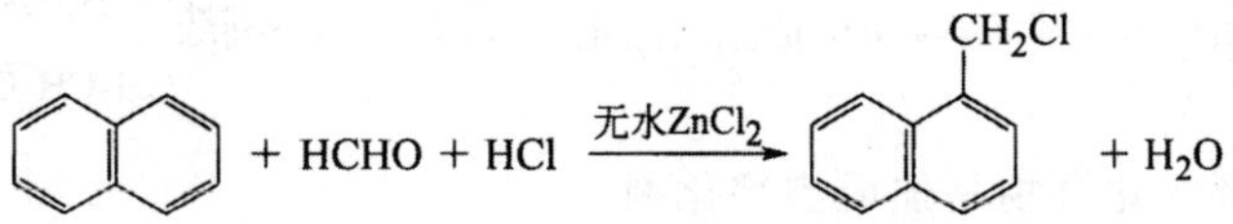

间二甲苯活泼性较高,氯甲基化在水介质中进行而无需催化剂:

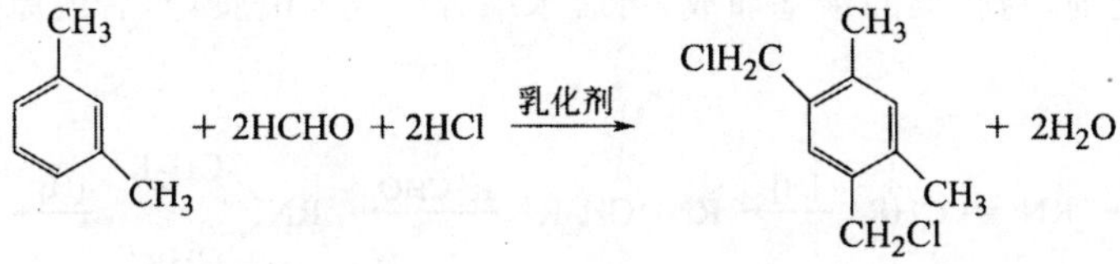

3.3 N-烷基化

N-烷基化是在胺类化合物的氨基上引入烷基的化学过程,胺类是指氨、脂肪胺或芳香胺及其衍生物,N-烷基化反应的通式为:

$$NH_3 + R—Z \longrightarrow RNH_2 + HZ$$

$$R'NH_2 + R—Z \longrightarrow R'NHR + HZ$$

$$R'NHR + R—Z \longrightarrow R'NR_2 + HZ$$

式中,R—Z 表示烷化剂;R 代表烷基;Z 代表—OH、—SO$_3$H 等。烷化剂可以是醇、酯、卤烷、环氧化合物、烯烃、醛和酮类。

3.3.1 N-烷化的反应类型

1. 取代型

烷化剂与胺类反应,烷基取代氨基上的氢原子。

$$RNH_2 \xrightarrow{R'Z} R'NHR \xrightarrow{R''Z} RNR'R'' \xrightarrow{R'''Z} RR'R''R'''N^+ Z^-$$

取代型烷化剂有醚、醇、酯等,烷基化活性取决于与烷基相连的离去基团,强酸中性酯的活性最强,其次是卤烷,醇较弱。

2. 加成型

烷基化剂直接加成在氨基上,生成 N-烷化衍生物。

$$RNH_2 \xrightarrow{CH_2=CHCN} RNHC_2H_4CN \xrightarrow{CH_2=CHCN} RN \begin{matrix} C_2H_4CN \\ C_2H_4CN \end{matrix}$$

$$RNH_2 \xrightarrow{\overset{CH_2-CH_2}{\underset{O}{\diagdown\diagup}}} RNHCH_2CH_2OH \xrightarrow{\overset{CH_2-CH_2}{\underset{O}{\diagdown\diagup}}} RN \begin{matrix} CH_2CH_2OH \\ CH_2CH_2OH \end{matrix}$$

烯烃衍生物和环氧化合物是加成型烷化剂。

3. 缩合-还原型

醛或酮为烷化剂,与胺类的羰基加成,再脱水缩合生成缩醛胺,然后还原为胺,因此称为还原 N-烷基化。

$$RNH_2 \xrightarrow{R'CHO} RN=CHR' \xrightarrow{[H]} RNHCH_2R' \xrightarrow{R'CHO} RN \begin{matrix} CH_2R' \\ CHR' \\ | \\ OH \end{matrix} \xrightarrow{[H]} RN \begin{matrix} CH_2R' \\ CH_2R' \end{matrix}$$

3.3.2　N-烷基化的方法

1. 用烯烃 N-烷基化

烯烃通过双键加成实现 N-烷基化,常用含 α-羰基、羧基、氰基、酯基的烯烃衍生物。如果无活性基团,那么难以进行 N-烷基化;含吸电子基的烯烃衍生物,反应容易进行。

$$RNH_2 + CH_2=CH-CN \longrightarrow RNH-C_2H_4CN$$

$$RNH-C_2H_4CN + CH_2=CH-CN \longrightarrow RN \begin{matrix} C_2H_4CN \\ C_2H_4CN \end{matrix}$$

$$RNH_2 + CH_2=CH-COOR' \longrightarrow RNH-C_2H_4COOR'$$

$$RNH-C_2H_4COOR' + CH_2=CH-COOR' \longrightarrow RN \begin{matrix} C_2H_4COOR' \\ C_2H_4COOR' \end{matrix}$$

与环氧乙烷、卤烷、硫酸二酯相比,烯烃衍生物的烷基化能力较弱,需要催化剂,乙酸、硫酸酸等,常用催化剂为三甲胺、三乙胺、吡啶等。

丙烯酸衍生物易聚合,超过 140℃ 聚合反应加剧,所以用丙烯酸衍生物 N-烷基化,温度通常不超过 130℃。反应需少量阻聚剂如对苯二酚,以防烯烃衍生物聚合。

烯烃衍生物 N-烷基化产物,多用于合成染料、表面活性剂和医药中间体。

2. 用卤烷 N-烷基化

卤代烷是 N-烷基化常用的烷基化试剂,其反应能力较醇强。若想引入长碳链的烷基时,由于醇类的反应活性随碳链的增长而减弱,因此,需要选用卤代烷作烷基化试剂。此外,对于较难烷基化的芳胺或脂肪胺类,如芳胺磺酸和硝基芳胺也要求采用卤代烷作烷基化试剂。

若烷基不同,则活泼性随烷基碳链的增长而递减。因此为了引入长碳链烷基,需采用溴代烷作烷基化试剂。碘代烷由于价格昂贵而多用于实验室制备。

若烷基相同的卤烷,其活泼次序为:

$$RI > RBr > RCl > RF$$

若卤素相同,则伯卤烷的反应活性最好,仲卤烷次之,而叔卤烷会发生消除副反应,生成烯烃,因此不宜直接采用叔卤烷作烷基化试剂。

用卤作烷基化试剂反应通式如下:

$$ArNH_2 + RX \longrightarrow ArNHR + HX$$
$$ArNHR + RX \longrightarrow ArNR_2 + HX$$
$$ArNR_2 + RX \longrightarrow ArN^+ + R_3X^-$$

在卤代烷的 N-烷基化反应中,通常将氨或胺转变成金属衍生物,使 N-烷基化反应更容易发生。一般以胺与丁基锂或芳基锂反应生成锂化合物,再与卤代烃反应制得胺。例如,N-正丁基苯胺的合成。

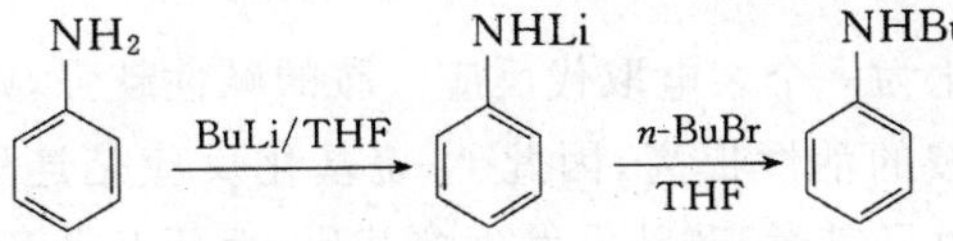

芳香族卤代烃的 N-烷基化反应一般条件下不易发生,往往需要强烈的反应条件或芳环上有活化取代基存在,取代反应才能进行。

邻苯二甲酰亚胺与卤代烃作用生成 N-烃基邻苯二甲酰亚胺,是合成伯胺的重要方法。若在一价铜的催化下,邻苯二甲酰亚胺钾盐亦可与不活泼的卤代烃如芳卤、烯基卤化物等顺利进行 N-烷基化反应。

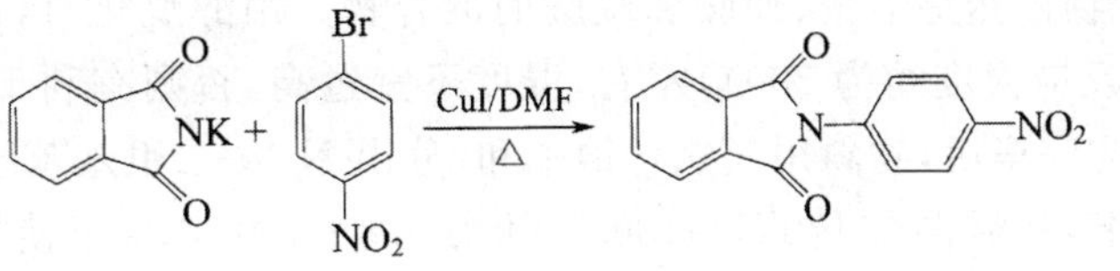

Le 等研究了离子液体中各类含氮杂环如邻苯二甲酰亚胺、苯并咪唑、吲哚等与各类卤代烃之间的烷基化反应,相对于传统的反应条件,在离子液体中,产物分离方便,产率高。

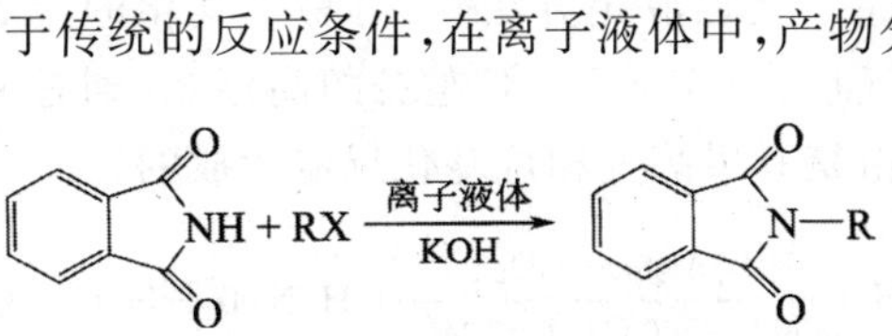

3. 用醇和醚 N-烷基化

用醇和醚作烷化剂时,它们烷化能力较弱,因此反应需在较强烈的条件下才能进行,然而某些低级醇由于价廉易得,供应量大,工业上常用其作为活泼胺类的烷化剂。

醇烷基化常用强酸作催化剂,其催化作用是将醇质子化,进而脱水得到活泼的烷基正离子

R^+。R^+与胺氮原子上的孤对电子形成中间络合物,其脱去质子得到产物。

$$H\!-\!\overset{\overset{\displaystyle H}{|}}{\underset{\underset{\displaystyle H}{|}}{N}}\!:\; +\; R^+ \rightleftharpoons \left[\; H\!-\!\overset{\overset{\displaystyle H}{|}}{\underset{\underset{\displaystyle H}{|}}{N^+}}\!-\!R\; \right] \rightleftharpoons R\!-\!\overset{\overset{\displaystyle H}{|}}{\underset{\underset{\displaystyle H}{|}}{N}}\!:\; +\; H^+$$

$$R\!-\!\overset{\overset{\displaystyle H}{|}}{\underset{\underset{\displaystyle H}{|}}{N}}\!:\; +\; R^+ \rightleftharpoons \left[\; R\!-\!\overset{\overset{\displaystyle R}{|}}{\underset{\underset{\displaystyle H}{|}}{N^+}}\!-\!R\; \right] \rightleftharpoons R\!-\!\overset{\overset{\displaystyle R}{|}}{\underset{\underset{\displaystyle H}{|}}{N}}\!:\; +\; H^+$$

$$R\!-\!\overset{\overset{\displaystyle R}{|}}{\underset{\underset{\displaystyle H}{|}}{N}}\!:\; +\; R^+ \rightleftharpoons \left[\; R\!-\!\overset{\overset{\displaystyle R}{|}}{\underset{\underset{\displaystyle R}{|}}{N^+}}\!-\!H\; \right] \rightleftharpoons R\!-\!\overset{\overset{\displaystyle R}{|}}{\underset{\underset{\displaystyle R}{|}}{N}}\!:\; +\; H^+$$

$$R\!-\!\overset{\overset{\displaystyle R}{|}}{\underset{\underset{\displaystyle R}{|}}{N}}\!:\; +\; R^+ \rightleftharpoons \left[\; R\!-\!\overset{\overset{\displaystyle R}{|}}{\underset{\underset{\displaystyle R}{|}}{N^+}}\!-\!R\; \right]$$

由此可见,胺类用醇烷化为一个亲电取代反应。胺的碱性越强,则反应越易进行。由于烷基是供电子基,其引入会使胺的活性提高,因此 N-烷基化反应是连串反应,同时又是可逆反应。对于芳胺,环上带有供电子基时,芳胺易发生烷基化;而环上带有吸电子基时,烷基化反应较难进行。

综上可知,N-烷基化产物是伯胺、仲胺和叔胺的混合物。可见,要得到目的产物必须采用适宜的 N-烷化方法。

苯胺进行甲基化时,如果目的产物是一烷基化的仲胺,那么醇的用量仅稍大于理论量;如果目的产物是二烷基化的叔胺,那么此时醇用量约为理论量 140%~160%。虽然这样,在制备仲胺时,得到的产物依然是伯胺、仲胺和叔胺的混合物。用醇烷化时,1 mol 胺用强酸催化剂 0.05~0.3 mol,反应温度约为 200℃左右,温度不宜过高,否则有利于芳环上的 C-烷化反应。苯胺甲基化反应完毕后,物料用氢氧化钠中和,分出 N,N-二甲基苯胺油层。再从剩余水层中蒸出过量的甲醇,然后再在 170℃~180℃、压力 0.8~1.0 MPa 下使季铵盐水解转化为叔胺。

胺类用醇进行烷基化除了上述液相方法外,对易于气化的醇和胺,反应还可采用气相方法。通常是使胺和醇的蒸气在 280℃~500℃ 左右的高温下,通过氧化物催化剂。例如,工业上大规模生产的甲胺就是由氨和甲醇气相烷基化反应生成的。

$$NH_3 + CH_3OH \xrightarrow[\text{350℃~500℃, 1~3 MPa}]{Al_2O_3 \cdot SiO_2} CH_3NH_2 + H_2O \qquad \Delta H = -21\,kJ/mol$$

烷基化反应并不停留在一甲胺阶段,还同时得到二甲胺、三甲胺混合物。其中用途最广的为二甲胺,需求量一甲胺次之。为减少三甲胺的生成,烷基化反应时,一般取氨与甲醇的摩尔比大于1,使氨过量,再加适量水和循环三甲胺,使烷基化反应向一烷基化和二烷基化转移。工业上三种甲胺的产品是浓度为 40% 的水溶液。一甲胺和二甲胺为制造医药、炸药、农药、染料、表面活性剂、橡胶硫化促进剂和溶剂等的原料。三甲胺用于制造离子交换树脂、饲料添加剂及植物激素等。

甲醚是合成甲醇时的副产物,也可用作烷化剂,其反应式如下:

$$\bigcirc\!-NH_2 + (CH_3)_2O \xrightarrow[230℃]{Al_2O_3} \bigcirc\!-NHCH_3 + CH_3OH$$

$$\bigcirc\!-NHCH_3 + (CH_3)_2O \longrightarrow \bigcirc\!-NH(CH_3)_2 + CH_3OH$$

此烷基化反应可在气相进行。使用醚类烷化剂的优点是反应温度可以较使用醇类的低。

4. 用醛或酮 N-烷基化

在还原剂存在下,氨与醛或酮还原 N-烷基化,经羰基加成、脱水消除、再还原得相应的伯胺,伯胺可与醛或酮继续反应,生成仲胺,仲胺与醛或酮进一步反应,最终生成叔胺。

$$NH_3 + RCHO \xrightarrow{-H_2O} RCH=NH \xrightarrow{还原剂} RCH_2NH_2$$

$$NH_3 + RCOR' \xrightarrow{-H_2O} RR'C=NH \xrightarrow{还原剂} RR'CHNH_2$$

$$RCH_2NH_2 + RCHO \xrightarrow{-H_2O} RCH=NCH_2R \xrightarrow{还原剂} \genfrac{}{}{0pt}{}{RCH_2}{RCH_2}\!\!\diagdown\!\!NH$$

氨或胺类与醛或酮还原烷基化,脱水缩合和加氢还原同时进行。在硫酸或盐酸等酸介质中用锌粉还原,常用还原剂为甲酸。在 $RhCl_3$ 存在下,一氧化碳为还原剂,可制备仲胺和叔胺。

$$RNH_2 + R'CHO + CO \xrightarrow[180℃,7\text{ MPa}]{RhCl_3,C_2H_5OH} RNHCH_2R' + CO_2$$

橡胶防老剂 4010NA 的合成,是催化加氢缩合还原烷基化的一例。

$$\bigcirc\!\!-\!\!\overset{NH}{\bigcirc}\!\!-\!\!NH_2 + \overset{O}{\underset{CH_3\diagdown\ \diagup CH_3}{\|}} + H_2 \xrightarrow[5.07\sim6.08\text{ MPa, }150℃]{Cu-Cr} \bigcirc\!\!-\!\!\overset{NH}{\bigcirc}\!\!-\!\!\underset{NH}{\overset{CH_3}{\underset{|}{CH}}}{\underset{CH_3}{}} + H_2O$$

N,N-二甲基十八胺是表面活性剂及纺织助剂的重要品种,其合成是伯胺与甲醛水溶液及甲酸共热:

$$CH_3(CH_2)_{17}NH_2 + 2HCHO + 2HCOOH \longrightarrow CH_3(CH_2)_7N(CH_3)_2 + 2CO_2 + 2H_2O$$

反应在常压液相条件下进行,胺与甲醛、甲酸的摩尔比为 1:(5.9～6.4):(2.6～2.9)。将乙醇、十八烷基胺分别加入反应釜,搅拌均匀,加入甲酸,加热,至 50℃～60℃ 缓慢加入甲醛水溶液,升温,至 80℃～83℃ 回流 2 h,液碱中和至 pH 值大于 10,静置分层,除去水的粗胺减压蒸馏,产品为 N,N-二甲基十八胺。

5. 用酯 N-烷基化

硫酸酯、磷酸酯和芳磺酸酯都是活性很强的烷基化剂,其沸点较高,反应可在常压下进行。因酯类价格比醇和卤烷都高,因此其实际应用受到限制。硫酸酯与胺类烷基化反应通式如下:

$$R'NH_2 + ROSO_2OR \longrightarrow R'NHR + ROSO_2H$$
$$R'NH_2 + ROSO_2ONa \longrightarrow R'NHR + NaHSO_4$$

硫酸中性酯易给出其所含的第一个烷基,而给出第二烷基则较困难。常用的是硫酸二甲酯,然而其毒性极大,可通过呼吸道及皮肤进入人体,因此在使用时应当十分小心。用硫酸酯烷化时,常需要加碱中和生成的酸,以便提高其给出烷基正离子的能力。若对甲苯胺与硫酸二甲酯于 50℃~60℃时,在碳酸钠、硫酸钠和少量水存在下,可生成 N,N-二甲基对甲苯胺,收率可达 95%。此外,用磷酸酯与芳胺反应也可高收率、高纯度地制得 N,N-二烷基芳胺,反应式如下:

$$3ArNH_2 + 2(RO)_3PO \longrightarrow 3ArNR_2 + 2H_3PO_4$$

芳磺酸酯作为强烷基化剂也可发生如上类的反应。

$$3ArNH_2 + ROSO_2Ar' \longrightarrow ArNHR + Ar'SO_3H$$

6. 用环氧乙烷 N-烷基化

环氧乙烷是一种活性很强的烷基化剂,其分子具有三元环结构,环张力较大,容易开环,与胺类发生加成反应得到含羟乙基的产物。例如,芳胺与环氧乙烷发生加成反应,生成 N-(β-羟乙基)芳胺,如果再与另一分子环氧乙烷作用,可进一步得到叔胺:

$$ArNH_2 + \overset{CH_2-CH_2}{\underset{O}{\diagdown \diagup}} \longrightarrow ArNHCH_2CH_2OH \xrightarrow{\overset{CH_2-CH_2}{\underset{O}{\diagdown \diagup}}} ArN(CH_2CH_2OH)_2$$

当环氧乙烷与苯胺的摩尔比为 0.5:1,反应温度为 65℃~70℃,并加入少量水时,此时主要产物为 N-(β-羟乙基)苯胺。若使用稍大于 2 mol 的环氧乙烷,并在 120℃~140℃ 和 0.5~0.6 MPa 压力下进行反应,则得到的产物主要是 N,N-(β-羟乙基)苯胺。

环氧乙烷活性较高,易与含活泼氢的化合物发生加成反应,碱性和酸性催化剂均能加速此类反应。例如,N,N-二(β-羟乙基)苯胺与过量环氧乙烷反应,将生成 N,N-二(β-羟乙基)芳胺衍生物。

$$ArN(CH_2CH_2OH)_2 + 2m\,\overset{CH_2-CH_2}{\underset{O}{\diagdown \diagup}} \longrightarrow ArN[(CH_2CH_2O)_mCH_2CH_2OH]_2$$

氨或脂肪胺和环氧乙烷也能发生加成烷基化反应,例如,制备乙醇胺类化合物。

$$NH_3 + \overset{CH_2-CH_2}{\underset{O}{\diagdown \diagup}} \longrightarrow H_2NCH_2CH_2OH + HN(CH_2CH_2OH)_2 + N(CH_2CH_2OH)_3$$

产物为三种乙醇胺的混合物。反应时首先将 25% 的氨水送入烷基化反应器,然后缓通气化的环氧乙烷;反应温度为 35℃~45℃,到反应后期,升温至 110℃ 以蒸除过量的氨;后经脱水,减压蒸馏,收集不同沸程的三种乙醇胺产品。乙醇胺是重要的精细化工原料,它们的脂肪酸脂可制成合成洗净剂。乙醇胺可用于净化许多工业气体,脱除气体中的酸性杂质。

环氧乙烷沸点较低,其蒸气与空气的爆炸极限很宽,因此在通环氧乙烷前,务必用惰性气体置换反应器内的空气,从而确保生产安全。

3.3.3　N-烷基化产物的分离

N-烷基化产物通常为伯、仲、叔胺的混合物。分离胺类混合物的方法有两种:物理法和化学法。

物理分离法是根据 N-烷基化产物沸点不同,如表 3-1 所示,多采用精馏方法分离。若 N-烷基化产物沸点差很小,若 N-甲基苯胺与 N,N-二甲基苯胺沸点差仅 2℃,普通精馏难以分离,那么此时则需用化学分离法。

表 3-1　苯胺 N-基化产物组成及其沸点

组成	沸点/℃
苯胺	184
N,N-二乙基苯胺	216.3
N-乙基苯胺	204.7

化学分离法是根据 N-烷基芳胺的化学性质差异分离的。例如,用光气处理烷基芳胺混合物。在碱性试剂存在下,光气与伯胺、仲胺低温酰基化生成不溶性酰基化物:

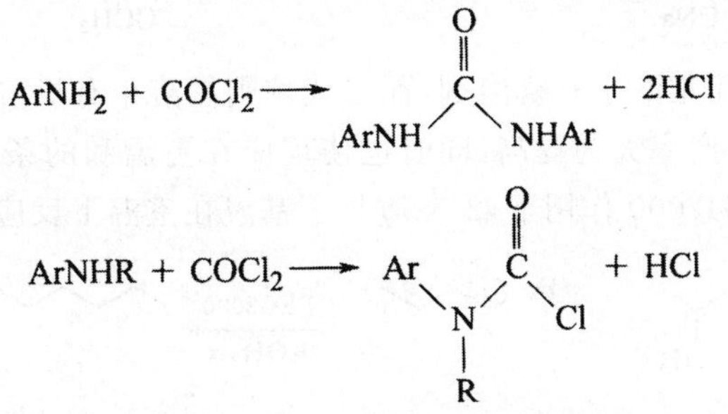

叔胺不与光气反应,稀盐酸可使之溶解,滤出不溶性酰基化物,用稀酸在 100℃ 下水解,此时只有仲胺酰基化物水解:

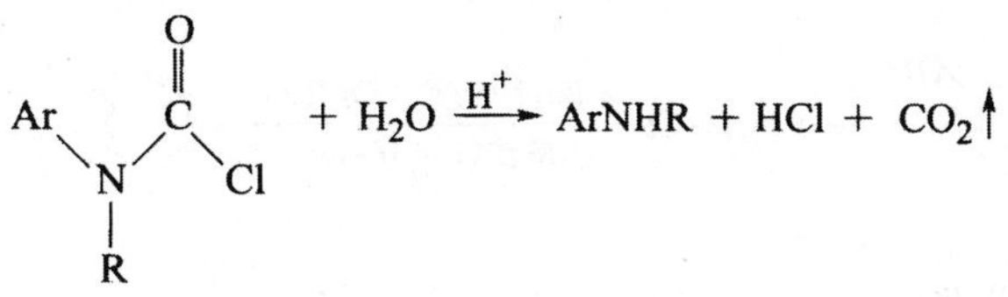

滤出伯胺生成的二芳基脲,二芳基脲在碱性介质中用过热蒸汽水解,从而可得伯胺。化学分离法产品的优点为纯度较高,几乎为纯品;缺点为消耗化学原料,成本较高。

3.4　O-烷基化

O-烷基化反应常常用来制备醚类化合物。活性较高的卤烷、酯、环氧乙烷等为反应常用的 O-烷基化剂,此外,也有活性较低的醇。O-烷基化反应是亲电取代反应,能使羟基氧原子上电子云密度升高的结构,其反应活性也高;相反,使羟基氧原子上电子云密度降低的结构,其反应活性也低。可见,醇羟基的反应活性通常较酚羟基的高。因酚羟基不够活泼,因此需要使用活泼的烷基化剂,只有很少情况会使用醇类烷化剂。

O-烷基化方法如下所示。

1. 用卤烃 O-烷基化

这类反应容易进行,一般只要将所用的醇或酚与氢氧化钠氢氧化钾或金属钠作用形成醇钠盐或酚钠盐,然后在不太高的温度下加入适量卤烷,即可得到良好的结果。当使用沸点较低的卤烷时,则需要在压热釜中进行反应。

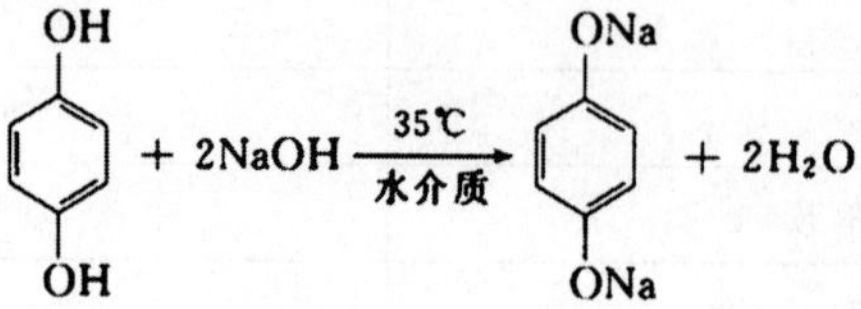

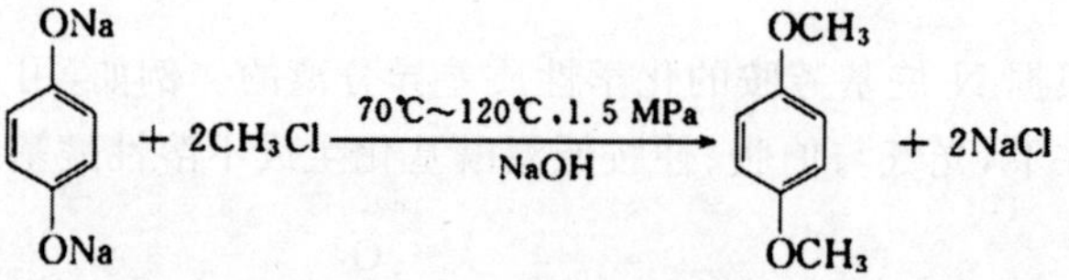

通常醇钠易溶于水而难溶于有机溶剂,而卤代烷则易溶于有机溶剂而难溶于水,因此加入相转移催化剂,可使反应产率大为提高,同时也使反应在更温和的条件下进行。例如,在相转移催化剂聚乙二醇(PEG)2000 作用下,2-辛醇与丁基溴在室温下反应生成醚。

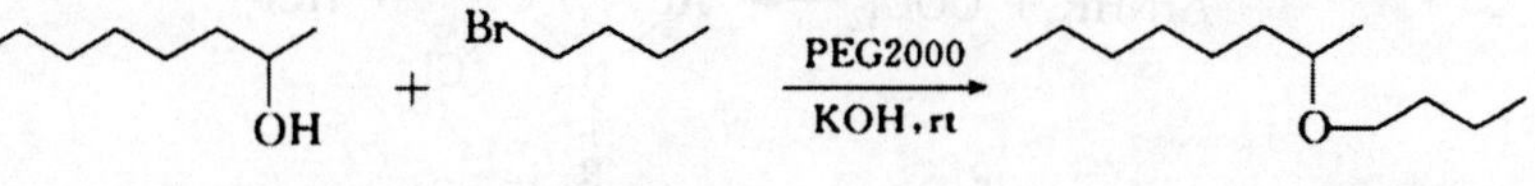

在合适的条件下,酚与卤代烃或醇与活泼芳卤在非质子性强极性溶剂中可直接反应。当反应体系中有相转移催化剂存在,微波加热可使芳醚烷基醚的产率大有提高。例如,在微波促进下,间甲苯酚在相转移催化剂存在下与苄氯反应。

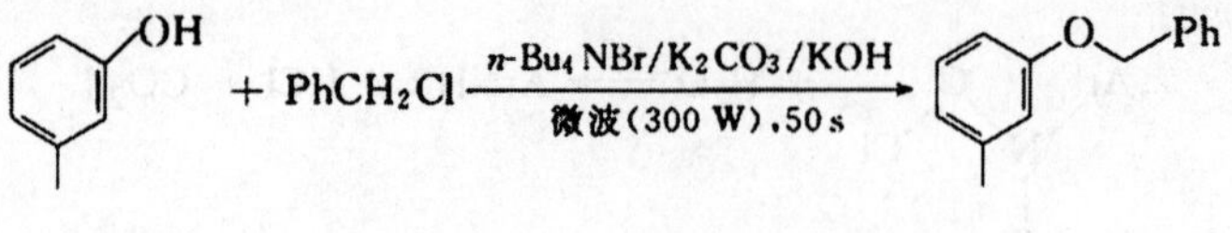

2. 用醇、酚 O-烷基化

醇或酚的脱水是合成对称醚的通用方法。醇的脱水反应通常在酸性催化剂存在下进行。常用的酸性催化剂有浓硫酸、浓盐酸、磷酸、对甲苯磺酸等。

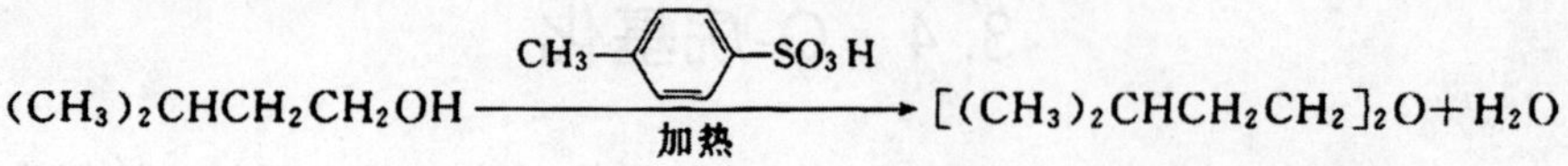

在浓硫酸催化下,三苯甲醇与异戊醇之间发生脱水生成三苯甲基异戊基醚。此法特别适用于合成叔烷基、伯烷基混合醚。因为叔醇在酸性催化剂存在下极易生成碳正离子,继而伯醇可对此碳正离子进行亲核进攻,形成混合醚。

$$(C_6H_5)_3COH + (CH_3)_2CHCH_2CH_2OH \xrightarrow[\triangle]{H_2SO_4} (C_6H_5)_3COCH_2CH_2CH(CH_3)_2$$

用弱酸或质子化的固相催化剂也可催化醇或酚的分子间或分子内脱水形成醚。例如,在弱酸 $KHSO_4$ 催化下,对乙酰氧基苄醇在减压条件下可发生分子间脱水。

$$2AcO-\!\!\!\!\bigcirc\!\!\!\!-CH_2OH \xrightarrow[100℃,33\ Pa]{KHSO_4} AcO-\!\!\!\!\bigcirc\!\!\!\!-CH_2OCH_2-\!\!\!\!\bigcirc\!\!\!\!-OAc$$

阳离子交换树脂也是二元醇进行分子内脱水的有效催化剂。

$$HO(CH_2)_5OH \xrightarrow{阳离子交换树脂} \overset{\bigcirc}{}$$

对于某些活泼的酚类,也可以用醇类作烷基化剂生成相应的醚,该方法是生成混合醚的重要方法。例如,在温和条件下,对甲氧基苯酚可与甲醇生成对甲氧基苯甲醚。

$$CH_3O-\!\!\!\!\bigcirc\!\!\!\!-OH + CH_3OH \xrightarrow{DEAD,Ph_3P} CH_3O-\!\!\!\!\bigcirc\!\!\!\!-OCH_3$$

3. 用脂 O-烷基化

硫酸酯及磺酸酯均是良好的烷基化试剂。在碱性催化剂存在下,硫酸酯与酚、醇在室温下即能顺利反应,生成较高产率的醚类。

$$\bigcirc\!\!\!\!-OH + (CH_3)_2SO_4 \xrightarrow[10℃]{NaOH} \bigcirc\!\!\!\!-OCH_3 + CH_3OSO_3Na$$

$$\bigcirc\!\!\!\!-CH_2CH_2OH + (CH_3)_2SO_4 \xrightarrow[NaOH]{(n\text{-}C_4H_9)_4N^+I^-} \bigcirc\!\!\!\!-CH_2CH_2OCH_3 + CH_3OSO_3Na$$

若用硫酸二乙酯作烷基化试剂时,可不需碱性催化剂;而且醇、酚分子中存在有其他羰基、氰基、羧基及硝基时,对反应亦均无影响。

除上述硫酸酯、磺酸酯外,还有原甲酸酯、草酸二烷酯、羧酸酯、二甲基甲酰胺缩醛、亚磷酸酯等也可用作 O-烷基化试剂。

$$\overset{NO_2}{\underset{}{\bigcirc}}\!\!-OK + (COOC_2H_5)_2 \xrightarrow[120℃]{DMF} \overset{NO_2}{\underset{85\%}{\bigcirc}}\!\!-OC_2H_5$$

在对甲苯磺酸催化下,醇与亚磷酸二苯酯反应,以良好产率生成用其他方法难以得到的苯基醚。

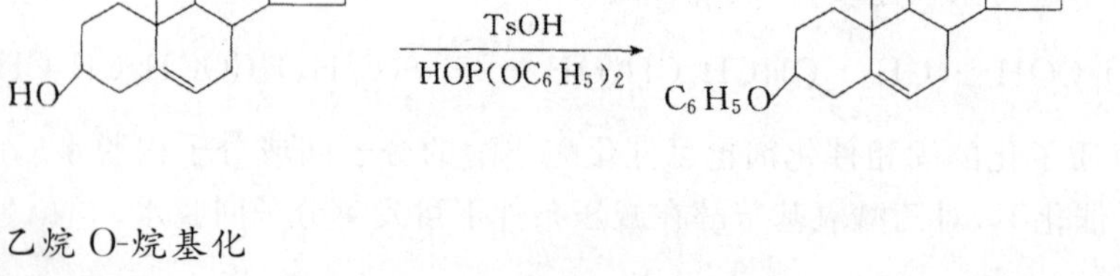

4. 用环氧乙烷 O-烷基化

醇或酚用环氧乙烷的 O-烷基化是在醇羟基或酚羟基的氧原子上引入羟乙基。该类反应可在酸或碱催化剂作用下完成,但生成的产物往往不同。

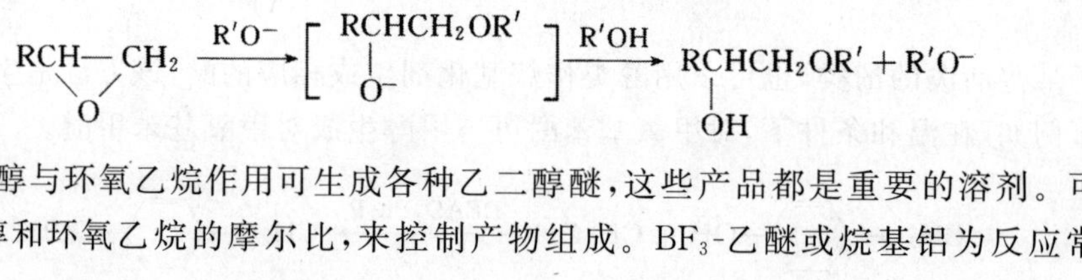

因为低碳醇与环氧乙烷作用可生成各种乙二醇醚,这些产品都是重要的溶剂。可根据市场需要,调整醇和环氧乙烷的摩尔比,来控制产物组成。BF_3-乙醚或烷基铝为反应常用的催化剂。

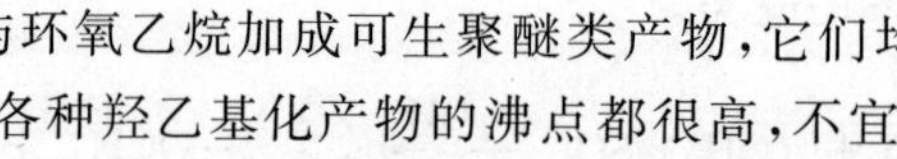

高级脂肪醇或烷基酚与环氧乙烷加成可生聚醚类产物,它们均是重要的非离子表面活性剂,通常使用碱催化。因为各种羟乙基化产物的沸点都很高,不宜用减压蒸馏法分离。所以,为保证产品质量,控制产品的分子量分布在适当范围,就必须优选反应条件。例如,用十二醇为原料,通过控制环氧乙烷的用量以控制聚合度为 $20\sim22$ 的聚醚生成。产品是一种优良的非离子表面活性剂,商品名为乳化剂 O 或匀染剂 O。

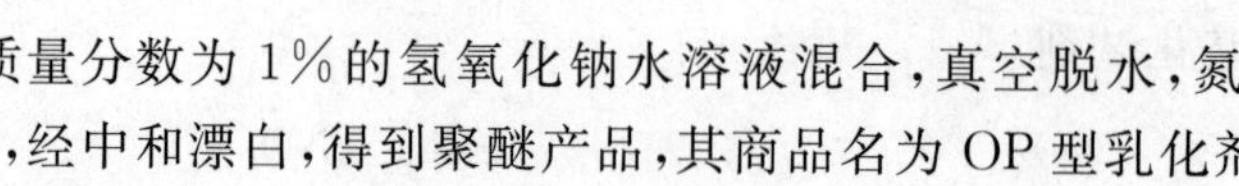

将辛基酚与其质量分数为 1% 的氢氧化钠水溶液混合,真空脱水,氮气置换,于 160℃ ~ 180℃ 通入环氧乙烷,经中和漂白,得到聚醚产品,其商品名为 OP 型乳化剂。

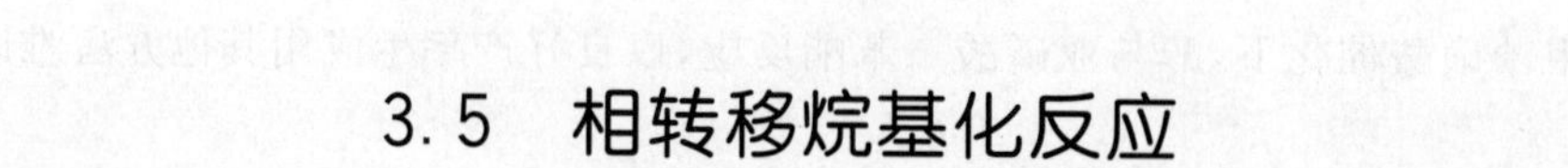

3.5 相转移烷基化反应

在精细有机合成中经常遇到这样的问题,两种互相不溶的试剂,如何使其达到一定的浓度能够迅速反应。通常实验室的解决办法是加入一种溶剂,将两种试剂溶解,但这样有时并不能成功,并且工业上出于节约成本及环境保护等考虑,最好不加溶剂或即使使用溶剂也应使用成本较低的溶剂并且要易于回收的溶剂。相转移催化(PTC)技术提供了解决的方法,其主要原理是找到一种相转移催化剂可将一个反应物转入含有另一反应物的相中,使其有较高的反应速度。PTC 用于烷基化反应,有着重要意义。

3.5.1　相转移烷基化反应概述

在 C,N,O 原子上进行的烷基化反应,除前面讨论的芳环上的 C-烷基化反应是亲电取代反应外,其他烷基化反应在机理上都属于亲核取代反应类型。因此首先要求亲核试剂中的活性 H 原子与碱性试剂作用形成相应的负离子 Nu^-,然后向烷化剂作亲核进攻。故大多数反应必需在无水条件下进行,以免形成酸碱平衡,使 Nu^- 浓度下降甚至消失。但当采用无水的质子极性溶剂时,能与 Nu^- 发生溶剂化,使 Nu^- 的活性降低;若采用非质子极性溶剂时虽然克服溶剂化而使 Nu^- 的活性增高,但这些溶剂存在价格昂贵、回收不易、后处理麻烦及会带来环境污染等问题。采用相转移催化,可将在碱性水溶液中形成的 Nu^- 转移入非极性在溶剂中,具有以下优点:克服溶剂化反应,不需要无水操作,又可取得如同采用非质子极性溶剂的效果;通常后处理较容易;可用碱金属氢氧化物水溶液代替醇盐、氨基钠、氢化钠或金属钠,这在工业生产上是非常有利的;还可降低反应温度,改变反应选择性,如 O-烷化与 C-烷化的比例,通过抑制副反应提高收率等。

一般 Nu^- 都是以钠盐或钾盐存在,在这里是 NaCN,这些盐类不溶或难溶于极性很小的非质子溶剂中。反应物 $n\text{-}C_8H_{17}Cl$,加入季铵盐可增大 Nu^- 在有机相中的溶解度,在这里将 CN^- 以 Q^+CN^- 形式转运到有机相中,然后与 $n\text{-}C_8H_{17}Cl$ 反应生成壬腈。同时生成的 Q^+Cl^- 在水相或水-有机相交界,通过与水相的 NaCN 交换负离子,迅速再转变为 Q^+CN^-。

相转移催化剂常用的有两大类,一类如季铵盐,季铵盐结构中的 Q^+,便于与 Nu^- 结合形成有机离子对,Q^+ 中必须有足够的碳原子数,使形成的有机离子对有较大的亲有机溶剂能力。另一类为冠醚。它的结构中虽无正离子,但有六个氧原子,可利用其未共用电子对与许多正离子结合,而具有如有机正离子的性质,并能溶于有机相中,相应的 Nu^- 由于无溶剂化效应,特称为"裸"离子,其活性甚大。

相转移反应能否取得良好效果,关键在于形成相转移离子对及其在有机相中有较大的分配系数,而该分配系数的大小则与选用的相转移催化剂种类和溶剂极性密切相关。当然,反应速度与烷基化剂的活性和搅拌效果也是不可忽视的因素。

相转移反应中常用溶剂有:二氯甲烷、二氯乙烷、氯仿、苯、甲苯、乙腈、乙酸乙酯、四氢呋喃(THF)、二甲亚砜(DMSO)等。

3.5.2　相转移催化 C-烷基化

碳负离子的烷基化,由于其在合成中的重要性,是相转移催化反应中研究最早和最多的反应之一。例如,乙腈在季铵盐催化下进行烷基化反应。

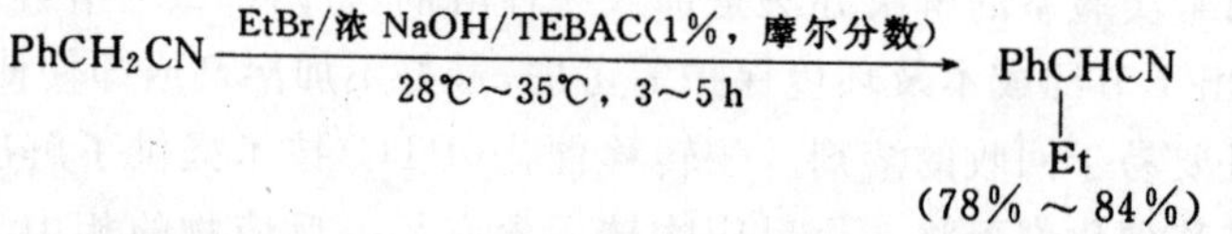

$$PhCH_2CN \xrightarrow[\text{28℃～35℃，3～5 h}]{\text{EtBr/浓 NaOH/TEBAC(1\%，摩尔分数)}} \underset{\substack{| \\ Et \\ (78\% \sim 84\%)}}{PhCHCN}$$

合成抗癫痫药物丙戊酸钠时，可采用 TBAB 催化进行 C-烷基化反应。

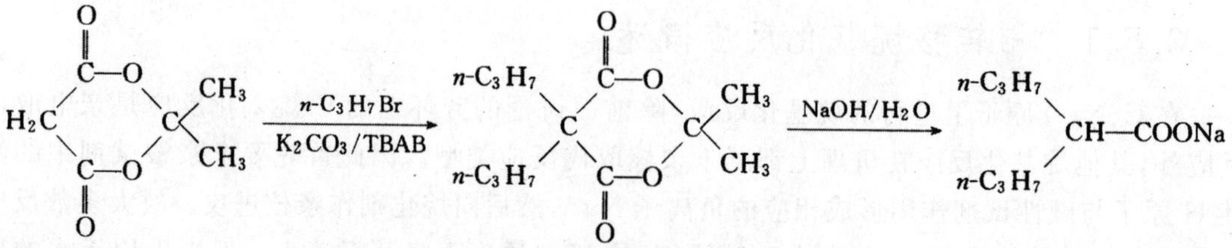

3.5.3 相转移催化 N-烷基化

吲哚和溴苄在季铵盐的催化下，可高收率得到 N-苄基化产物。

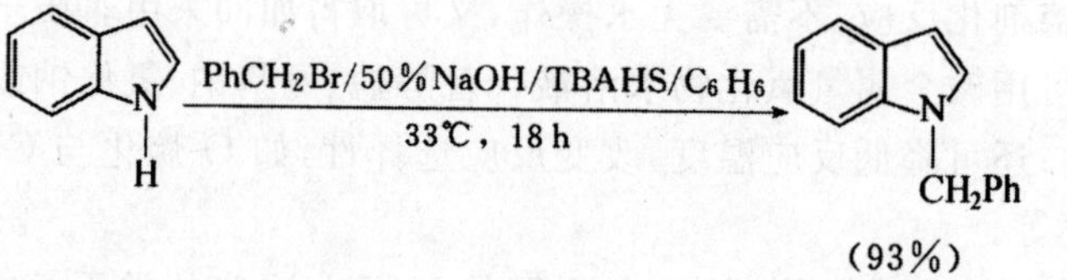

此反应在无相转移催化剂时将无法进行。抗精神病药物氯丙嗪的合成也采用了相转移催化反应。

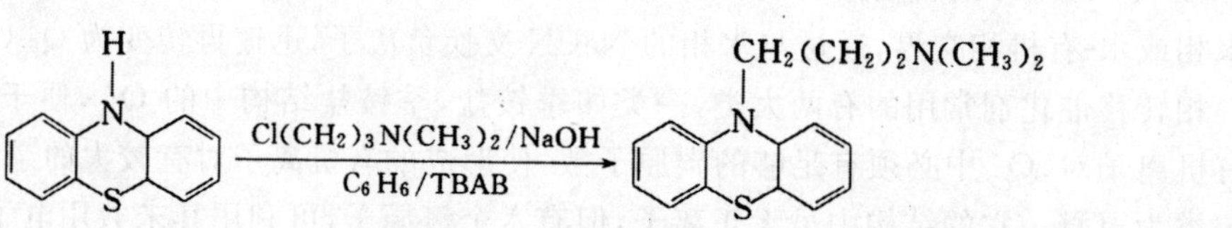

1,8-萘内酰亚胺，因分子中羰基的吸电子效应，使氮原子上的氢具有一定的酸性，很难 N-烷化，即使在非质子极性溶剂中或是在含吡啶的碱性溶液中，反应速率也很慢，且收率低。但 1,8-萘内酰亚胺易与氢氧化钠或碳酸钠形成钠盐。

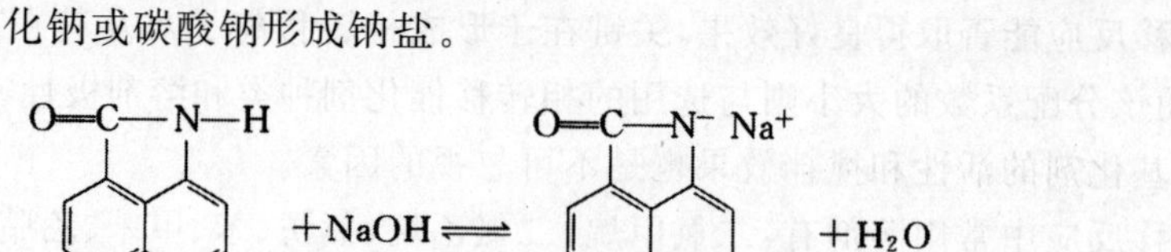

它易被相转移催化剂萃取到有机相，而在温和的条件下与溴乙烷或氯苄反应。若用氯丙腈为烷基化剂，为避免其水解，需使用无水碳酸钠，并选择使用能使钠离子溶剂化的溶剂，以利于 1,8-萘内酰亚胺负离子被季铵正离子带入有机相而发生固-液相转移催化反应。

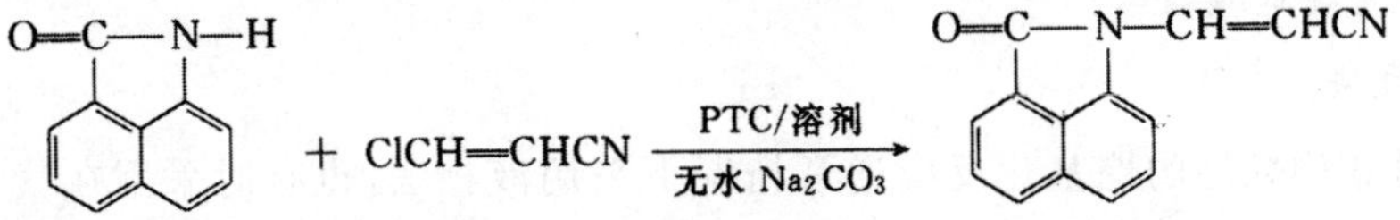

3.5.4　相转移催化 O-烷基化

在碱性溶液中正丁醇用氯化苄 O-烷基化，相转移催化剂的使用与否，反应收率相差较大。

$$n\text{-BuOH} \xrightarrow[45℃,\ 6\,h]{PhCH_2Cl/50\%NaOH} n\text{-BuOCH}_2\text{Ph} \quad (4\%)$$

$$n\text{-BuOH} \xrightarrow[35℃,\ 1.5\,h]{PhCH_2Cl/50\%NaOH/TBAHS/C_6H_6} n\text{-BuOCH}_2\text{Ph} \quad (92\%)$$

活性较低的醇不能直接与硫酸二甲酯反应得到醚，使用醇钠也较困难，加入相转移催化剂则可顺利反应。

$$\text{Ph—C(CH}_3\text{)(OH)—CH}_3 \xrightarrow[33℃,\ 18\,h]{Me_2SO_4/50\%NaOH/TBAI/PE} \text{Ph—C(CH}_3\text{)(OMe)—CH}_3 \quad (85\%)$$

3.6　烷基化反应的应用实例

3.6.1　长链烷基苯的制备

长链烷基苯主要用于生产表面活性剂、洗涤剂等，原料路线有烯烃和卤氯烷两种，到目前为止都使用。

氟化氢法即以烯烃为烷化剂，氟化氢为催化剂的制造方法。

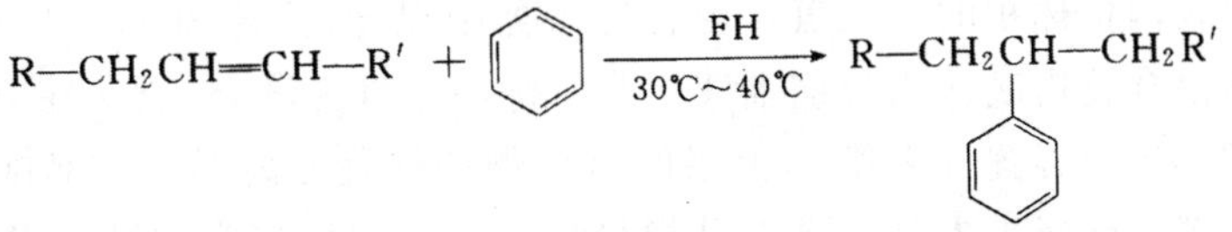

三氯化铝法即以氯代烷为烷化剂，三氯化铝为催化剂的制造方法。

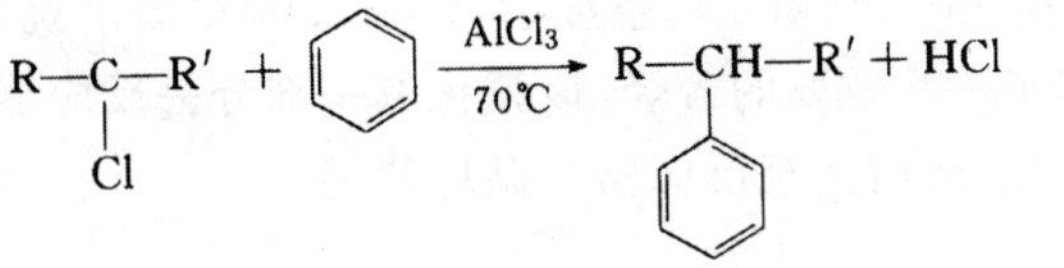

式中,R 和 R′为烷基或氢。

1. 氟化氢法

苯与长链正构烯烃的烷基化反应通常情况下采用液相法,也有时采用在气相中进行的。凡能提供质子的酸类均可作为烷基化的催化剂,因为 HF 性质稳定,副反应少,且易与目的产物分离,产品成本低及无水 HF 对设备几乎没腐蚀性等优点,使它在长链烯烃烷基化中应用最为广泛。

苯与长链烯烃的烷基化反应较复杂,按照原料来源不同主要有以下几个方面:

①烷烃、烯烃中的少量杂质。

②因长链单烯烃双键位置不同,形成许多烷基苯的同分异构体。

③在烷基化反应中可能发生异构化、聚合、分子重排和环化等副反应。

上述副反应的程度随操作条件、原料纯度和组成的变化而变化,其总量往往只占烷基苯的千分之几甚至万分之几,但它们对烷基苯的质量影响却很大,主要表现为烷基苯的色泽偏深等。

氟化氢法长链烷基苯生产工艺流程,如图 3-1 所示。

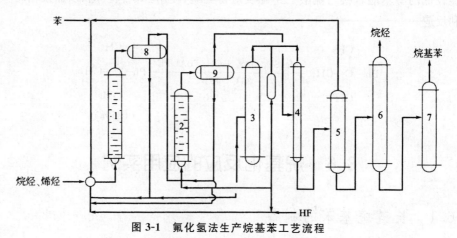

图 3-1 氟化氢法生产烷基苯工艺流程

1,2—反应器;3—氟化氢蒸馏塔;4—脱氟化氢塔;5—脱苯塔;
6—脱烷烃塔;7—成品塔;8,9—静置分离器

反应器 1、2 是筛板塔。将含烯烃 9%~10% 的烷烃、烯烃混合物及 10 倍于烯烃的物质的量的苯以及有机物两倍体积的氟化氢在混合冷却器中混合,保持 30℃~40℃,此时大部分烯烃已经反应。将混合物塔底送入反应器 1。为保持氯化氢为液态,反应在 0.5~1 MPa 下进行。物料由顶部排出至静置分离器 8,上层的有机物和静置分离器 9 下部排出的循环氟化氢及蒸馏提纯的新鲜氟化氢进入反应器 2,使烯烃反应完全。反应产物进入静置分离器 9,上层的物料经脱氟化氢 4 及脱苯塔 5,蒸出氟化氢和苯;然后至脱烷烃塔 6 进行减压蒸馏,蒸出烷烃;最后至成品塔 7,在 96~99 kPa 真空度、170℃~200℃蒸出烷基苯成品。静置分离器 8 下部排出的氟化氢溶解了一些重要的芳烃,该氟化氢一部分去反应器 1 循环使用,另一部分在蒸馏塔 3 中进行蒸馏提纯,然后送至反应器 2 循环使用。

2. AlCl₃ 法

此法采用的长链氯代烷是由煤油经分子筛或尿素抽提得到的直链烷烃经氯化制得的。在与苯反应时,除烷基化主反应外,其副反应及后处理与上述以烯烃为烷化剂的情况类似,不同点在于烷化器的结构、材质及催化剂不同。

长链氯代烷与苯烷基化的工艺过程随烷基化反应器的类型不同而不同,通常使用的烷基化反应器有釜式和塔式两种。单釜间歇烷基化已很少使用,连续操作的烷基化设备有多釜串联式和塔式两种,前者主要用于以三氯化铝为催化剂的烷基化过程。

目前,国内广泛采用的都是以金属铝作催化剂,在三个按阶梯形串联的搪瓷塔组中进行,工艺流程如图 3-2 所示。

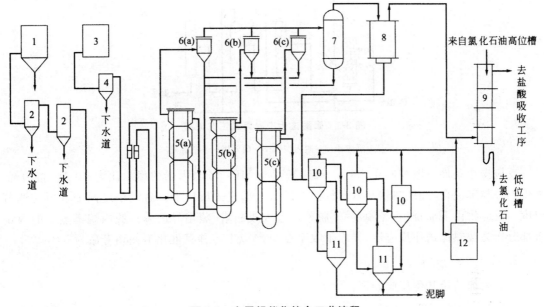

图 3-2　金属铝催化缩合工艺流程

1—苯高位槽;2—苯干燥器;3—氯化石油高位槽;4—氯化石油干燥器;
5—缩合塔;6—分离器;7—气液分离器;8—石墨冷凝器;9—洗气塔;
10—静置缸;11—泥脚缸;12—缩合-液贮缸

反应器为带冷却夹套的搪瓷塔,塔内放有小铝块,苯和氯代烷由下口进入,反应温度在70℃左右,总的停留时间约为 0.5 h,实际上 5 min 时转化率即可达 90% 左右。为了降低物料的黏度和抑制多烃化,苯与氯代烷的摩尔比为(5~10):1。由反应器出来的液体物料中有未反应的烷基苯、苯、正构烷烃、少量 HCl 及 AlCl₃ 络合物,后者静置分离出红油。其一部分可循环使用,余下部分使用硫酸处理转变为 $Al_2(SO_4)_3$ 沉淀下来。上层有机物用氨或氢氧化钠中和,水洗,然后进行蒸馏分离,得到产品。

3.6.2　异丙苯的制备

异丙苯的主要用途是经过氧化和分解,制备丙酮与苯酚,其产量非常巨大。异丙苯法合成苯酚联产丙酮是比较合理的先进生产方法,工业上该法的第一步为苯与丙烯的烷基化。目前广泛使用的催化剂为固体磷酸和三氯化铝,新建投产的工厂几乎均采用固体磷酸法。三氯化硼也是可用的催化剂,以沸石为代表的复合氧化物催化剂是近年较活跃的开发领域。

工业上丙烯和苯的连续烷基化用液相法和气相法均可生产。丙烯来自石油加工过程,允许有丙烷类饱和烃,可视为惰性组分,不会参加烷基化反应。苯的规格除要控制水分含量外,还要控制硫的含量,以免影响催化剂活性。

1. 固体磷酸法

固体磷酸气相烷化工艺以磷酸-硅藻土作催化剂,可以采用列管式或多段塔式固定床反应器,工艺流程如图 3-3 所示。

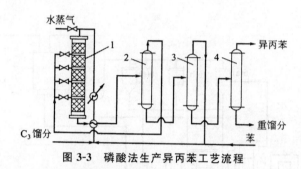

图 3-3　磷酸法生产异丙苯工艺流程

1—反应器;2—脱丙烷塔;3—脱苯塔;4—成品塔

反应操作条件一般控制在 230℃～250℃,2.3 MPa,苯与丙烯的摩尔比为 5:1。将丙烯-丙烷馏分与苯混合,经换热器与水蒸气混合后由上部进入反应器。各段塔之间加入丙烷调节温度。反应物由下部排出,经脱烃塔、脱苯塔进入成品塔,蒸出异丙苯。脱丙烷塔蒸出的丙烷有部分作为载热体送往反应器,异丙苯收率在 90% 以上。并且催化剂使用寿命为 1 年。

2. AlCl$_3$ 法

苯和丙烯的烷基化反应如下:

$$\text{\scriptsize 苯} + CH_3CH\!=\!CH_2 \xrightarrow{AlCl_3\text{-}HCl} \text{\scriptsize 异丙苯}CH(CH_3)_2 \qquad \Delta H = -113\,kJ/mol$$

该法所用的三氯化铝-盐酸络合催化剂溶液,一般情况下是由无水三氯化铝、多烷基苯和少量水配制而成的。此催化剂在温度高于 120℃ 会产生严重的树脂化,因此烷基化温度一般应控制在 80℃～100℃。工艺流程如图 3-4 所示。

首先在催化剂配制罐 1 中配制催化络合物,该反应器为带加热夹套和搅拌器的间歇反应釜。先加入多烷基苯或其和苯的混合物及 AlCl$_3$,AlCl$_3$ 与芳烃的摩尔比为 1:(2.5～3.0),然后在加热和搅拌下加入氯丙烷,以合成得到催化络合物红油。制备好的催化络合物周期性地注入烷化塔 2。烷基化反应是连续操作,丙烯、经共沸除水干燥的苯、多烷基苯及热分离器下部分出的催化剂络合物由烷化塔 2 底部加入,塔顶蒸出的苯被换热器 3 冷凝后回到烷化塔,未冷凝的气体经多烷基苯吸收塔 8 回收未冷凝的苯,在水吸收塔 9 捕集 HCl 后排放。烷化塔上部溢流的烷化物经热分离器 4 分出大部分催化络合物。热分离器排出的烷化物含有苯、异丙苯和多异丙苯,同时还含有少量其他苯的同系物。烷化物的组成为:异丙苯 35%～40%、苯

45%～55%、二异丙苯8%～12%,副产物占3%。烷化物进一步被冷却后,在冷分离器5中分出残余的催化络合物,再经水洗塔6和碱洗塔7,除去烷化物中溶解的 HCl 和微量 AlCl₃,然后进行多塔蒸馏分离。异丙苯收率可达94%～95%,每吨异丙苯约消耗 10 kg AlCl₃。

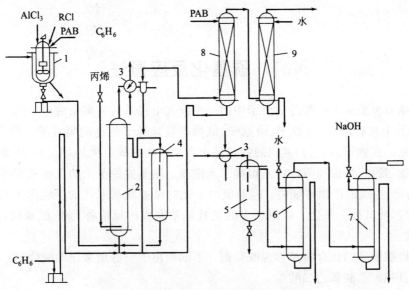

图 3-4 三氯化铝法合成异丙苯工艺流程

1—催化剂配制罐;2—烷化塔;3—换热器;4—热分离器;5—冷分离器;
6—水洗塔;7—碱洗塔;8—多烷基苯吸收塔;9—水吸收塔

第4章 酰基化反应

4.1 酰基化反应概述

酰基是指有机酸或无机酸除去分子中的一个或几个羟基后所剩余的原子团。酰基化反应是指有机分子中与碳原子、氮原子、磷原子、氧原子或硫原子相连的氢被酰基所取代的反应。能够引入酰基的底物很多,它们共同的特点是含有亲核性的碳。例如,酯、酮、腈等含有活性亚甲基的化合物,烯烃、烯胺和芳香体系也能引入酰基。氨基氮原子上的氢被酰基所取代的反应称为 N-酰基化,生成的产物是酰胺。羟基氧原子上的氢被酰基取代的反应称为 O-酰基化,生成的产物是酯,故又称为酯化。碳原子上的氢被酰基取代的反应称为 C-酰基化,生成产物是醛、酮或羧酸。

为底物提供酰基的化合物被称为酰化剂。下面列出了一些最常用的酰化剂:

①羧酸:甲酸、乙酸和乙二酸等。

②酸酐:乙酐、顺丁烯二酸酐、邻苯二甲酸酐、1,8-萘二甲酸酐、二氧化碳(碳酸酐)和一氧化碳等。

③酰氯:碳酸二酰氯、乙酰氯、苯甲酰氯、三聚氰酰氯、苯磺酰氯、三氯氧磷和三氯化磷等。

④酰胺:如尿素和 N,N-二甲基甲酰胺等。

⑤羧酸酯:乙酰乙酸乙酯、羧酸酯、氯甲酸三氯甲酯(双光气)和二(三氯甲基)碳酸酯(三光气)等。

⑥其他:如乙烯酮和双乙烯酮等。

酰基化反应是亲电取代反应,酰化剂以亲电质点参与反应,最常用的酰化剂是羧酸、相应的酸酐或酰氯。在引入碳酰基时,酰基碳原子上的正电荷电子云密度越大,亲电能力越强,即酰基化能力越强。因此,羧酸、相应的酸酐、酰氯及其他酰化剂的活泼性次序为:

$$R\!-\!\overset{O}{\overset{\|}{C}}NR_2 < R\!-\!\overset{O}{\overset{\|}{C}}OH < R\!-\!\overset{O}{\overset{\|}{C}}OR < R\!-\!\overset{O}{\overset{\|}{C}}\!-\!O\!-\!\overset{O}{\overset{\|}{C}}\!-\!R < R\!-\!\overset{O}{\overset{\|}{C}}Cl <$$
$$R\!-\!CH\!=\!C\!=\!O < Cl_2C\!=\!O\!-\!AlCl_3$$

脂肪族酰化剂反应活性随碳链的增长而变弱。一般向氨基氮原子或羟基氧原子上引入甲酰基、乙酰基或羧甲酰基时,才使用价廉易得的甲酸、乙酸或乙二酸作酰化剂。在引入长碳链的脂酰基时,则需要使用活泼的羧酰氯作酰化剂。

当 R 为芳环时,由于芳环的共轭效应,使酰基碳原子上的正电荷电子云密度降低,从而使酰化剂活性降低。因此在引入芳羧酰基时也要用活泼的芳羧酰氯作酰化剂。

弱酸构成的酯也可以作为酰化剂,从结构上看,它们的活性比相应的羧酸要弱,但是酰基化时不生成水,而是生成醇。羧酸胺也是弱酰化剂,只有在个别情况下才使用。但是,强酸构成的酯,例如,苯磺酸甲酯和硫酸二甲酯,则是烷化剂,而不是酰化剂。这是因为强酸的酰基吸电子能力很强,使酯分子中烷基碳原子上正电荷较大的缘故。

当脂链上或芳环上有吸电基时,酰化剂的活性增强,而有供电基时则活性减弱。如 Lewis 酸络合的羰基化合物有非常强的酰基化能力,是由于 Lewis 酸的强吸电性,它能够迫使羰基上的电子云向 Lewis 酸偏移,从而使羰基中的碳具有较强的亲电性。

4.2　C-酰基化反应

C-酰基化是指碳原子上的氢被酰基取代的反应,可用于合成醛、酮或羧酸。在精细有机合成中主要用于在芳环上引入酰基,以制备芳酮、芳醛和羟基芳酸。

4.2.1　C-酰基化的反应历程

当用酰氯作酰化剂、以无水 AlCl₃ 为催化剂时,其反应历程大致如下。

首先酰氯与无水 AlCl₃ 作用生成各种正碳离子活性中间体(a)、(b)、(c)。

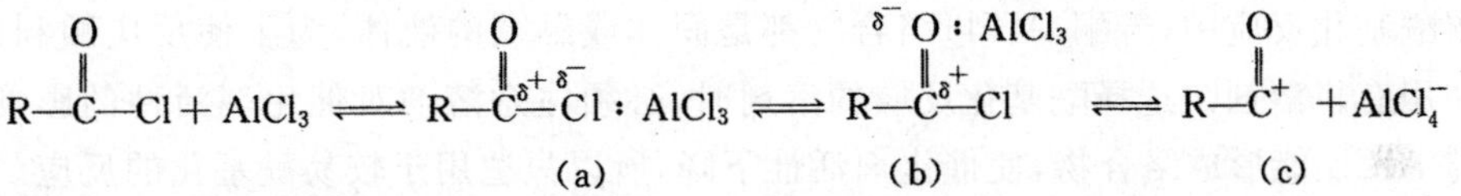

这些活性中间体在溶液中呈平衡状态,进攻芳环的中间体可能是(b)或(c),它们与芳环作用生成芳酮-AlCl₃ 络合物,例如:

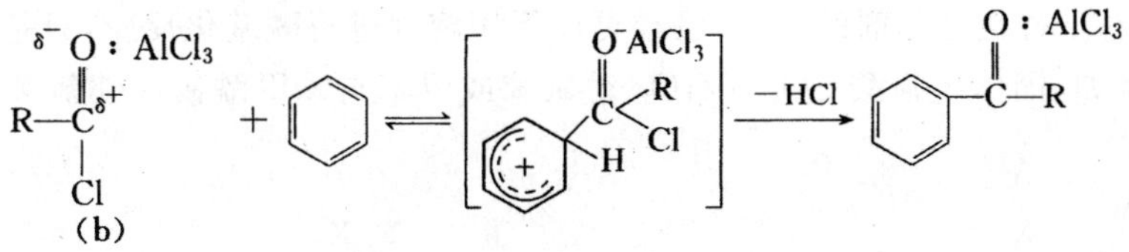

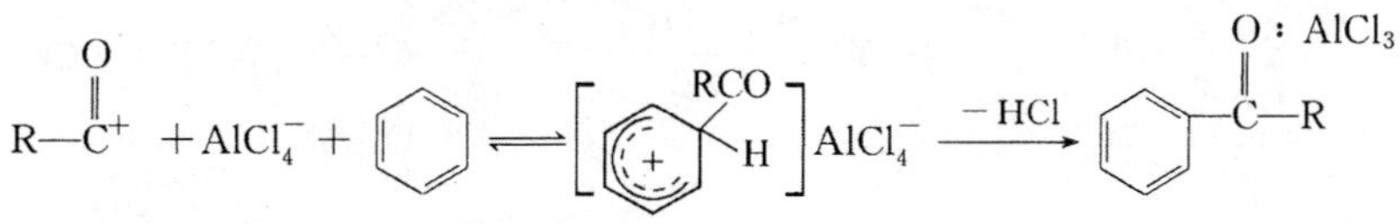

芳酮-AlCl₃ 络合物经水解即可得到芳酮。

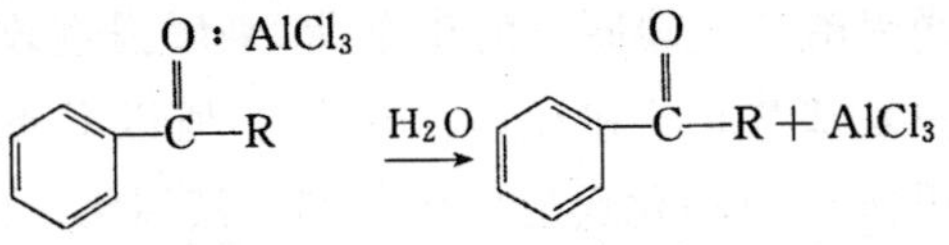

无论何种反应历程,生成的芳酮总是和 AlCl₃ 形成 1∶1 的络合物。这是因为络合物中的 AlCl₃ 不能再起催化作用,故 1 mol 酰氯在理论上要消耗 1 mol AlCl₃。实际上要过量 10%～50%。

当用酸酐作酰化剂时,它首先与 AlCl₃ 作用生成酰氯。

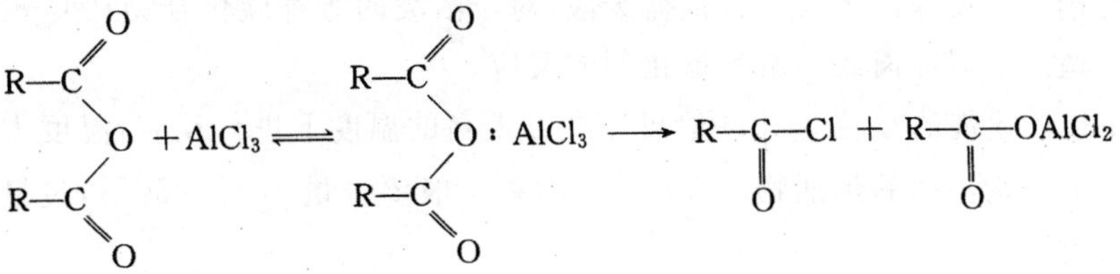

59

然后酰氯再按照上述的反应历程参加反应。

由以上反应可知,如果只有一个酰基参加酰基化反应,1 mol 酸酐至少需要 2 mol 三氯化铝。这个反应的总方程式可简单表示如下:

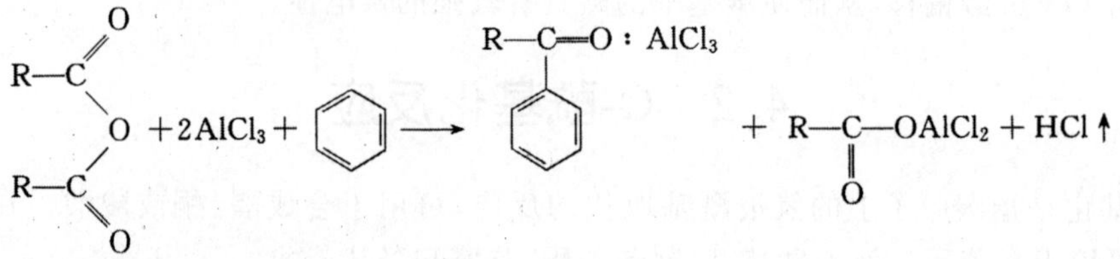

4.2.2　C-酰基化的影响因素

C-酰基化的影响因素如下所示。

1. 溶剂

在碳酰基化反应中,芳酮-AlCl₃ 络合物都是固体或黏稠的液体,为了使反应顺利进行,常常需要使用有机溶剂。选择酰基化反应的溶剂时,必须注意溶剂对催化剂活性的影响,例如,硝基苯与 AlCl₃ 能形成络合物,使催化剂活性下降,所以只适用于较易酰基化的反应。某些氯化烃类溶剂在 AlCl₃ 作用下,当温度较高时,有可能参与发生在芳环上的取代反应,因此不宜采用过高的反应温度。

随着人们对于替代催化剂的研究,已经可以不用溶剂进行酰基化反应,只是离工业化还有一定的距离,例如,固体超强酸 SO_4^{2-}/ZrO_2 对氯苯或甲苯与苯甲酰氯或邻氯苯甲酰氯有很高的活性。

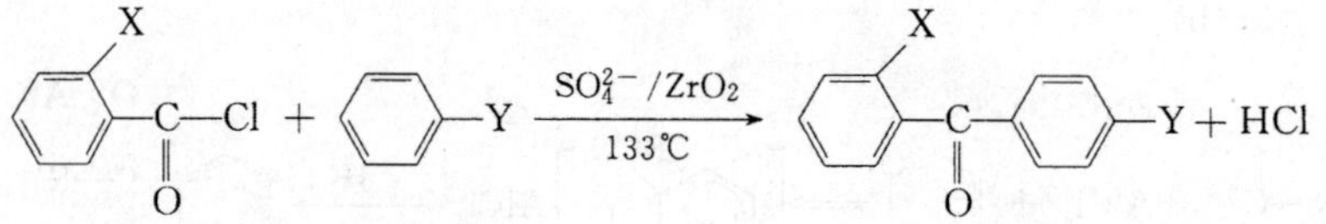

2. 催化剂

催化剂的作用是通过增强酰基上碳原子的正电荷,来增强进攻质点的反应能力。由于芳环上碳原子的给电子能力比氨基氮原子和羟基氧原子弱,所以 C-酰基化通常需要使用强催化剂。路易斯酸与质子酸可用作 C-酰基化反应的催化剂。其催化活性大小次序如下。

路易斯酸　　$AlBr_3 > AlCl_3 > FeCl_3 > BF_3 > ZnCl_2 > SnCl_4 > SbCl_5 > CuCl_2$

质子酸　　　　　　　　$HF > H_2SO_4 > (P_2O_5)_2 > H_3PO_4$

一般来说,无水 AlCl₃ 作用强于质子酸,由于价廉易得,催化活性高,技术成熟是常用的路易斯酸的催化剂。但反应产生大量含铝盐废液,对于活泼的芳香族化合物在 C-酰基化时容易引起副反应。适用于以酰卤或酸酐为酰化剂的反应。

用 AlCl₃ 作催化剂的 C-酰基化一般可以在不太高的温度下进行反应,温度太高会引起副反应甚至会生成结构不明的焦油物。AlCl₃ 的用量一般要过量 10%~50%,过量太多将会生成焦油状化合物。

由于 C-酰基化时生成的芳酮-AlCl$_3$ 络合物遇水会放出大量的热,因此将 C-酰基化反应物放入水中进行水解时,需要特别小心。

对于活泼的芳香族化合物和杂环化合物,若选用 AlCl$_3$ 作 C-酰基化的催化剂,则容易引起副反应,一般需选用温和的催化剂,如无水 ZnCl$_2$、磷酸、多聚磷酸和 BF$_3$ 等。

4.2.3　C-酰基化的方法

1. 用酸酐 C-酰基化

用邻苯二甲酸酐进行环化的 C-酰基化是精细有机合成的一类重要反应。酰基化产物经脱水闭环制成蒽醌、2-甲基蒽醌、2-氯蒽醌等中间体。如邻苯甲酰基苯甲酸的合成反应如下:

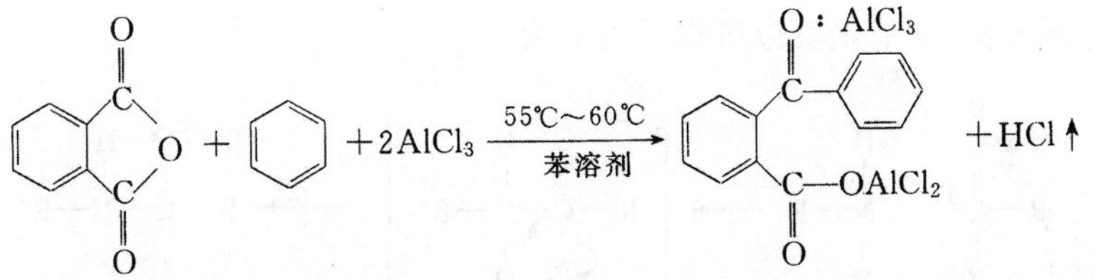

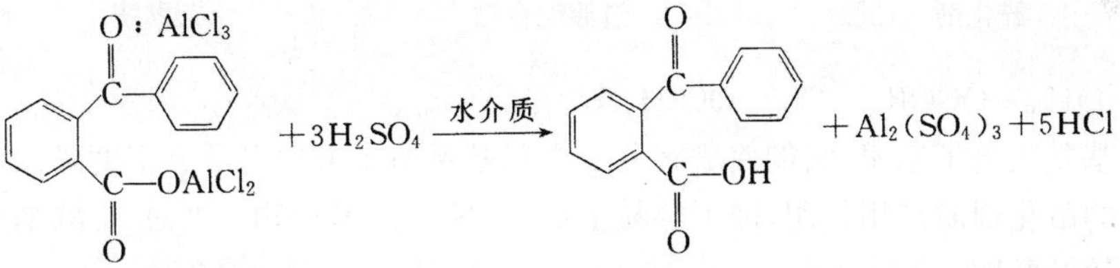

首先将邻苯二甲酸酐与 AlCl$_3$ 和过量 6～7 倍的苯(兼作溶剂)反应,然后将反应物慢慢加到水和稀硫酸中进行水解,用水蒸气蒸出过量的苯。冷却后过滤、干燥,得到邻苯甲酰基苯甲酸。然后将邻苯甲酰基苯甲酸在浓硫酸中 130℃～140℃ 时脱水闭环得到蒽醌。

2. 用酰氯 C-酰基化

酰氯的 C-酰基化可以用传统的 AlCl$_3$ 作为催化剂,也可以用现今发展起来的离子液体、分子筛等催化剂。

草酰氯与两分子的 N,N-二烷基苯胺在无水三氯化铝催化作用下,生成苯偶酰类化合物,可作为激光调 Q 材料中间体。

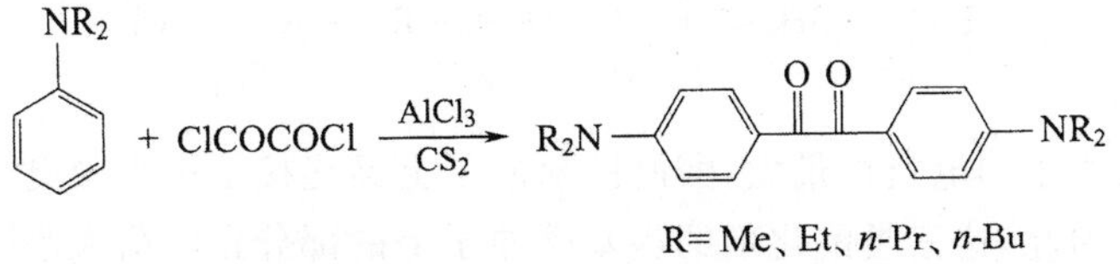

Boon 等研究了氯铝酸盐离子液体催化苯、甲苯的乙酰基化反应,并提出了酰基化反应的机理,即酰氯与催化剂活性成分 AlCl$_3$ 快速络合,释放出 RCO$^+$ 进攻芳环得到了芳酮,并发现苯、乙酰氯与离子液体摩尔比为 1.1：1：0.5 时,在 5 min 内就完全反应,产品选择性很高。

除此之外,沸石分子筛也可以催化 Friedel-Crafts 酰基化反应,优点是可以不用另加溶剂,并可以在常温、液相下进行。

4.3 N-酰基化反应

N-酰基化是将胺类化合物与酰化剂反应,在氨基的氮原子上引入酰基生成酰胺化合物的反应。胺类化合物可以是脂胺和芳胺类。常用的酰化剂有羧酸、羧酸酐、酯和酰氯等。

4.3.1 N-酰基化的反应历程

N-酰基化是发生在氨基氮原子上的亲电取代反应。酰化剂中酰基的碳原子上带有部分正电荷,它与氨基氮原子上的未共用电子对相互作用,形成过渡态配合物,再转化成酰胺。以伯胺类化合物为代表,酰基化反应历程可表示为:

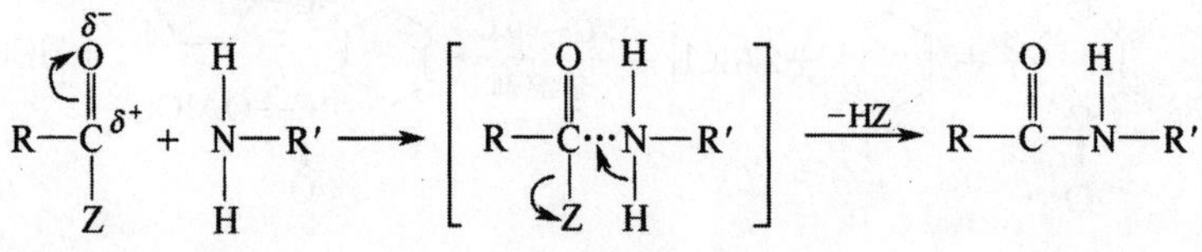

酰化剂　伯胺　　　　　　过渡配合物　　　　　　　羧酰胺

式中,Z 为—OH、—OCOR、—Cl、—OC$_2$H$_5$ 等。

由于酰基是吸电子基团,它能使酰胺分子中氨基氮原子上的电子云密度降低,使氨基很难再与亲电性的酰化剂质点相作用,即不容易生成 N,N-二酰基化物。通过 N-酰基化,一般情况下容易制得较纯酰胺。

4.3.2 N-酰基化的影响因素

氨基氮原子上的电子云密度越大,空间阻碍越小,反应活性越强。胺类化合物的酰基化活性,其反应活性按以下规律减弱:伯胺,仲胺,脂肪族胺,芳香族胺;无空间阻碍的胺;有空间阻碍的胺。芳环上有给电子基团时,反应活性增加;反之,有吸电子基团时,反应活性下降。

羧酸、酸酐和酰氯都是常用的酰化剂,当它们具有相同的烷基 R 时,酰基化反应活性的大小次序为:

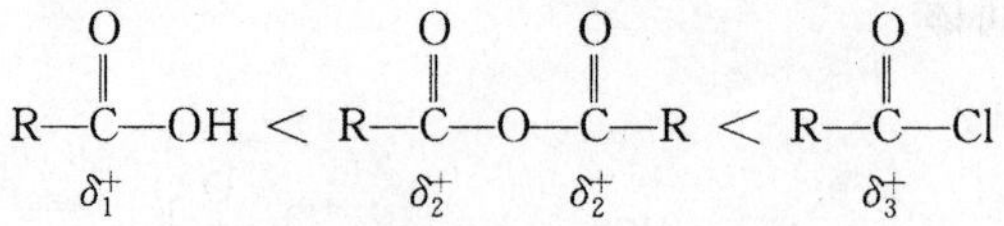

因为酰氯中氯原子的电负性最大,酸酐的氧原子上又连接了一个吸电子的酰基,因而吸电子的能力比较强。因此,这三类酰化剂的羰基碳原子上的部分正电荷大小顺序为:

$$\delta_1^+ < \delta_2^+ < \delta_3^+$$

其反应活性随 R 碳链的增长而减弱。因此要引入长碳链的酰基,必须采用比较活泼的酰氯作酰化剂;引入低碳链的酰基可采用羧酸(甲酸或乙酸)或酸酐作酰化剂。

对于同一类型的酰氯,当 R 为芳环时,由于它的共轭效应,使羰基碳原子上的正电荷降低,因此芳香族酰氯的反应活性低于脂肪族酰氯(如乙酰氯)。例如:

$$R—\overset{\overset{\displaystyle O}{\|}}{C}—Cl \; < \; H_3C—\overset{\overset{\displaystyle O}{\|}}{C}—Cl$$
$$\underset{\delta_1^+}{} \qquad\qquad \underset{\delta_2^+}{}$$

$$\delta_1^+ < \delta_2^+$$

对于酯类,凡是由弱酸构成的酯(如乙酰乙酸乙酯)可用作酰化剂;而由强酸构成的酯,因酸根的吸电子能力强,使酯中烷基的正电荷增大,因而常用作烷化剂,而不是酰化剂,如硫酸二甲酯等。

4.3.3 N-酰基化的方法

1. 用羧酸 N-酰基化

羧酸和胺类化合物反应合成酰胺是一种制酰胺的重要方法,反应过程中有水生成,因此羧酸的 N-酰基化是一个可逆反应,酰基化反应通式为:

$$R—\overset{\overset{\displaystyle O}{\|}}{C}—OH + H_2N—R' \underset{}{\overset{\text{成盐}}{\rlap{\longrightarrow}\raise 3pt{\longleftarrow}}} R—\overset{\overset{\displaystyle O}{\|}}{C}—O^- \cdot H_3\overset{+}{N}—R' \underset{+H_2O}{\overset{-H_2O}{\rlap{\longrightarrow}\raise 3pt{\longleftarrow}}} R—\overset{\overset{\displaystyle O}{\|}}{C}—\overset{\overset{\displaystyle H}{|}}{N}—R'$$

羧酸是一类较弱的酰化剂,只适用于引入甲酰基、乙酰基、羧甲酰基时才使用甲酸、乙酸或乙二酸作酰化剂,特殊情况下也可用苯甲酸作酰化剂。羧酸类酰化剂适用于对碱性较强的胺类进行酰化。为了使酰化反应进行到底,可使用过量的反应物,通常使廉价易得的羧酸过量,同时不断移去反应生成的水。

移去反应生成的水的方法主要有高温熔融脱水酰基化法、溶剂共沸蒸馏脱水酰基化法和反应精馏脱水酰基化法。

(1)高温熔融脱水酰基化法

对于胺类为挥发物,反应生成的铵盐稳定,则可用此法脱水。例如,向冰乙酸中通入氨气,使生成乙酸铵,然后逐渐加热到 180℃～220℃进行脱水,即得到乙酰胺。此方法还可以制得丙酰胺和丁酰胺。

$$CH_3COOH + NH_3 \longrightarrow CH_3COONH_4 \xrightarrow[180℃～220℃]{\text{脱水}} CH_3CONH_2$$

此外,也可将羧酸和胺的蒸气通入温度为 200℃的三氧化二铝或温度为 280℃的硅胶上进行气固相酰基化反应。

N-酰基化反应中常加入少量的强酸以提高反应的速率,例如,盐酸、氢碘酸或氢溴酸等。为了防止羧酸的腐蚀,要求使用铝制反应器或玻璃反应器。

(2)溶剂共沸蒸馏脱水酰基化法

此法主要用于甲酸(沸点100.8℃)与芳胺的 N-酰基化。由于底物甲酸的沸点和水非常接近,不能使用精馏法分离出反应生成的水。一般在反应物中加入甲苯或二甲苯进行共沸蒸馏脱水。

一般常用的共沸体系:

水(100℃)-甲苯(110.6℃)　　　　共沸点:84.1℃

水(100℃)-苯(80.6℃)　　　　共沸点:69.2℃

水(100℃)-乙酸乙酯(78℃)　　共沸点:70℃

乙醇(78℃)-乙酸乙酯(78℃)　　共沸点:71.8℃

（3）反应精馏脱水酰基化法

此法主要适用于乙酸(沸点118℃)与芳胺的N-酰基化。反应结束后蒸出多余的含水乙酸,然后在160℃～210℃减压蒸馏出多余的乙酸,即得N-乙酰苯胺。

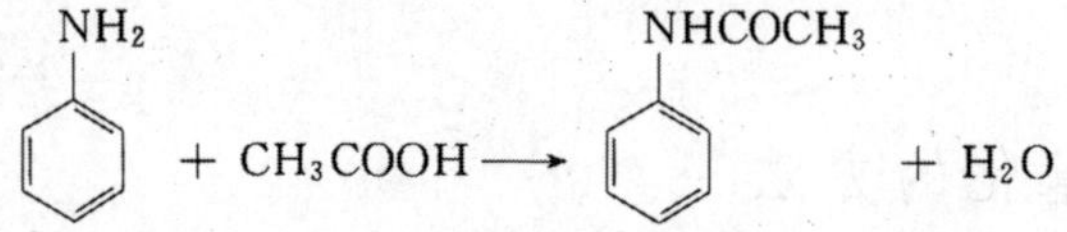

2. 用酸酐 N-酰基化

乙酐是酸酐中最常用的酰化剂,活性比较强,其次是邻苯二甲酸酐。反应通式为:

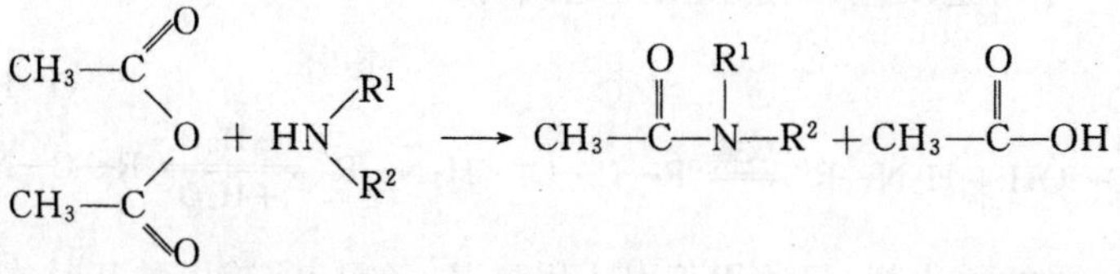

式中,R^1 可以是氢、烷基或芳基;R^2 可以是氢或烷基。这个反应是不可逆反应,反应过程中没有水生成。反应生成的乙酸可作为溶剂,一般在 20℃～90℃乙酰基化反应可顺利进行。乙酐的用量一般只需要过量 5%～50%。由于乙酸酐在室温下的水解速率很慢,对于反应活性较高的胺类可以在室温下进行乙酐酰基化反应。酰基化反应的速率大于乙酐水解的速率,因此反应还可以在水介质中进行。

酸酐和胺类进行酰基化时,一般不用加催化剂。但是对多取代芳胺、带有较多吸电子基和空间位阻较大的芳香胺类,需要加入少量的强酸作催化剂,以提高反应速率。

由于被酰基化产物的性质不同,操作方式也不同,如无溶剂法、非水溶性惰性有机溶剂法（苯、甲苯、二甲苯、氯苯、石脑油等）、乙酸或过量乙酐溶剂法、水介质法等。

无溶剂法适用于被酰基化的胺和酰基化产物的熔点都不高。例如,在搅拌和冷却下,将乙酐加入到间甲苯胺中,在 60℃～65℃下反应 2 h,得到间甲基乙酰苯胺,熔点为 65.5℃。

非水溶性惰性有机溶剂法适用于被酰基化的胺和酰基化产物的熔点都比较高。例如,将对氯苯胺在 80℃～90℃溶解于石脑油中,然后慢慢加入乙酐,在 80℃～90℃下反应 2 h,得到对氯乙酰苯胺,熔点为 176℃～177℃。

乙酸或过量乙酐溶剂法用乙酸或过量的乙酐作为溶剂。例如,2,4-二硝基苯胺和过量的乙酐反应生成 2,4-二硝基乙酰苯胺。

水介质法适用于被酰基化的胺和酰基化产物都溶于水,而且 N-酰基化反应速率比乙酐水解速率快。例如,在水中加入块状或熔融态间苯二胺和盐酸,溶解后加入稍过量乙酐（胺：盐酸：乙酐摩尔比1：1：1.05),在40℃搅拌反应1 h,然后加盐盐析,得到间氨基乙酰苯胺盐酸盐。

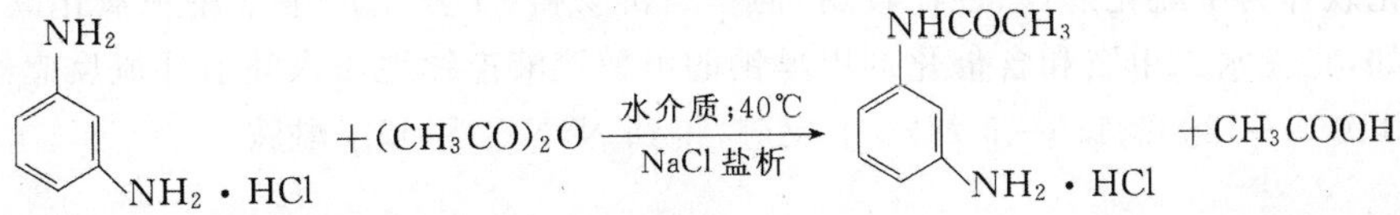

氨基酚分子中的羟基也会乙酰化，可在乙酰化后将其水解掉。例如，在水中加入 1-氨基-8 萘酚-3,6-二磺酸单钠盐和氢氧化钠水溶液，调节 pH 为 6.7～7.1，全部溶解，在 30℃～35℃下加入乙酐反应 0.5 h，然后加入碳酸钠调节溶液 pH 为 7～7.5，升温到 95℃反应 20 min，然后冷却至 15℃，即得到 N-乙酰基 H 酸水溶液。

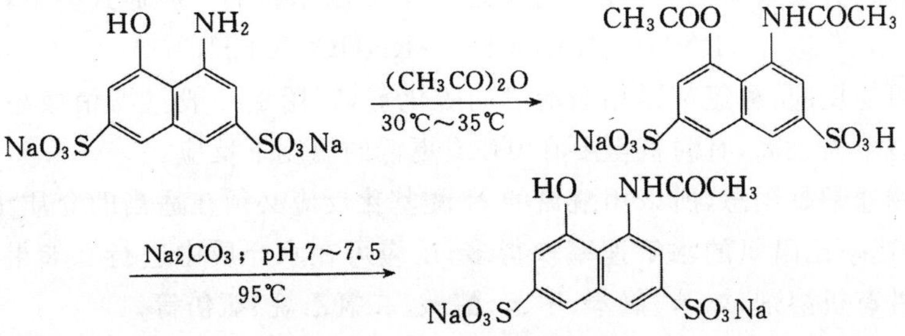

此外，通过酰基化反应氨和伯胺也能生成酰亚胺，其中的两个酰基连接在同一个 N 原子上。环酐尤其容易发生这样的反应，生成酰亚胺。环状酸酐，例如，邻苯二甲酸酐、丁二酸酐、顺丁烯二酸酐等，根据条件的不同，在 N-酰基化反应时，可以生成羧酰胺或内酰亚胺。例如：

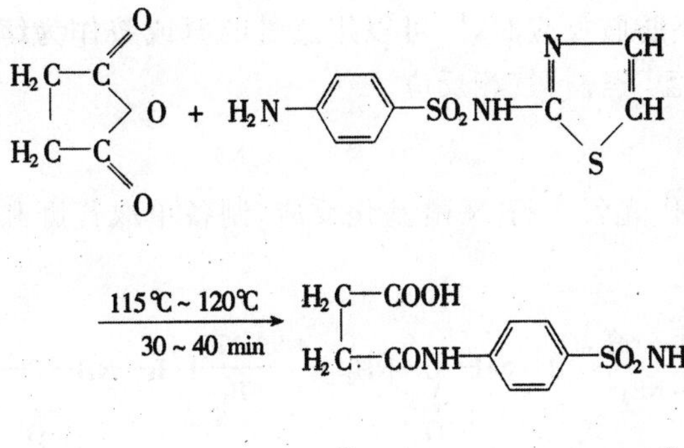

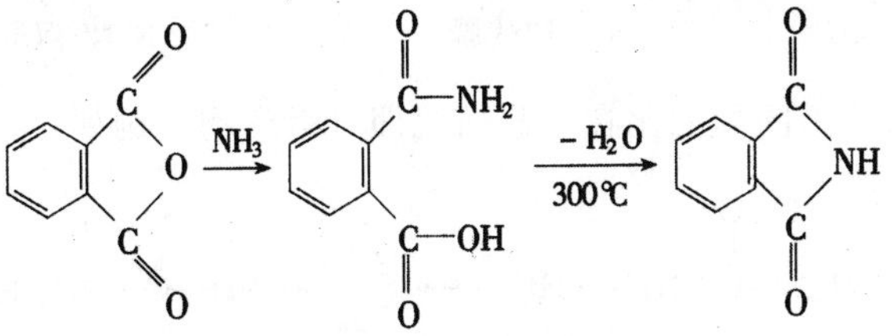

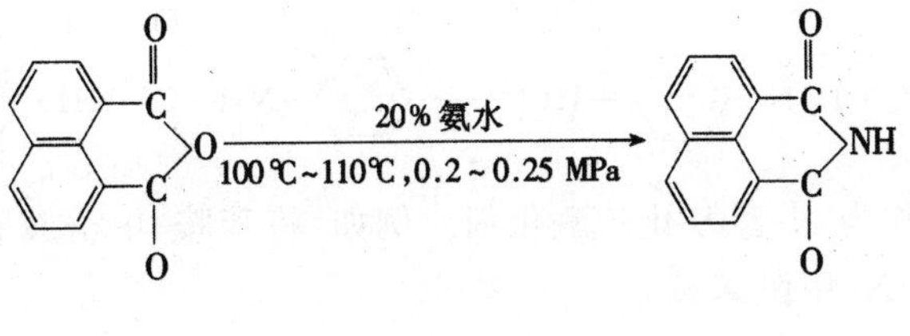

一氧化碳作为甲酰化剂,活性比较弱,但是廉价易得,工业生产中常用一氧化碳作为甲酰化剂。例如,将无水二甲胺和含催化剂甲醇钠的甲醇溶液连续地压入喷射环流反应器中,与一氧化碳在 $110℃\sim120℃$、$1.5\sim5$ MPa 下反应,得到 N,N-二甲基甲酰胺。

$$CO+HN(CH_3)_2 \xrightarrow{\text{甲醇钠催化}} H-\overset{\overset{\textstyle O}{\|}}{C}-N(CH_3)_2$$

3. 用酰氯 N-酰基化

酰氯是最强的酰化剂,适用于活性低的氨基或羟基的酰基化。常用的酰氯有长碳链脂肪酸酰氯、芳羧酰氯、芳磺酰氯、光气等。用酰氯进行 N-酰基化的反应通式如下:

$$RNH_2+R'COCl \longrightarrow RNHCOR+HCl$$

反应为不可逆反应,酰氯都是相当活泼的酰化剂,其用量一般只需稍微超过理论量即可。酰基化的温度也不需太高,有时甚至要在 0℃ 或更低的温度下反应。

酰基化产物通常是固态,所以用酰氯的 N-酰基化反应必须在适当的介质中进行。如果酰氯的 N-酰基化速率比酰氯的水解速率快得多,反应可在水介质中进行。如果酰氯较易水解,则需要使用惰性有机溶剂,如苯、氯苯、甲苯、醋酸、二氯乙烷、氯仿等。

由于酰基化时生成氯化氢与游离氨结合成盐,会降低 N-酰基化反应的速率,因此在反应过程中一般要加入缚酸剂来中和生成的氯化氢,使介质保持中性或弱碱性,并使胺保持游离状态,以提高酰基化反应速率和酰基化产物的收率。常用的缚酸剂有:氢氧化钠、醋酸钠、碳酸钠、碳酸氢钠及三乙胺等有机叔胺。但介质的碱性太强,会使酰氯水解,同时耗用量也增加。当酰氯与氨或易挥发的低碳脂肪胺反应时,则可以用过量的氨或胺作为缚酸剂。在少数情况下,也可以不用缚酸剂而在高温下进行气相反应。

4. 用酰胺 N-酰基化

尿素廉价易得,可用于取代光气进行 N-酰基化反应,制备单取代脲和双取代脲。其反应式如下:

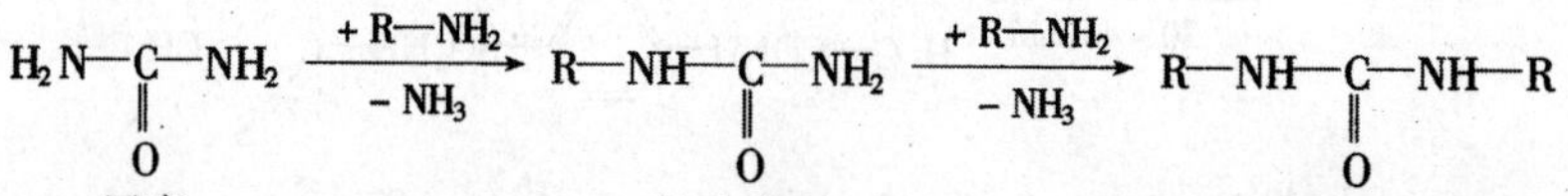

将胺、尿素、盐酸和水按不同的配比在一起回流即可得产物。例如:

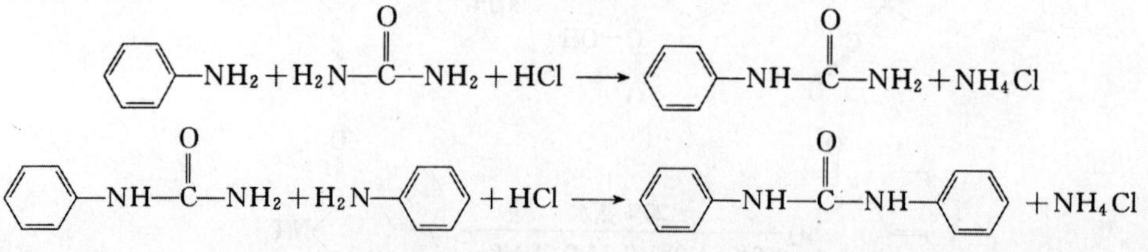

此外,也可用甲酰胺作为 N-酰基化的酰化剂。例如,将苯胺、甲酰胺和甲酸,在氮气保护下于 145℃反应 3 h,制得 N-甲酰苯胺。

$$\text{C}_6\text{H}_5\text{-NH}_2 + \text{H}_2\text{N}\overset{\text{O}}{\underset{}{\text{C}}}\text{-H} \longrightarrow \text{C}_6\text{H}_5\text{-NHC}\overset{\text{O}}{\underset{}{}}\text{-H} + \text{NH}_3\uparrow$$

5. 用羧酸酯 N-酰基化

羧酸酯是弱 N-酰化剂,常用的羧酸酯有甲酸甲酯、甲酸乙酯、丙二酸二乙酯、丙烯酸甲酯、氯乙酸乙酯和乙酰乙酸乙酯等,它们比相应的羧酸、酸酐或酰氯较易制得,使用方便。这个反应可看作是酯的氨解反应,其 N-酰基化反应通式为:

$$\text{R-C}\underset{\text{O}}{\overset{}{\text{-}}}\text{OR}' + \text{H}_2\text{N-R}'' \longrightarrow \text{R-C}\underset{\text{O}}{\overset{}{\text{-}}}\text{N}\underset{\text{H}}{\overset{}{\text{-}}}\text{R}'' + \text{HO-R}'$$

式中,R 是氢或各种有取代基的烷基;R′是甲基或乙基;R″是氢、烷基或芳基。

羧酸酯的结构对它的 N-酰基化反应活性有重要影响。如果 R 有位阻,则酰基化速度慢,需要在较高的温度或一定压力下反应。如果 R 无位阻并且有吸电基,则 N-酰基化反应较易进行。

乙酰乙酸乙酯曾是制 N-乙酰乙酰基苯胺的酰化剂,现在已被反应活性高、成本低的双乙烯酮取代。

6. 用双乙烯酮 N-酰基化

双乙烯酮是由乙酸先催化热解得乙烯酮,然后低温二聚合成。

$$\text{CH}_3\text{-C}\underset{\text{OH}}{\overset{\text{O}}{\text{-}}} \xrightarrow[\text{(700±20)℃}]{\text{磷酸三乙酯催化}} \text{CH}_2\text{=C=O} + \text{H}_2\text{O}$$

$$\text{CH}_2\text{=C}\underset{\text{O}}{\overset{}{}} + \text{CH}_2\underset{\text{O}}{\overset{}{\text{C}}} \xrightarrow[\text{15℃～25℃}]{\text{二聚}} \text{CH}_2\text{-C}\ \text{CH}_2 \atop \text{O-C=O}$$

双乙烯酮是活泼的酰化剂,与胺类反应可在较低温度下、在水或有机溶剂中进行。双乙烯酮与芳胺反应是合成乙酰乙酰芳胺的一种很好的方法,通过这种方法合成的一系列 N-乙酰乙酰基苯胺,它们都是重要的染料中间体。例如,苯胺在水介质中于 0℃～15℃ 与双乙烯酮,得到 N-乙酰乙酰苯胺。

$$\text{CH}_2\text{=C}\ \text{CH}_2 \atop \text{O-C=O} + \text{H}_2\text{N-C}_6\text{H}_5 \xrightarrow[\substack{\text{0℃～15℃} \\ \text{(加成 N-酰基化)}}]{\text{水介质}} \text{CH}_3\text{-C-CH}_2\text{-C-NH-C}_6\text{H}_5 \atop \ \ \ \ \text{O} \ \ \ \ \ \ \text{O}$$

双乙烯酮与氨水反应可制得双乙酰胺的水溶液,它可以用于引入乙酰乙酰基的 N-酰化剂。

$$\text{CH}_2\text{=C}\ \text{CH}_2 \atop \text{O-C=O} + \text{NH}_3 \xrightarrow[\text{35℃～40℃}]{\text{水介质}} \text{CH}_3\text{-C-CH}_2\text{-C-NH}_2 \atop \ \ \ \text{O} \ \ \ \ \ \text{O}$$

双乙烯酮必须在 0℃～5℃的低温贮存于铝制容器或不锈钢中,如果温度升高,会发生自身聚合反应。此外,双乙烯酮具有强烈的刺激性、催泪性,使用时应注意安全。

4.4 O-酰基化反应

O-酰基化是指醇或酚分子中的羟基氢原子被酰基取代的反应,生成的产物是酯,因此又称为酯化。几乎用于 O-酰基化的所有酰化剂都可用于酯化。

4.4.1 O-酰基化反应的历程

在传统的无机酸催化下,H^+ 自催化剂中游离出来,与反应物形成络合物后再与有机酸反应完成酯化过程,反应通式为:

$$RCOOH + R'OH \longrightarrow RCOOR' + H_2O$$

与其他有机酸、无机酸相比,硫酸广泛地应用于酯化反应中,研究证明,硫酸酯化反应分两步进行,如下所示:

$$ROH + H_2SO_4 \longrightarrow R'OSO_3H + H_2O$$

$$RCOOH + R'OH \xrightarrow{R'OSO_3H} RCOOR' + H_2O$$

在酯化过程中真正充当催化剂的是 R'—O—SO_3H(烷基硫酸)。

若以相转移催化剂催化酯化反应,由于相转移催化剂能穿越两相之间,从一相提取有机反应物到另一相反应,因而能克服有机反应在界面接触、扩散等困难,显著加快了反应速率,反应如图 4-1 所示。

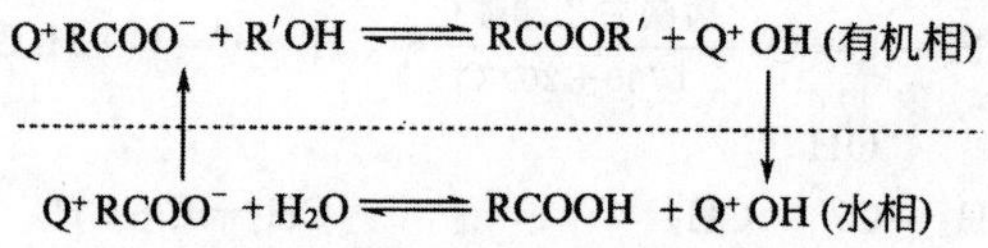

$$Q^+RCOO^- + R'OH \rightleftharpoons RCOOR' + Q^+OH \text{(有机相)}$$

$$Q^+RCOO^- + H_2O \rightleftharpoons RCOOH + Q^+OH \text{(水相)}$$

图 4-1 相转移催化酯化反应

4.4.2 O-酰基化的影响因素

O-酰基化的影响因素如下所示。

1. 羧酸结构

甲酸比其他直链羧酸的酯化速度快得多。随着羧酸碳链的增长,酯化速度明显下降。除了电子效应会影响酯化能力外,空间位阻对反应速率具有更显著的影响。

2. 醇或酚结构

伯醇的酯化反应速率最快,仲醇较慢,叔醇最慢;伯醇中又以甲醇最快。这是由于酯化过程是亲核过程,醇分子中有空间位阻时,其酯化速度会降低,即仲醇酯化速度比相应的伯醇低一些,而叔醇的酯化速度则更低,叔醇的酯化通常要选用酸酐或酰氯。但丙烯醇的酯化速度比相应的饱和醇慢些,因为丙烯醇氧原子上的未共用电子对与双键共轭,减弱了氧原子的亲核,同样,苯酚由于苯环对羟基的共轭效应,其酯化速度也都相当低。苯甲醇由于存在苯基,其酯化速度比乙醇低。

因此,在实际操作中,制备叔丁基酯不用叔丁醇而要用异丁烯,制备酚酯时,酰化剂要用酸酐或羧酰氯而不用羧酸。

3. 酯化催化剂

选用合适的酯化催化剂在保证酯化反应进行方面有决定性的作用,常用的催化剂主要有以下几类。

(1)传统的无机酸、有机酸催化剂

硫酸催化酯化是现代酯化工业中最常用的方法,但因硫酸易造成一系列副反应,从而使产品的精制带来一定的困难,产率在一定程度上受到影响,此外,设备腐蚀、环境污染问题也相当严重。盐酸则容易与醇反应生成卤代烷。磷酸虽也可作催化剂,但反应速率非常慢。无机酸的腐蚀性较强,也容易使产品的色泽变深。有机磺酸,如甲磺酸、苯磺酸、对甲苯磺酸等也可作催化剂,其腐蚀性较小。

工业上使用的磺酸类催化剂是对甲苯磺酸,它虽然价格较贵,但是不会像硫酸那样引起副反应,已逐渐代替浓硫酸。

(2)固体超强酸

研究表明,固体超强酸催化剂具有催化活性高、不腐蚀设备、不污染环境、制备方法简便、产品后处理简单、可多次重复使用等优点,是有望取代硫酸的催化剂,应用前景广泛。例如,TiO_2-Re^+/SO_4^{2-} 的反应条件温和,催化活性高,效果优于硫酸。M_xO_y/SO_4^{2-} 型固体超强酸具有不怕水的优点,因而广泛应用于酯化反应研究。但 M_xO_y/SO_4^{2-} 型固体超强酸还处于实验室研究阶段,实现工业化还有许多工作要做。

(3)强酸性离子交换树脂

强酸性离子交换树脂均含有可被阳离子交换的氢质子,属强酸性。其中最常用的有酚磺酸树脂以及磺化聚苯乙烯树脂。该催化剂酸性强、易分离、无炭化现象、脱水性强及可循环利用等,可用于固定床反应装置,有利于实现生产连续化,但溶剂化作用使树脂膨胀,降低了催化效率。

(4)分子筛以及改性分子筛

沸石分子筛具有很宽的可调变的酸中心和酸强度,能满足不同的酸催化反应的活性要求,比表面积大,孔分布均匀,孔径可调变,对反应原料和产物有良好的形状选择性,结构稳定,机械强度高,可高温活化再生后重复使用,对设备无腐蚀,生产过程环保,废催化剂处理简单。但是,由于活性比浓硫酸低,因此生产能力低,易发生结炭,水的存在会影响其活性等。因此,需要对分子筛进行适当的改性。

(5)杂多酸催化剂

杂多酸(HPA)是由中心原子和配位原子以一定结构通过氧原子配位桥联而组成的含氧多元酸的总称。酯化反应是有催化剂参与的重要有机化学反应之一,固体杂多酸(盐)催化剂作为一类新型催化剂替代浓硫酸催化合成酯类物质具有高反应活性和选择性,不腐蚀反应设备等优点,负载型杂多酸(盐)催化剂还具有低温、高活性的特点。

(6)相转移催化剂

季铵盐是典型的相转移催化剂,它较适合于羧酸盐与卤代烷反应生成相应的酯,催化效率高。

4.4.3 O-酰基化的方法

1. 用羧酸 O-酰基化

羧酸可以是各种脂肪酸和芳酸。羧酸价廉易得,是最常用的酯化剂。但羧酸是弱酯化剂,它只能用于醇的酯化,而不能用于酚的酯化。

由于羧酸的种类很多,所以羧酸是最常用的酯化剂。用羧酸的酯化一般是在质子酸的催化作用下,按双分子反应历程进行的。

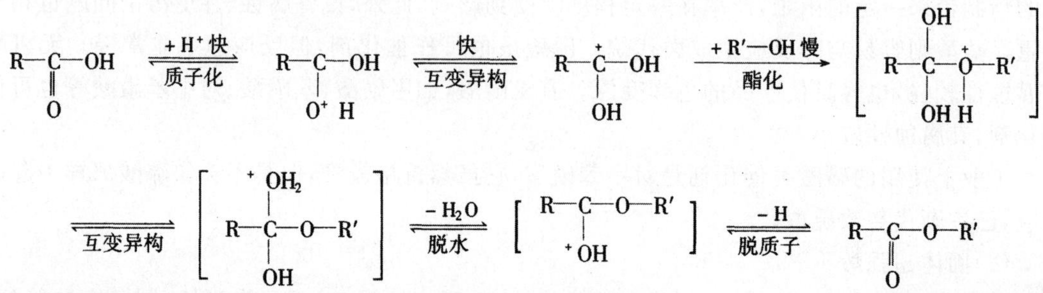

在这里,羧酸是亲电试剂,醇是亲核试剂,离去基团是水。

用羧酸的酯化是一个可逆反应,即

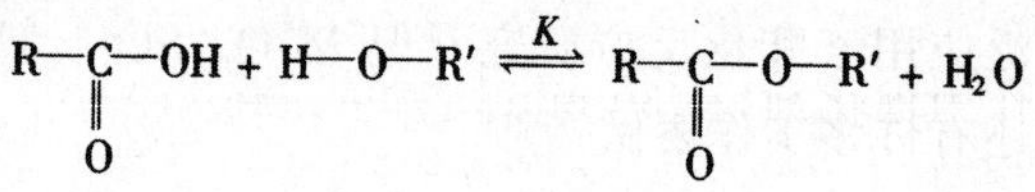

所生成的酯在质子的催化作用下又可以和水发生水解反应而转变为原来的羧酸和醇。因此,在原料和产物之间存在着动态平衡。参加反应的质子可以来自羧酸本身的解离,也可以来自另外加入的质子。质子酸只能加速平衡的到达,不能影响平衡常数 K。

$$K = \frac{c_{酯}\ c_{水}}{c_{羧酸}\ c_{醇}}$$

酯化的平衡常数 K 都不大。在使用当量的酸和醇进行酯化时,达到平衡后,反应物中仍剩余相当数量的酸和醇。为了使反应程度尽可能大,需要使平衡右移,可采用以下几种方法。

（1）用过量的低碳醇

此法主要用于生产水杨酸乙酯、对羟基苯甲酸的乙酯、丙酯和丁酯等。此法操作简单,只要将羧酸和过量的醇在浓硫酸催化剂存在下回流数小时,蒸出大部分过量的醇,再将反应物倒入水中,用分层法或过滤法分离出生成的酯。为了减小成本,此法只适用于平衡常数 K 较大、醇不需要过量太多、醇能溶解于水、批量小、产值高的酯化过程。

（2）蒸出生成的水

此法使用的情况为:水是酯化混合物中沸点最低的组分和可用共沸蒸馏法蒸出水。

当羧酸、醇和生成的酯沸点都很高时,只要将反应物加热至 200℃ 或更高并同时蒸出水,甚至不加催化剂也可以完成酯化反应。另外,也可以采用减压、通入惰性气体或过热水蒸气的方法在较低温度下蒸出水。

（3）蒸出酯

此法只适用于酯化混合物中酯的沸点最低的情况。这些酯常常会与水形成共沸物,因此蒸出的粗酯还需要进一步精制。

（4）羧酸盐与卤烷的酯化法

此法主要用于制备各种苄酯和烯丙酯。加入相转移催化剂可加速酯化反应。

2. 用酸酐 O-酰基化

羧酸酐是比羧酸更强的酰化剂,适用于较难反应的酚类化合物及空间阻碍较大的叔羟基衍生物的直接酯化。常用的酸酐有乙酸酐、丙酸酐、邻苯二甲酸酐、顺丁烯二酸酐等。

此法也是酯类的重要合成方法之一,其反应过程为:

$$(RCO)_2O + R'OH \longrightarrow RCOOR' + RCOOH$$

在用酸酐对醇进行酯化时,先生成 1 mol 酯及 1 mol 酸,这是不可逆过程;然后由 1 mol 酸再与醇脱水生成酯,这是可逆过程,需较为苛刻的条件,才能保证两个酰基均得到利用。

反应中生成的羧酸不会使酯发生水解,所以这种酯化反应可以进行完全。羧酸酐可与叔醇、酚类、多元醇、糖类、纤维素及长碳链不饱和醇等进行酯化反应。

用酸酐酯化时可用酸性或碱性催化剂加速反应,如硫酸、高氯酸、氯化锌、三氯化铁、吡啶、无水醋酸钠、对甲苯磺酸或叔胺等。酸性催化剂的作用比碱性催化剂强。目前工业上使用最多的是浓硫酸。

止痛药阿司匹林即乙酰水杨酸,它的合成采用水杨酸与乙酸酐的液相酯化反应,不加入任何溶剂,采用纳米硫酸锆作为催化剂,在 30 min 内就可达到 97％的高产率。

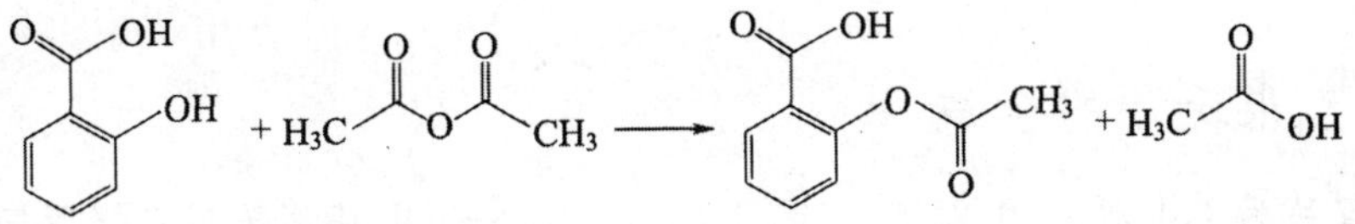

若酰化剂采用环状羧酸酐与醇反应,则可制得双酯。在制备双酯时反应是分步进行的,即先生成单酯,再生成双酯。

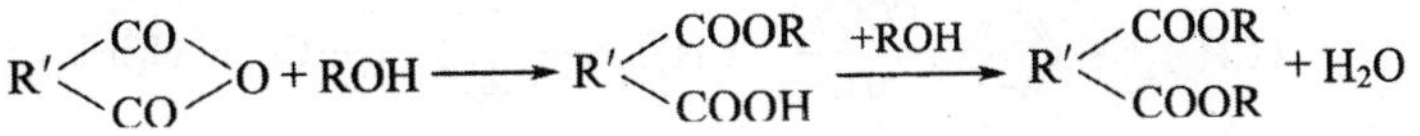

工业上大规模生产的各种型号的塑料增塑剂邻苯二甲酸二丁酯及二辛酯等就是以邻苯二甲酸酐利用过量的醇在硫酸催化下进行酯化而成的。

再如,增塑剂邻苯二甲酸二异辛酯的生产,将邻苯二甲酸酐溶于过量的辛醇中即可生成单酯,下一步由单酯生成双酯属于羧酸与醇的酯化,要加入催化剂。最初采用的是硫酸催化剂,现在采用的是钛酸四烃酯、氢氧化铝复合物、氧化亚锡或草酸亚锡等非酸性催化剂。

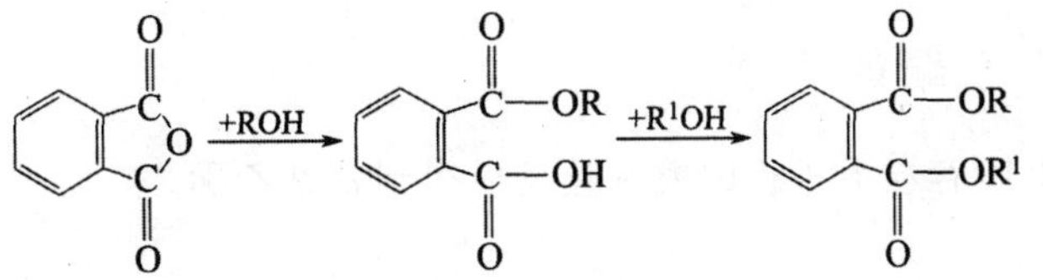

3. 用酰氯 O-酰基化

酰氯和醇反应生成酯：

$$RCOCl + R'OH \longrightarrow RCOOR' + HCl$$

酰氯与醇（或酚）的酯化具有以下特点：

①酰氯的反应活性比相应的酸酐强,远高于相应的羧酸。

②酰氯与醇（或酚）的酯化是不可逆反应,反应可在十分缓和的条件下进行,不需加催化剂,产物的分离也比较简便。

③反应中通常需使用缚酸剂以中和酯化反应所生成的氯化氢。

酰氯主要分为有机酰氯和无机酰氯:常用的有机酰氯有长碳脂肪酰氯、芳羧酰氯、芳磺酰氯、光气、氨基甲酰氯和三聚氯氰等;常用的无机酰氯主要为磷酰氯,如 $POCl_3$、$PSCl_3$、PCl_3、PCl_5 等。

用酰氯的酯化需在缚酸剂存在下进行,常用的缚酸剂有碳酸钠、乙酸钠、吡啶、三乙胺或 N,N-二甲基苯胺等。缚酸剂采用分批加入或低温反应的方法,以避免酰氯在碱存在下分解。当酯化反应需要溶剂时,应采用苯、二氯甲烷等非水溶剂,因为脂肪族酰氯活泼性较强,容易发生水解。另外,用各种磷酰氯制备酚酯时,可不加缚酸剂,而制取烷基酯时就需要加入缚酸剂,防止氯代烷的生成,加快反应速率。

由于酰氯的成本远高于羧酸,通常只有在特殊需要的情况下,才用羧酰氯合成酯。

4.5 酰基化反应的应用实例

4.5.1 米氏酮的合成

米氏酮又称为 4,4-双(二甲氨基)二苯甲酮,由 N,N-二甲基苯胺与光气反应制得。光气是碳酸的酰氯,是很强的酰化剂。

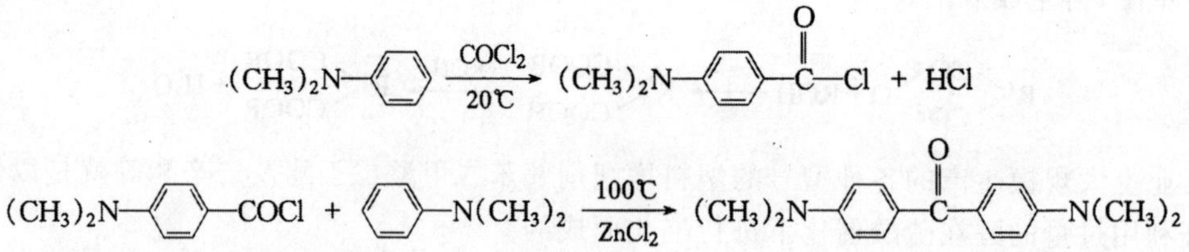

将 N,N-二甲基苯胺加入反应锅,在搅拌冷却至 20℃ 以下时,开始通入光气。反应一定时间后,得到的甲酰氯在稍高的温度下加入 $ZnCl_2$ 催化剂。反应结束后,用盐酸酸析至 pH 3～4,冷却、过滤、水洗至中性,烘干,得米氏酮。

4.5.2 α-萘乙酮的合成

萘与乙酐在 $AlCl_3$ 存在下进行碳酰基化反应得到 α-萘乙酮。

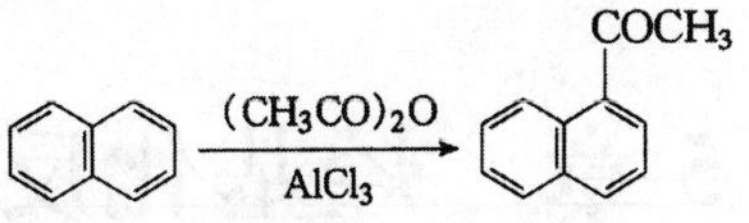

于干燥的铁锅中加入无水二氯乙烷 106 L 及精萘 56.5 kg,搅拌溶解。在干燥搪玻璃反应器中加入无水二氯乙烷 141 L 及无水三氯化铝 151 kg,于(25±2)℃下缓缓加入乙酐 51.5 kg,保温半小时。再于此温度下加入上述配好的精萘二氯乙烷溶液,加完后保持温度为 30℃ 反应 1 h,然后将物料用氮气压至 800 L 冰水中进行水解,稍静置后放去上层废水,用水洗涤下层反应液至刚果红试纸不蓝为止。将下层油状液移至蒸馏釜中,先蒸去二氯乙烷,再进行真空蒸馏,真空度为 100 kPa(750 mmHg),于 160℃～200℃ 下蒸出 α-萘乙酮约 65～70 kg。本品是医药和染料中间体。

4.5.3　乙酰氨基苯酚的制备

乙酰氨基苯酚的制备反应为:

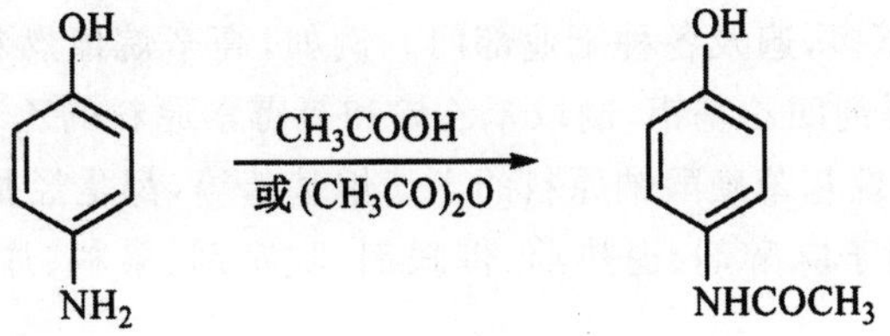

将对氨基苯酚加入稀乙酸中,再加入冰乙酸,升温至 150℃,反应 7 h,加入乙酸酐,再反应 2 h,检查终点,合格后冷却至 25℃ 以下,过滤,水洗至无乙酸味,甩干,即得粗品。

除上述方法外,还可以将对氨基苯酚、冰乙酸及含酸 50% 以上的酸母液一起蒸馏,蒸出稀酸的速度为每小时馏出总量的 1/10,待内温升至 130℃ 以上,取样检查对氨基苯酚残留量低于 2.5%,加入稀酸,经冷却、结晶、过滤后,先用少量稀酸洗涤,再用大量水洗至滤液接近无色,即得粗品。

本品为解热镇痛药,用于感冒、牙痛等症;也是有机合成的中间体、过氧化氢的稳定剂、照相用化学药品等。

第5章 烃基化反应

5.1 烃基化反应概述

用烃基取代分子中的某些功能基上的氢原子或进行加成而得到烃基化产物的反应称为烃基化反应。引入的烃基通常有饱和的、不饱和的、脂肪的、芳香的以及各种取代的烃基,甲基化、乙基化、异丙基化为最普遍。广义的烃基化还包括有机化合物分子中的 C、N、O 原子上引入氯甲基、羟甲基、羧甲基、氰乙基等基团的反应。

芳环上的氢为烷基取代的反应称为 Friedel-Crafts 烷基化反应,是一类最重要的烷基化反应。另外,还可以进行分子内部的烃基化,这是实现环化的手段之一。

烃基化的产物种类繁多,遍及各种工业部门。例如,高辛烷值燃料的异辛烷,金属有机化合物 Grignard 试剂,抗震剂四乙基铝,制取苯乙烯和氯霉素原料的乙苯,定向聚合催化剂的三乙基铝,合成洗涤剂十二烷基苯磺酸钠原料的十二烷基苯等,都是烃基化反应的产物。烃基化产物应用十分广泛,可用于麻醉剂、退热药、催眠剂、防腐剂、染料、炸药、香料、照相材料等的合成。

就烃基化反应的机理而言,除在芳核上引入烃基属于亲电取代反应外,其他多为亲核取代反应。因此,烃基化反应的难易,不但取决于被烃基化物质结构的亲核活性,同时也取决于烃基化剂中离去基团的性质。

能进行烃基化反应的试剂很多,常用的有卤代烃、硫酸酯、芳磺酸酯和其他酯类、醇类、醚类、烯烃类、重氮甲烷等。烃基化试剂的使用需综合考虑烃基化反应的难易,活性的大小、成本的高低、毒性的大小和副产物的多少等情况。

洞悉有机取代反应的一般规律,对有效地实现烃基化反应具有重要的意义。

5.2 卤代烃类烃基化

卤代烃的结构对烃基化反应的活性有较大的影响。当卤代烃中的烃基相同时,C—X 键间的极化度越大,反应速度越快。一般卤原子的原子半径越大,所成键的极化度越大。因此,不同卤代烃的活性次序为:

$$RF < RCl < RBr < RI$$

其中,RF 的活性很小,且本身不易制得,其应用很少;RI 的活性最大,但不如 RCl、RBr 易得,价格较贵,稳定性差,且应用时易发生消除、还原等副反应,所以应用的也很少(碘甲烷除外)。

在烃基化反应中应用较多的卤代烃是 RBr 和 RCl,它们的活性可以达到反应的要求,且容易制备。一般分子量小的卤代烃的反应活性比分子量大的卤代烃更强些,因此在引入分子量较大的长链烃基时,选用活性较大的 RBr 好些。另外,当所用卤代烃的活性不够大时,可加入适量的 KI,使卤代烃中卤原子被置换成碘,而有利于烃基化反应的进行。

当卤原子相同时,伯卤代烃的反应最好,仲卤代烃次之,而叔卤代烃常会发生严重的消除反应,生成大量的烯烃,因此不宜直接采用叔卤代烃进行烃基化反应。

由于卤代烃类烃基化剂的烃基可以取代多种功能基上的氢原子,因此广泛用于碳、氮、氧原子等的烃基化反应,是有机合成主要的烃基化剂之一。

5.2.1　羟基的烃基化

用卤代烷类烃基化剂对羟基氧原子进行烃基化反应,合成的产物都是混合醚。根据混合醚的结构不同,主要分为二烷基混合醚和烷基-芳基混合醚等。

1. 二烷基混合醚

卤烷烃和醇羟基之间进行烃基化反应可得二烷基混合醚。反应机理属于亲核取代反应。

$$RONa+R'X \xrightarrow{-NaX} ROR'$$

对于被烃基化物醇来说,因为 R—O⁻ 的活性远大于 ROH 的活性,所以要在反应中加入金属钠、氢氧化钠或氢氧化钾等强碱性物质,以形成 R—O⁻ 负离子。质子溶剂有利于 R'—X 的解离,但易与 R—O⁻ 发生溶剂化作用,明显地降低了 R—O⁻ 的亲核活性。因此,非质子极性溶剂对反应常产生有利的影响。

2. 烷基-芳基混合醚

卤烷烃与酚羟基之间进行烃基化反应可得烷基-芳基混合醚。其反应通式如下:

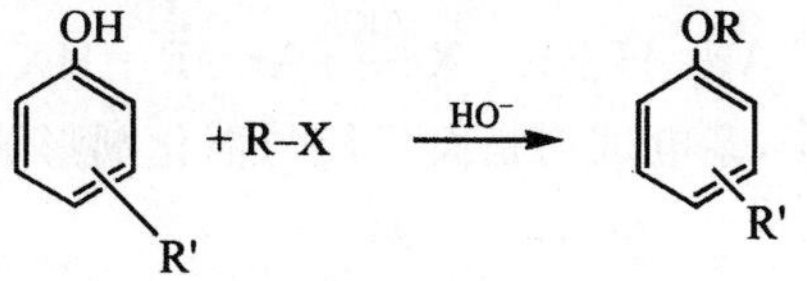

酚羟基具有一定的酸性,一般采用氢氧化钠形成芳氧阴离子,或用碳酸钠作去酸剂。反应时,可用水、醇类、丙酮、DMF、DMSO、苯和二甲苯为溶剂。当反应液接近中性时,表示反应基本完成。

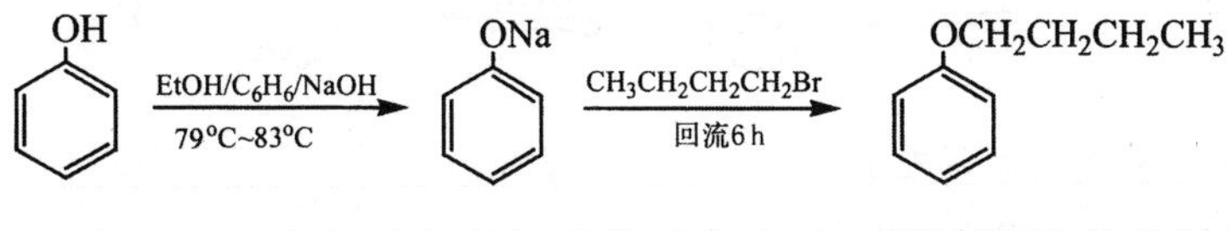

另外,芳卤代烃与醇羟基之间进行的烃基化反应也可以得到烷基-芳基混合醚。反应通式如下:

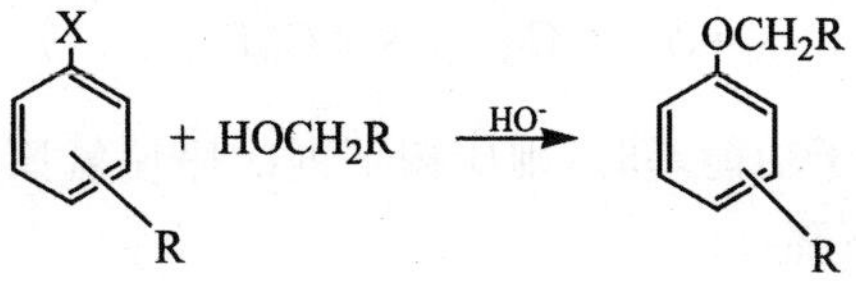

由于芳卤代烃上的卤原子与芳核发生共轭效应,其活性较卤代烷小;若芳核上卤原子的邻位或对位有强吸电子基存在时,则可增强卤原子的活性,并能与羟基顺利地进行亲核取代反应得到烃基化产物。卤原子活性增强的顺序为:F>Cl>Br>I,因为 F 的电负性大,其核电荷对价电子层的电子吸引力大,使未共用的电子对不易与芳核发生共轭效应,所以活性较大。若芳卤代烃的芳核上无取代基存在时,则卤原子的活性顺序与卤烷烃相同,即 I>Br>Cl>F。

例如,非那西汀中间体对-硝基苯乙醚的合成是用对-硝基氯苯为原料,在氢氧化钠乙醇溶液中进行烃基化反应制得,反应式如下:

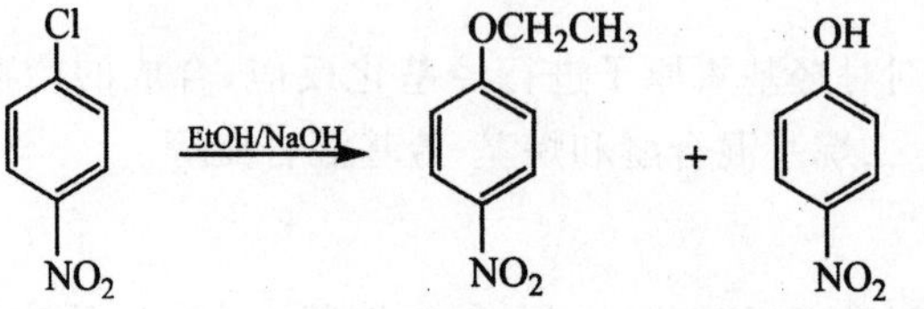

该反应是亲核取代反应,由于反应液中存在 EtO⁻ 和 OH⁻ 两种负离子,故可发生水解副反应而得到一定数量的对-硝基苯酚。

5.2.2 C-烃基化

1. 芳环上碳原子的烃基化反应

在 $AlCl_3$ 或其他路易斯酸催化下,芳香族化合物与卤代烃反应时,芳环上的氢原子可被烃基取代,此即为 Friedel-Crafts 烷基化反应,简称傅-克(Friedel-Crafts)烷基化反应。该反应常用来合成烷基取代的芳香衍生物。

$$Ar—H+R—X \xrightarrow{AlCl_3} Ar—R+HX$$

其机理属于亲电取代反应,亲电试剂是卤代烃与催化剂形成的各种活性形式。其反应过程可表示如下:

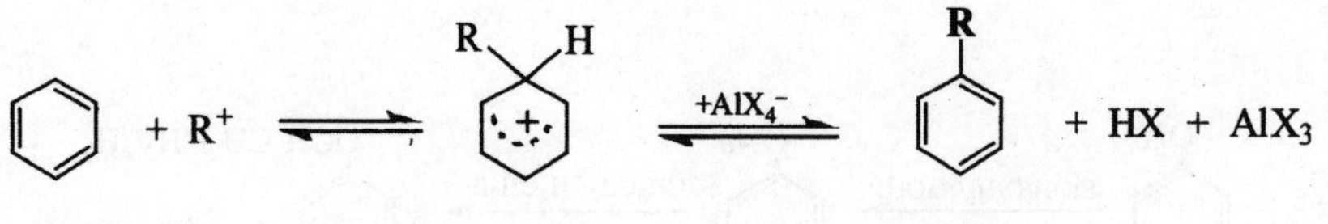

2. 活泼亚甲基碳原子的烃基化反应

亚甲基上连接有吸电子功能基,使亚甲基上的氢原子具有一定的活性,因而可被烃基取代而得到碳原子上的烃基化产物。吸电子功能基一般是按下列顺序使氢原子的活性增高:

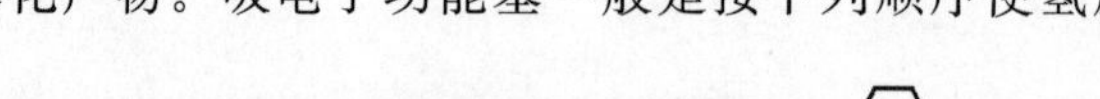

$$Me- < Et- < n\text{-}Pr < n\text{-}C_{10}H_{21}- < n\text{-}C_{16}H_{33}- < \bigcirc - < i\text{-}Pr$$

活泼亚甲基上具有供电子功能基时,则应按下列次序使氢原子的活性减弱。烃基的位阻增大,烃基化的活性也相应下降。

最常见的具有活泼亚甲基化合物有丙二酸酯、氰乙酸酯、乙酰乙酸酯、丙二酸酯、苄脂、

β-双酮、腈以及脂肪硝基衍生物等。活泼亚甲基碳原子的烃基化反应是双分子亲核取代反应。在碱(B^-)的催化下,活泼亚甲基首先失去氢形成碳负离子,并与邻位的吸电子功能基发生共轭效应,其负电荷得到分散,从而增加了碳负离子的稳定性,碳负离子随后与卤代烃发生双分子亲核取代反应。

$$\text{(i-Pr)(CN)CH(H)(COOEt)} + i\text{-PrI} \xrightarrow[75℃]{\text{EtONa}} \text{(i-Pr)(CN)C(i-Pr)(COOEt)}$$

$$\text{Ph–CH}_2\text{CN} \xrightarrow[\text{回流,4 h}]{C_2H_5Br,\ NaNH_2} \text{Ph–CH(CN)(C}_2H_5)$$

合成苯巴比妥中间体 2-乙基-2-苯基丙二酸二乙酯时,不能采用丙二酸二乙酯为原料进行乙基化和苯基化。因为卤代苯的活性很低,很难进行苯基化。所以,使用苯乙酸乙酯进行合成。

$$\text{Ph–CH}_2\text{COOEt} + (\text{COOEt})_2 \xrightarrow[55℃\sim60℃]{\text{EtONa}} \text{Ph–CH(COOEt)(COCOOEt)}$$

$$\xrightarrow[160℃\sim180℃,\ 8\ h]{-CO} \text{Ph–CH(COOEt)}_2 \xrightarrow[60℃\sim72℃,\ 11\ h]{\text{EtBr/EtONa}} \text{Ph–C(Et)(COOEt)}_2$$

5.2.3　N-烃基化

氨基具有碱性,亲核能力较强,因此它们比羟基较易进行烃基化反应。卤代烃与氨或氨衍生物之间进行的烃基化反应是胺类化合物合成的主要方法之一。

1. 氨烃基化反应

氨烃基化反应是指卤代烃与氨的烃基化反应。由于氨有三个氢原子都可被烃基取代,反应产物多为伯胺、仲胺和叔胺的混合物。其反应机理如下:

$$RX + NH_3 \longrightarrow R^+NH_3X^- \underset{NH_3}{\rightleftharpoons} RNH_2 + NH_4^+X^-$$

$$RNH_2 + RX \longrightarrow R_2N^+H_2X^- \underset{NH_3}{\rightleftharpoons} R_2NH + NH_4^+X^-$$

$$R_2NH + RX \longrightarrow R_3N^+HX^-$$

在氨烃基化反应中,由于原料配比、反应溶剂、添加的盐类以及卤代烃的结构不同,其反应速率或产物也不相同。若氨过量,则伯胺产物比例增高;若氨的配比不足,则仲胺和叔胺产物的比例增高;若以水作溶剂,则其反应速率一般比用乙醇作溶剂为快;但用高级卤代烃进行烃基化时,以乙醚作溶剂为好,因是均相反应;反应中加入 NH_4Cl、NH_4NO_3 或 CH_3COONH_4 等盐类,因增加了 NH_4^+,使氨的浓度增高,有利于反应进行。

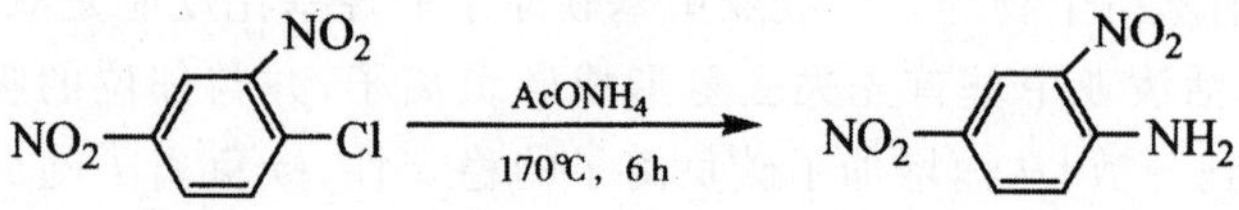

2. 伯胺和仲胺烃基化反应

这类反应在药物合成上应用广泛,其影响因素与氨的烃基化过程基本相同。一般说来,当卤代烃的活性较大、伯胺的碱性较强、两者均无立体位阻时,大都得到混合胺的产物,至于比例如何,决定于反应条件。

$$n\text{-}BuCl + MeNH_2 \xrightarrow[100℃,6\,h]{AlC} MeNHBu\text{-}n + MeN(Bu\text{-}n)_2$$

若卤代烃的活性较大、伯胺碱性较强、两者之一具有立体位阻,或卤代烃的活性较大、伯胺的碱性较弱、两者均无立体位阻时,大都得到单一的产物。

$$(CH_3)_2CHBr + CH_3NH_2 \xrightarrow{110℃,18\,h} CH_3NHCH(CH_3)_2 + CH_3N[CH(CH_3)_2]_2$$
$$70\%$$

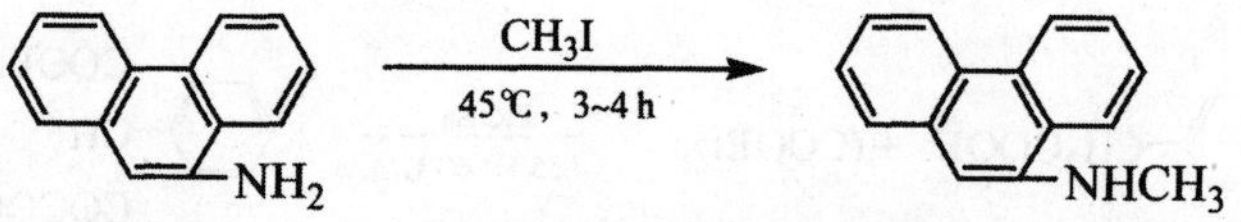

芳卤代烃活性不大,同时又存在立体位阻,不易与芳伯胺反应。若加入铜盐催化,将芳伯胺与芳卤代烃在无水碳酸钾中共热,可得二苯胺及其同系物,这个反应称为乌尔曼(Ullmann)反应。

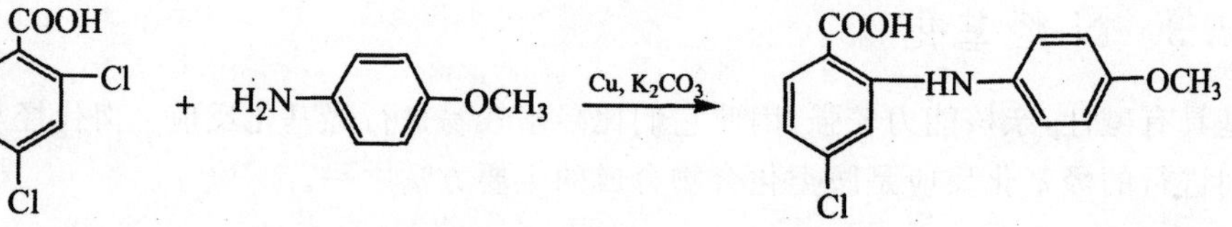

例如,抗炎镇痛药氯灭酸和氟灭酸的合成:

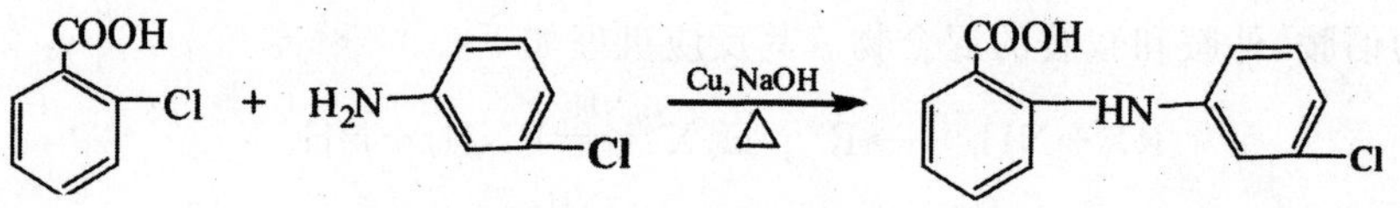

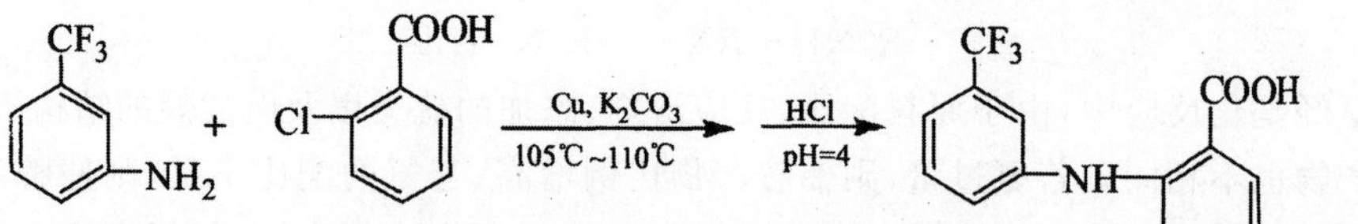

对于碱性很弱的胺,烃基化反应可在 $NaNH_2$ 的甲苯溶液中进行,先制成钠盐再进行反应。例如,抗组胺药(Pyribenzamine)的合成:

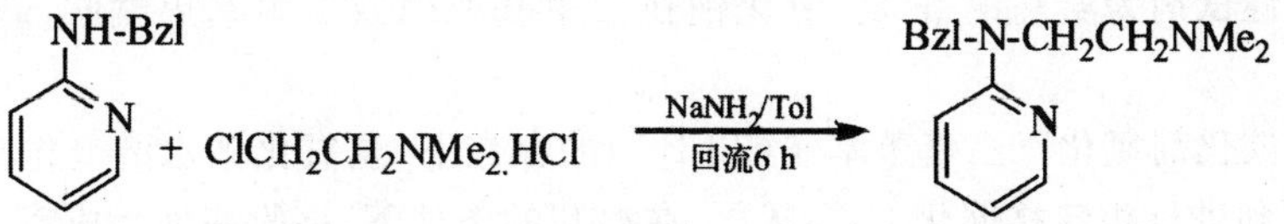

3. 酰亚胺和酰胺的 N-烃基化反应

(1)邻苯二甲酰亚胺的 N-烃基化反应

由于氨分子中有三个氢原子都可被烃基取代,因而得到的产物常是混合物。若将其中的两个氢原子被酰基取代,则氨分子中仅余一个氢原子可被烃基取代,烃基化后生成 N-烃基化的酰亚胺,从而避免了仲胺和叔胺的生成,此即为 Gabriel 合成法。将 N-烃基酰亚胺水解,可得到高纯度的伯胺化合物。

邻苯二甲酰亚胺氮原子上连接的氢具有足够的酸性,能与氢氧化钾或碳酸钠等作用生成钾盐或钠盐,再和卤代烃进行反应生成 N-烃基邻苯二甲酰亚胺。将其水解可得伯胺,但水解很困难。如用水合肼进行肼解,则反应条件温和而迅速,不需加压,操作简单,收率也较高。

Gabriel 合成法中使用的卤代烃除活性较差的芳卤代烃外,包括烃基上带有各种取代基的卤代烃都可使用,因此应用范围很广。

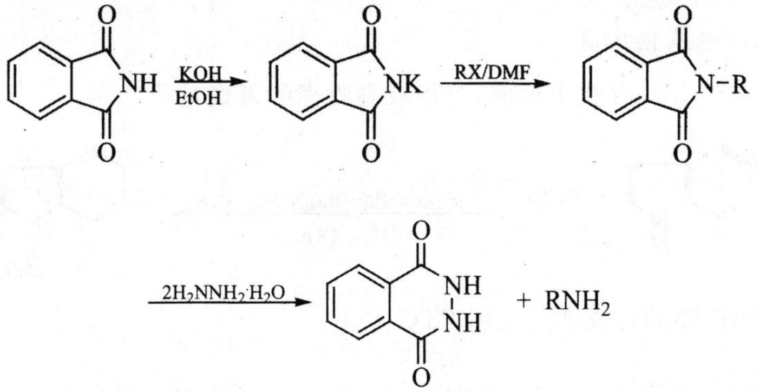

(2)酰胺的 N-烃基化反应

酰胺与强碱反应可形成酰胺的金属盐,它可进一步与卤代烃或硫酸二烃酯发生 N-烃基化反应,生成 N-烃基酰胺。

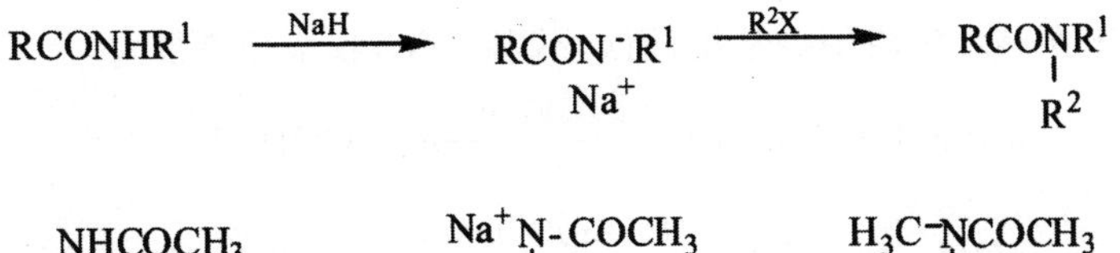

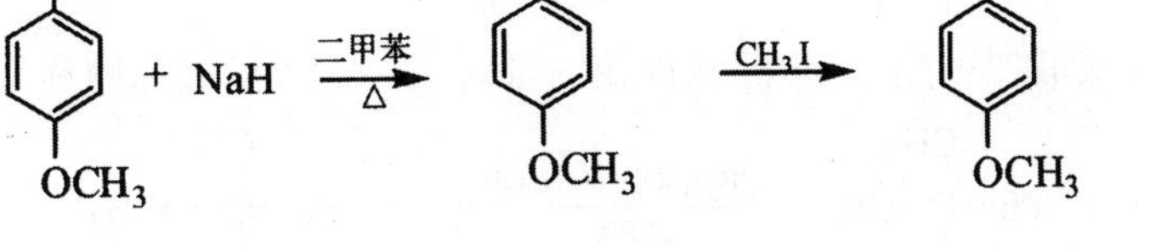

常用的碱性试剂为氨基钠-液氨、氢化钠在二甲基亚砜或二甲基甲酰胺,叔丁醇钾-乙醚、乙醇钠-乙醇。

在相转移催化剂氯化三乙基苄基铵(TEBA)的存在下,氢氧化钠水溶液作碱性试剂,能使N-芳基酰胺顺利进行相转移催化 N-烃基化,在温和的条件下,高收率地生成 N,N-取代酰胺。

5.2.4 相转移催化烃基化

近年来,由于相转移反应具有不需要无水操作、可使用氢氧化钠和碳酸钾等来代替其他价格昂贵的强碱、反应条件温和、副反应少以及收率和产品纯度均较高等优点,在有机合成领域得到了广泛应用。

1. 碳原子上的烃基化反应

活性亚甲基的烃基化,由于其在合成上的重要性,是相转移催化中研究最多的一类反应,其应用也较多。

例如:

$$PhCH_2COCH_3 \xrightarrow[(n\text{-Bu})_4N^+HSO_4^-]{CH_3I/NaOH/CH_2Cl_2} PhCH(CH_3)COCH_3$$

抗癫痫药丙戊酸钠的合成中采用了 TBAB 相转移催化。苯乙腈类化合物在碱存在下的相转移催化烃基化反应研究的最多。

2. 氮原子上的烃基化反应

吲哚和溴苄在 TEBA 存在下反应,可得较高收率的氮烃基化产物。

$$\xrightarrow[33℃,18h]{50\%NaOH/(n\text{-Bu})_4N^+SO_4^-/C_6H_6}$$

抗精神病药氯丙嗪的合成亦可采用 PTC 方法。

$$\xrightarrow[C_6H_6, TBAB]{ClCH_2CH_2CH_2N(CH_3)_2, NaOH}$$

3. 氧原子上的烃基化反应

正丁醇用氯苄在碱性溶液中烃基化,用或不用 PTC,收率相差很大。

$$n\text{-BuOH} + PhCH_2Cl \xrightarrow[45℃,6h]{50\%NaOH} n\text{-BuOCH}_2Ph \quad 4\%$$

$$n\text{-BuOH} + PhCH_2Cl \xrightarrow[35℃,1.5h]{50\%NaOH, TEBA} n\text{-BuOCH}_2Ph \quad 92\%$$

醇不能直接与硫酸二甲酯反应,醇盐也较困难,但加入 PTC 可以顺利反应。

$$\xrightarrow[TEBA]{(CH_3)_2SO_4,50\%NaOH}$$

若采用叔胺(如三乙胺)作除酸剂,即使不另加入催化剂,在较长时间的加热回流下,苯甲酸和氯化苄反应亦可得到收率较好的酯。这可能是由于三乙胺和卤代烃在该反应中形成少量季铵盐催化的缘故。

$$\text{PhCOOH} \xrightarrow[148℃\sim167℃,4\,h]{\text{BzlCl/Et}_3\text{N/Xyl}} \text{PhCOOBzl}$$

相转移烃基化反应也可用于酚羟基的烃基化。例如:

$$\text{PhOH} + \text{BrCH}_2\text{COOC}_2\text{H}_5 \xrightarrow[\text{TEBA}]{\text{NaOH,CH}_2\text{Cl}_2} \text{PhOCH}_2\text{COOC}_2\text{H}_5$$

5.3　硫酸酯类和芳磺酸酯烃基化

硫酸酯和芳磺酸酯烃基化剂的活性大于卤代烃的活性,而硫酸酯又大于芳磺酸酯的活性,它们之间的活性大小如下:

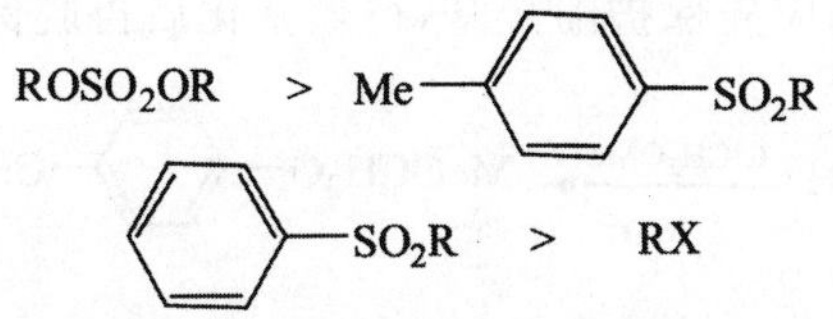

$$\text{ROSO}_2\text{OR} > \text{Me}\text{—}\!\!\bigcirc\!\!\text{—SO}_2\text{R}$$

$$\bigcirc\!\!\text{—SO}_2\text{R} > \text{RX}$$

硫酸酯和芳磺酸酯烃基化剂对羟基、氨基、活泼亚甲基和巯基的烃基化反应机理与卤代烷烃相同,由于磺酸酯基离去及吸电子能力比氯原子强,因此 α-碳原子带正电荷,易受被烃基化的阴离子的亲核进攻,活性比卤代烃大。

5.3.1　硫酸酯类烃基化

使用硫酸酯烃基化剂进行烃基化反应时,归纳起来,大致有如下的一些特点:

①硫酸二酯是中性化合物,在水中的溶解度小,易于水解,生成醇和硫酸氢酯而失效。使用硫酸二酯一般是在碱性水溶液中或在无水条件下直接加热进行烃基化,该酯虽有两个烷基,但只有一个烷基参加反应。

$$\text{ROSO}_2\text{OR} \xrightarrow{\text{H}_2\text{O}} \text{ROH} + \text{ROSO}_3\text{H}$$

②常用的硫酸二酯类是二甲酯或二乙酯,所以只能用于甲基化或乙基化反应,故应用范围比卤代烃小。硫酸二酯类的沸点比相应的卤代烃高,因而能在高温下反应不需加压,其用量亦不需过量很多。硫酸二酯中应用最多的是硫酸二甲酯,它的毒性极大,能通过呼吸道及皮肤接触使人体中毒。因此,反应废液需经氨水或碱液分解,使用时必须小心,注意劳动防护。

③硫酸二酯类对活性较大的醇羟基,在氢氧化钠水溶液中,60℃以下,也能发生烃基化反应。要使活性小的醇羟基能进行反应,首先必须在无水条件下先制成钠盐,然后在较高温度下与硫酸二酯类反应,方可得到烃基化产物。

$$(\text{CH}_3)_2\text{CHCH}_2\text{OH} \xrightarrow[120℃,回流3\,h]{\text{Na}} (\text{CH}_3)_2\text{CHCH}_2\text{ONa}$$

$$\xrightarrow[105℃\sim115℃,2\,h]{\text{Et}_2\text{SO}_4} (\text{CH}_3)_2\text{CHCH}_2\text{OEt}$$

④酚羟基易被硫酸二酯烃基化,若为多羟酚基,控制反应液的 pH 值和选用适当的溶剂,可进行选择性烃基化。

例如:

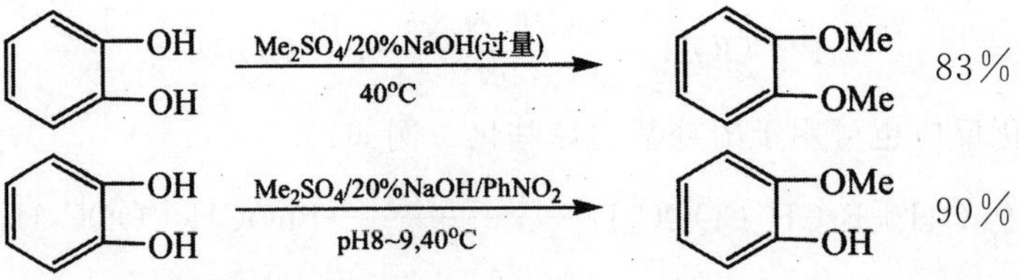

分子结构中同时具有酚羟基和醇羟基,用硫酸二甲酯烃基化时,由于酚羟基易成钠盐而先被烃基化。

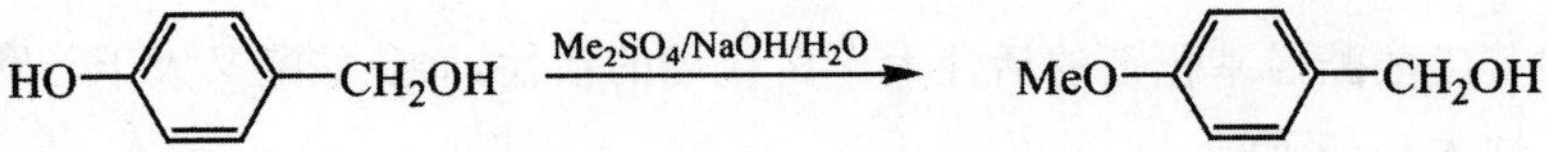

如只需醇羟基烃基化,则应先保护酚羟基,待烃基化后再脱保护基。

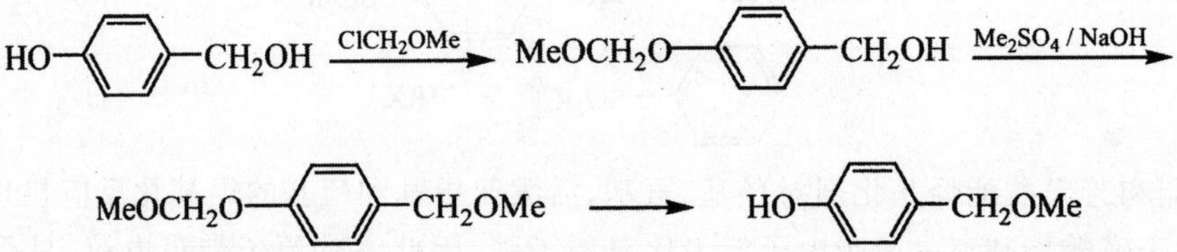

如结构中同时存在氨基和醇羟基,只要控制反应液的 pH 值或选用适当溶剂,也可选择性地烃基化氨基而保留酚羟基。

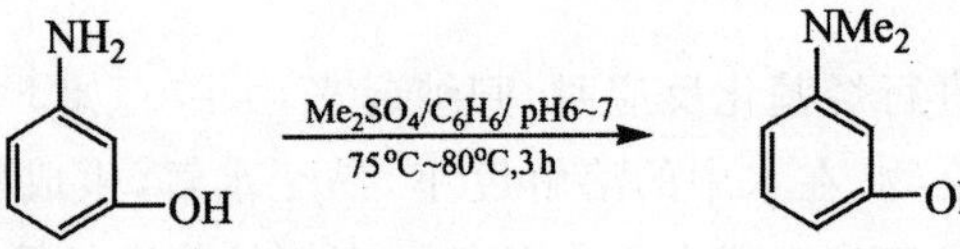

如只需酚羟基烃基化,则应先保护氨基,待烃基化后去除保护基即得。

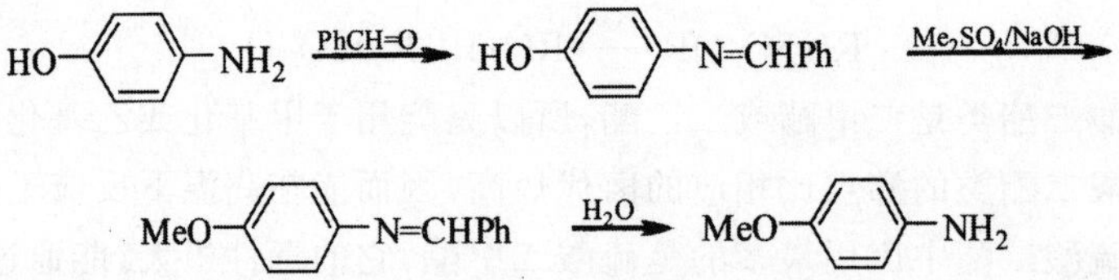

⑤分子结构中具有数个氮原子,用硫酸二酯类进行烃基化反应时,可根据氮原子的碱性不同而进行选择性烃基化。

例如,黄嘌呤结构中含有三个可被烃基化的 N,其中 N^7 和 N^3 的碱性强,在近中性条件下可被烃基化,而 N^1 具有酸性不易被烃基化,只能在碱性条件下被烃基化。因此,控制反应液的 pH 可进行选择性烃基化,分别得到咖啡因和可可碱。

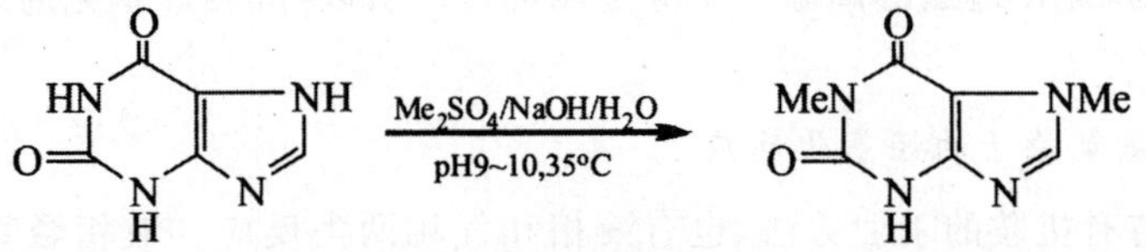

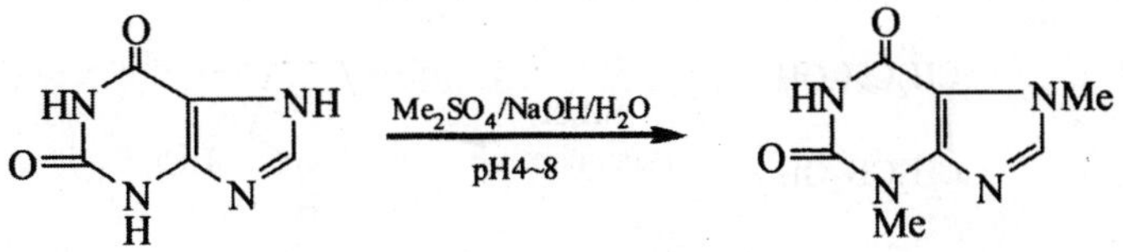

5.3.2　芳磺酸酯烃基化

芳磺酸酯的烃基,可以是简单的,也可带有取代基,是一类强烃基化剂,应用范围比硫酸酯广泛,常用于引入分子量较大的烃基。

$$CH_2(COOC_2H_5)_2 \xrightarrow[EtONa]{TsOCH_2CH_2OPh} PhOCH_2CH_2CH(COOC_2H_5)_2$$

某些难于烃基化的羟基,用 TsOR 类烃基化剂在剧烈条件下可顺利地进行反应,也和采用硫酸酯烃基化剂一样,得到高收率的烃基化产物。

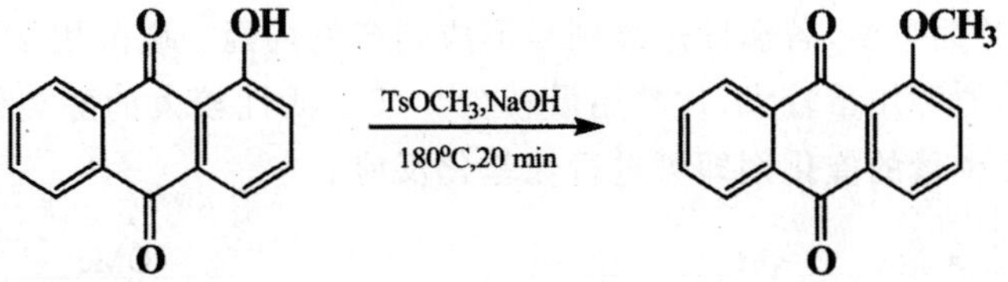

芳磺酸酯对氨基上的氮原子进行烃基化反应时,应采用游离胺而不能使用胺盐;否则,得到的是卤烷烃和胺的芳磺酸盐。

$$PhSO_2OR + R'NH_2 \cdot HX \longrightarrow RX + R'^+NH_3 \cdot PhSO_3^-$$

一般而言,芳磺酸酯烃基化脂肪胺时,反应温度较低(25℃～110℃),而烃基化芳胺时,则反应温度较高。

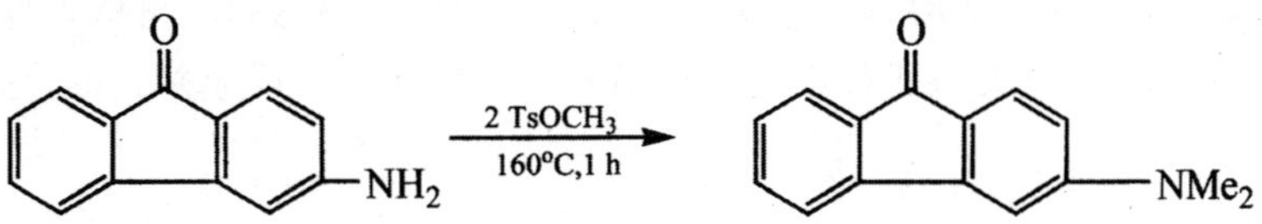

5.4　醇类、烯烃类和环氧乙烷烃基化

5.4.1　醇类的烃基化

简单醇类的活性很低,一般不用于碳原子的烃基化。若应用于氮原子或氧原子的烃基化,

也必须使用催化剂,并在适当的高温下反应方能进行。所以,醇类烃基化剂只能制备胺类或醚类化合物。

1. 醇类对氨基氮原子的烃基化反应

本反应是制备有机胺的工业方法,也有液相和气相两类反应。液相烃基化是用醇与氨或伯胺在酸性催化剂存在下,高温加压脱水,得到相应的胺类产物。

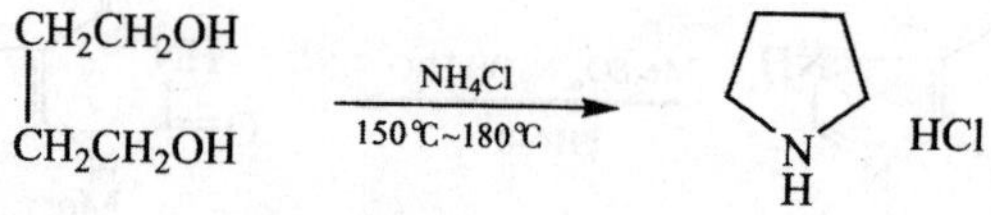

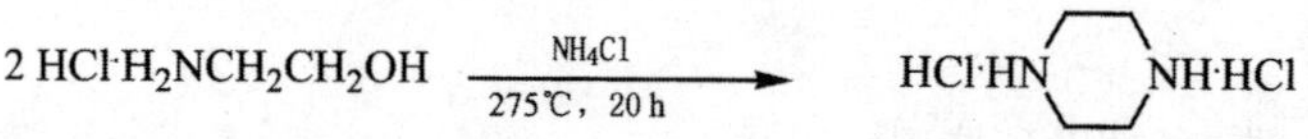

某些苄醇和烯丙醇与仲胺、伯胺化合物在加入适量钯黑,共热脱水时可制得相应的仲胺和叔胺,此法与醛酮的还原胺化相比,收率好而且操作简单。

2. 醇类对羟基氧原子的烃基化反应

本反应可以用来制备醚类化合物,一般采用液相或气相两种反应方法。液相烃基化是以醇为原料,在硫酸或对甲苯磺酸催化下加热即可。

$$ROH \xrightarrow{H_2SO_4} ROSO_3H \xrightarrow[\triangle]{R'OH} ROR' + H_2SO_4$$

选择反应温度甚为重要,若温度过高则易形成副产物烯烃。硫酸用量取决于醇的性质,对分子量相同的醇类,伯醇用量较大,仲醇用量较少。某些活性较大的醇类作为烃基化剂时,反应条件较温和,使用少量的催化剂即可进行烃基化反应。

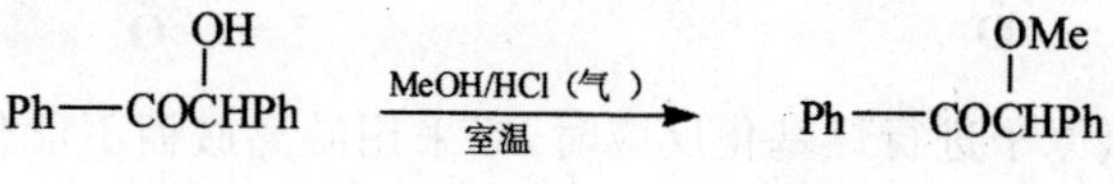

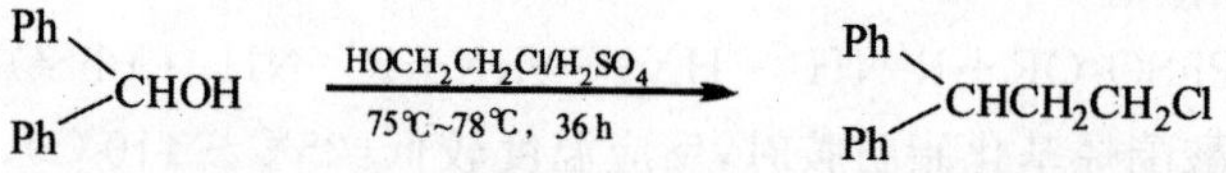

采用 Mitsunobu 反应,以偶氮二甲酸二乙酯和三苯膦为缩合剂,可直接用醇羟基与酚等酸性较强的羟基衍生物缩合成醚键。本法不但适用于取代芳核、杂环、甾体等羟基衍生物的醚化,即使一般方法不能醚化的叔丁醇也可在很温和的条件下进行反应并获得较好的收率。

5.4.2 烯烃类的烃基化

烯烃类烃基化剂进行烃基化反应是通过双键的加成反应来实现的。当烯烃结构中无活性功能基存在时,使用酸或碱催化并在较高的温度下进行。这类烃基化剂对活泼亚甲基、氨基和羟基都能进行烃基化反应,主要用于胺和醚等化合物的合成。

若烯烃 α 位有羰基、氰基、羧基和酯基等吸电子取代基时,即为 α,β 不饱和的酮、腈、羧酸和酯类化合物,此时,烯键的活性增大,容易与具有活性氢原子的化合物进行加成,得到相应的烃基化产物。丙烯腈的烯键活性很高,加成后在分子结构中引进氰乙基,所以,该反应又称为氰乙基化反应。

1. 烯烃对氨基氮原子的氰乙基化反应

氨与丙烯腈反应得到一、二、三氰乙基胺的混合物，三种产物的收率取决于反应物料配比和反应温度。例如：

$$EtNH_2 \xrightarrow[<30℃]{H_2C=CHCN} EtNHCH_2CH_2CN \quad 90\%$$

$$EtNH_2 \xrightarrow[\triangle]{2H_2C=CHCN} EtN(CH_2CH_2CN)_2 \quad 60\%$$

仲胺与丙烯腈的加成反应随烃基的位阻大小不同，其加成难易和反应速率都有所不同，最后产物及其收率也不同。

丙烯腈和脂肪仲胺进行加成反应，一般不用催化剂。但与一些芳胺或杂环胺加成时，则需用醇钠、氢氧化苄基三甲基铵等进行催化。

2. 烯烃对羟基氧原子的氰乙基化反应

伯醇类和仲醇在碱催化下能与丙烯腈发生加成，生成氰乙基醚类，而叔醇类则难于发生反应。

$$ROH \underset{}{\overset{HO^-}{\rightleftharpoons}} RO^- \xrightarrow{CH_2=CHCN} ROCH_2CH^-CN \underset{RO^-}{\overset{+ROH}{\longrightarrow}} ROCH_2CH_2CN$$

醇类的氰乙基化反应是可逆反应，以伯醇收率为最高，由于是平衡反应，故在反应结束回收过量的醇之前要用酸中和，否则易进行逆反应而降低收率。常用的碱性催化剂有醇钠、NaOH 或季铵碱等。

酚烃基与丙烯腈进行加成反应比醇羟基难，在碱性催化剂存在下的反应历程为：

$$PhOH \xrightarrow[140℃,4\sim6 h]{Na(1\%)} PhO^- \xrightarrow{CH_2=CHCN} PhOCH_2CH^-CN \underset{-PhO^-}{\overset{+PhOH}{\longrightarrow}} PhOCH_2CH_2CN$$

在芳核上具有吸电子取代基的酚类衍生物，使得酚羟基氧原子的亲核能力降低，难于与丙烯腈进行亲核加成。

除丙烯腈外，其他的 α,β-不饱和羰基衍生物，虽能与羟基进行加成，但活性较差，一般应采用相应的醇钠催化。

5.4.3　环氧乙烷烃基化

环氧乙烷具有三元环结构，其张力较大，容易开环，能和分子中含有活泼氢的化合物加成形成羟乙基产物，所以又称为羟乙基化反应，是一类活性较强的烃基化剂。

1. 环氧乙烷对活泼亚甲基碳原子的羟乙基化反应

芳香族化合物与环氧乙烷在无水三氯化铝存在下在芳核碳原子上能进行羟乙基化反应，合成芳醇类化合物。

活泼亚甲基化合物与环氧乙烷在碱催化下，其碳原子能进行羟乙基化反应。许多具有酯基的活泼亚甲基化合物与环氧乙烷及其衍生物反应，得到 γ-羟基酯，该酯经分子内醇解关环

而合成 γ-内酯。例如,丙二酸二乙酯在乙醇钠催化下与环氧乙烷反应,得到 γ-内酯-α-羧酸乙酯。

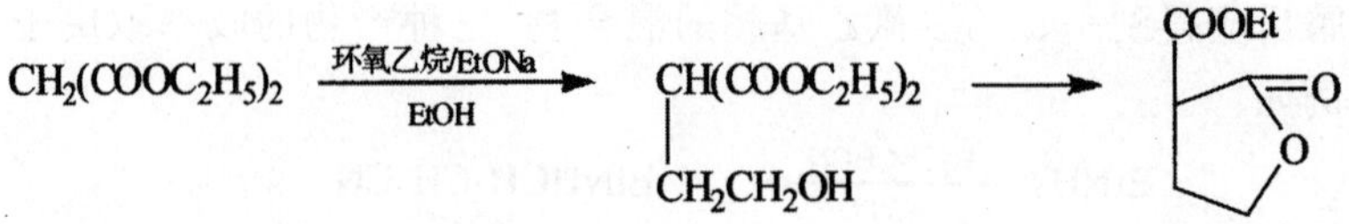

$$CH_2(COOC_2H_5)_2 \xrightarrow[EtOH]{环氧乙烷/EtONa} \underset{CH_2CH_2OH}{CH(COOC_2H_5)_2} \longrightarrow \overset{COOEt}{\underset{O}{\bigcirc}}=O$$

2. 环氧乙烷对氨基氮原子的羟乙基化反应

反应的难易程度取决于氮原子的碱性强弱。碱性越强,则亲核能力越强,反应越容易进行。

环氧乙烷与氮原子的反应是工业上制备乙醇胺的重要方法。若氨过量较多,主要产物为乙醇胺,而且在产物的氧原子上一般不发生羟乙基化反应。这是由于氨过量存在时,氮原子比氧原子易于发生亲核取代反应。

例如:

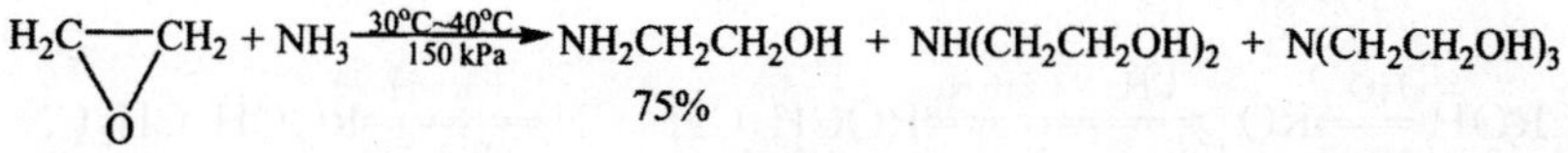

$$H_2C-CH_2 + NH_3 \xrightarrow[150\ kPa]{30^oC\sim40^oC} NH_2CH_2CH_2OH + NH(CH_2CH_2OH)_2 + N(CH_2CH_2OH)_3$$
$$75\%$$

氮原子上的羟乙基化反应在药物合成中应用较多,如抗寄生虫药、消炎药-甲硝唑的合成。

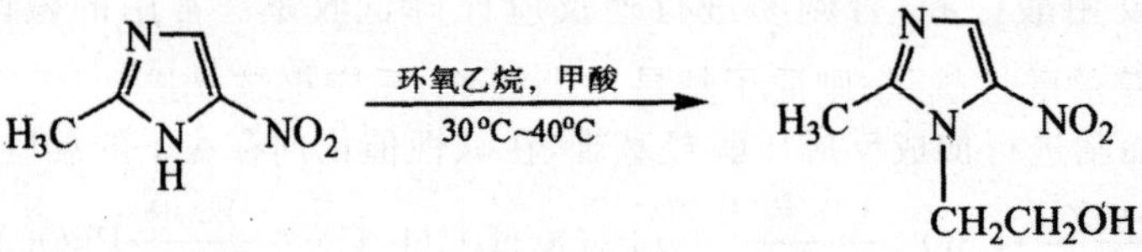

环氧乙烷与伯胺反应是制备烃基双-(β-羟乙基)胺的方法之一。在药物合成上常用以制备氮芥类抗癌药物的中间体。

3. 环氧乙烷对羟基氧原子的羟乙基化反应

本反应是制备醚类的方法之一,需酸或碱催化,反应条件比较温和,反应速率快。酸催化属单分子亲核取代反应,而碱催化属双分子亲核取代反应。在酸催化下,若用取代的环氧乙烷衍生物与羟基氧原子进行羟乙基化反应,由于氧环的开裂方式不同,可分两种情况,其反应式如下:

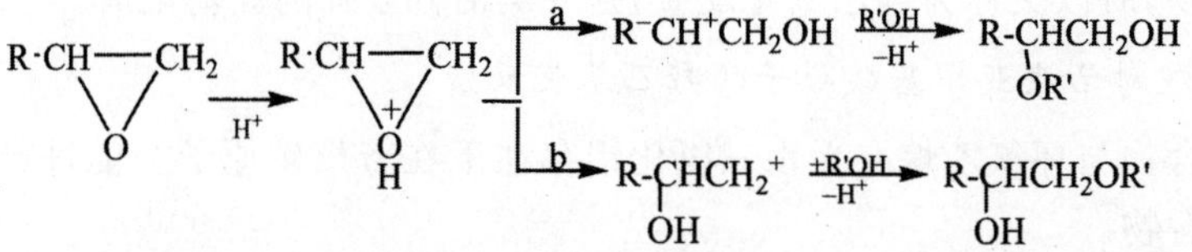

碳-氧键是按 a 方式断裂还是按 b 方式断裂,这与取代的 R 基性质有关。若 R 为给电子功能基,则有利于形成稳定的碳正离子,因此以 a 键断裂为主,生成以伯醇为主的产物;若 R 为吸电子功能基,则形成的另一种稳定的碳正离子较稳定,因此以 b 方式断裂为主,生成以仲醇为主的产物。

环氧乙烷衍生物在碱催化下进行双分子亲核取代反应,醇或酚首先与碱作用生成烷(苯)氧负离子,然后亲核试剂从位阻小的一侧向环氧乙烷衍生物亲核进攻,发生 S_N2 反应,也生成仲醇产物。反应过程如下:

$$\text{R-CH-CH}_2 \xrightarrow{\text{R'O}^-} \text{R-CH-CH}_2\text{OR'} \longrightarrow \text{R-CH-CH}_2\text{OR'} \xrightarrow[\text{-R'O}^-]{\text{+R'OH}} \text{R-CH-CH}_2\text{OR'}$$

5.5 其他烃基化反应

5.5.1 重氮甲烷烃基化反应

重氮甲烷是很活泼的甲基化试剂,特别适用于在酚和羧酸羟基的氧原子上进行烃基化反应。一般使用乙醚、甲醇和氯仿等做溶剂,在室温或低于室温下进行反应。反应时除放出氮气外无其他副产物生成,因而简化了后处理。另外,该反应产品纯度好,收率高,是一种很适合实验室使用的甲基化试剂。其反应过程可能是羟基离解的质子首先转移到活泼亚甲基上而形成重氮盐,经分解放出氮气而形成甲醚或甲酯。

$$\text{CH}_2=\text{N}^+=\text{N}^- + \text{HOR} \longrightarrow \text{CH}_3\text{N}^+\equiv\text{N}\cdot\text{O}^-\text{R} \xrightarrow{-\text{N}_2} \text{CH}_3\text{OR}$$

式中,R=Ar,RCO—。

由此可见,羧基的酸性越强,则质子越易发生转移,反应也越易进行,因此,羧酸比酚类更易进行该反应。又如,在多元酚中,由于酚羟基所处位置不同,各羟基酸性不同,使用一定量的重氮甲烷,可进行选择性甲基化反应。

5.5.2 还原烃基化反应

醛或酮在还原剂存在下与氨或伯胺、仲胺反应,使氮原子上引进烃基的反应称为还原烃基化反应。该反应操作简便,不产生季铵碱副反应。使用的还原方法有催化氢化、金属钠和乙醇、钠汞齐和乙醇、锌粉、硼氢化物和甲酸等,其中以催化氢化和甲酸最常采用。

还原烃基化反应机理为:

$$\text{NH}_3 \xrightleftharpoons{\text{RCHO}} \underset{\overset{|}{\text{OH}}}{\text{RCHNH}_2} \longrightarrow \text{RCH=NH} \xrightarrow{\text{H}_2} \text{RCH}_2\text{NH}_2$$

$$\text{RCH=NH} + \text{RCH}_2\text{NH}_2 \xrightleftharpoons{} \underset{\overset{|}{\text{NH}_2}}{\text{RCHNHCH}_2\text{R}} \xrightarrow{\text{H}_2} (\text{RCH}_2)_2\text{NH} + \text{NH}_3$$

$$(\text{RCH}_2)_2\text{NH} \xrightleftharpoons{\text{RCHO}} \underset{\overset{|}{\text{OH}}}{(\text{RCH}_2)_2\text{NCHR}} \xrightarrow{\text{H}_2} (\text{RCH}_2)_3\text{N} + \text{H}_2\text{O}$$

$$\text{RCH=NH} + (\text{RCH}_2)_2\text{NH} \xrightleftharpoons{} \underset{\overset{|}{\text{OH}}}{(\text{RCH}_2)_2\text{NCHR}} \xrightarrow{\text{H}_2} (\text{RCH}_2)_3\text{N} + \text{NH}_3$$

若用甲酸及其铵盐作还原剂,又称为 Leuckart 反应。其反应过程为:

$$R^1NH_2 \xrightleftharpoons{RCHO} RCH=NR^1 \xrightarrow{HCOOH} R^+CHNHR^1 \cdot HCOO^-$$

$$\xrightarrow{\triangle} RCH_2NHR^1 + CO_2$$

或

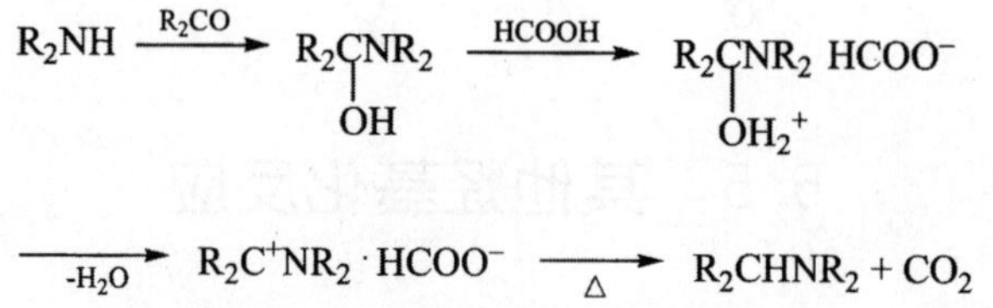

$$R_2NH \xrightarrow{R_2CO} R_2C\underset{OH}{N}R_2 \xrightarrow{HCOOH} R_2C\underset{OH_2^+}{N}R_2 \ HCOO^-$$

$$\xrightarrow{-H_2O} R_2C^+NR_2 \cdot HCOO^- \xrightarrow{\triangle} R_2CHNR_2 + CO_2$$

1. 伯胺的制备

用低级的脂肪醛类与氨在雷尼镍催化下进行还原烃基化,其烃基化产物为混合物。用含 4 个碳以上的脂肪醛类与氨在雷尼镍催化下加氢反应,其还原烃基化产物主要是伯胺类。芳香醛和过量氨在雷尼镍催化下加氢反应,其还原烃基化产物主要是伯胺类。反应式如下:

$$NH_3 \xrightarrow{PhCHO/H_2/Raney-Ni/C} BzlNH_2 + (Bzl)_2NH \quad 90\%$$

脂肪酮类与氨在雷尼镍催化下氢化还原,其烃基化产物收率的高低,与酮类的立体位阻大小有关。

2. 仲胺的制备

脂肪醛酮与氨用 Raney 镍催化氢化还原后所得烃基化产物是一混合物,仲胺收率低,增加醛类或酮类的用量,其收率也不高。当芳香醛与氨的摩尔比为 2∶1,以 Raney 镍催化加氢还原后,其烃基化产物的收率以仲胺为主。

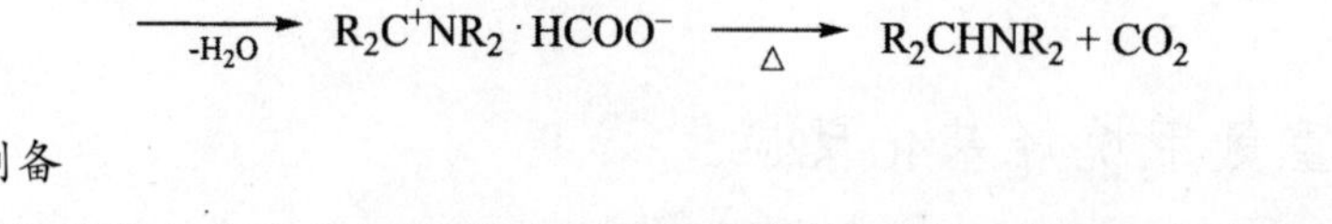

伯胺类与羰基化合物缩合生成 Schiff 碱,经 Raney 镍或铂催化氢化亦可得到仲胺,比较稳定的 Schiff 碱,可分离后再还原。该法得到仲胺的收率一般较高。

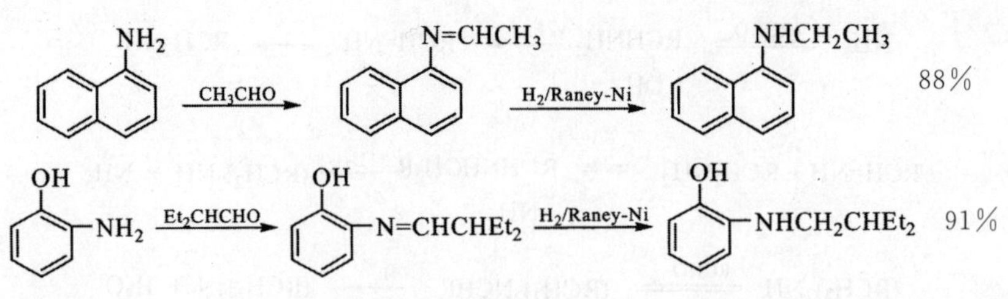

3. 叔胺的制备

由氨、伯胺和仲胺与羰基化合物经还原烃基化可得叔胺,反应的难易和收率主要取决于羰基和氨基化合物的位阻,由于甲醛的位阻最小,活性大,因此它可以对伯胺和仲胺进行还原甲基化反应,且反应较易,收率较好。

若作用物结构中存在有可被催化氢化的基团,则宜采用甲酸或其他还原剂。

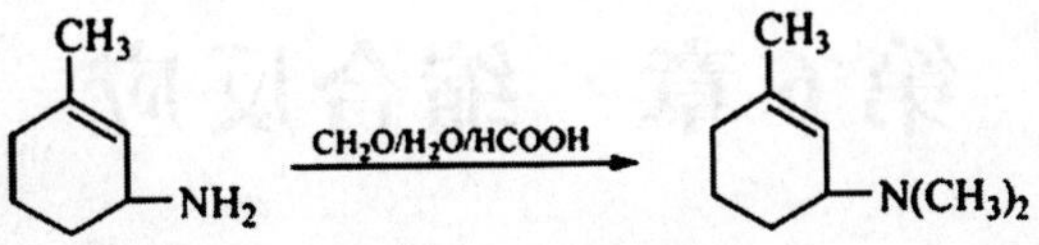

除采用醛或酮类羰基化合物进行还原烃基化外,在金属氢化物的存在下,可用羧酸或酯为羰基化合物进行还原烃基化。

吲哚、喹啉或异喹啉等含氮杂环加入无水羧酸和硼氢化钠在室温反应,可直接制得 N-烃基化杂环衍生物,不必采用相应的四氢喹啉或异喹啉为起始原料。本法不但方法简单,而且收率高,反应过程可能是硼氢化钠还原这些碱性杂环的 N-羧酸盐。

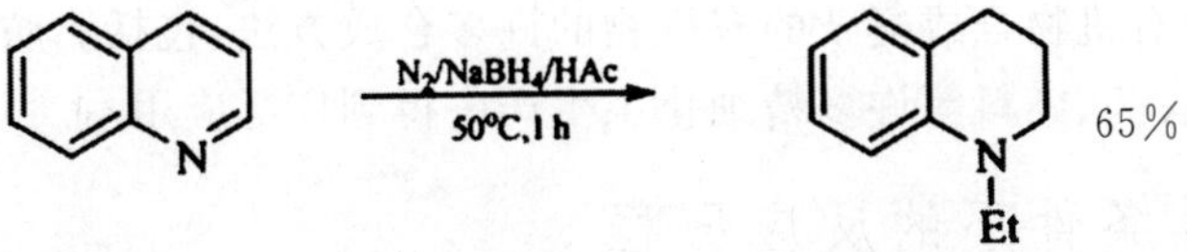

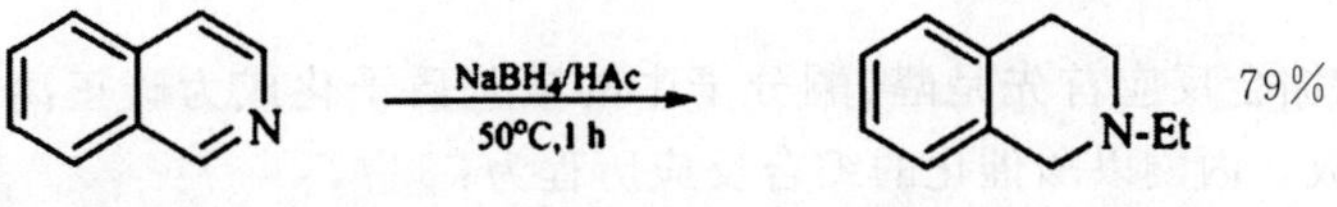

以羧酸酯为羰基物,在四氢呋喃中,用氢化铝锂为还原剂与胺类进行还原烃基化,操作方便和条件温和,即使取代的烃基位阻较大,亦可得较好的收率。

第6章 缩合反应

6.1 缩合反应历程

缩合反应一般指两个或两个以上分子通过生成新的碳-碳、碳-杂或杂-杂键,从而形成较大的分子的反应。在缩合反应过程中往往会脱去某一种简单分子,如 H_2O、HX、ROH 等。缩合反应能提供由简单的有机物合成复杂的有机物的许多合成方法,包括脂肪族、芳香族和杂环化合物,在香料、医药、农药、染料等许多精细化工生产中得到广泛应用。

6.1.1 酸性条件下的反应历程

在酸催化下的缩合反应首先是醛、酮分子中的羰基质子化成为碳正离子,再与另一分子醛、酮发生亲电加成。丙酮以酸催化的缩合反应历程为:

$$
\begin{aligned}
&CH_3C{=}O + H^+ \underset{快}{\rightleftharpoons} \left[CH_3-\overset{|}{\underset{CH_3}{C}}{=}\overset{+}{O}H \longleftrightarrow CH_3-\overset{+}{\underset{CH_3}{C}}-OH \right]
\end{aligned}
$$

$$
CH_3-\overset{+}{\underset{CH_3}{C}} + CH_2{=}\overset{OH}{\underset{}{C}}-CH_3 \xrightarrow{慢} CH_3-\overset{OH}{\underset{CH_3}{C}}-CH_2-\overset{\overset{+}{O}H}{C}-CH_3 \rightleftharpoons CH_3-\overset{OH}{\underset{CH_3}{C}}-CH_2-\overset{O}{C}-CH_3 + H^+
$$

$$
\rightleftharpoons CH_3-\overset{\overset{+}{O}H_2}{\underset{CH_3}{C}}-CH_2-\overset{O}{C}-CH_3 \xrightarrow{H_2O,H^+} CH_3-\overset{}{\underset{CH_3}{C}}{=}CH-CH_2-\overset{O}{C}-CH_3
$$

对于不同的缩合反应需要使用不同的催化剂。

6.1.2 碱性条件下的反应历程

碳氧双键在进行加成反应时,带负电荷的氧总是要比带正电荷的碳原子稳定得多,因此在碱性催化剂存在下,总是带正电荷的碳原子与带负电的亲核试剂发生反应,即碳氧双键易于发生亲核加成反应。醛、酮、羧酸及其衍生物和亚砜等因 α-碳原子连有吸电子基,使其 α-氢具有一定的酸性,因此在碱的催化作用下,可脱去质子而形成碳负离子。碳负离子与羰基化合物容易发生亲核加成反应。

这种碳负离子即可以与醛、酮、羧酸酯、羧酸酐以及烯键、炔键和卤烷发生亲核加成反应,形成新的碳-碳键而得到多种类型的产物。例如：

$$CH_3C\underset{H}{\overset{O}{<}} + OH^- \overset{慢}{\rightleftharpoons} \left[\bar{C}H_2C\underset{H}{\overset{O}{<}} \longleftrightarrow CH_2=C\underset{H}{\overset{O^-}{<}} \right] + H_2O$$

$$CH_3\overset{O}{\underset{H}{C}} + \bar{C}H_2C\underset{H}{\overset{O}{<}} \overset{快}{\rightleftharpoons} CH_3\overset{O^-}{\underset{}{CH}}-CH_2C\underset{H}{\overset{O}{<}} \overset{+H_2O}{\longrightarrow} CH_3\overset{OH}{\underset{}{CH}}-CH_2C\underset{H}{\overset{O}{<}} + OH^-$$

含 α-氢的醛、酮在碱的催化作用下,可脱去质子而形成碳负离子,碳负离子很快与另一分子醛、酮的羰基发生亲核加成反应而得到产物 β-羟基丁醛。

6.2 醛酮缩合反应

醛酮缩合包括醛醛缩合、酮酮缩合和醛酮交叉缩合三种反应类型,下面分别进行讨论。

6.2.1 醛醛缩合反应

醛或酮羰基氧的电负性高于羰基碳的电负性,使羰基碳具有一定的亲电性,致使亚甲基(或甲基)的氢具有酸性,在碱作用下形成 α-碳负离子。

$$H\overset{O}{\underset{}{C}}\overset{}{\underset{H}{CH_2}} + OH^\ominus \rightleftharpoons \left[H\overset{O}{\underset{}{C}}\overset{}{\underset{}{CH_2^\ominus}} \longleftrightarrow H\overset{O^\ominus}{\underset{}{C}}\overset{}{\underset{}{CH_2}} \right] + H_2O$$

α-碳负离子   烯醇负离子

形成 α-碳负离子(烯醇负离子)的醛,与另一分子醛(酮)进行羰基加成,生成 β-羟基醛。

$$H\overset{O}{\underset{}{C}}\overset{}{\underset{CH_3}{}} + {}^\ominus CH_2\overset{O}{\underset{}{C}}H \rightleftharpoons CH_3\overset{O^\ominus}{\underset{}{C}}CH_2\overset{O}{\underset{}{C}}H \overset{H_2O}{\rightleftharpoons} CH_3\overset{OH}{\underset{}{C}}CH_2\overset{O}{\underset{}{C}}H$$

醛醛缩合可以是同分子醛缩合,也可以是异分子醛缩合。

1. 同分子醛缩合

乙醛缩合是一个典型的同醛缩合。2 mol 乙醛经缩合、脱水生成 α,β-丁烯醛。

$$2CH_3CHO \overset{稀NaOH}{\rightleftharpoons} CH_3\underset{OH}{\overset{}{CH}}CH_2CHO \overset{-H_2O}{\longrightarrow} CH_3CH=CHCHO$$

α,β-丁烯醛经催化还原,得正丁醛或正丁醇。

$$CH_3CH=CHCHO \overset{H_2/Ni}{\longrightarrow} CH_3CH_2CH_2CHO \overset{H_2/Ni}{\longrightarrow} CH_3CH_2CH_2CH_2OH$$

正丁醛缩合、脱水、加氢还原,产物及一乙基己醇是合成增塑剂 DOP 原料。

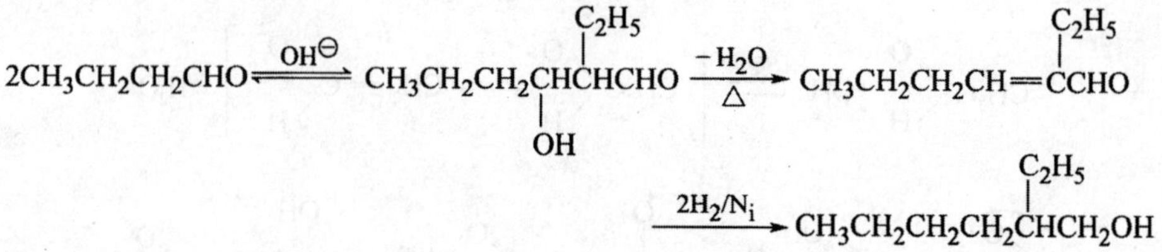

2. 异分子醛缩合

若异醛分子均含 α-氢,含氢较少的 α-碳形成的 α-碳负离子与 α-碳含氢较多的醛反应。

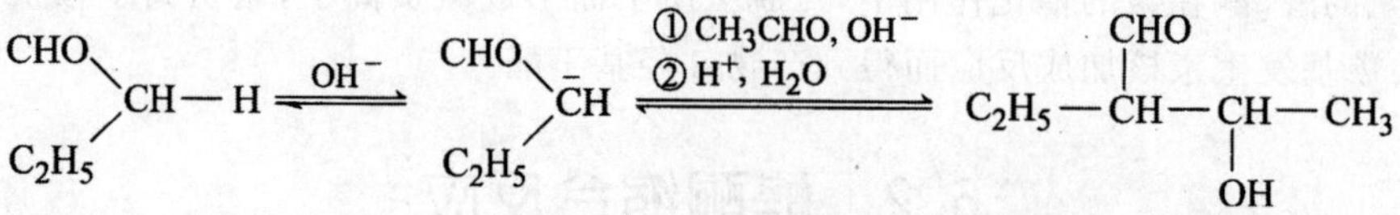

产物 2-乙基-3-羟基丁醛再脱水、加氢还原,主要产物是 2-乙基丁醛(异己醛)。

在碱存在下,异分子醛缩合生成四种羟基醛的混合物,若继续脱水缩合,产物更复杂。

(1)芳醛缩合

芳醛与含 α-氢的醛缩合生成 β-苯基-α,β-不饱和醛的反应,称为克莱森-斯密特(Claisen-Schmidt)反应。苯甲醛与乙醛的缩合产物是 β-苯丙烯醛(肉桂醛)。

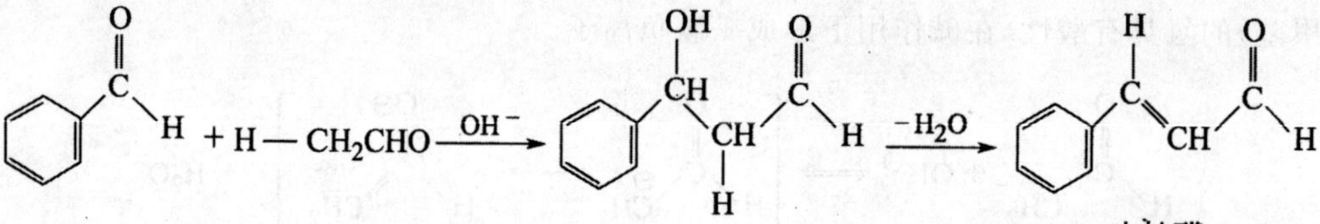

在氰化钾或氰化钠作用下,两分子芳醛缩合生成 α-羟基酮的反应称为安息香缩合。

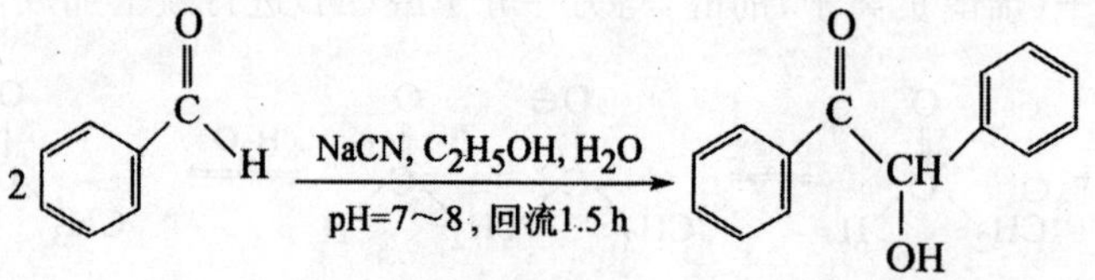

其反应历程如下:

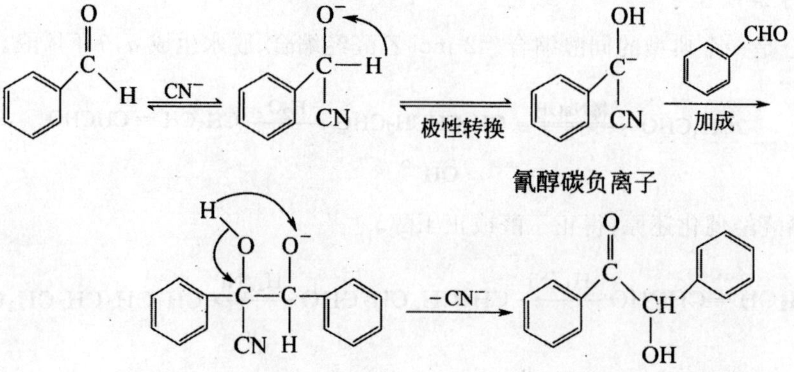

芳醛的苯环上具有给电子基团时，不能发生安息香缩合，但可与苯甲醛缩合，产物为不对称 α-羟基酮。

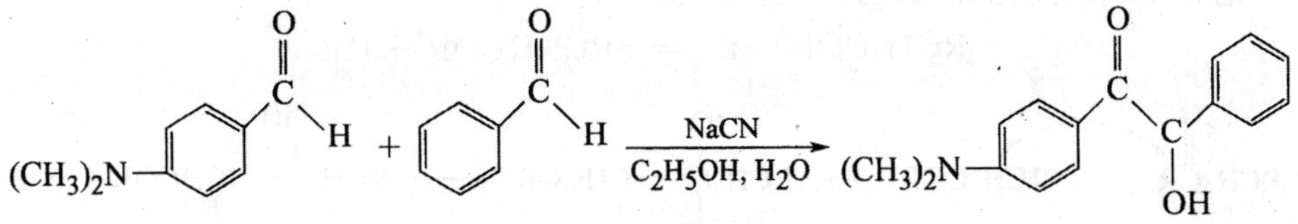

芳醛不含 α-活泼氢，不能在酸或碱催化下缩合。但是，在含水乙醇中，芳醛能够以氰化钠或氰化钾为催化剂，加热后可以发生自身缩合，生成 α-羟酮。该反应称为安息香缩合反应，也称为苯偶姻反应。反应通式如下：

$$2ArCHO \xrightarrow{NaCN或KCN} Ar-\overset{O}{\overset{\|}{C}}-\overset{OH}{\overset{|}{C}H}-Ar$$

具体的反应步骤如下：

①氰根离子对羰基进行亲核加成，形成氰醇负离子，由于氰基不仅是良好的亲核试剂和易于脱离的基团，而且具有很强的吸电子能力，因此，连有氰基的碳原子上的氢酸性很强，在碱性介质中立即形成氰醇碳负离子，它被氰基和芳基组成的共轭体系所稳定。

②氰醇碳负离子向另一分子的芳醛进行亲核加成，加成产物经质子迁移后再脱去氰基，生成 α-羟基酮，即安息香。

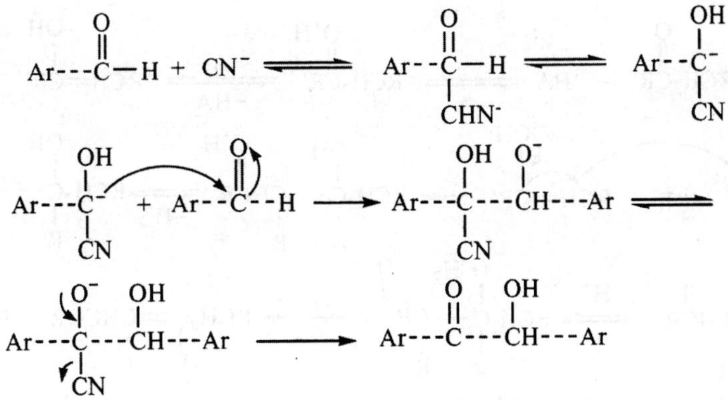

上述反应为氰醇碳负离子向另一分子芳醛进行亲核加成反应。需要注意的是，由于氰化物是剧毒品，对人体易产生危害，且“三废”处理困难，因此在 20 世纪 70 年代后期开始采用具有生物学活性的辅酶纤维素 B_1 代替氰化物作催化剂进行缩合反应。

(2)羟醛缩合

羟醛缩合反应的通式如下：

$$2RCH_2COR' \rightleftharpoons RCH_2-\underset{R'}{\underset{|}{\overset{OH}{\overset{|}{C}}}}-\underset{R}{\underset{|}{C}}HCOR' \xrightarrow{-H_2O} RCH_2-\underset{R'}{\underset{|}{C}}=\underset{R}{\underset{|}{C}}COR'$$

羟醛缩合反应中应用的碱催化较多,有利于夺取活泼氢形成碳负离子,提高试剂的亲核活性,并且和另一分子醛或酮的羰基进行加成,得到的加成物在碱的存在下可进行脱水反应,生产 α,β-不饱和醛或酮类化合物。其反应机理如下:

$$RCH_2COR' + B^- \rightleftharpoons RC^-HCOR' + HB$$

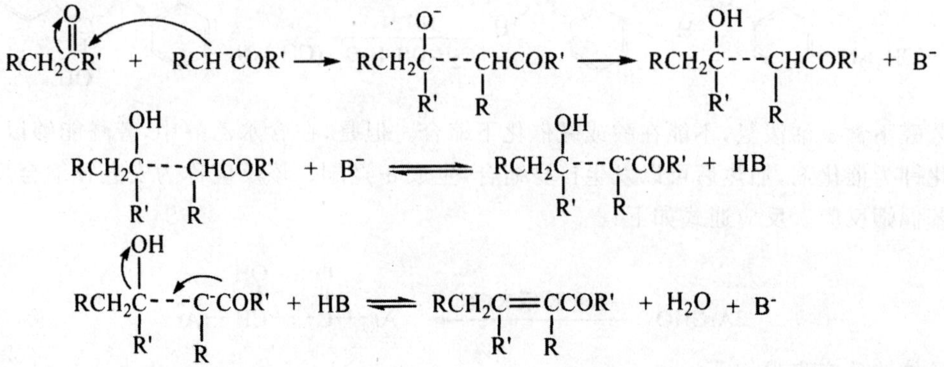

在羟醛缩合中,转变成碳负离子的醛或酮称为亚甲基组分;提供羰基的称为羰基组分。

酸催化作用下的羟醛缩合反应的第一步是羰基的质子化生成碳正离子。这不仅提高了羰基碳原子的亲电性;同时碳正离子进一步转化成烯醇式结构,也增加了羰基化合物的亲核活性,使反应进行更容易。

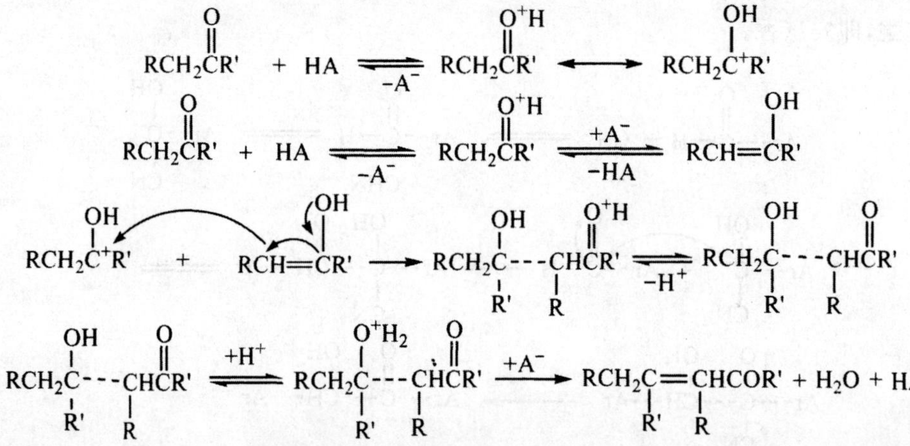

羟醛自身缩合可使产物的碳链长度增加一倍,工业上可利用这种缩合反应来制备高级醇。如以丙烯为起始原料,首先经羰基化合成为正丁醛,再在氢氧化钠溶液或碱性离子交换树脂催化下成为 β-羰基醛,这样就具有了两倍于原料醛正丁醛的碳原子数,再经脱水和加氢还原可转化成 2-乙基己醇。

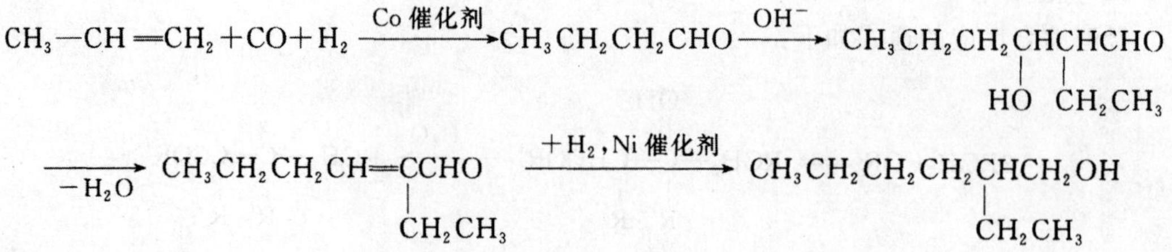

在工业上 2-乙基己醇常用来大量合成邻苯二甲酸二辛酯,作为聚氯乙烯的增塑剂。

（3）其他缩合反应

甲醛是无 α-氢的醛,自身不能缩合。在碱作用下甲醛与含 α-氢的醛缩合得 β-羟甲基醛,脱水后的产物为丙烯醛。

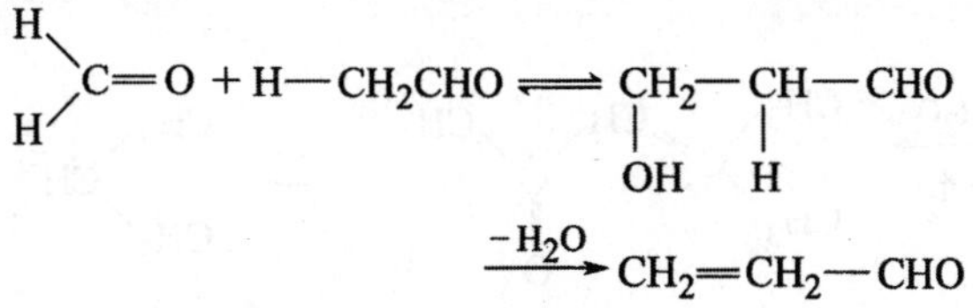

$$
\begin{array}{c}
\text{HC}=O + H-CH_2CHO \rightleftharpoons CH_2-CH-CHO \\
\qquad\qquad\qquad\qquad\quad | \quad\; | \\
\qquad\qquad\qquad\qquad\;\; OH \;\; H
\end{array}
$$

$$
\xrightarrow{-H_2O} CH_2=CH_2-CHO
$$

季戊四醇是优良的溶剂,也是增塑剂、抗氧剂等精细化学品的原料,过量甲醛与乙醛在碱作用下缩合制得三羟甲基乙醛,再用过量甲醛还原,得季戊四醇。

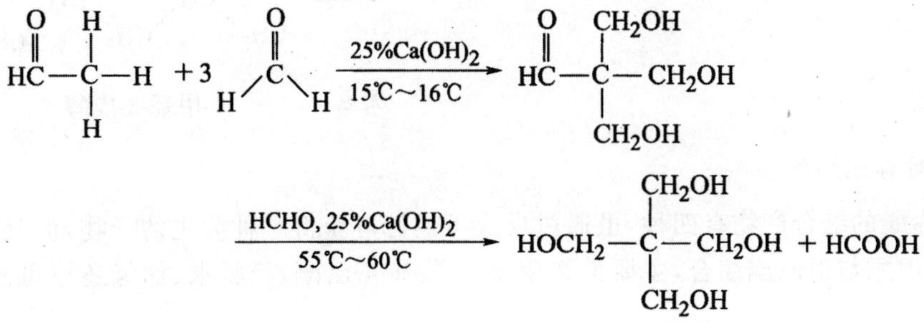

$$
HC\text{-}C\text{-}H + 3\ H\text{-}C\text{-}H \xrightarrow[15℃\sim16℃]{25\%Ca(OH)_2} HC\text{-}C\text{-}CH_2OH
$$

$$
\xrightarrow[55℃\sim60℃]{HCHO,\ 25\%Ca(OH)_2} HOCH_2\text{-}C\text{-}CH_2OH + HCOOH
$$

季戊四醇

6.2.2　酮酮缩合反应

酮酮缩合包括对称酮的缩合和非对称酮的缩合。

1. 对称酮的缩合

对称酮的缩合产物比较单一。例如,20℃时,丙酮通过固体氢氧化钠,缩合产物是 4-甲基-4-羟基戊-2-酮（双丙酮醇）。

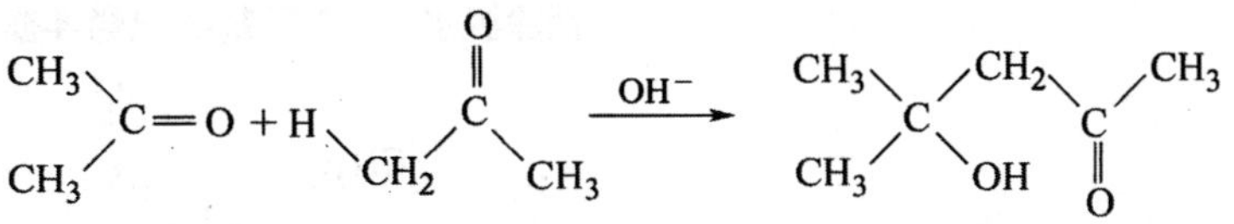

$$
CH_3\text{-}C=O + H\text{-}CH_2\text{-}C\text{-}CH_3 \xrightarrow{OH^-}
$$

4-甲基-4-羟基-2-戊酮

双丙酮醇进一步反应,合成的产品如下:

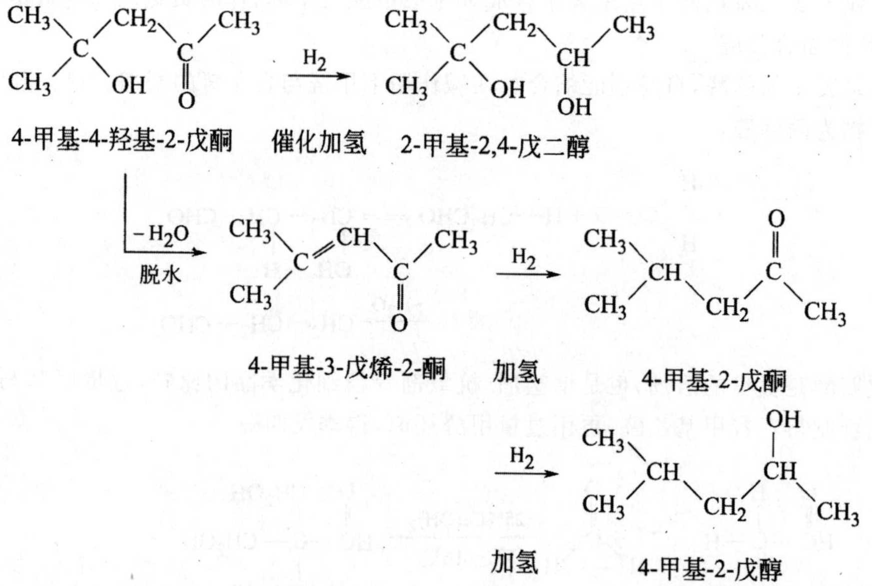

4-甲基-4-羟基-2-戊酮　催化加氢　2-甲基-2,4-戊二醇

4-甲基-3-戊烯-2-酮　加氢　4-甲基-2-戊酮

加氢　4-甲基-2-戊醇

2. 非对称酮的缩合

非对称酮的缩合产物有四种,虽通过反应可逆性可获得一种为主的产物,但其工业意义不大。例如,丙酮与甲乙酮缩合,主要得 2-甲基-2-羟基-4-己酮,经脱水、加氢还原可制得 2-甲基-4-己酮。

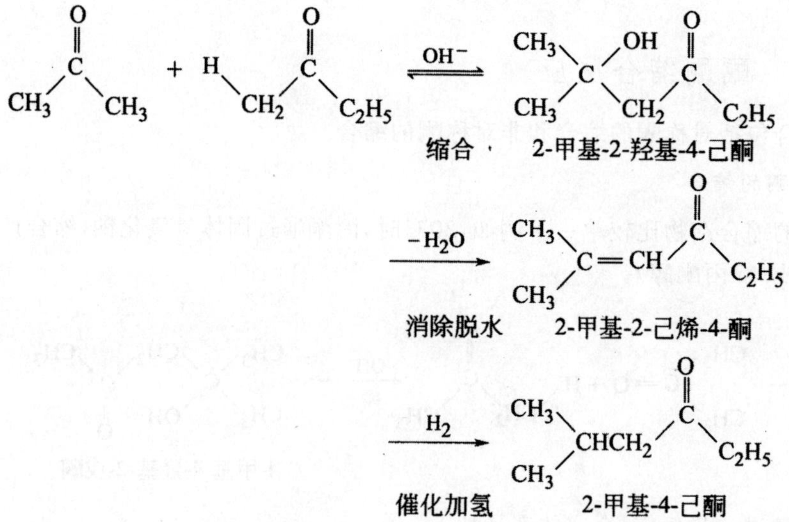

缩合　2-甲基-2-羟基-4-己酮

消除脱水　2-甲基-2-己烯-4-酮

催化加氢　2-甲基-4-己酮

6.2.3　醛酮交叉缩合反应

利用不同的醛或酮进行交叉缩合,得到各种不同的 α,β-不饱和醛或酮可以看做是羟醛缩合反应更大的用途。

1. 含有活泼氢的醛或酮的交叉缩合

含 α-氢原子的不同醛或酮分子间的缩合情况是极其复杂的,它可能产生 4 种或 4 种以上的产物。根据反应性质,通过对反应条件的控制可使某一产物占优势。

在碱催化的作用下,当两个不同的醛缩合时,一般由 α-碳上含有较多取代基的醛形成碳负离子向 α-碳原子上取代基较少的醛进行亲核加成,生成 β-羟基醛或 α,β-不饱和醛:

$$CH_3CHO+CH_3CH_2CHO \xrightarrow{\text{KOH}} CH_3-\underset{\underset{OH}{|}}{CH}-\underset{\underset{CHO}{|}}{CH}-CH_3 \xrightarrow{-H_2O} CH_3CH=\underset{\underset{CHO}{|}}{C}-CH_3$$

在含有 α-氢原子的醛和酮缩合时,醛容易进行自缩合反应。当醛与甲基酮反应时,常是在碱催化下甲基酮的甲基形成碳负离子,该碳负离子与醛羰基进行亲核加成,最终得到 α,β-不饱和酮:

$$(CH_3)_2CHCHO+ CH_3\overset{\overset{O}{\|}}{C}C_2H_5 \xrightarrow{\text{NaOEt}} (CH_3)_2CHCH=CHCC_2H_5$$

当两种不同的酮之间进行缩合反应时,需要至少有一种甲基酮或脂环酮反应才能进行:

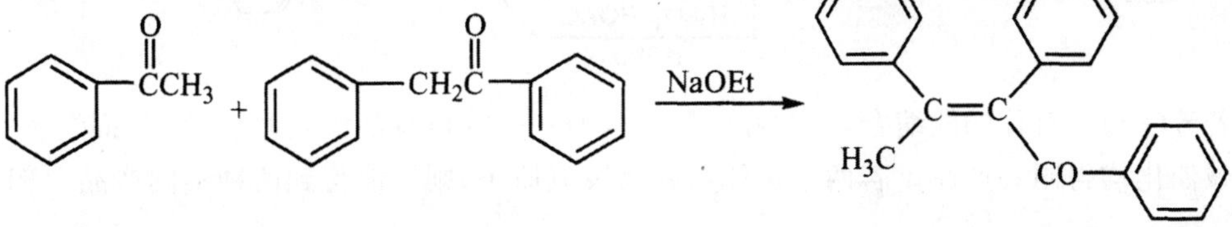

2. 甲醛与含活泼 α-H 的醛、酮的缩合

甲醛本身不含活泼 α-H 难以自身缩合,但在碱催化下,可与含活泼 α-H 的醛、酮进行羟醛缩合,并在醛、酮的 α-碳原子上引入羟甲基,此反应称为羟甲基化反应(Tollens 缩合),其产物是 β-羟基醛(酮)或其脱水产物,例如:

$$HCHO+CH_3COCH_3 \xrightarrow[40℃\sim42℃]{\text{稀 NaOH}} H_2C-\underset{\underset{OHH}{|}}{CH}-COCH_3 \xrightarrow{-H_2O} H_2C=CH-COCH_3$$

利用这种特点还可以用甲醛与其他醛缩合成一系列羟甲基醛,如果采用过量甲醛,则可能在脂肪醛上引入多个羟甲基,例如:

$$2HCHO+CH_3CH_2CH_2CHO \xrightarrow[14℃\sim20℃,3h]{\text{K}_2\text{CO}_3} CH_3CH_2-\underset{\underset{CH_2OH}{|}}{\overset{\overset{CH_2OH}{|}}{C}}-CHO$$

生成的多羟基醛又会与过量的甲醛发生康尼查罗(Cannizzaro)反应,也称为歧化反应,因此甲醛的羟甲基化反应和 Cannizzaro 反应往往能同时发生,最后产物为多羟基化合物,例如:

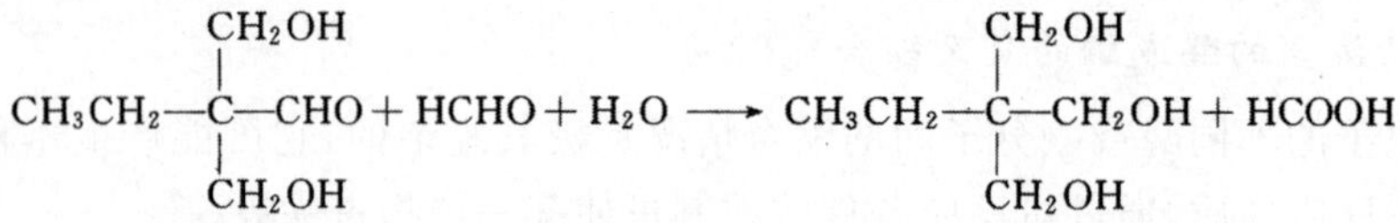

$$CH_3CH_2 \overset{\overset{\displaystyle CH_2OH}{|}}{\underset{\underset{\displaystyle CH_2OH}{|}}{C}} CHO + HCHO + H_2O \longrightarrow CH_3CH_2 \overset{\overset{\displaystyle CH_2OH}{|}}{\underset{\underset{\displaystyle CH_2OH}{|}}{C}} CH_2OH + HCOOH$$

由此可见,当甲醛与有活泼 α-H 的脂肪醛在浓碱液中作用时,首先发生羟醛缩合反应,然后进行歧化反应。这是制备多羟基化合物的有效方法。

3. 芳醛与含活泼 α-H 的醛、酮的缩合

芳醛与含活泼 α-H 的醛、酮在碱催化下缩合生成 β-不饱和醛、酮。该反应称为克莱森-斯密特(Claisen-Schmidt)反应,通式如下:

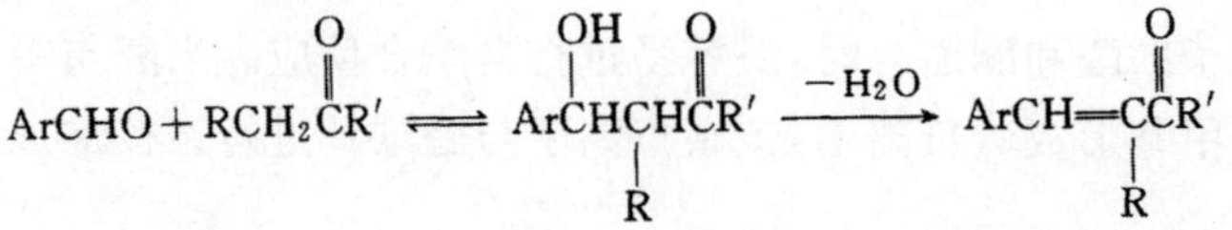

$$ArCHO + RCH_2CR' \rightleftharpoons Ar\overset{OH}{\underset{\underset{R}{|}}{C}}H\overset{O}{\overset{\|}{C}}R' \xrightarrow{-H_2O} Ar\overset{O}{\underset{\underset{R}{|}}{C}H=\overset{\|}{C}}CR'$$

反应先生成中间产物 β-羟基芳丙醛(酮),但其极不稳定,在强碱或强酸催化下立即脱水生成稳定的芳丙烯醛(酮)。例如:

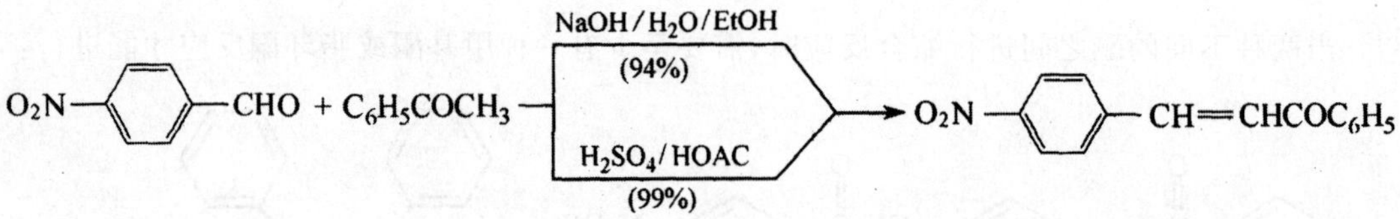

$$O_2N-\langle\!\rangle-CHO + C_6H_5COCH_3 \overset{\overset{\text{NaOH/H}_2\text{O/EtOH}}{(94\%)}}{\underset{\underset{(99\%)}{\text{H}_2\text{SO}_4/\text{HOAC}}}{\Longrightarrow}} O_2N-\langle\!\rangle-CH=CHCOC_6H_5$$

若芳醛与不对称的酮缩合,不对称的酮中仅有一个 α 位有活泼氢原子,则产品单一。不论酸或碱催化均得同一产品。若两个 α 位均有活泼氢原子,则可能得到两种不同产品。例如:

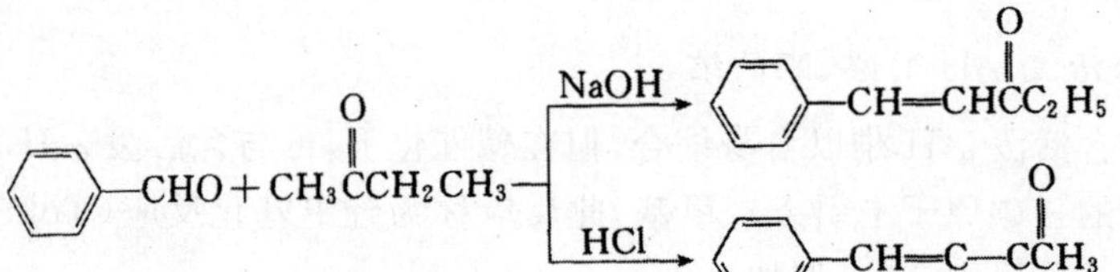

6.3 醛、酮与羧酸及其衍生物的缩合反应

6.3.1 Perkin 反应

Perkin 反应是指在强碱弱酸盐(如醋酸钾、碳酸钾)的催化下,不含 α-H 的芳香醛加热与含 α-H 的脂肪酸酐(如丙酸酐、乙酸酐)脱水缩合,生成 β-芳基 α,β-不饱和羧酸的反应。通常使用与脂肪酸酐相对应的脂肪酸盐为催化剂,产物为较大基团处于反位的烯烃。以脂肪酸盐为催化剂时,反应的通式为:

$$ArC(=O)-H + CH_3COOCOCH_3 \xrightarrow[\triangle]{CH_3COONa} ArCH=CHCOOH$$

式中，Ar 为芳基。反应的机理表示如下：

$$CH_3COOCOCH_3 \underset{}{\overset{CH_3COONa}{\rightleftharpoons}} \bar{C}H_2COOCOCH_3$$

$$ArC(=O)-H + \bar{C}H_2COOCOCH_3 \longrightarrow ArC(O^-)(H)-CH_2COOCOCH_3 \longrightarrow ArC(OH)(H)-CH_2COOCOCH_3$$

$$\xrightarrow{-H_2O} ArCH=CHCOOCOCH_3 \xrightarrow{H_2O} ArCH=CHCOOH$$

取代基对 Perkin 反应的难易有影响，如果芳基上连有吸电子基团会增加醛羰基的正电性，易于受到碳负离子的进攻，使反应易于进行，且产率较高；相反，如果芳基上连有供电子基团会降低醛羰基的正电性，碳负离子不易进攻醛羰基上的碳原子，使反应难以进行，产率较低。

由于脂肪酸酐的 α-H 的酸性很弱，反应需要在较高的温度和较长的时间下进行，但由于原料易得，目前仍广泛用于有机合成中。例如，苯甲醛与乙酸酐在乙酸钠催化下在 170℃ ～ 180℃ 温度下加热 5 h，得到肉桂酸。若苯甲醛与丙酸酐在丙酸钠催化下反应则可以合成带有取代基的肉桂酸。

$$PhC(=O)-H + CH_3COOCOCH_3 \xrightarrow[\triangle]{CH_3COONa} PhCH=CHCOOH$$

$$PhC(=O)-H + CH_3CH_2COOCOCH_2CH_3 \xrightarrow[\triangle]{CH_3CH_2COONa} PhCH=C(CH_3)COOH$$

Perkin 反应的主要应用是合成香料-香豆素，在乙酸钠催化下，水杨醛可以与乙酸酐反应一步合成香豆素。反应分两个阶段：①生成丙烯酸类的衍生物；②发生内酯化进行环合。

Perkin 反应一般只局限于芳香醛类。但某些杂环醛，如呋喃甲醛也能发生 Perkin 反应产生呋喃丙烯酸，这个产物是医治血吸虫病药物呋喃丙胺的原料。

与脂肪酸酐相比，乙酸和取代乙酸具有更活泼的 α-H，也可以发生 Perkin 反应。如取代苯乙酸类化合物在三乙胺、乙酸酐存在下，与芳醛发生缩合反应生成取代 α-H 苯基肉桂酸类化合物，该产物为一种心血管药物的中间体。

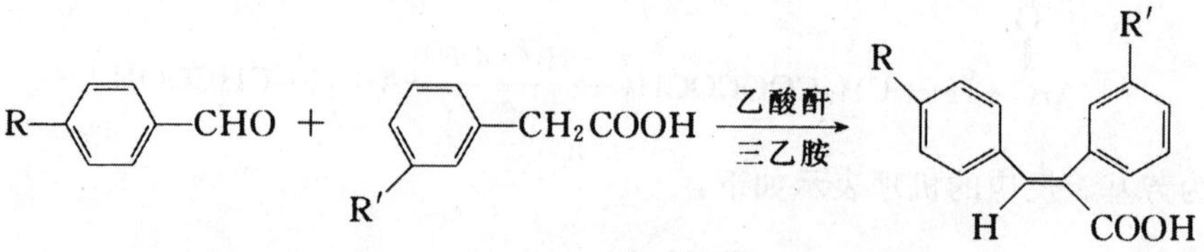

6.3.2 Knoevenagel-Doebner 反应

醛、酮与含活泼亚甲基的化合物在缓和的条件下即可发生缩合反应,生成 α,β-不饱和化合物。对于醛、酮发生的这类反应,作为反应物之一的活泼亚甲基化合物若为丙二酸(酯),并以吡啶和少量哌啶的混合物为催化剂,称为 Knoevenagel-Doebner 反应。该缩合反应通式为:

式中,R_1、R_2 为脂烃基、芳烃基或氢;X、Y 为吸电子基。为了除去反应生成的水,常常用苯、甲苯等有机溶剂共沸带水,以促进反应的完全。

这个反应在有机合成中,特别在药物合成中应用很广。例如,丙二酸在吡啶的催化下与醛缩合、脱羧可制得 β-取代丙烯酸。

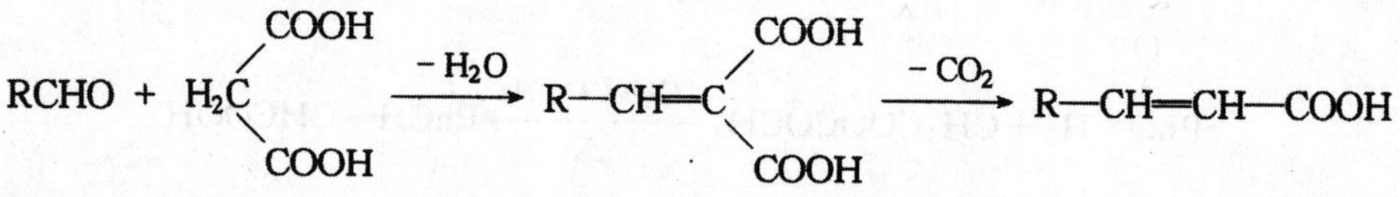

用这个反应制备 β-取代丙烯酸衍生物的优点是,可适用于有取代基的芳醛或脂醛的缩合,反应条件温和、速度快、收率高、产品纯度高。但是,丙二酸的价格比乙酐贵的多,在制备 β-取代丙烯酸时,不如 Perkin 反应经济。

6.3.3 Stobbe 反应

在碱存在下,酮与丁二酸酯缩合生成 α-烃二甲基丁二酸单脂的反应称为 Stobbe 反应。该缩合反应的反应物更多的是采用酮而不是醛。常用的催化剂为 t-C_4H_9OK、RONa、NaH 等。Stobbe 缩合是先通过醇醛缩合反应生成内酯,再经碱催化消去生成缩合产物。例如:

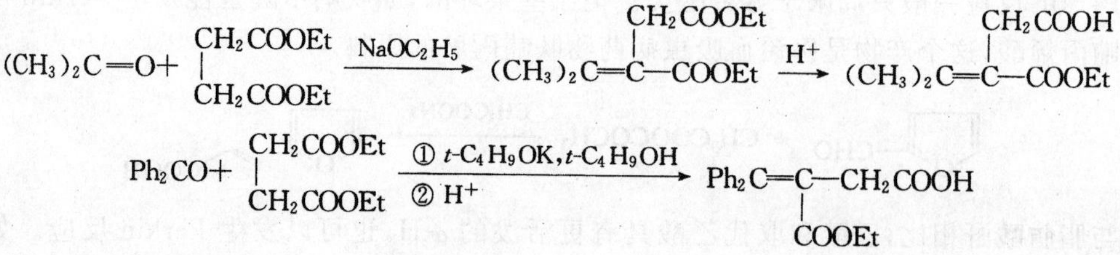

Stobbe 反应机理如下:

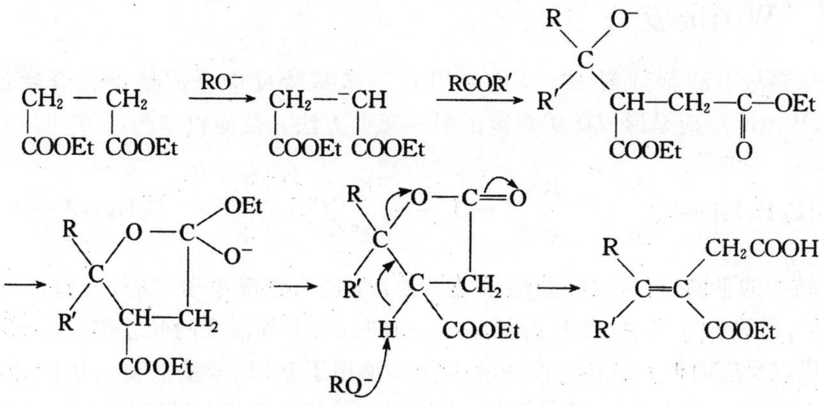

（图示化学反应式）

Stobbe 反应在合成中常用于合成环酮衍生物和 γ-酮酸等。

6.3.4　Darzen 反应

Darzen 反应也称为缩水甘油酸酯缩合，它是醛或酮与 α-卤代酸酯类化合物缩合生成 α,β-环氧酸酯的反应。例如：

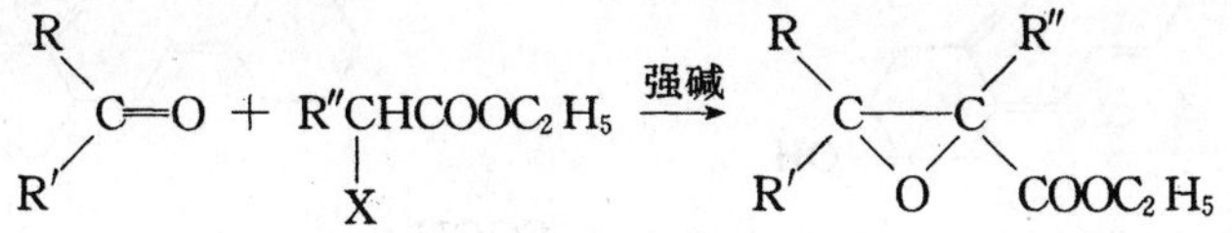

（反应式）

反应在强碱催化下进行，常用的碱催化剂为 $t\text{-}C_4H_9OK$、$RONa$ 和 $NaNH_2$ 等，其中以 $t\text{-}C_4H_9OK$ 的催化效果为最佳。通常用氯代酸酯，有时也可用 α-卤代酮、α-卤代腈为反应物。大多数脂肪族和芳香族醛或酮发生此缩合反应均可得到令人满意的产率。产物 α,β-环氧酸酯经水解、脱羧可得到较原来的醛、酮增加至少一个碳原子的醛、酮。例如：

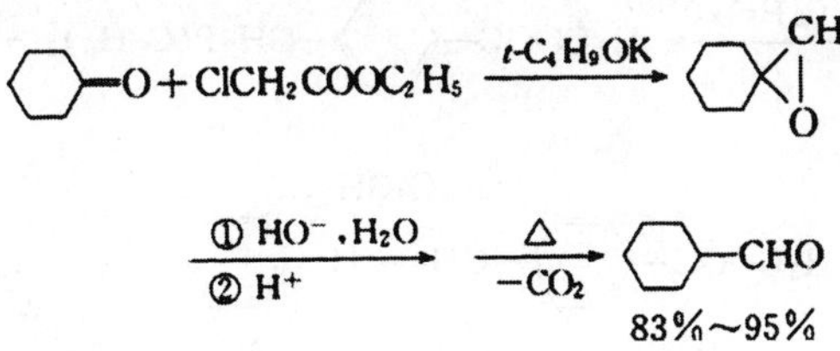

（反应式）

$$83\% \sim 95\%$$

Darzen 反应机理首先是在碱催化下 α-卤代酸酯生成碳负离子，与醛或酮的羰基发生亲核加成，由于加成物分子中—O—的邻基参与进行分子内的亲核取代，卤素作为离去基团离去，生成具有环氧基的化合物。

$$ClCH_2COOC_2H_5 + B \rightleftharpoons {}^-CHClCOOC_2H_5 + BH^+$$

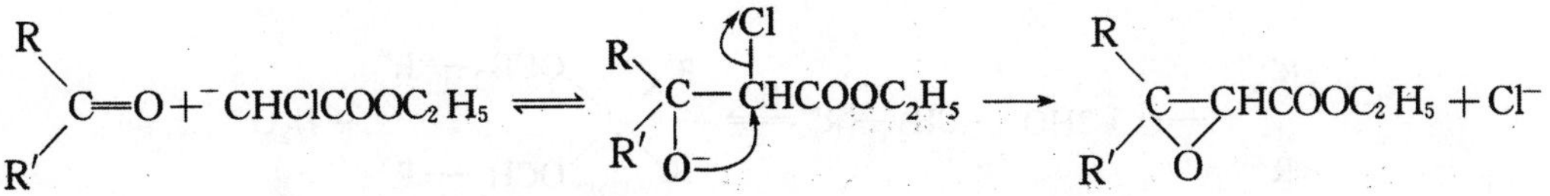

（反应式）

6.3.5　Wittig 反应

羰基化合物与韦滴希试剂——烃代亚甲基三苯基膦反应合成烯类化合物的反应称为 Wittig 反应，Wittig 反应是形成碳碳双键的另一重要方法。反应机理为：

$$(C_6H_5)_3P{=}C\diagdown^{R'}_{R} + R'''{\diagup}^{R''}C{=}O \longrightarrow {}^{R''}_{R'''}C{=}C^{R'}_{R} + (C_6H_5)_3P{=}O$$

根据 R 结构的不同，可将磷叶立德分为三类：当 R 为强吸电子基时，为稳定的叶立德；当 R 为烷基时，为活泼的叶立德；当 R 为烯基或芳基时，为中等活度的叶立德。磷叶立德是由三苯基膦和卤代烷反应而得。制备活泼的叶立德必须用丁基锂、苯基锂和氨基钠等强碱。而制备稳定的叶立德，由于季鏻盐 α-H 酸性较大，故用醇钠甚至氢氧化钠即可。

由于 Wittig 反应产率好、立体选择性高且反应条件温和，因此在有机合成中有着广泛的应用，尤其在合成某些天然有机化合物领域内，具有独特的作用。例如，维生素 D_2 的合成反应式为：

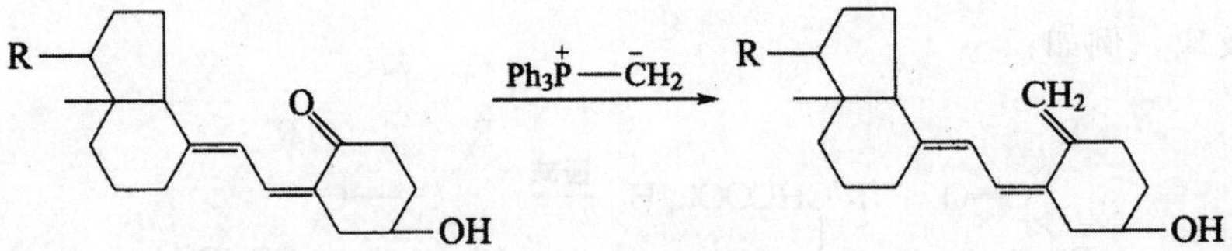

Wittig 反应在荧光增白剂的生产和合成研究中广泛应用。例如，近期出现的聚合型荧光增白剂中的带水溶性基团的聚酯型共聚物，其中间体就是通过 Wittig 反应来完成的，可表示为：

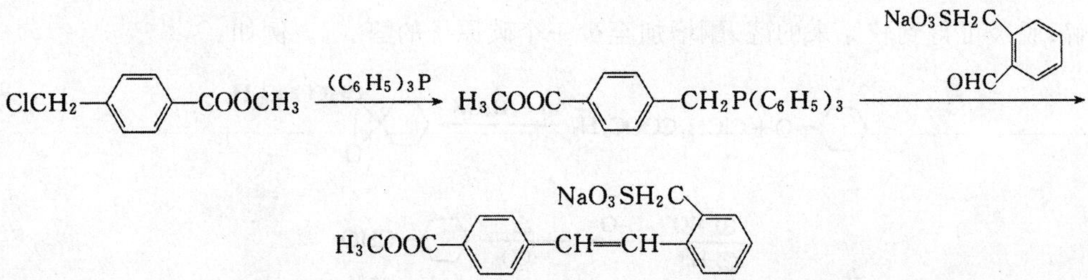

Wittig 反应用于乙烷类液晶的制备和肿瘤血管系统生长的抑制剂 CA-4 的合成。

6.4　醛、酮与醇的缩合反应

在酸性催化剂作用下，醛或酮与两分子醇缩合、脱水，生成缩醛或缩酮。

$$\diagdown^{R'}_{R}C{=}O + 2HO{-}CH_2{-}R'' \xrightleftharpoons{H^+} R{\diagdown}^{R'}_{}C{\diagup}^{OCH_2{-}R''}_{OCH_2{-}R''} + H_2O$$

式中,R′＝H 时为缩醛;R′＝R 时为缩酮;两个 R″构成—CH₂—CH₂—时为茂烷类;构成—CH₂—CH₂—CH₂—时为噁烷类。缩合需要无水醇或酸作催化剂,常用干燥的氯化氢气体或对甲苯磺酸,也可用草酸、柠檬酸、磷酸或阳离子交换树脂等作催化剂。

缩醛和缩酮可制备缩羰基化物,缩羰基化物多为香料,此类香料化学稳定性好,香气温和,具有花香、木香、薄荷香或杏仁香,可增加香精的天然感。

1. 单一醇缩醛

醛与一元醇缩合,例如:

$$CH_3\text{—}\underset{H}{\overset{CH_3}{C}}{=}O + 2HO\text{—}CH_3 \xrightarrow{H^+} CH_3\text{—}CH\underset{O\text{—}CH_3}{\overset{O\text{—}CH_3}{<}} + H_2O$$

产物 1,1-二甲氧基乙烷为香料,俗称乙醛二甲缩醛。

2. 混合缩醛

醛与两种不同的一元醇的缩合,例如:

$$CH_3\text{—}\underset{H}{\overset{CH_3}{C}}{=}O + CH_3\text{—}OH + \text{(C}_6\text{H}_5\text{)CH}_2\text{CH}_2\text{—OH} \xrightarrow{H^+} \text{产物} + H_2O$$

缩合产物 1-甲氧基-1-苯乙氧基乙烷为香料,俗称乙醛甲醇苯乙醇缩醛。

3. 环缩醛

醛与二元醇的缩合,例如:

$$\text{(C}_6\text{H}_5\text{)CH}_2\text{CHO} + \underset{HO\text{—}CH_2}{\overset{HO\text{—}CH_2}{>}}CH_2 \xrightarrow{H^+} \text{产物} + H_2O$$

醛或酮与二醇缩合具有工业意义。如在硫酸催化下聚乙烯醇与甲醛缩合得聚乙烯醇缩甲醛。

在柠檬酸催化下,苯为溶剂兼脱水剂,β-丁酮酸乙酯(乙酰乙酸乙酯)和乙二醇缩合,收率为 60％,减压精馏得到产品苹果酯。

$$CH_3\text{—}\underset{O}{\overset{\parallel}{C}}\text{—}CH_2COOC_2H_5 + \underset{CH_2\text{—}OH}{\overset{CH_2\text{—}OH}{|}} \longrightarrow \text{产物} + H_2O$$

苹果酯(2-甲基-2-乙酸乙酯基-1,3-二氧戊烷)是具有新鲜苹果香气的香料。

醛酮与醇缩合不仅用于合成产品,还常用于有机合成保护羰基和羟基,待预定反应完成,再水解恢复原来的羰基或羟基。

6.5 酯缩合反应

酯和含有活性甲基或亚甲基的羰基化合物在强碱作用下，羰基化合物生成 α-碳负离子或烯醇盐。碳负离子作为亲核试剂进攻脂的羰基发生亲核加成-消去反应，生成 β-羟基化合物。该反应是 Claisen 缩合反应。反应机理如下：

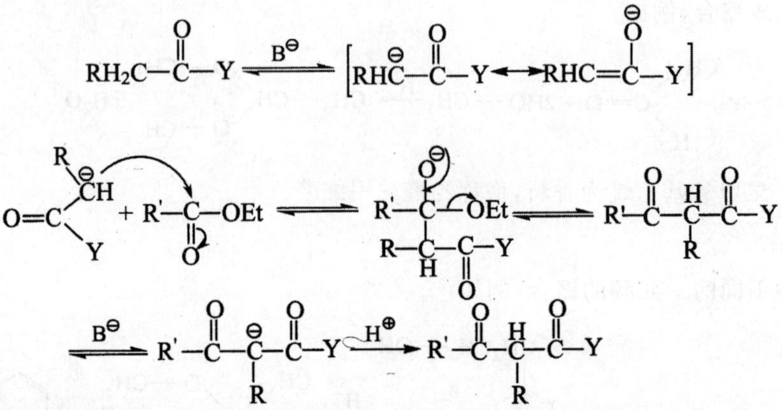

式中，Y 为烃基或烷氧基，该缩合反应的强碱催化剂可以是 RONa、NaNH$_2$、NaH 等强碱催化剂。Claisen 缩合反应又可分为酯酯缩合反应和酯酮缩合反应两类。

6.5.1 酯酯缩合反应

酯与酯的缩合大致可分三种类型：

①相同的酯分子间的缩合称为同分子酯缩合。

②不同的酯分子间的缩合称为异分子酯缩合。

③二元羧酸分子内进行的缩合。

1. 同分子酯缩合

在乙醇钠的作用下，两分子乙酸乙酯发生缩合反应，脱去一分子乙醇，生成乙酰乙酸乙酯。反应历程为：

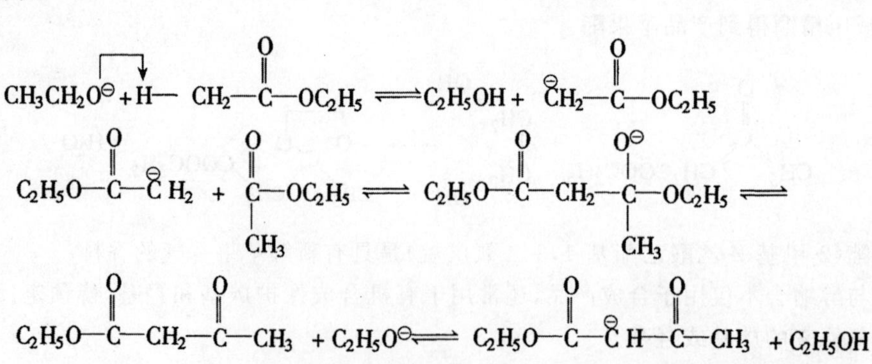

由于乙醇的酸性（$pK_a \approx 15.9$）大于乙酸乙酯的酸性（$pK_a \approx 24$），这样很难乙氧负离子把乙

酸乙酯变为 $\overset{\ominus}{C}H_2COOC_2H_5$ 负碳离子,而在平衡体系中仅有少量的负碳离子,整个反应会向右进行得相当完全的主要原因在于,最后一个平衡中的乙酰乙酸乙酯的酸性($pK_a \approx 11$)大于乙醇的酸性,反应一旦生成乙酰乙酸乙酯就被乙氧负离子夺去一个质子而形成较稳定的乙酰乙酸乙酯负离子,从而使反应不断向右进行。同时在反应过程中不断地蒸出产生的乙醇,可使反应进行得更加完全。

2. 异分子酯缩合

类似于两个不同的但都含 α-活泼氢的醛进行醇醛缩合,如果使用两个不同的但都含有 α-活泼氢的酯进行混合缩合,理论上将得到四种不同的产物,且不容易分离,但这种合成产物并没有多大的价值。因此混合酯缩合一般采用一个含有活泼氢而另一个不含活泼氢的酯进行缩合,这样就能得到单一的产物。常用的不含 α-活泼氢的酯有甲酸酯、苯甲酸酯和乙二酸酯。

乙二酸酯由于有相邻的两个酯基而增加了羰基的活性,因此它和别的酯发生缩合反应相对比较容易。

$$C_2H_5O\overset{O}{\overset{\|}{C}}-\overset{O}{\overset{\|}{C}}-OC_2H_5 \;+\; CH_3CH_2\overset{O}{\overset{\|}{C}}-OC_2H_5 \xrightarrow[\textcircled{2}H^\cdot]{\textcircled{1}NaOC_2H_5} CH_3\underset{\underset{COCOOC_2H_5}{|}}{CH}COOC_2H_5$$

与乙二酸酯缩合的是长碳链的脂肪酸酯时,其产率很低,若想提高产率,就可采用把产物乙醇蒸出反应系统的方法。

$$(COOC_2H_5)_2 + C_{16}H_{33}COOC_2H_5 \xrightarrow[\textcircled{2}H^+]{\textcircled{1}NaOC_2H_5} C_{15}H_{31}\underset{\underset{COCOOC_2H_5}{|}}{CH}COOC_2H_5$$

乙二酸酯的缩合产物中含有一个 α-羰基酸酯的基团,加热时会失去一分子一氧化碳,成为取代的丙二酸酯。例如,苯基取代的丙二酸酯,不能用溴苯进行芳基化来制取,但可用下法制得

$$C_6H_5CH_2COOC_2H_5 + (COOC_2H_5)_2 \xrightarrow[\textcircled{2}H^+]{\textcircled{1}C_2H_5ONa}$$

$$C_6H_5\underset{\underset{COCO_2C_2H_5}{|}}{CH}CO_2C_2H_5 \xrightarrow[-CO]{175℃} C_6H_5-\underset{\underset{CO_2C_2H_5}{|}}{CH}CO_2C_2H_5$$

在醇钠催化作用下,用甲酸乙酯与苯乙酸乙酯缩合可得 β-甲酰苯乙酸乙酯,再经催化氢化,可得颠茄酸酯。

$$C_6H_5CH_2CO_2C_2H_5 + HCOOC_2H_5 \xrightarrow{CH_3ONa} C_6H_5\underset{\underset{CHO}{|}}{CH}CO_2C_2H_5 \xrightarrow{H_2 \atop Ni} C_6H_5\underset{\underset{CH_2OH}{|}}{CH}COOC_2H_5$$

基于苯甲酸酯的羰基不够活泼这样特点,在缩合过程中需要用到更强的碱,如 NaH,以使含 α-活泼氢的酯产生更多的负碳离子,保证反应能够顺利进行。

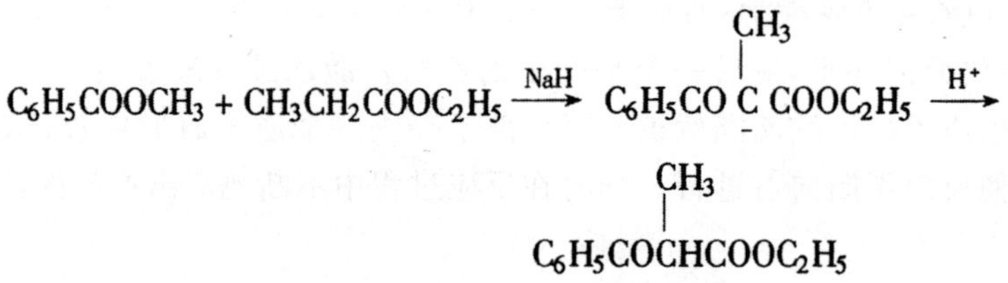

$$C_6H_5COOCH_3 + CH_3CH_2COOC_2H_5 \xrightarrow{NaH} C_6H_5CO\overset{\overset{\displaystyle CH_3}{|}}{\underset{|}{C}} COOC_2H_5 \xrightarrow{H^+}$$

$$C_6H_5CO\overset{\overset{\displaystyle CH_3}{|}}{CH}COOC_2H_5$$

3. 分子内酯酯缩合

二元酸酯可以发生分子内的和分子间的酯缩合反应。

当分子中的两个酯基被三个以上的上的碳原子隔开时,就会发生分子内的缩合反应,形成五员环或六员环的酯,这种环化酯缩合反应又称为狄克曼(Dieckmann)反应。例如:

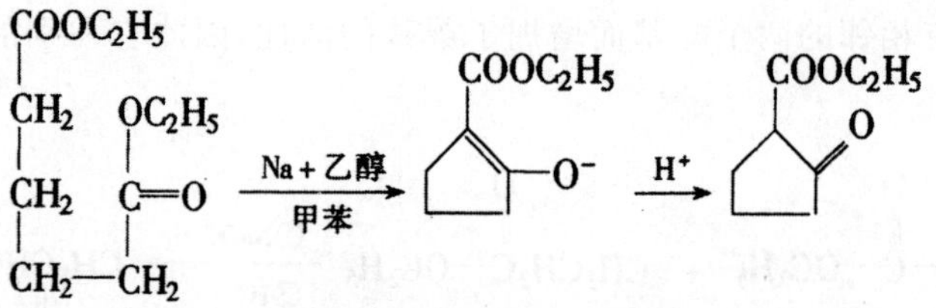

当两个酯基之间只被三个或三个以下的碳原子隔开时,就不能发生闭环酯缩合反应,而是形成四员环或小于四员环的体系。可以利用这种二元酸酯与不含 α-活泼氢的二元酸进行分子间缩合,同样也可得到环状羰基酯。例如,在合成樟脑时,其中有一步反应就是用 β-二甲基戊二酸酯与草酸酯缩合,得到五员环的二 β-羰基酯。

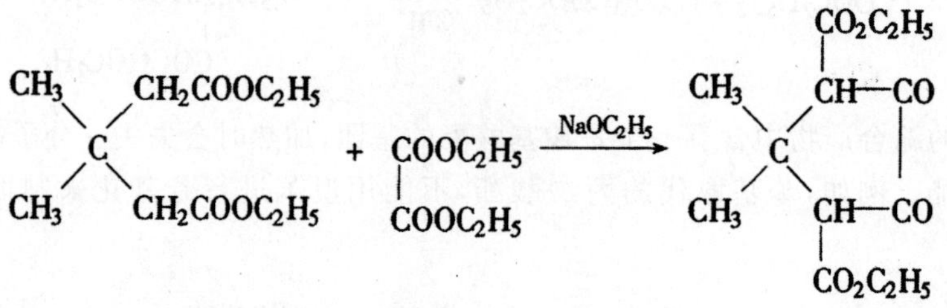

6.5.2 酯酮缩合反应

酯酮缩合是指酯与酮的混合物在强碱的催化下进行缩合的反应。当酮的 α-H 的酸性比酯的 α-H 的酸性强或者酯没有 α-H 时,酮在强碱性催化剂的催化下脱去质子氢形成碳负离子,然后与酯的羰基碳原子发生亲核加成反应,进而脱去烷氧基负离子,生成 β-二羰基化合物。如果酯的 α-H 的酸性比酮的 α-H 的酸性强,产物中会混有酯自身缩合的副产物。如果酮的 α-H的酸性比酯的 α-H 的酸性强,则产物中会混有酮自身缩合的副产物。有意义的酯酮缩合通常为一分子酮含有活泼 α-H,另一分子酯不含活泼 α-H。

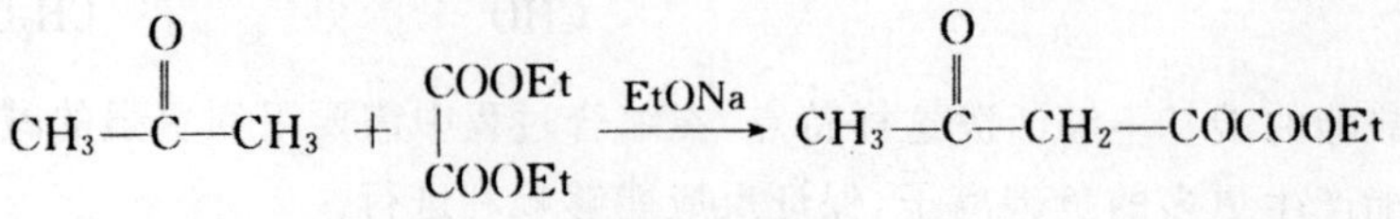

第7章 碳环合成反应

7.1 六元环的合成

7.1.1 六元脂环化合物的合成反应

合成六元脂环化合物最常用的是狄尔斯-阿尔德(Diels-Alder)反应,此外,分子内的取代反应、缩合反应等也是得到六元脂环化合物常用的方法。

1. Diels-Alder 反应

Diels-Alder 反应是合成六元环常用的方法,它是共轭二烯(双烯体)与烯、炔(亲双烯体)等进行环化加成生成环己烯及其衍生物的反应,简称 D-A 反应或双烯合成反应,例如:

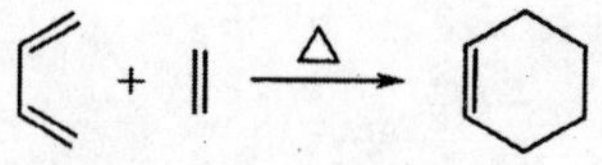

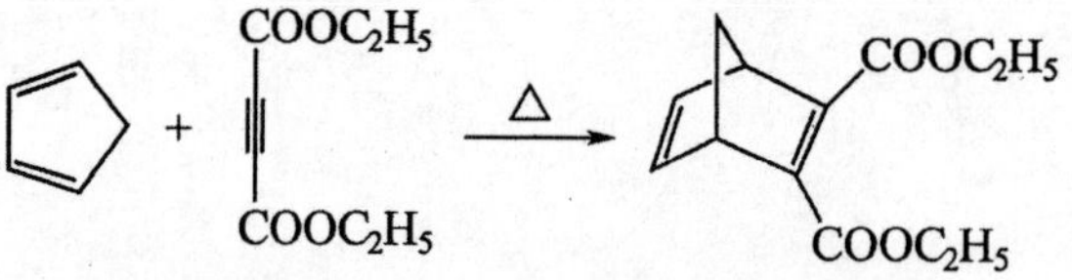

该反应是一个[4+2]环加成反应,反应的实质是反应物的 π 体系打开,形成两个新的 δ 键和一个新的 π 键,其反应过程中旧键的断裂和新键的生成是在同一步骤中完成的,属于协同反应。1,3-丁二烯与乙烯生成环己烯的产率很低,仅为 18%。当双烯体上连有供电子基团(如—CH_3)或亲双烯体上连有吸电子基团(如—CHO、—COR、—COOR、—CN、—NO_2 等)时,产率会大幅度提高,例如:

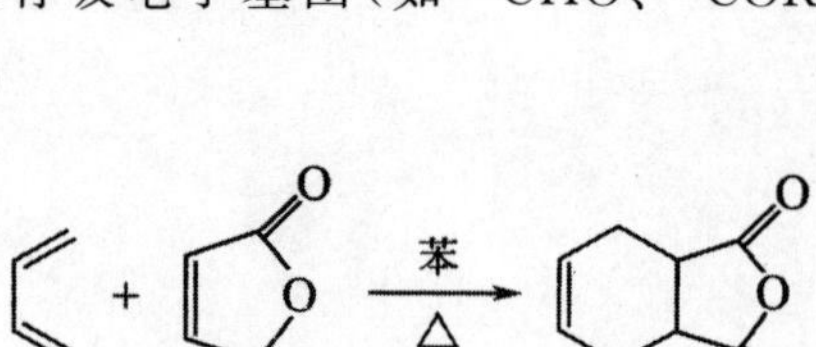

Diels-Alder 具有下面几个特点。

①Diels-Alder 反应是立体定位型很强的顺式加成反应,例如:

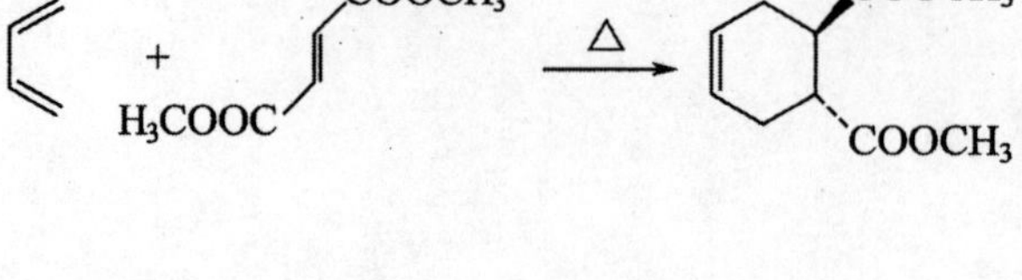

②D-A 反应优先生成内型加成产物,例如:

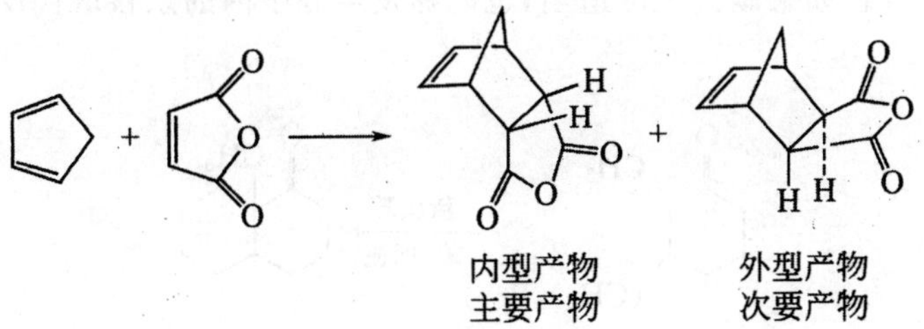

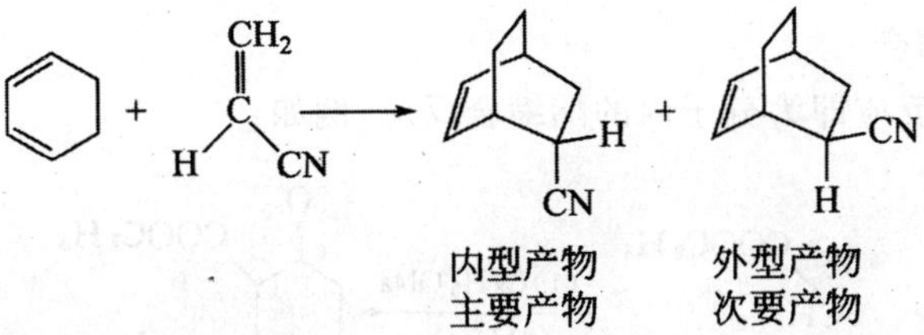

内型产物　　　　外型产物
主要产物　　　　次要产物

内型产物　　　　外型产物
主要产物　　　　次要产物

③D-A 反应是区域选择性很强的反应。当双烯体和亲双烯体是连有取代基的非对称化合物时,主要产物是邻位或对位定向,例如:

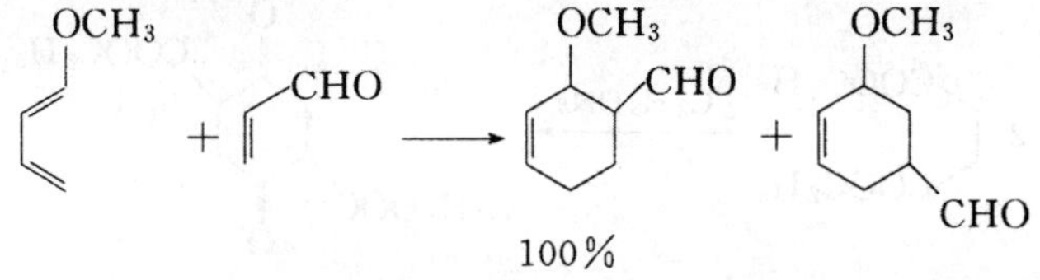

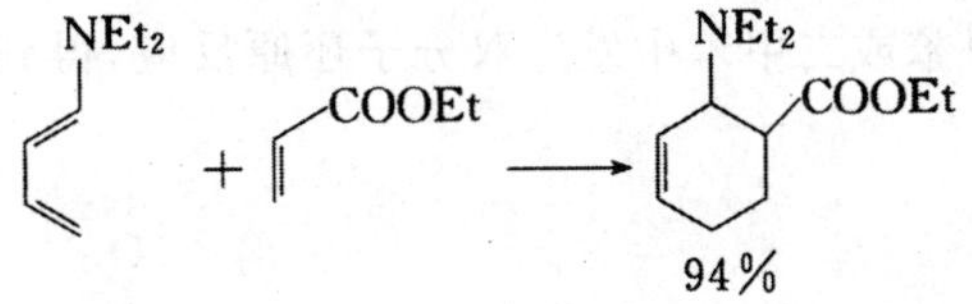

100%

94%

D-A 反应是一个可逆反应。一般情况下,正向成环反应的反应温度相对较低,温度升高则发生逆向分解反应。这种可逆性在合成上很有用,它可以作为提纯双烯化合物的一种方法,也可用来制备少量不易保存的双烯体。

2. 分子内的取代反应

(1)分子内的亲电取代反应

芳环侧链适当位置上有酰卤基或羟基时,可以发生分子内的傅-克(Friedel-Crafts)反应,生成相应的环状化合物。例如:

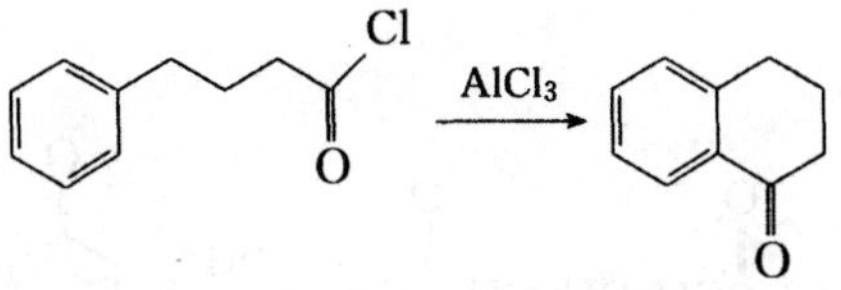

（2）分子内的亲核取代反应

含活泼氢的化合物如果碳链长度适当，也能够发生分子内的亲核取代反应，形成六元环状化合物。例如：

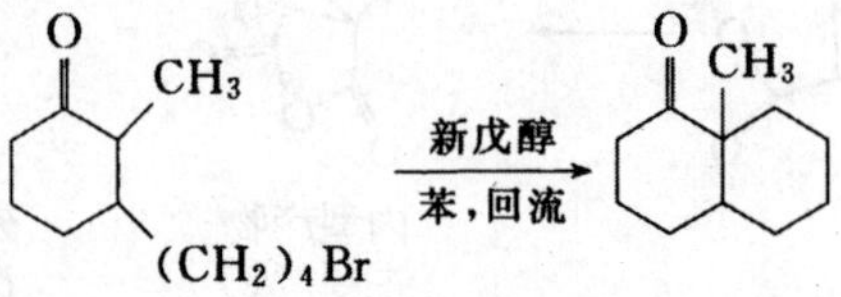

3. 分子内的缩合反应

（1）分子内的酯缩合

Dieckmann 缩合反应即为分子内的酯缩合反应，例如：

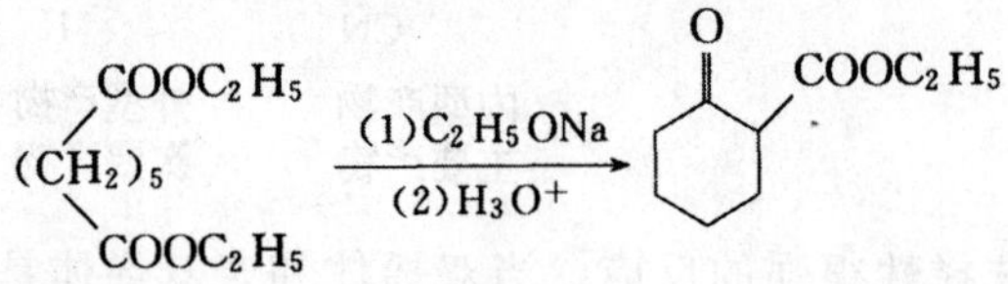

分子间的酯缩合也可用于制备环状化合物。例如：

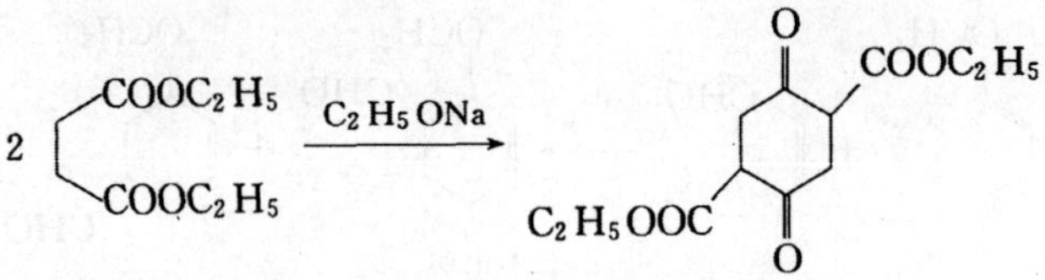

（2）分子内的酮醇缩合

酯和金属钠在乙醚、甲苯或二甲苯中发生双分子还原反应，得到 α-羟基酮，此反应称为酮醇缩合。例如：

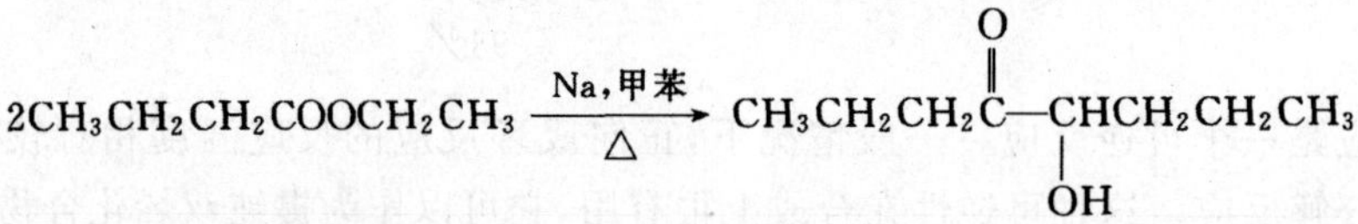

$$2CH_3CH_2CH_2COOCH_2CH_3 \xrightarrow[\triangle]{Na,甲苯} CH_3CH_2CH_2\overset{O}{\overset{\|}{C}}-\underset{\underset{OH}{|}}{C}HCH_2CH_2CH_3$$

二元酸酯发生分子内酮醇缩合也可生成环状酮醇：

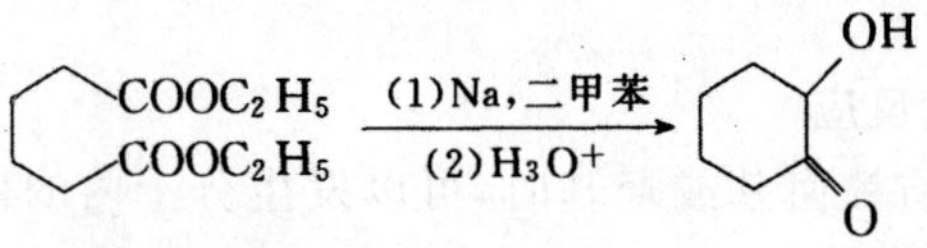

（3）分子内的羟醛缩合

例如：

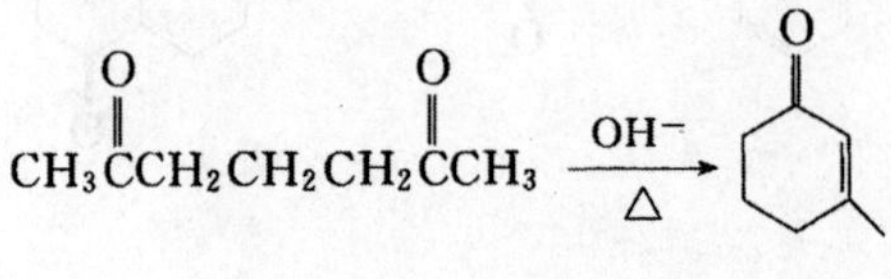

$$CH_3\overset{O}{\overset{\|}{C}}CH_2CH_2CH_2\overset{O}{\overset{\|}{C}}CH_3 \xrightarrow[\triangle]{OH^-}$$

(4)Robinson 环合反应

利用 Michael 反应的产物进行分子内的羟醛缩合,形成一个新的六元环,再经消除脱水生成 α,β-不饱和环酮的反应称为 Robinson 环合反应,这是向六元环上并联另一个六元环的重要方法。例如:

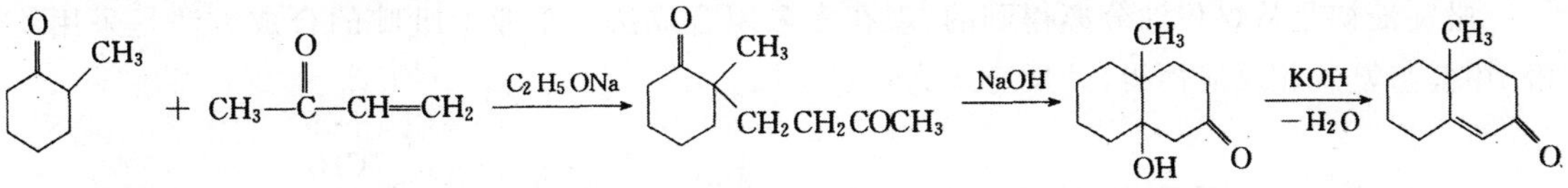

4. 二元羧酸受热脱羧反应

对于二元羧酸,当两个羧基的相对位置不同时,受热后发生的反应和生成的产物也不同。戊二酸受热后发生分子内的脱水反应,生成六元环状的酸酐,而庚二酸在氢氧化钡存在下受热,既脱羧,又脱水,生成六元环酮:

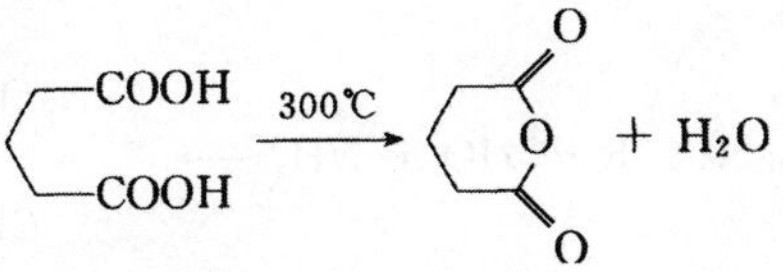

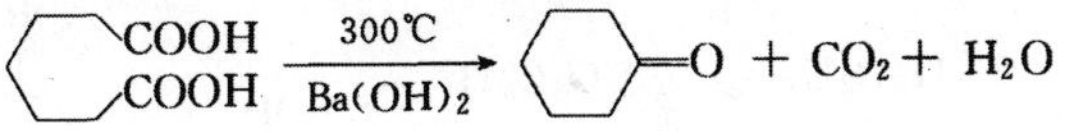

5. β-羟基羧酸受热脱水反应

β-羟基羧酸受热后脱水生成六元环的内酯:

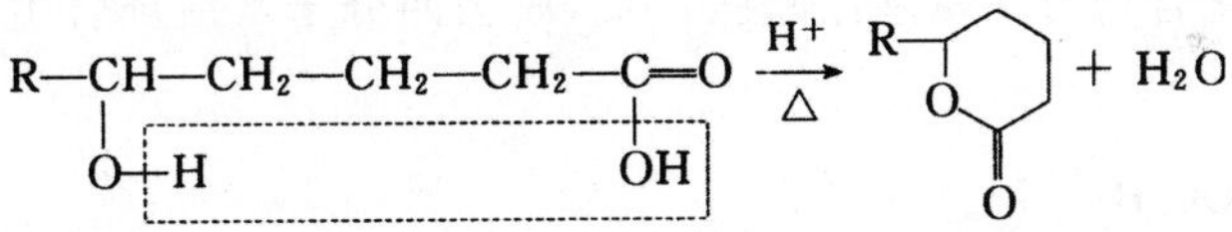

6. 苯系衍生物制备六元环反应

由相应的苯系衍生物制备六元环还可以由芳香族化合物还原得到。例如:

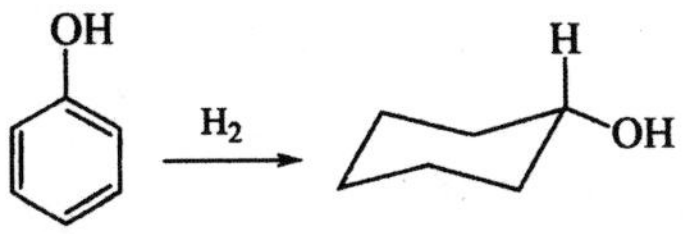

若用金属-氨(胺)-醇试剂还原芳烃(Birch 还原),则得到环己烯或环己烯衍生物。例如:

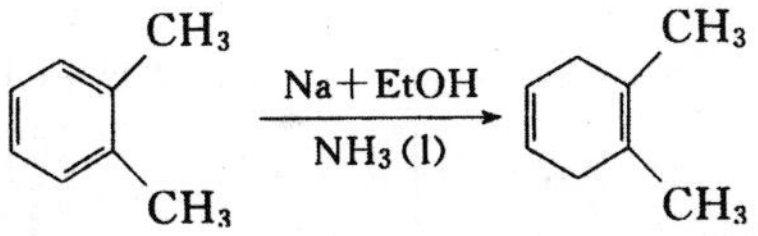

7.1.2 六元杂环化合物的合成反应

1. 单杂原子的六元杂环化合物的合成反应

吡啶是单杂原子的六元杂环中比较重要的一种，这里就对吡啶及其衍生物进行讨论。

吡啶最初是从煤焦油分离得到的，现在多采用合成法。工业上吡啶的合成方法是采用乙醛、甲醛与氨气相反应而得，其反应式为：

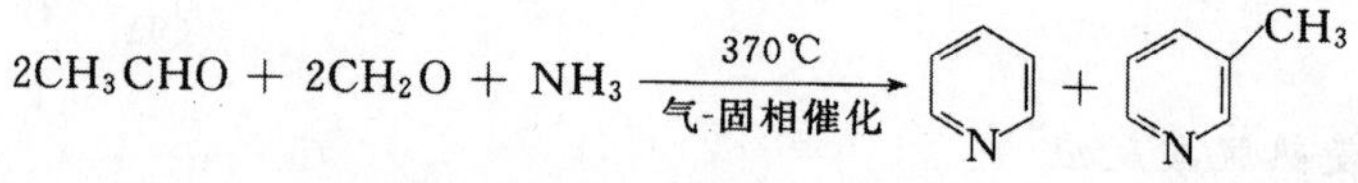
2CH₃CHO + 2CH₂O + NH₃
370℃
气-固相催化
CH₃

由两分子的 β-酮酸酯与 1 分子的醛和 1 分子的氨进行缩合，先得二氢吡啶环系，再经氧化脱氢，即生成一个相应的对称取代的吡啶，该反应称为 Hantzsch 反应。这个反应应用很广，是合成各种取代吡啶的最重要的方法之一，例如：

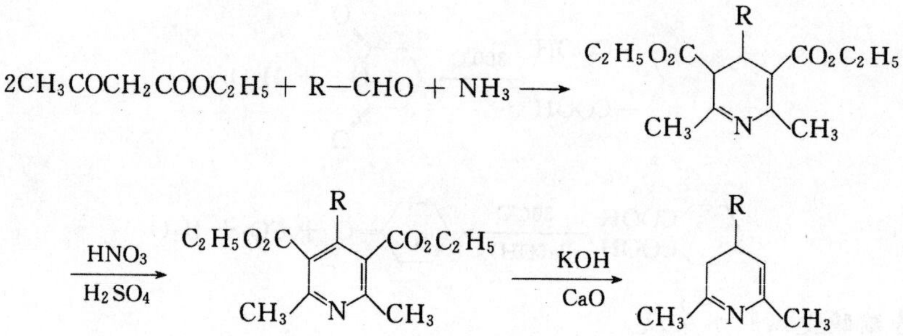
2CH₃COCH₂COOC₂H₅ + R—CHO + NH₃
HNO₃
H₂SO₄
KOH
CaO

与 Hantzsch 反应类似，以各种不同的羰基化合物为原料，可以制得各种取代的吡啶衍生物。例如，β-二羰基化合物与 α-氰基乙酰胺反应，脱去两分子水后环合生成吡啶环系化合物，反应式为：

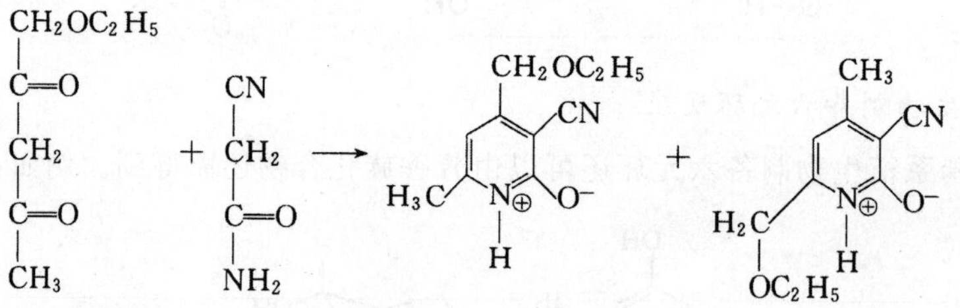

这个反应曾是合成维生素 B_6 的一种方法。

1,5-二羰基化合物与氨反应，中间可能先生成氨基羰基化合物，然后发生加成消除反应得到吡啶或吡啶衍生物，可表示为：

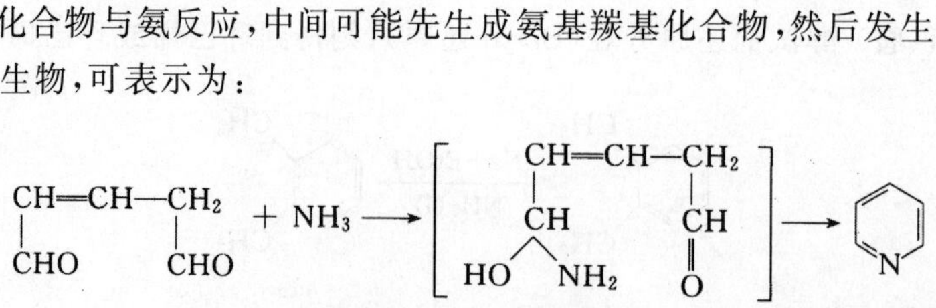

用含 4 个碳原子以上的链状 α,β-不饱和醛与甲醛缩合，然后在催化剂作用下和氨反应可

得吡啶或吡啶衍生物,例如:

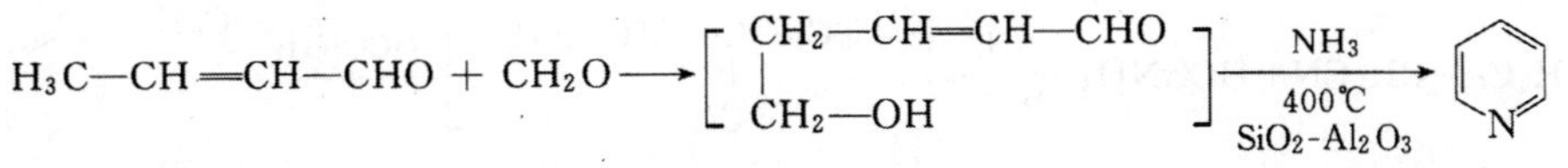

$$H_3C—CH \!=\! CH—CHO + CH_2O \longrightarrow \left[\begin{array}{l} CH_2—CH\!=\!CH—CHO \\ | \\ CH_2—OH \end{array}\right] \xrightarrow[\substack{400\text{℃} \\ SiO_2\text{-}Al_2O_3}]{NH_3}$$

2. 双杂原子的六元杂环化合物的合成反应

(1)[3+3]型环合反应

合成嘧啶最简便的方法是采用[3+3]型的环合方法,即由一个含三碳链单位和含一个 N—C—N 链单位缩合而成,可表示为:

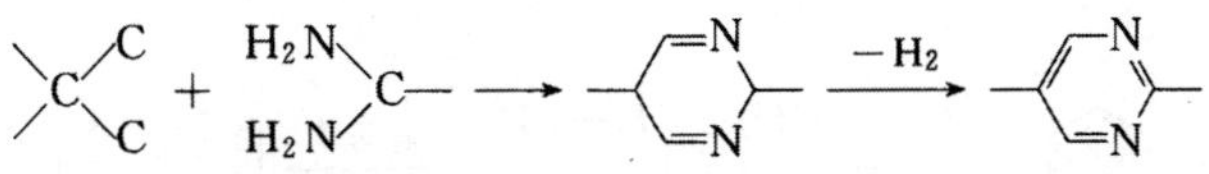

通常用于合成嘧啶的三碳链化合物有 1,3-丙二醛、β-酮醛、β-酮酯、β-酮腈、丙二酸酯、丙二腈等,含氮部分为尿素、硫脲等。例如:

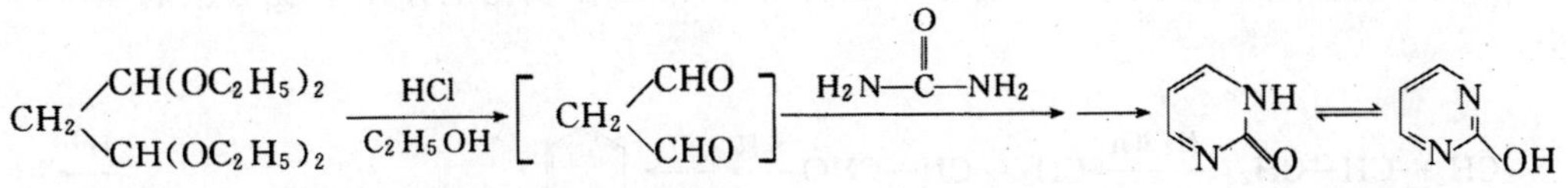

实验室合成嘧啶采用 β-羰基酸和尿素缩合,然后经卤代、氢化、脱卤反应制得。

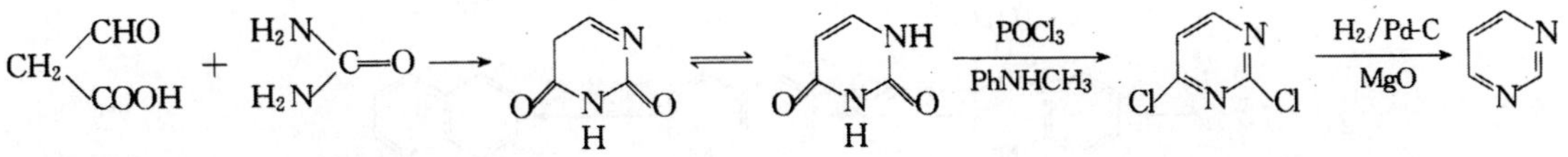

(2)[4+2]型环合反应

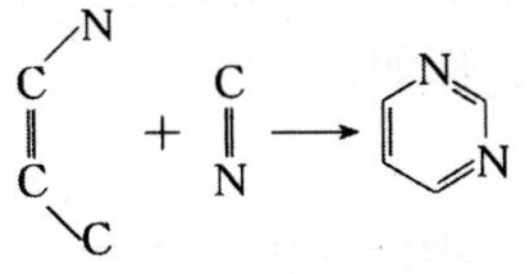

这里的"4"和"2"可以有各种不同结构类型的分子,例如:

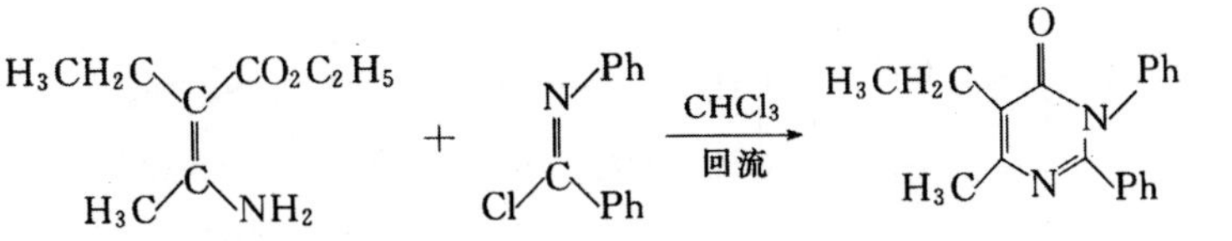

苯乙腈与甲酰胺缩合生成 α-氰基-β-氨基苯乙烯,然后再与一分子甲酰胺反应制得取代嘧啶,可表示为:

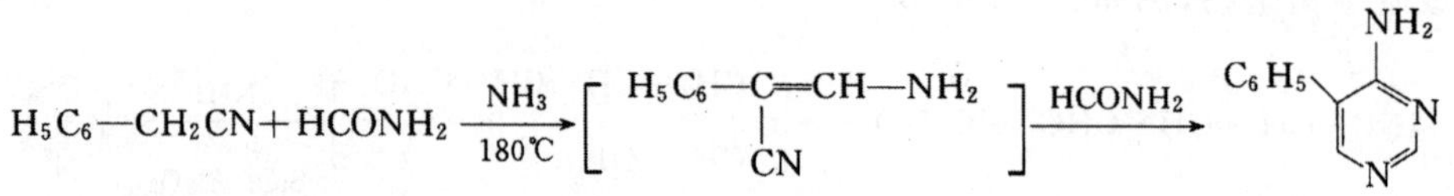

$$H_5C_6-CH_2CN+HCONH_2 \xrightarrow[180℃]{NH_3} \left[H_5C_6-\overset{|}{\underset{CN}{C}}=CH-NH_2 \right] \xrightarrow{HCONH_2} C_6H_5$$

3. 苯并六元杂环化合物的合成反应

这里主要就喹啉及其衍生物进行讨论。

（1）Skraup 反应

将苯胺、甘油的混合物与硝基苯和浓硫酸一起加热生成喹啉的反应称为 Skraup 反应，例如：

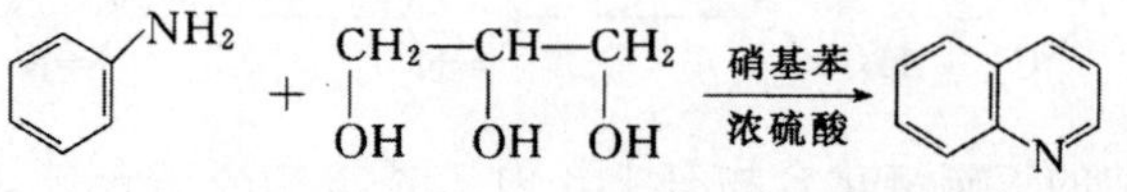

在这个反应中，首先甘油在浓硫酸作用下脱水生成丙烯醛，丙烯醛再与苯胺发生 Michael 加成，加成产物在酸作用下闭环生成 1,2-二氢喹啉，最终在氧化剂作用下脱氢生成喹啉，可表示为：

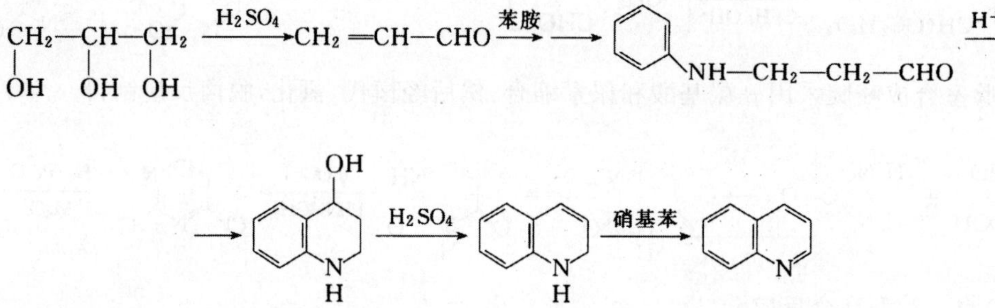

Skraup 反应是一个应用非常广泛的反应，通过选择不同的芳香胺和取代的 α,β-不饱和羰基化合物，能够合成各种喹啉衍生物，例如：

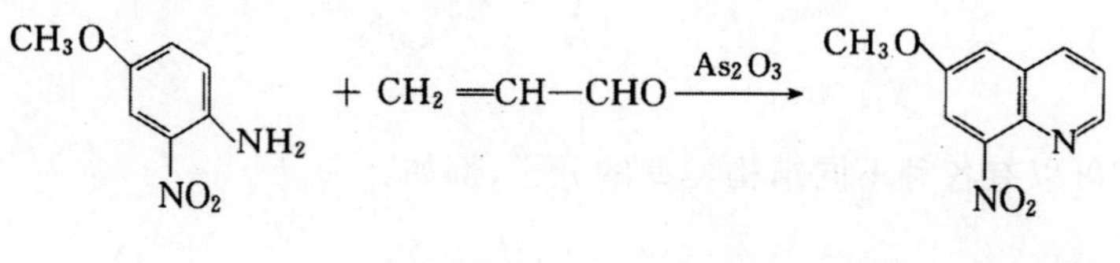

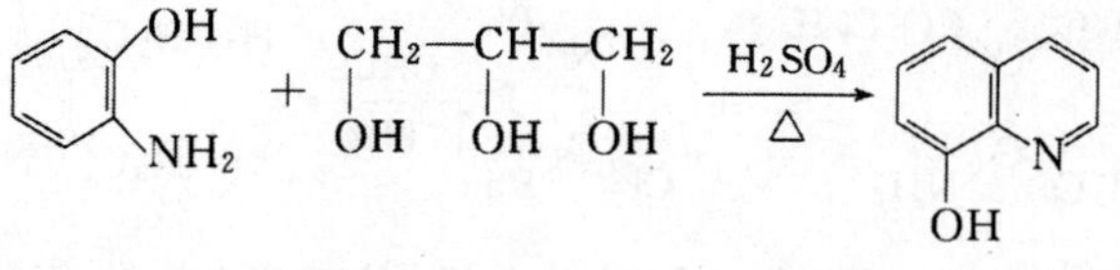

（2）Combes 反应

1,3-二羰基化合物与芳胺缩合生成高收率的 β-氨基烯酮，然后它在浓酸条件下发生环合反应，反应式为：

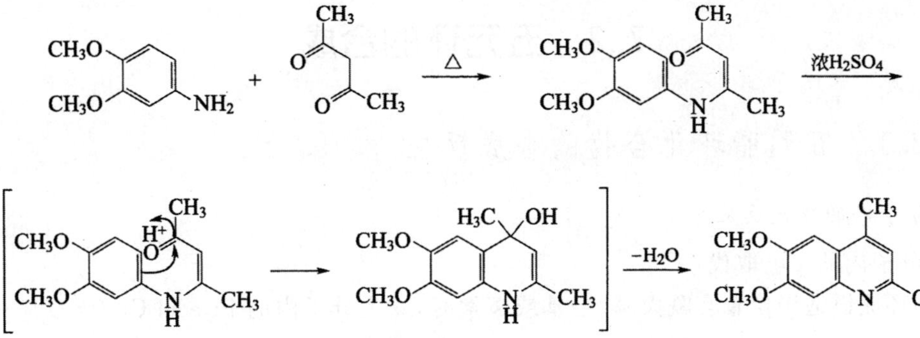

另外，β-酮酸酯（或丁炔二酸酯）与芳胺缩合，再经环合可制得喹啉衍生物，例如：

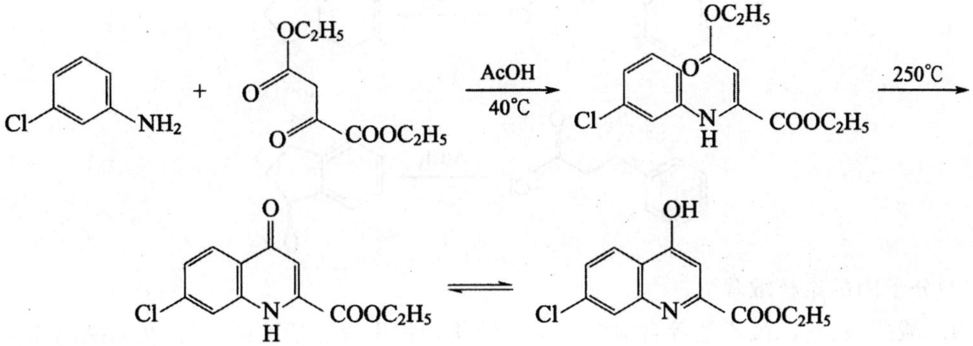

（3）Doebner-Von Miller 反应

这个反应是用芳香伯胺和一个醛在浓盐酸存在下共热，生成相应的取代喹啉，例如：

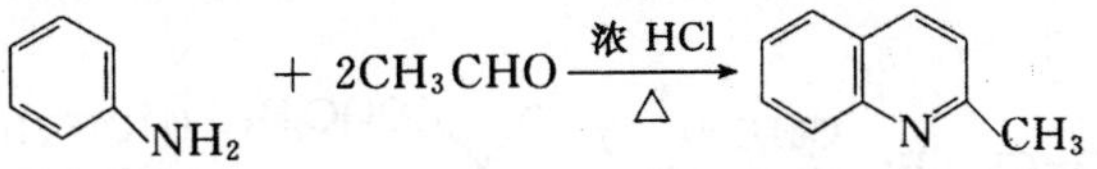

上述反应中改用一分子的醛和一分子的甲基酮与芳胺反应，可得 2,4-二取代喹啉。

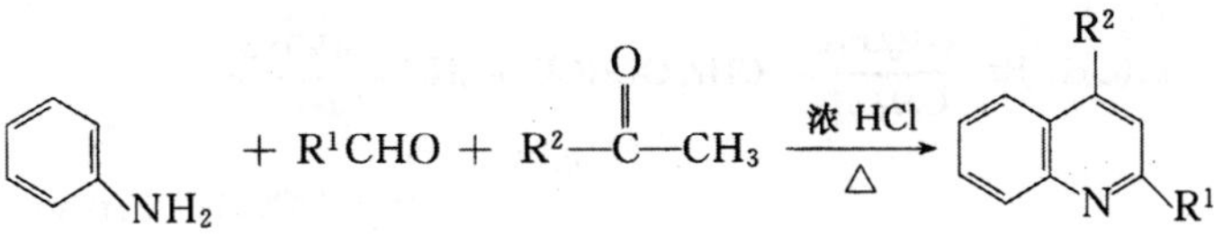

（4）Friedlander 反应

邻氨基苯甲醛类化合物与含有活泼亚甲基的醛、酮在酸或碱催化下发生缩合反应，可制得在杂环上有取代基的喹啉衍生物，例如：

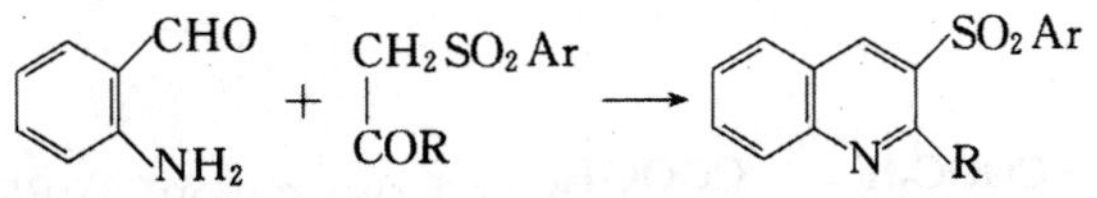

该类反应在离子液体催化下进行，产率高达 94%。

7.2 五元环的合成

7.2.1 五元脂环化合物的合成反应

1. 分子内的取代反应

(1)分子内的亲电取代

芳香环侧链适当位置有酰卤基、羟基或卤素时,发生分子内的 Friedel-Crafts 反应生成五元环。例如:

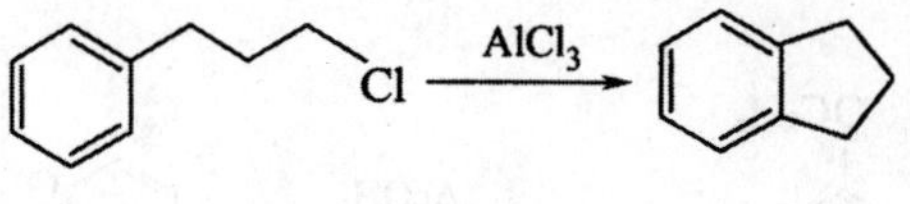

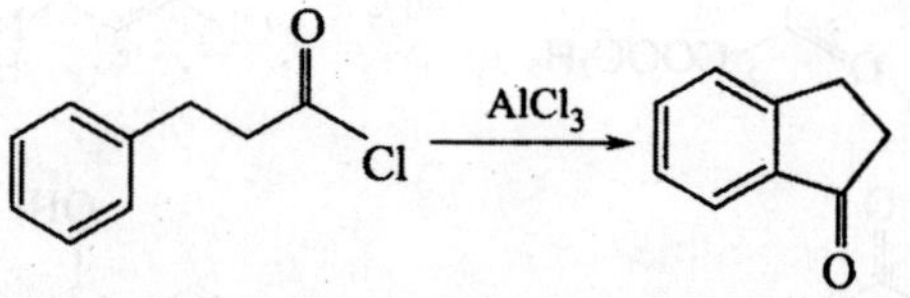

(2)分子内的亲核取代

丙二酸酯、乙酰乙酸乙酯等含活泼亚甲基的化合物中含有活泼的 α-H,在强碱的作用下可形成碳负离子,碳负离子作为亲核试剂,能够与卤代烃等发生亲核取代反应,将卤代烃中的烃基引入分子中。如果所用的卤代烃是二卤代烃,且两个卤原子位置适当,则可得到五元环状化合物,例如:

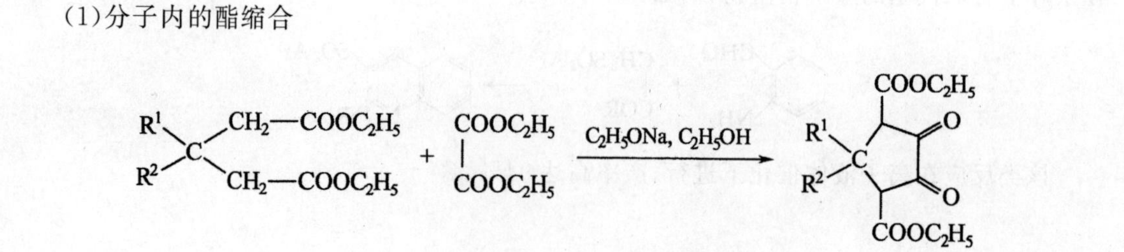

2. 分子内的缩合反应

(1)分子内的酯缩合

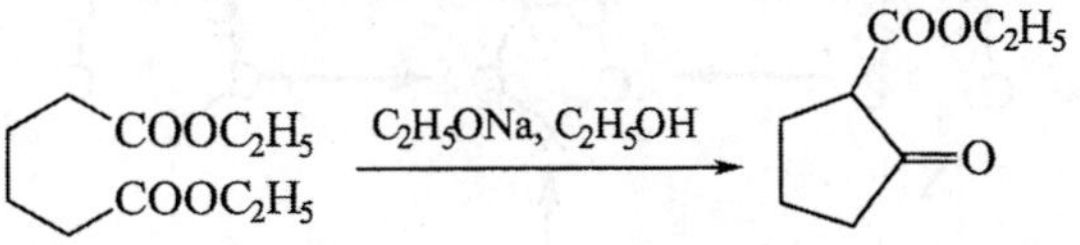

（2）分子内的羟醛缩合

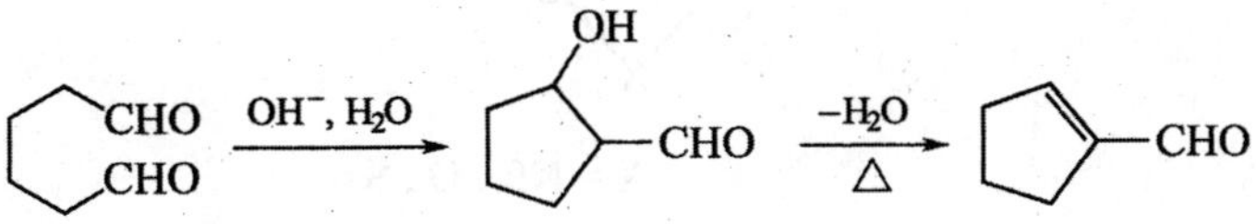

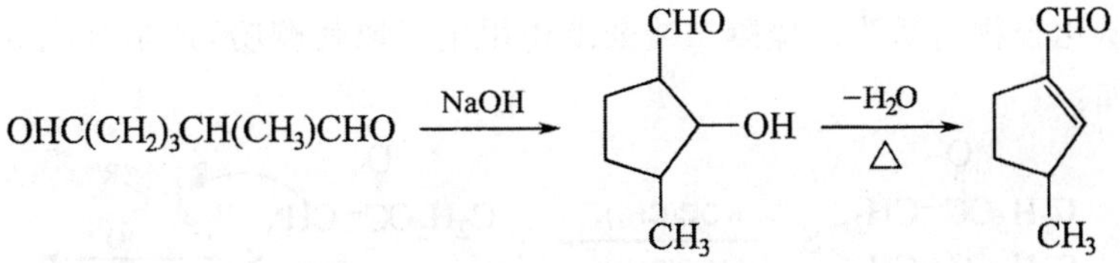

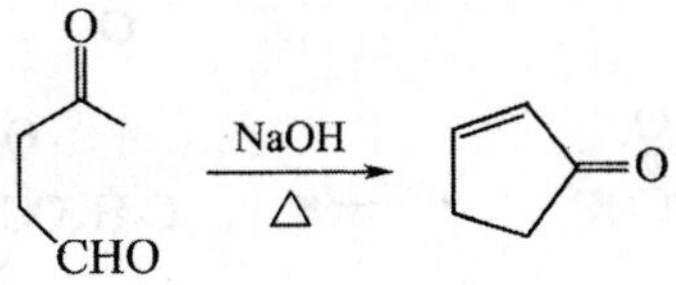

3. 二元羧酸受热脱水、脱羧反应

对于二元羧酸，当两个羧基的相对位置适当时，受热后也可以生成相应的五元环状化合物：

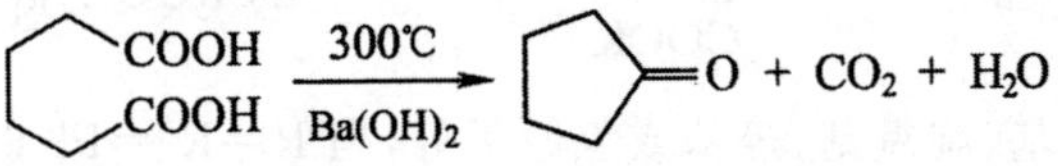

4. γ-羟基羧酸受热脱水反应

γ-羟基羧酸受热后脱水生成五元环状的内酯，其反应为：

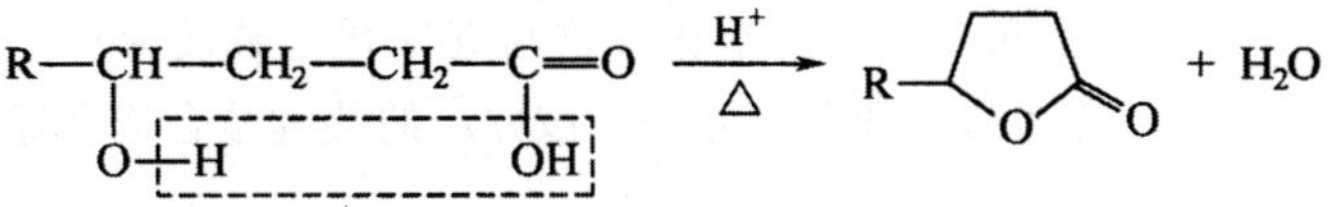

7.2.2　五元杂环化合物的合成反应

1. 单杂原子的五元杂环化合物的合成反应

这类化合物中最常见的是吡咯、呋喃和噻吩的衍生物。根据取代基的不同，构成它们骨架的方式有：

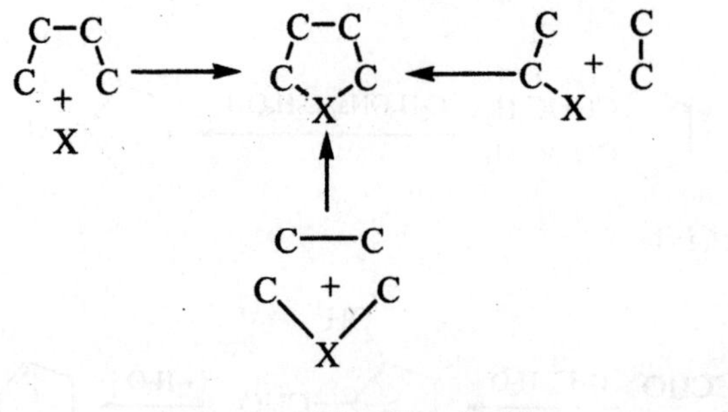

$$X = NR, O, S$$

(1)Hinsberg 反应

由 α-二羰基化合物与活泼的硫醚二羧酸酯作用生成取代噻吩,这是合成 3,4-二取代噻吩的好方法。例如:

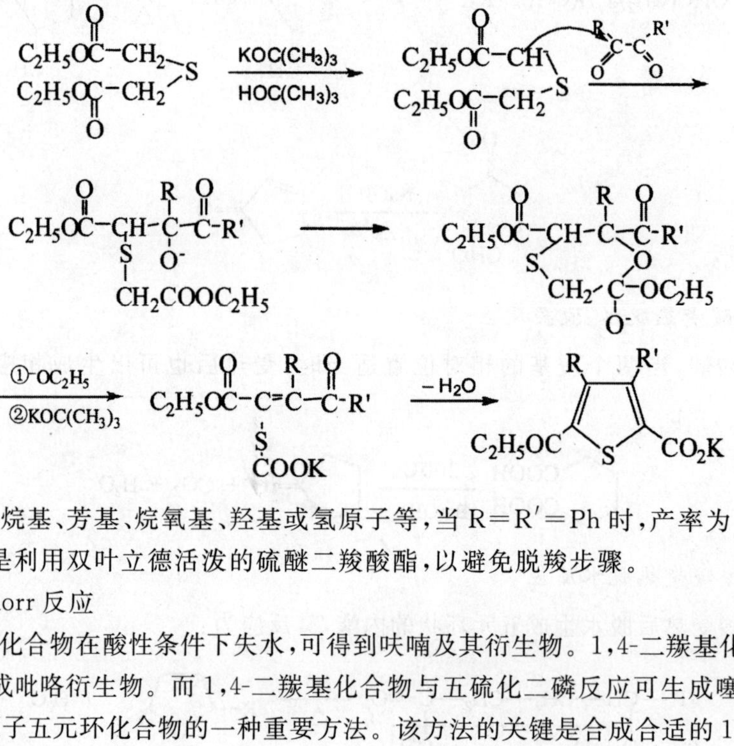

式中,R 和 R′为烷基、芳基、烷氧基、羟基或氢原子等,当 R=R′=Ph 时,产率为 93%。改进的 Hinsberg 反应是利用双叶立德活泼的硫醚二羧酸酯,以避免脱羧步骤。

(2)Pall-Knorr 反应

1,4-二羰基化合物在酸性条件下失水,可得到呋喃及其衍生物。1,4-二羰基化合物与氨或伯胺反应,则可生成吡咯衍生物。而 1,4-二羰基化合物与五硫化二磷反应可生成噻吩衍生物。此方法是制备单原子五元环化合物的一种重要方法。该方法的关键是合成合适的 1,4-二羰基化合物。反应式为:

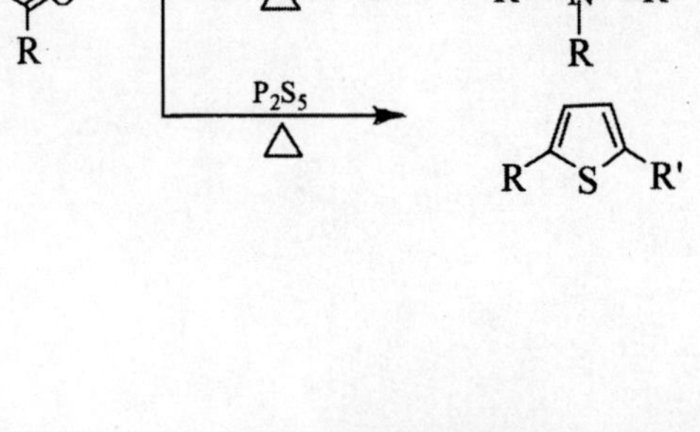

（3）Knorr 反应

在酸性条件下,由 α-氨基酮或 α-氨基酮酸酯与含有活泼叶亚甲基的酮反应,可制得吡咯衍生物:

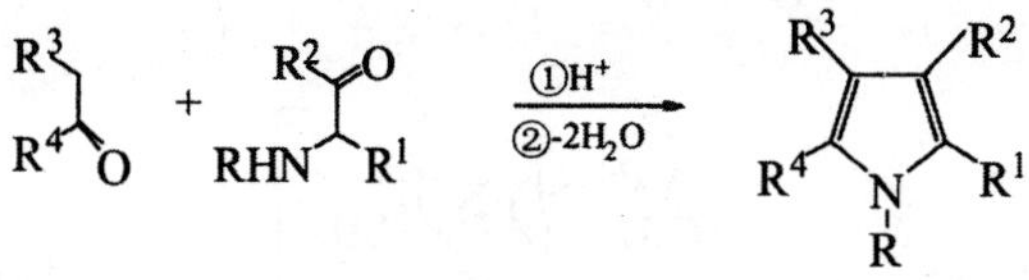

R= H, 烷基, 芳基; R^3 = 吸电子取代基

如果酯基不是最终产物所需要的,使用苄酯则更容易脱除。氨基酮酸酯可由相应的 β-羰基酯制得:

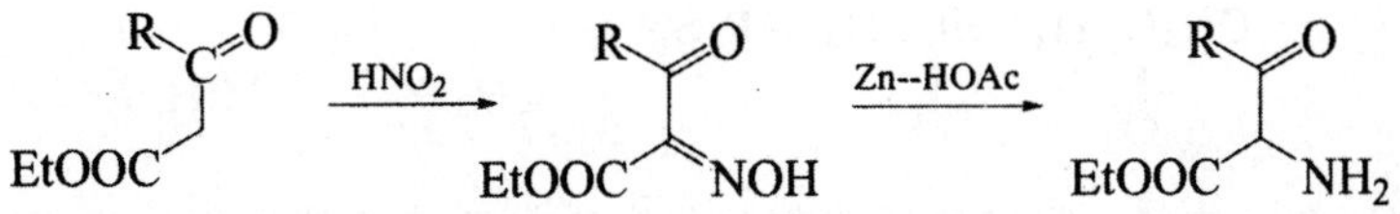

（4）Hantzsch、Feist-Benary 反应

α-卤代醛（或酮）与 β-羰基酯或其类似物在氨或胺存在下反应,生成吡咯衍生物的反应称为 Hantzsch 反应。

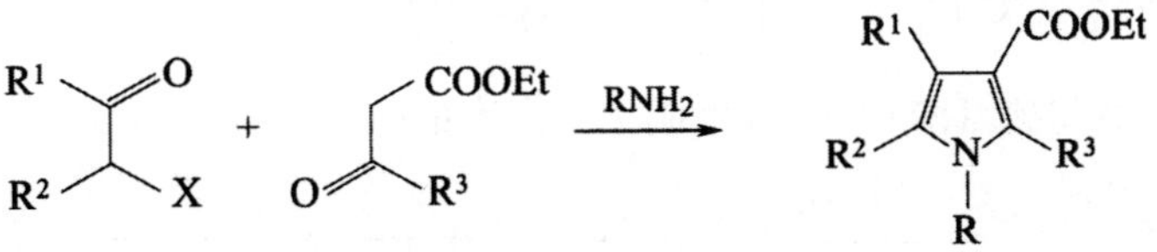

式中,R,R^1,R^2,R^3＝H、烷基或芳基;X＝Cl 或 Br,例如:

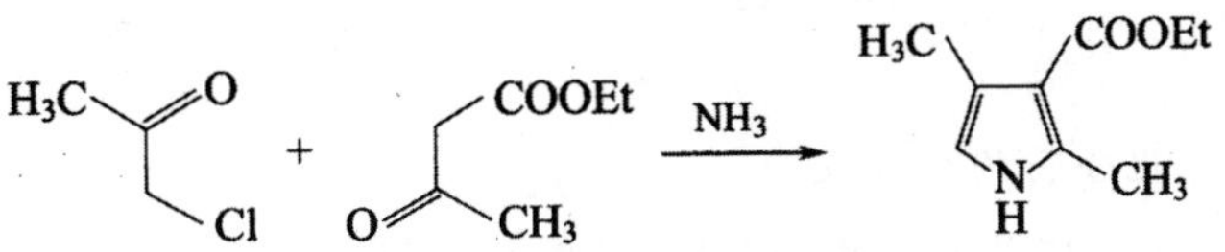

若将上述反应中的氨改为吡啶,则生成呋喃衍生物,该反应称为 Feist-Benary 反应。

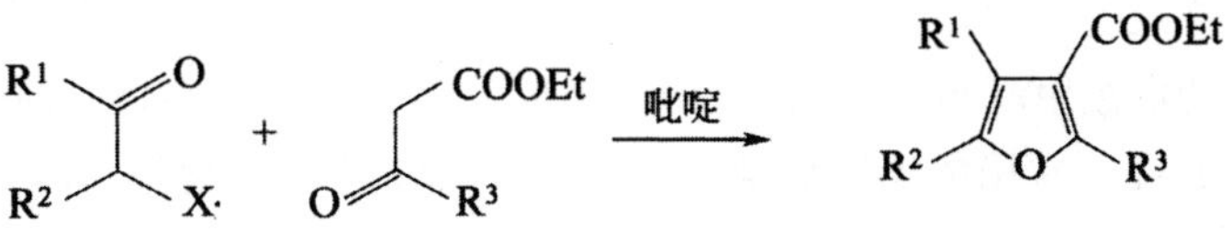

2. 双杂原子的五元杂环化合物的合成反应

利用两个相应分子的缩合环化是制备咪唑及其衍生物的通用方法。根据所用原料的不同,可分为以下几种方法。

①［4＋1］型环合反应。由链状含氮原子的 1,4-二羰基化合物进行类似 Paal-Knorr 型的环化反应,这是合成咪唑、噻唑及其衍生物的常用方法。这种方法操作简便,产率高,主要原料易得。例如:

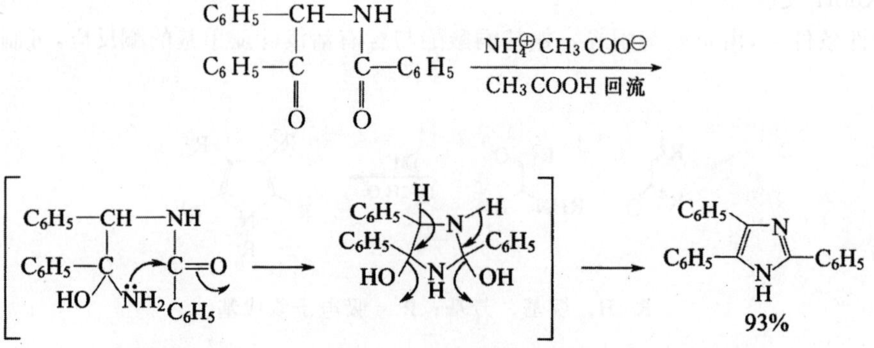

$$C_6H_5-CH-NH$$

含氮原子的 1,4-二羰基化合物与 P_2S_5 反应可制得相应的噻唑。

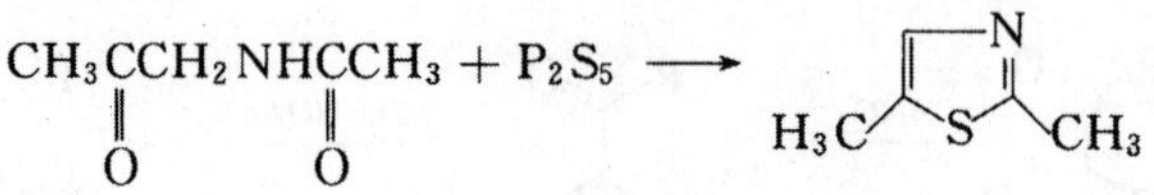

$$CH_3CCH_2NHCCH_3 + P_2S_5 \longrightarrow$$

②[2+3]型环合反应。α-取代的活泼羰基化合物与乙硫酰胺作用生成噻唑衍生物。

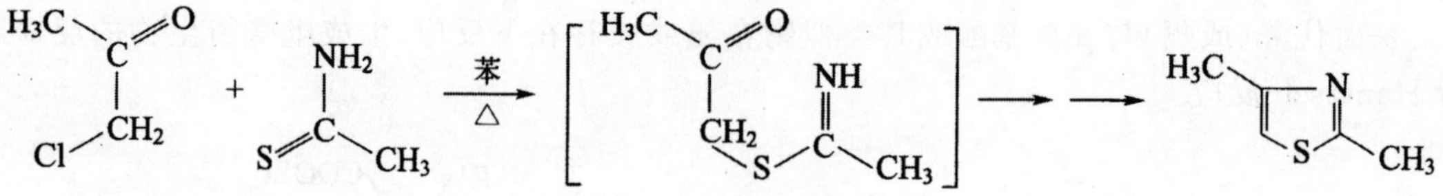

用 α-氨基酮或醛与硫氰酸钾共热,生成较高产率的咪唑。

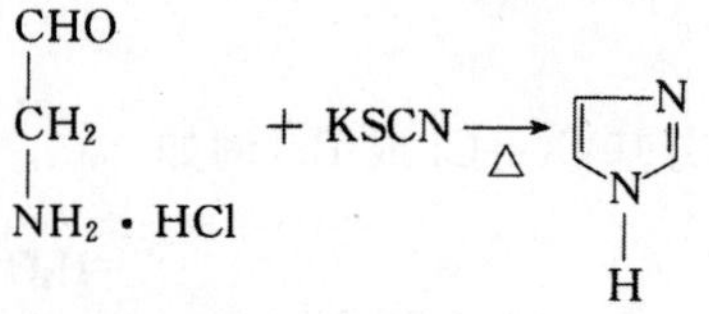

3. 苯并五元杂环化合物的合成反应

苯并五元杂环体系包括苯并吡咯(吲哚)、苯并呋喃和苯并噻吩等类化合物,这里主要介绍吲哚类化合物的合成方法。

（1）Reisset 反应

由邻硝基甲苯的活泼甲基与草酸酯反应,先生成邻硝基丙酮酸酯,硝基被还原后进而环化,最后得到吲哚-2-羧酸酯。常用的还原剂是 Zn 加醋酸、硫酸铁-氢氧化铵、锌汞齐-盐酸等。例如:

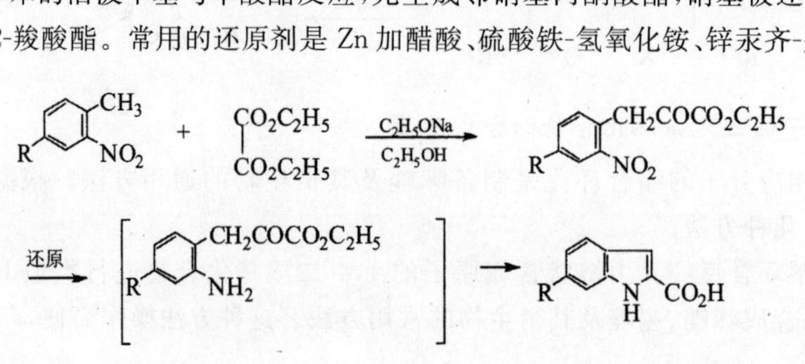

改进的 Reisset 反应,可以直接得到五元环上无取代基的吲哚衍生物。方法如下:

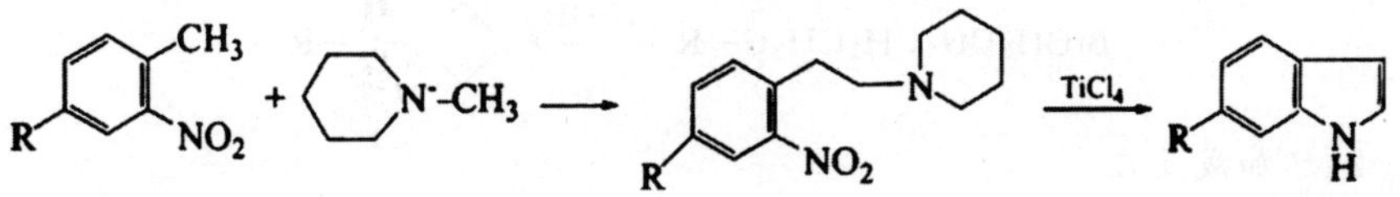

(2)Fischer 反应

由醛或酮的苯腙,在 Lewis 酸催化下环合,可制得各种吲哚衍生物。反应历程为:

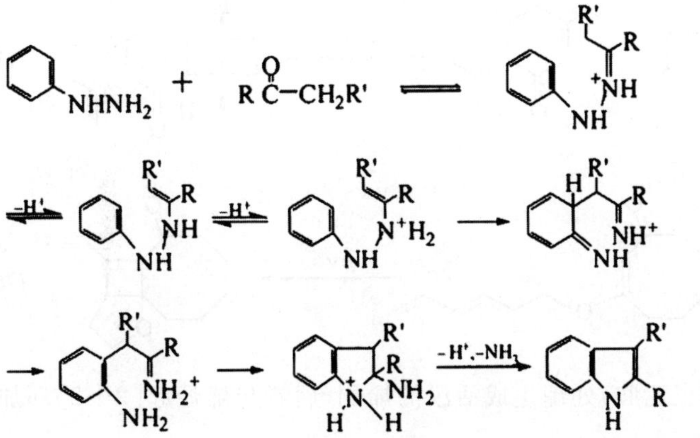

该反应中常用的催化剂是 $ZnCl_2$、PCl_3、PPA 等。羰基化合物可以是醛、酮、醛酸、酮酸以及它们的酯,反应的关键一步是环化反应。苯肼的芳环上可以连有各种取代基,但吸电子取代基对反应不利。间位取代的苯肼,有两种闭环方向,这决定于取代基的性质。给电子取代基,主要生成 6-取代吲哚(即对位闭环),而吸电子取代基时,主要生成 4-取代吲哚(邻位闭环)。

(3)Bischler 反应

由等当量的 α-卤代酮和芳胺一起加热,先生成中间体 α-芳胺基酮,然后在酸存在下环化得相应的吲哚衍生物:

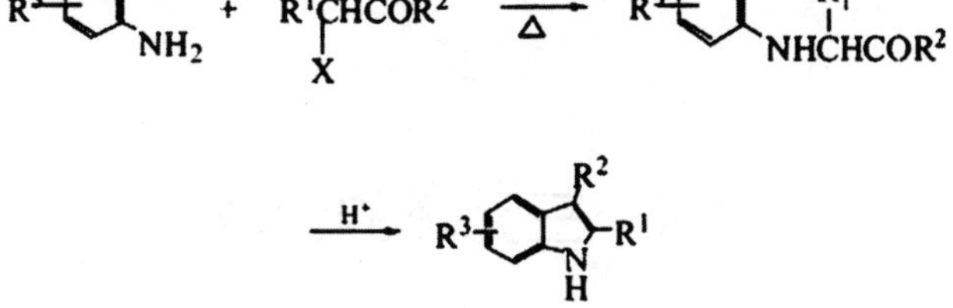

式中,R^1,R^2,R^3=R,Ar,H;X=Br,Cl 等。

7.3　四元环的合成

1. 分子内的亲核取代反应

分子内的亲核取代反应有时可以得到四元环化合物,例如:

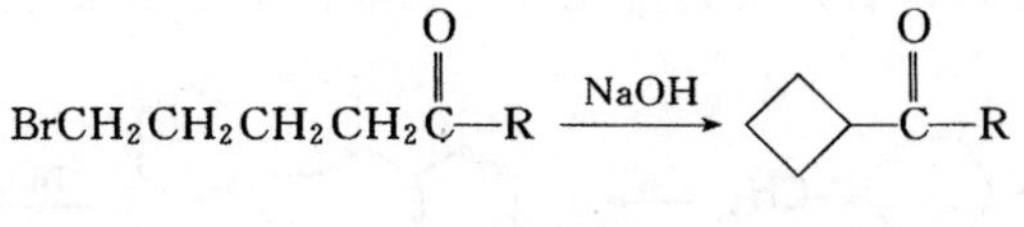

$$BrCH_2CH_2CH_2C(=O)-R \xrightarrow{NaOH} \square-C(=O)-R$$

2.［2＋2］环加成反应

［2＋2］环加成是光化学反应。在光照下，两分子烯烃起环加成反应得四元环衍生物。反应具有立体专一性，烯键的构型保留在产物中。例如：

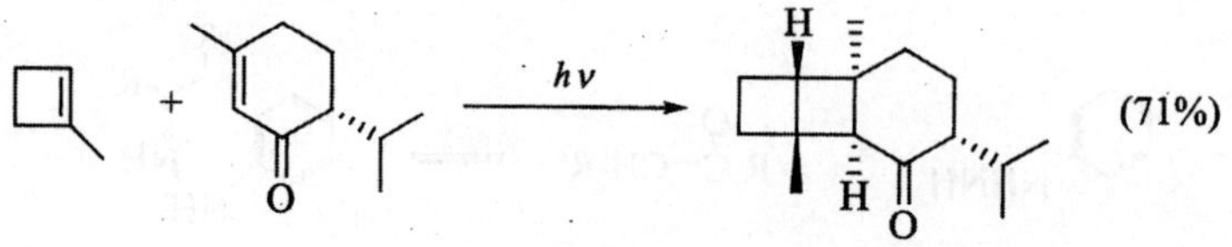

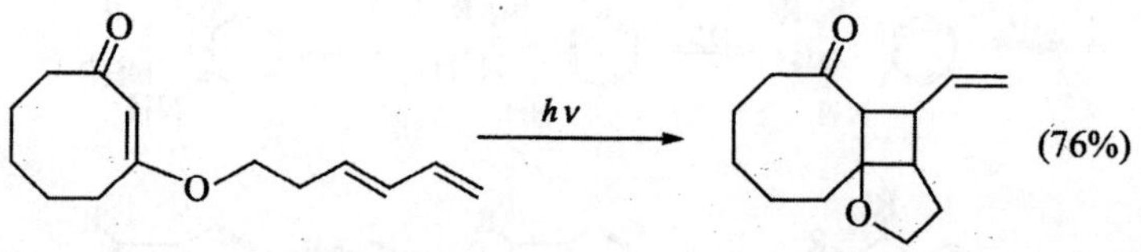

(71%)

(76%)

酰氯用碱（如三乙胺）处理生成活泼的烯酮，后者与烯烃起［2＋2］环加成反应生成环丁酮衍生物。例如：

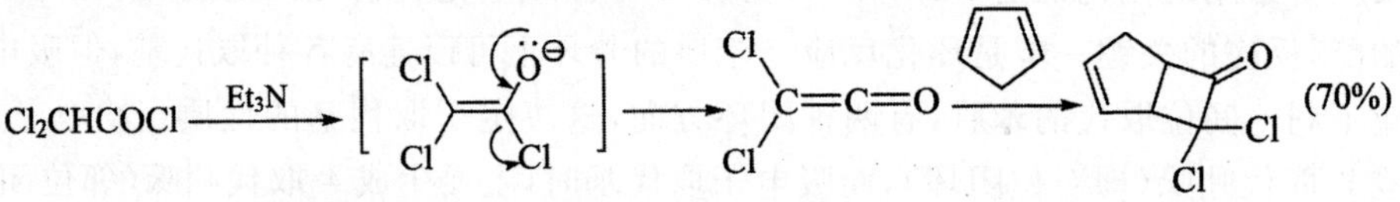

(70%)

3.1,3 丁二烯的电环化反应

1,3-丁二烯的电环化反应也可以得到四元环的环烯：

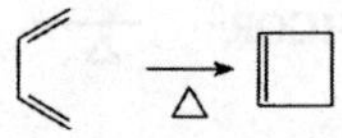

7.4 三元环的合成

1.分子内的取代反应

三元环化合物可由分子内的取代反应得到，例如：

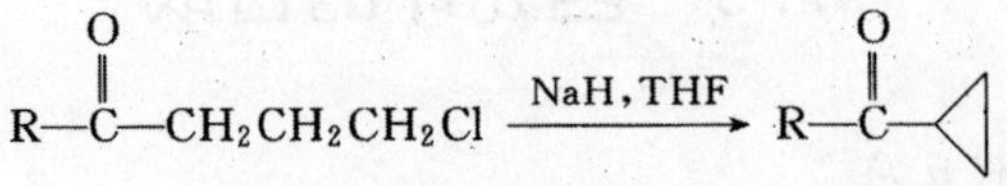

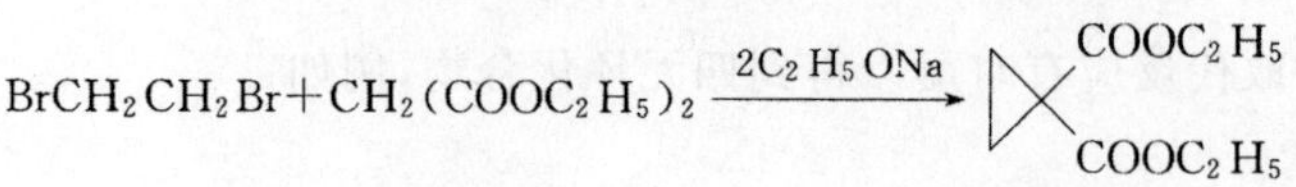

2. 碳烯与烯烃的加成反应

碳烯是不带电荷的缺电子物种,与烯烃的加成是形成环丙烷衍生物的重要方法。反应通式如下:

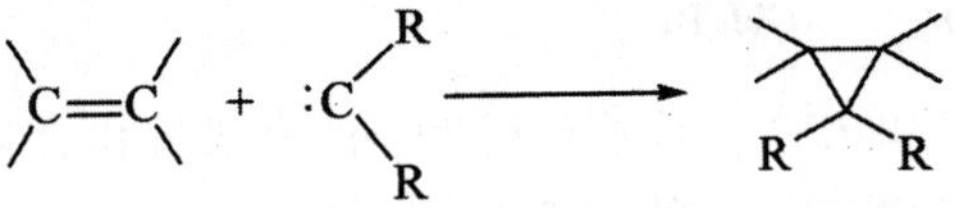

处于单线态的碳烯和烯键发生协同的[2+2]环加成反应,烯烃的构型仍然保持在产物中。例如:

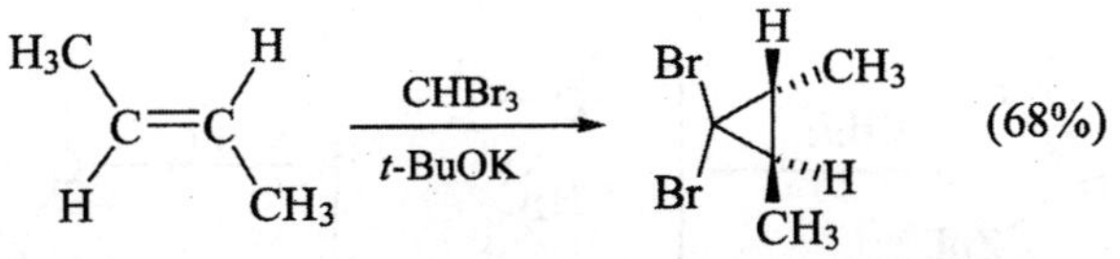

(68%)

碳烯可以与烯烃、炔烃等的 π 键进行加成生成环丙烷和环丙烯衍生物,例如:

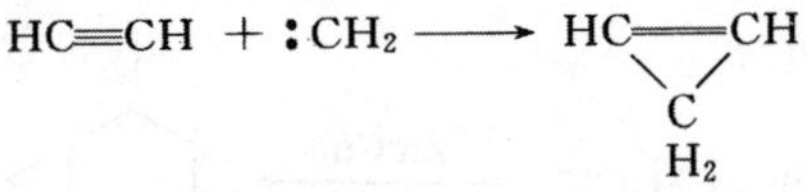

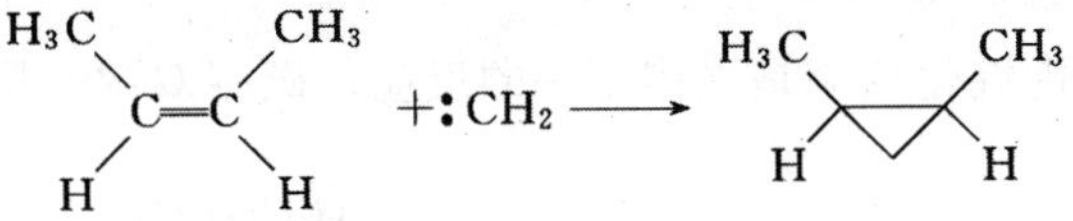

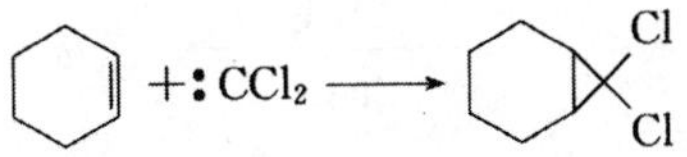

碳烯也可以与炔键和芳环发生加成反应。例如:

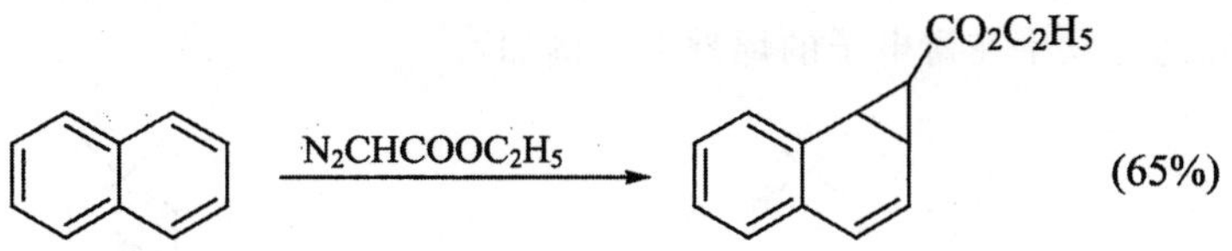

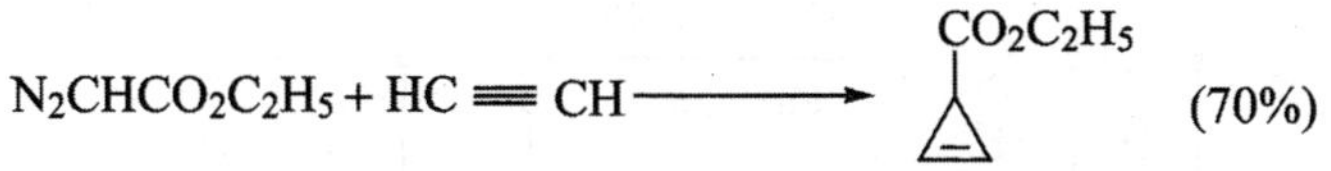

(65%)

$N_2CHCO_2C_2H_5 + HC \equiv CH \longrightarrow$ (70%)

碳烯也可以和分子内的碳碳不饱和键起加成反应形成脂环化合物。例如:

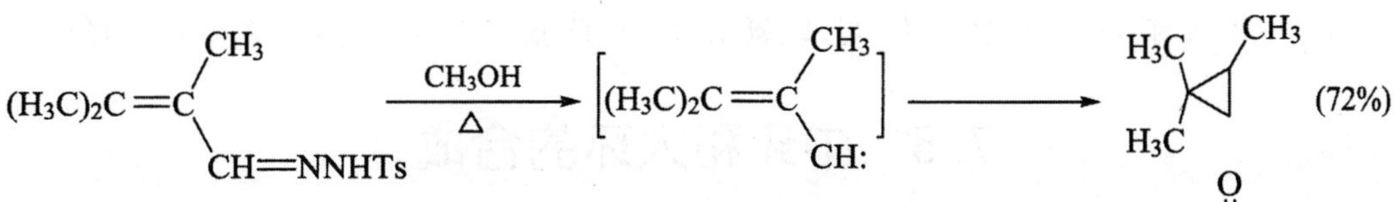

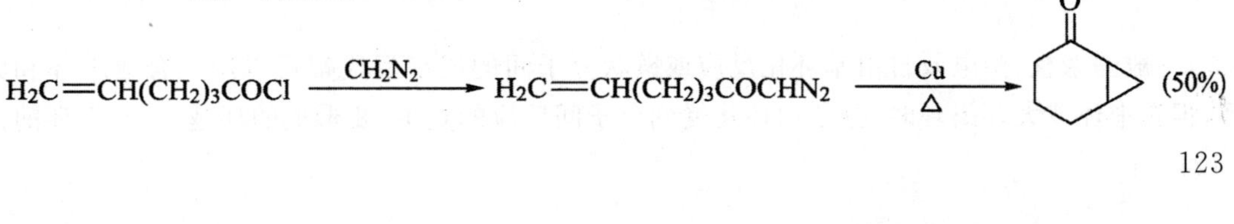

(72%)

另一种制备环丙烷类化合物的方法是利用金属锌 Zn,例如:

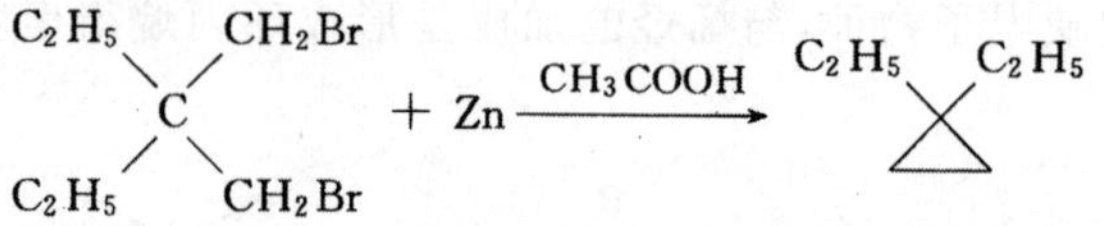

用铜盐处理过的锌粉与累积二卤代烷作用生成的有机锌化合物,它同碳烯一样可以与碳碳不饱和键起加成反应生成三元环的化合物的 Simmons-Smith 环丙烷化反应,反应机理如下:

$$CH_2I_2 + Zn/Cu \longrightarrow ICH_2ZnI$$

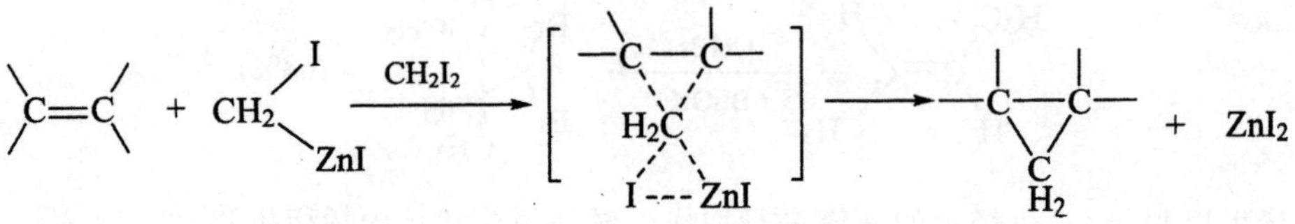

例如:

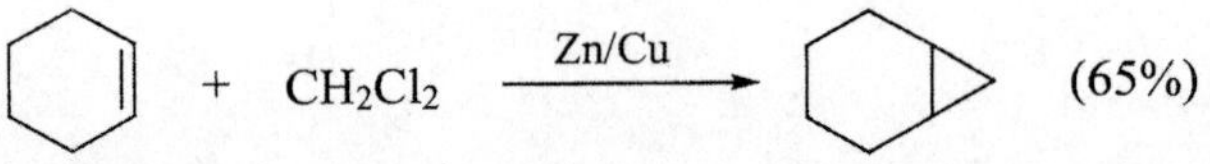

Simmons-Smith 环丙烷化反应是立体专一的反应。碳碳双键的构型保留在产物中,例如:

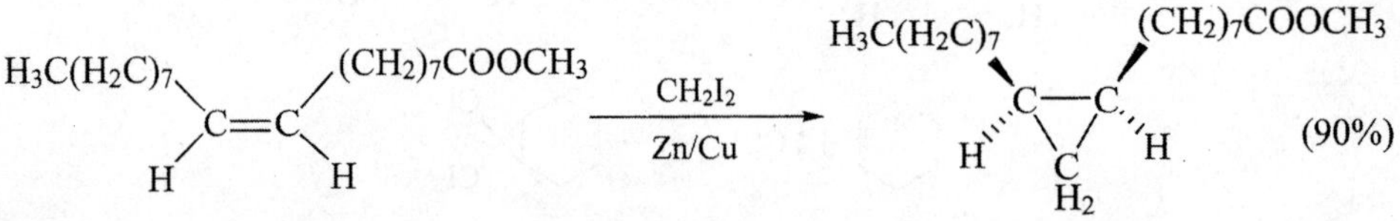

Simmons-Smith 环丙烷化反应立体选择性地发生在分子空间位阻较小的一侧,若同时存在两个烯键,反应优先发生在富电子的烯键上。例如:

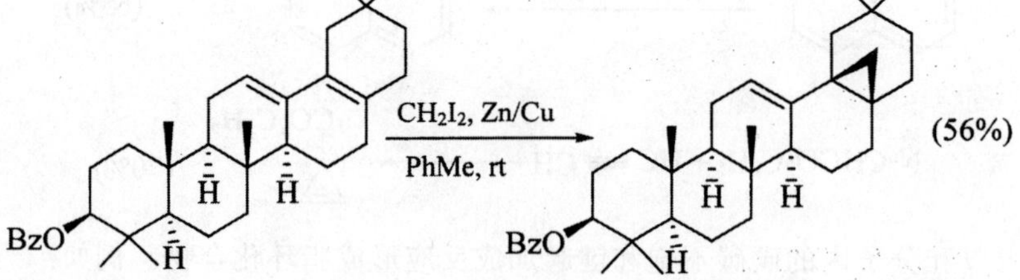

烯烃中若含有其他基团如卤素、羟基、氨基、羧基、脂基等不会影响反应的立体选择性。

7.5　中环和大环的合成

一般的亲核、亲电及自由基环化反应或链状分子间的成键反应都可以用于合成中环和大环,但在中环或大环闭环时,分子内环化受到分子间反应的竞争,要形成的环越大,则无环前体物的两个反应位点充分接近而发生环合的可能性越小,在这种情况下,两个前体物分子发生分子间反应的可能性则会变得比分子内的环化作用的可能性要大。因此,若要形成中环(八元环到十一元环)和大环(十二元及十二元以上的环),则必须采用特殊的方法,如高度稀释、模板合成、关环(烯烃)复分解反应、炔的偶联反应等。

7.5.1　高度稀释法

合成脂肪族中环或大环时,为了抑制分子间反应,常采用高度稀释法,一般步骤是将反应物以很慢的速度滴加到较多的溶剂中,确保反应液中反应物始终维持在很低的浓度(一般小于 10^{-3} mol/L)。在这样高度稀释的条件下,Dieckmann 缩合反应、有关酰基化反应将会导致得到中环和大环化合物,其最终产率还是可以令人接受的。

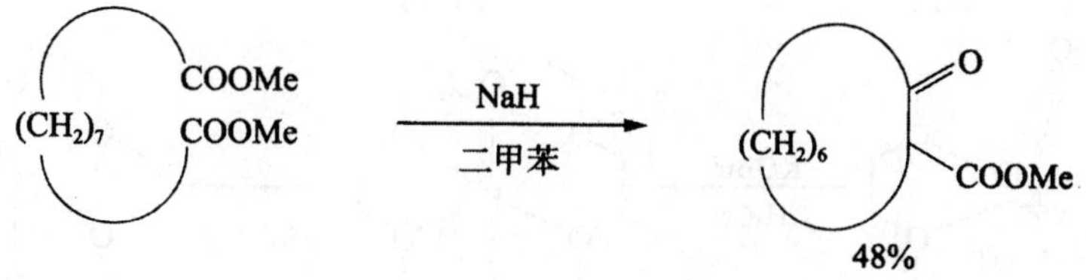

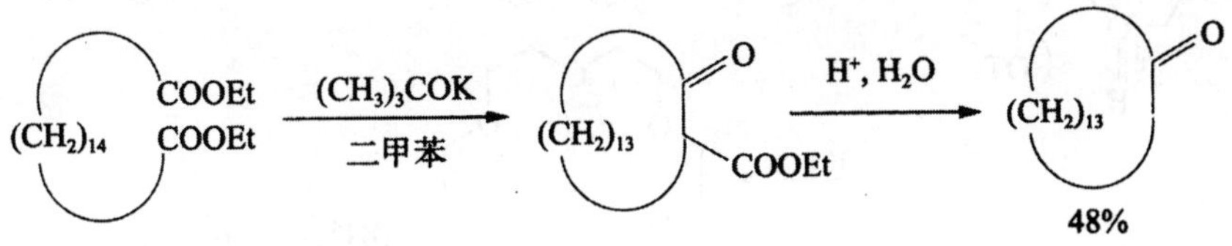

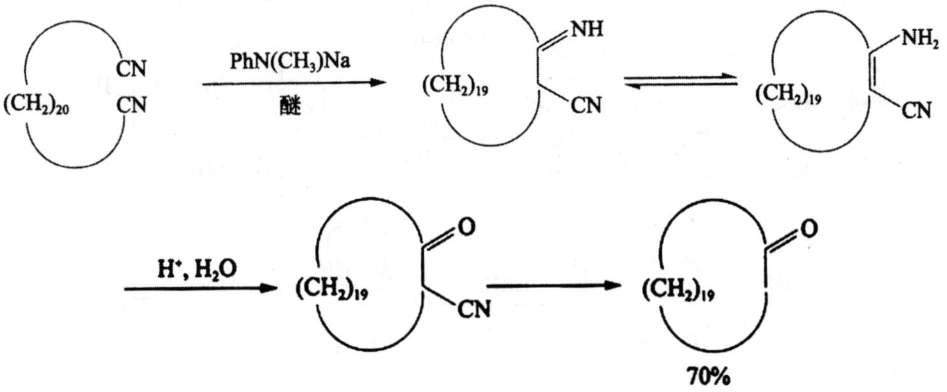

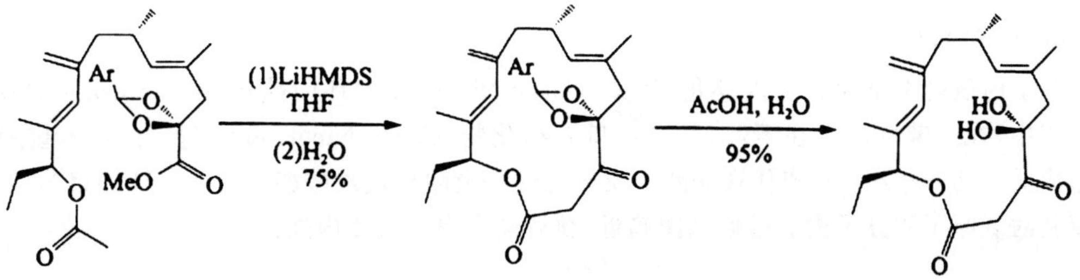

7.5.2 模板合成法

用金属离子或有机分子为"模板",通过与底物分子之间的配位、静电引力、氢键等非共价作用力预组织使反应中心互相趋近而成环。

1. 金属离子"模板"

使用金属离子为"模板"来合成含杂原子的大环化合物时,能获得相当好的产率。例如,合成冠醚和大环多胺时,一般用直径与产物环大小相近的金属离子为"模板"。并且根据软硬酸碱配位原理,杂原子为 O 原子时,使用碱金属离子,杂原子为 N 原子或 S 原子时,使用过渡金属离子。反应式如下:

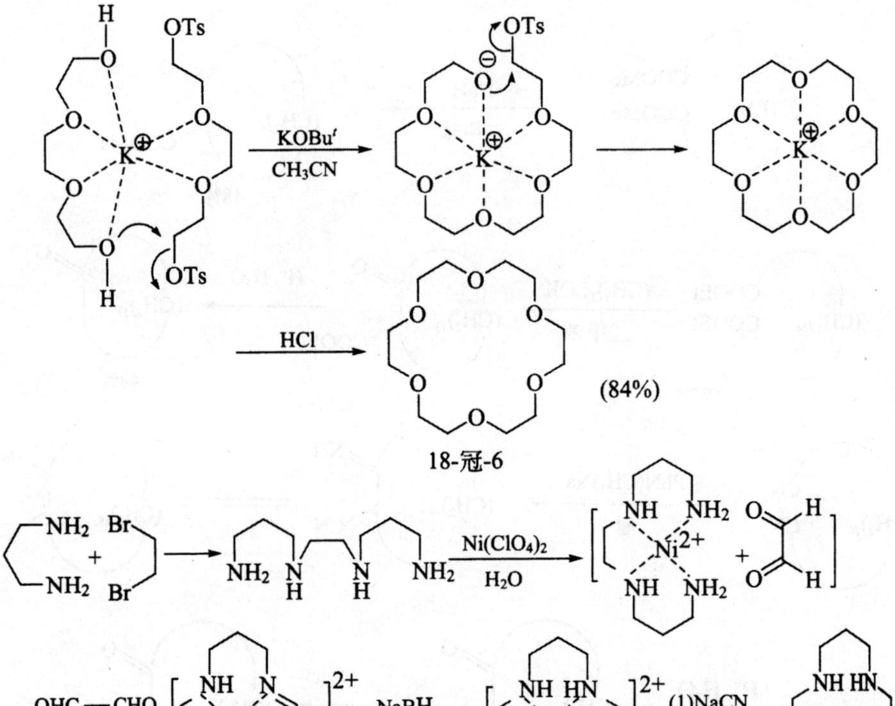

18-冠-6

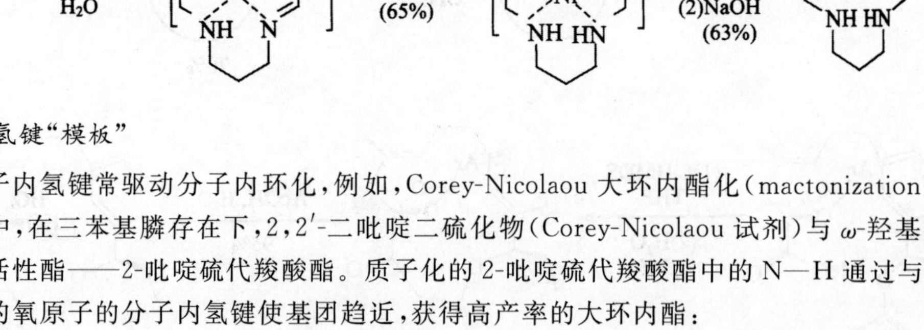

2. 氢键"模板"

分子内氢键常驱动分子内环化,例如,Corey-Nicolaou 大环内酯化(mactonization)反应。该反应中,在三苯基膦存在下,2,2′-二吡啶二硫化物(Corey-Nicolaou 试剂)与 ω-羟基羧酸反应生成活性酯——2-吡啶硫代羧酸酯。质子化的 2-吡啶硫代羧酸酯中的 N—H 通过与羰基和烷氧基的氧原子的分子内氢键使基团趋近,获得高产率的大环内酯:

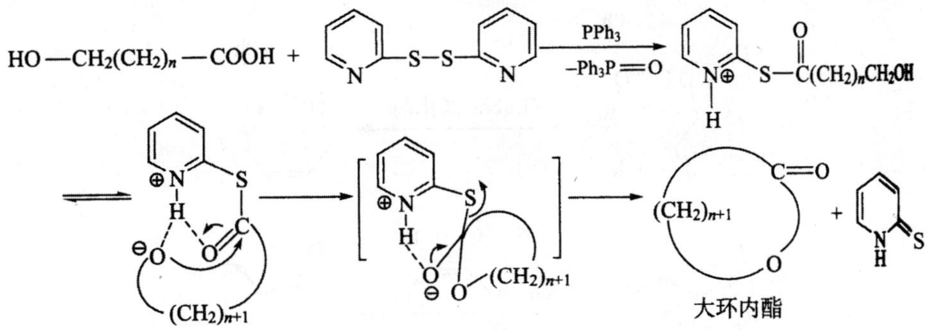

例如：

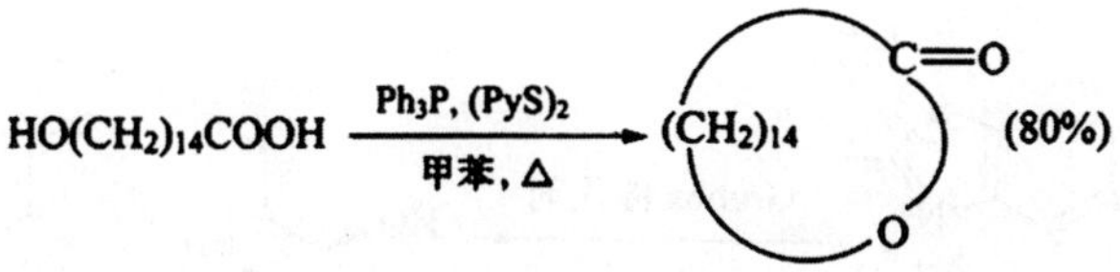

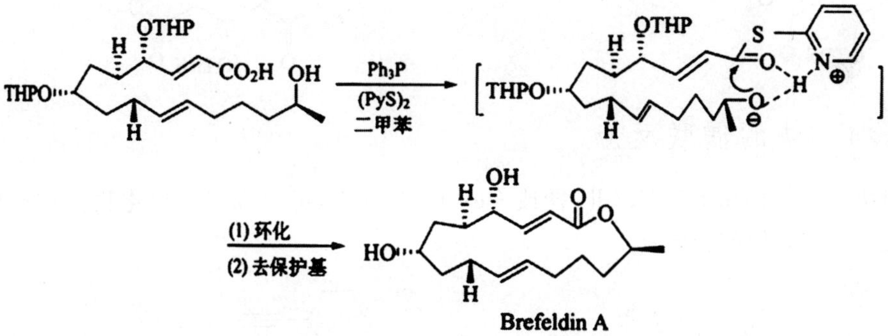

如在 Core-Nicolaou 大环内酯化反应中加入银离子,由于银离子的配位作用进一步活化了 2-吡啶硫代酯,内酯化反应能在室温下进行:

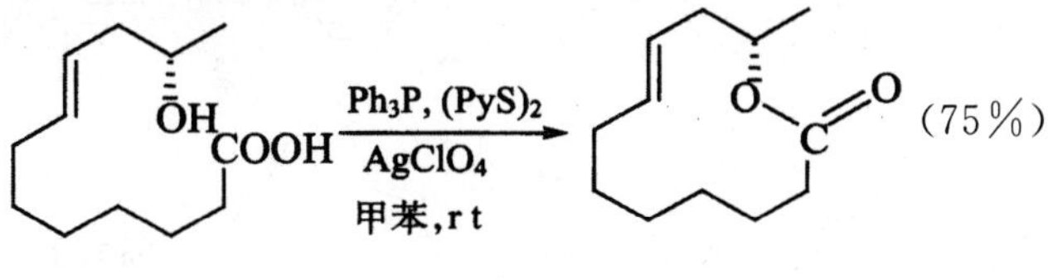

7.5.3　关环复分解反应

关环复分解反应是分子内的烯烃复分解反应,即分子内的两个碳碳双键之间,在金属卡宾催化剂的催化下,发生关环反应,生成环烯化合物。

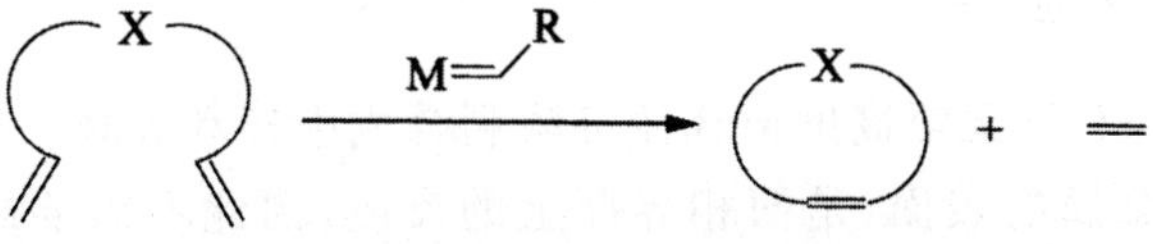

该反应不仅具有较高的效率,且对很多官能团有很好的稳定性,因此目前常被用来合成中环和大环化合物。

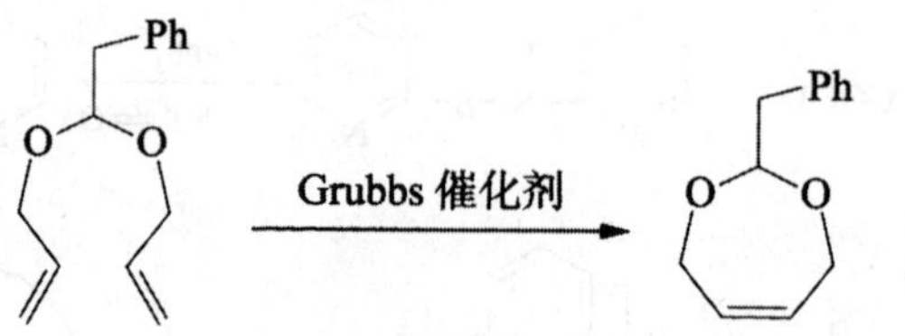

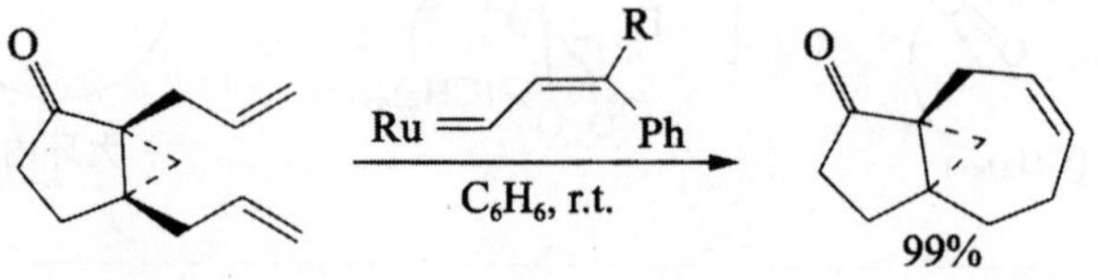

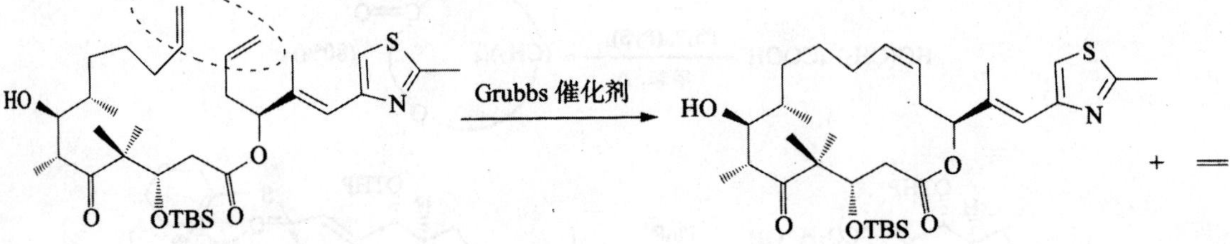

7.5.4　炔的偶联反应

末端炔在氧气存在下与 Cu(Ⅱ)盐或 Cu(Ⅰ)盐反应,可形成双乙炔化物。该反应常用于刚性共轭大环或轮烯的合成[1]。

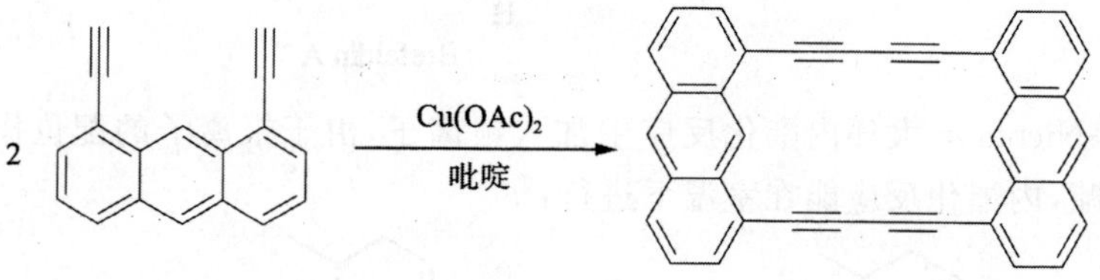

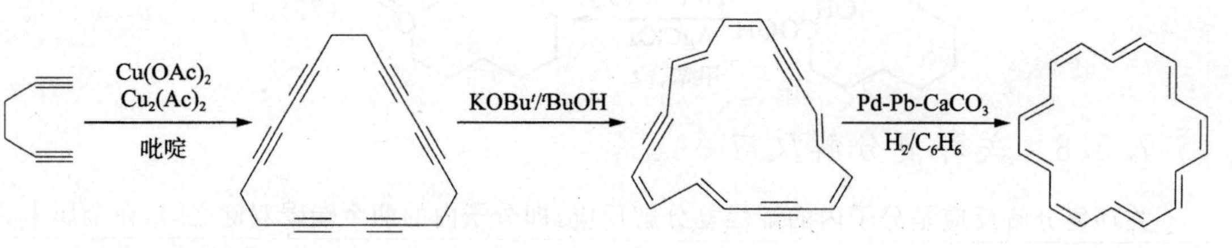

7.5.5　特殊反应条件形成中环和大环

某些特殊的反应条件下无需高度稀释便可顺利合成中环和大环。例如,酯或酮的双分子还原反应发生在活泼金属的表面,是两相界面上的反应,因此不需要高度稀释的反应条件。

---

　　① 杨光富. 有机合成[M]. 上海:华东理工大学出版社,2010.

例如：

第8章　分子重排反应

8.1　分子重排反应概述

多数有机反应是官能团转化或碳碳键形成与断裂的反应,这些反应的反应物分子的碳架保留在产物分子中,即碳架没有发生改变。但在一些有机反应中,烃基或别的基团从一个原子迁移到另一个原子上,使产物分子的碳架发生了改变,这样的反应叫做分子重排反应。下式表示分子重排反应,其中 Z 代表迁移基团或原子,A 代表迁移起点原子,B 代表迁移终点原子。A、B 常是碳原子,有时也可以是 N、O 等原子。

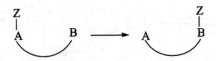

根据起点原子和终点原子的相对位置可分为 1,2-重排、1,3-重排等,但大多数重排反应属于 1,2-重排。反应通式如下:

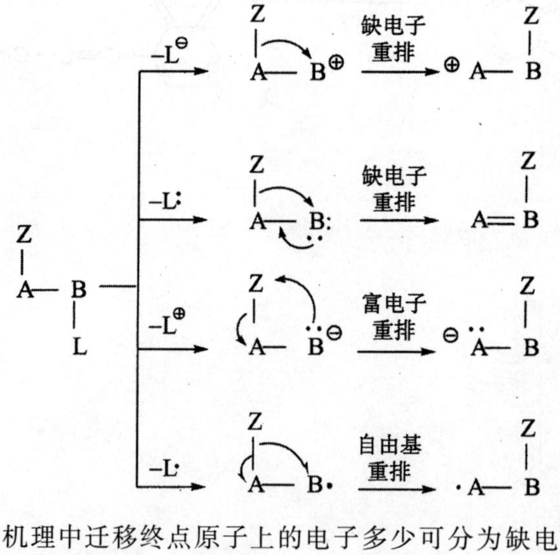

重排反应根据反应机理中迁移终点原子上的电子多少可分为缺电子重排(亲核重排)、富电子重排(亲电重排)和自由基重排。

重排反应一般分为三步:生成活性中间体(碳正离子、碳烯、氮烯、碳负离子、自由基等),重排,生成消去和取代产物。

此外,协同反应中的 σ 键迁移反应也是常见的重排反应。

8.2　亲核重排反应

8.2.1　从碳原子到碳原子的亲核重排反应

1. 碳正离子的重排反应

在反应过程中生成碳正离子中间体的,均可能发生碳正离子重排。如烯烃的亲电加成、芳烃的亲电取代、亲核取代反应等。重排往往发生在 1,2-位,在重排反应中,重排后生成的碳正离子更稳定。例如:

$$\underset{\underset{\text{OH\,OH}}{}}{\text{Ph}-\overset{\overset{\text{Me}}{|}}{\text{C}}-\overset{\overset{\text{Me}}{|}}{\text{C}}-\text{Ph}} \xrightarrow[-\text{H}_2\text{O}]{\text{H}^+} \underset{\underset{\text{OH}}{}}{\text{Ph}-\overset{\overset{\text{Me}}{|}}{\text{C}}-\overset{\overset{\text{Me}}{|}}{\overset{+}{\text{C}}}-\text{Ph}} \xrightarrow[(2)-\text{H}^+]{(1)\text{Ph 迁移}} \underset{\underset{\text{O}}{\|}}{\text{Me}-\overset{}{\text{C}}-\overset{\overset{\text{Me}}{|}}{\text{C}}-\text{Ph}_2}$$

(1) Pinacol 重排反应

三取代或四取代的邻二醇在催化剂作用下,重排成醛或酮的反应称为 Pinacol(频哪醇)重排反应,常用的催化剂有硫酸、盐酸、乙酰氯和碘的乙醇溶液。

$$\underset{\underset{\text{OH\,OH}}{}}{\overset{\overset{\text{R}^1 \quad\ \ \text{R}^3}{|\qquad|}}{\text{R}^2}}\text{C}-\text{C}\overset{\text{R}^3}{\underset{\text{R}^4}{}} \xrightarrow[-\text{H}_2\text{O}]{\text{H}^+} \cdots \xrightarrow{\text{重排}} \cdots \xrightarrow{-\text{H}^+} \text{R}^1-\text{C}-\text{C}-\text{R}^4$$

例如:

$$\underset{\underset{\text{OH\,OH}}{}}{\text{Me}_2\text{C}-\text{CMe}_2} \xrightarrow[-\text{H}_2\text{O}]{\text{稀 H}_2\text{SO}_4} \underset{\underset{\text{O}}{\|}}{\text{Me}_3\text{C}-\text{C}-\text{Me}}$$

此重排过程中碳正离子的形成和基团的迁移是经由一个碳正离子桥式过渡状态,迁移基团和离去基团处于反式位置。

迁移基团可以是烷基,也可以是芳基。对于 $\text{R}^1\text{R}^2\text{C(OH)}-\text{C(OH)R}^3\text{R}^4$ 取代基不同的频哪醇,其重排方向取决于下列两个因素。

第一是失去—OH 的难易。与供电基团相连的碳原子上的—OH 易于失去,供电基团作用:p-甲氧苯基>苯基>烷基>H。例如:

$$\underset{\underset{\text{OH\ \ OH}}{}}{\text{Ph}_2\text{C}-\text{CMe}_2} \xrightarrow[-\text{H}_2\text{O}]{\text{H}^+} \underset{\underset{\text{O}}{\|}}{\text{Ph}_2\text{C}-\overset{\overset{\text{Me}}{|}}{\text{C}}-\text{Me}}$$

第二是迁移基团的性质和迁移倾向。当空间位阻因素不大时,基团迁移倾向的大小与其亲核性的强弱一致:

$$\text{Ph}->\text{Me}_3\text{C}->\text{Et}->\text{H}-$$

若均为芳基,则:

p-甲氧苯基＞*p*-甲苯基＞*m*-甲苯基＞*m*-甲氧苯基＞苯基＞*p*-氯苯基＞*o*-甲氧苯基＞*m*-氯苯基 例如：

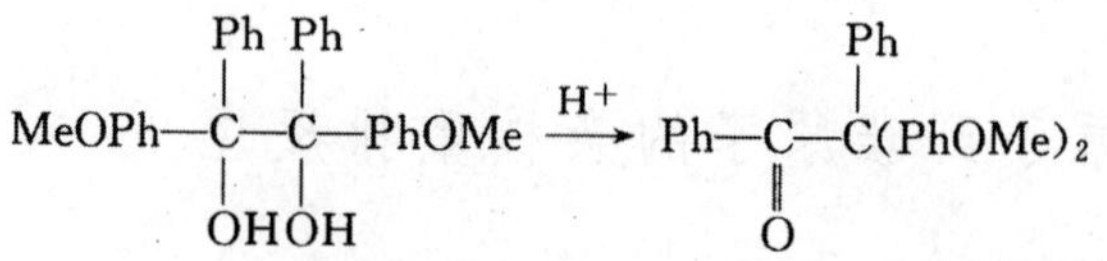

频哪醇重排反应也可用于环的扩大、缩小和螺环化合物的生成。例如：

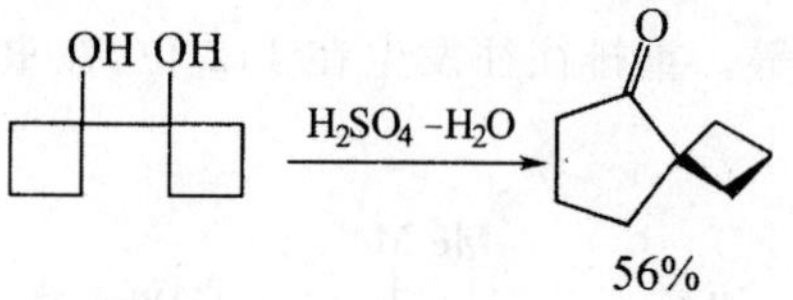

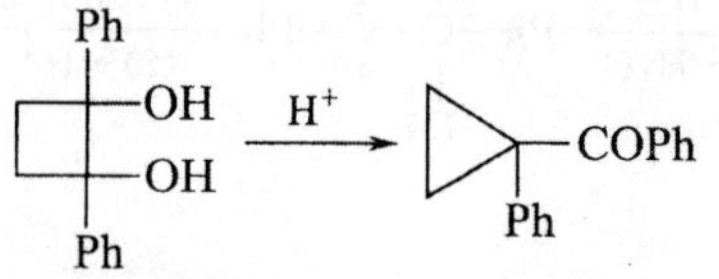

（2）Wagner-Meerwein 重排反应

β-碳原子上具有两个或三个烃基的伯醇和仲醇均可发生 Wagner-Meerwein 重排反应，生成更稳定的碳正离子为反应的推动力。反应式如下：

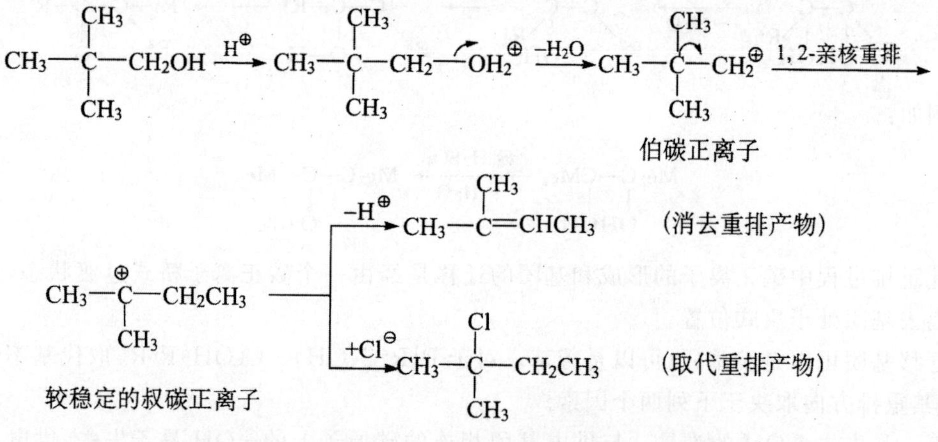

卤代烃、烯烃等形成的伯或仲碳正离子均可发生类似的重排反应：

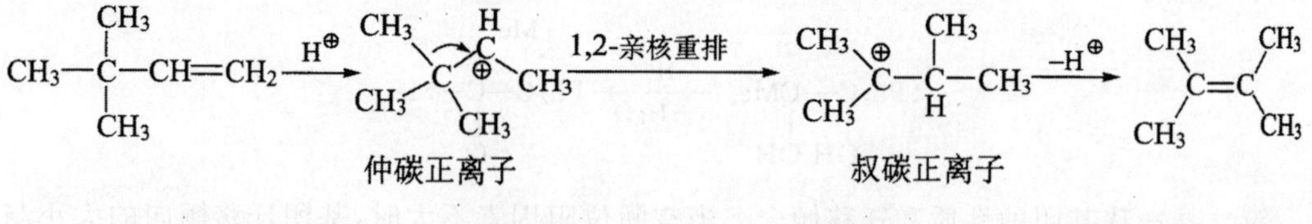

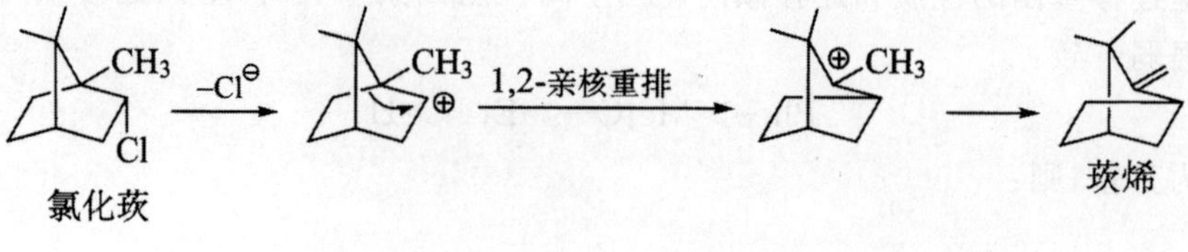

发生 Wagner-Meerwein 重排反应的还有环氧化合物在开环时。例如：

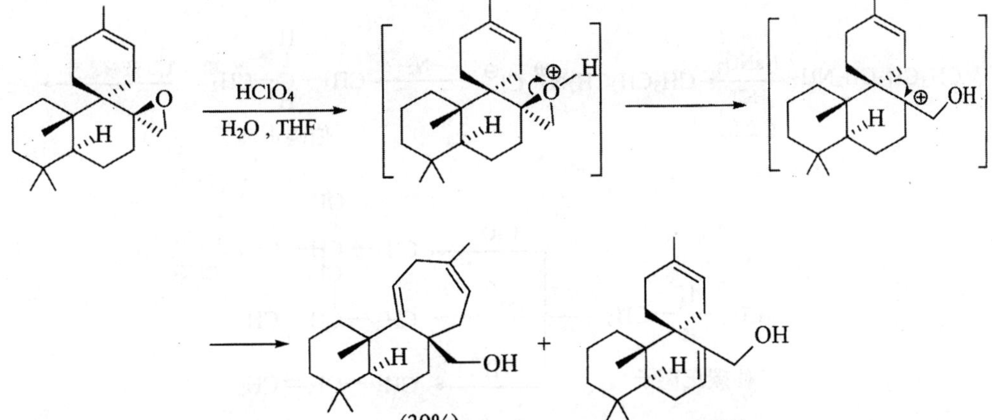

$$(39\%) \qquad (17\%)$$

重排产物　　　　消去产物

其他能生成碳正离子的反应也可能发生 Wagner-Meerwein 重排。例如，下面的 α,β-不饱和酮用三氟化硼处理时生成的碳正离子虽然为叔碳正离子，然而依然重排为螺环碳正离子。因为迁移在甲基相反的一边进行，所以可得到高度立体选择性产物：

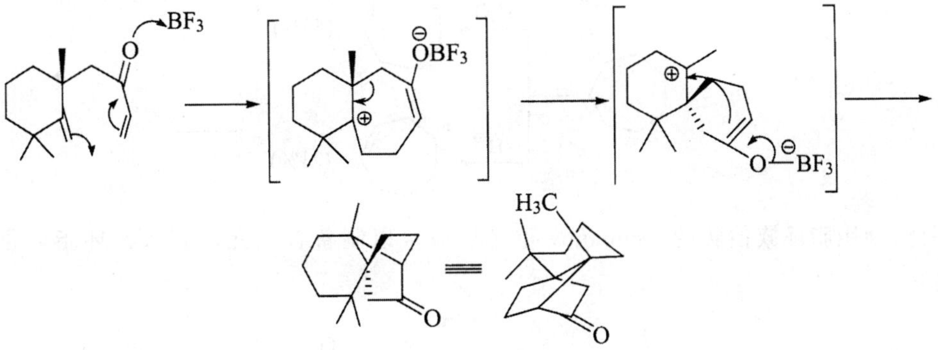

使用 Wagner-Meerwein 重排反应通常可得到环扩大或环缩小的产物：

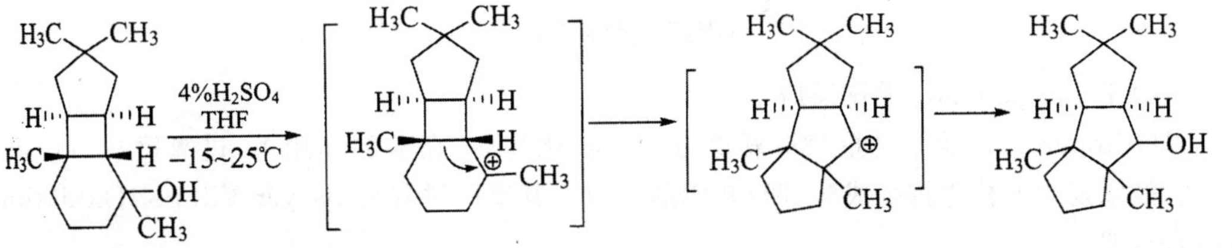

因为迁移基团带一对电子向缺电子的相邻碳正离子迁移，所以迁移基团中心原子的电子越富裕，那么其迁移能力则越大。迁移基团迁移能力的大小顺序大致如下：

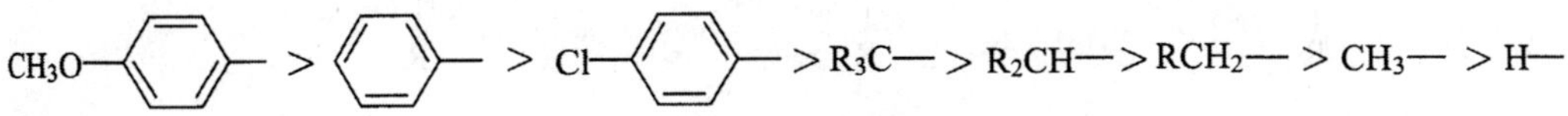

133

（3）Demjanov 重排反应

Demjanov 重排反应的机理与 Wagner-Meerwein 重排极为相似。反应机理如下：

$$CH_3CH_2CH_2NH_2 \xrightarrow[\text{重氮化}]{NaNO_2 \atop HCl} CH_3CH_2CH_2N_2^{\oplus}\ Cl^{\ominus} \xrightarrow{-N_2} \underset{\text{伯碳正离子}}{CH_3-\overset{\overset{H}{|}}{C}-CH_2^{\oplus}} \xrightarrow{\text{1,2-亲核重排}}$$

$$\underset{\text{仲碳正离子}}{CH_3-\overset{\overset{H}{|}}{\underset{\oplus}{C}}-CH_3} \begin{array}{l} \xrightarrow{H_2O} CH_3-\overset{\overset{OH}{|}}{CH}-CH_3 \\ \xrightarrow{Cl^{\ominus}} CH_3-\overset{\overset{Cl}{|}}{CH}-CH_3 \\ \xrightarrow{-H^{\oplus}} CH_3-CH=CH_2 \end{array}$$

脂环族伯胺经 Demjanov 重排反应常得到环扩大或缩小产物。例如：

因此，利用脂环族伯胺的 Demjanov 重排反应可以制备含三元环到八元环脂环化合物。例如：

（4）Hydroperoxide 重排反应

Hydroperoxide 重排是指烃被氧化为氢过氧化物后，在酸的作用下，过氧键（—O—O—）断裂，烃基发生亲核重排生成醇（酚）和酮的反应。其反应过程与 Baeyer-Villiger Oxidation 重排相似，即

$$R-\overset{\overset{R}{|}}{\underset{\underset{R}{|}}{C}}-O-OH \xrightarrow{H^+} R-\overset{\overset{R}{|}}{\underset{\underset{R}{|}}{C}}-O-\overset{+}{O}H_2 \xrightarrow{-H_2O} R-\overset{+}{\underset{\underset{R}{|}}{C}}-OR \xrightarrow{H_2O}$$

$$R-\overset{\overset{+}{O}H_2}{\underset{R}{\overset{|}{C}}}-O-R \xrightarrow{-H^+} R-\overset{R}{\underset{R}{\overset{|}{C}}}=O + ROH$$

Hydroperoxide 重排在工业上有重要应用,工业上利用此法,以异丙苯为原料生产苯酚和丙酮:

$$Me-\overset{Ph}{\underset{Me}{\overset{|}{C}}}-H + O_2 \xrightarrow[Na_2CO_3]{100\sim120℃} Me-\overset{Ph}{\underset{Me}{\overset{|}{C}}}-O-OH$$

$$Me-\overset{Ph}{\underset{Me}{\overset{|}{C}}}-O-OH \xrightarrow{H^+} Me-\overset{\overset{+}{C}}{\underset{Me}{\overset{|}{C}}}-OPh \xrightarrow{H_2O} Me-\overset{Me}{\overset{|}{C}}=O + PhOH$$

2. 碳烯的重排反应

（1）Wolff 重排反应

重氮甲烷与酰氯作用形成 α-重氮甲基酮,然后在光、热和催化剂（银或氢化银）存在下放出氮气并生成酮碳烯,再重排生成反应性很强的烯酮,此重排反应称为 Wolff 重排。Wolff 重排是阿恩特-艾斯特尔特反应（Arndt-Eistert reaction）的关键步骤。过程如下:

$$R-COOH \xrightarrow{SOCl_2} RCOCl \xrightarrow[-HCl]{CH_2N_2} R-\overset{O}{\overset{||}{C}}-\overset{-}{CH}-\overset{+}{N}=N \xrightarrow[cat.]{-N_2} \left[R-\overset{O}{\overset{||}{C}}\overset{\curvearrowleft}{\overset{..}{CH}} \right] \xrightarrow{重排} R-CH=C=O (烯酮)$$
$$(\alpha\text{-重氮甲基酮}) \qquad 酮碳烯$$

烯酮与水、醇、氨及胺反应,可分别得到羧酸、酯、酰胺及取代酰胺:

$$R-CH=C=O \quad + \quad \begin{array}{l} H_2O \longrightarrow RCH_2COOH \\ R'OH \longrightarrow RCH_2COOR' \\ NH_3 \longrightarrow RCH_2CONH_2 \\ R'NH_2 \longrightarrow RCH_2CONHR' \end{array}$$

例如:

$$O_2N-Ph-COCl \xrightarrow{CH_3CHN_2} O_2N-Ph-CO-\overset{CH_3}{\overset{|}{C}}N_2 \xrightarrow{Ag_2O} O_2N-Ph-\overset{CH_3}{\overset{|}{C}}=C=O \xrightarrow{PhNH_2} O_2N-Ph-\overset{CH_3}{\overset{|}{CH}}-\overset{O}{\overset{||}{C}}-NHPh$$

应用 Wolff 反应还可以制得一些特殊的化合物。例如:

75%

135

（2）Dienone-Phenol 重排

芳环在 Birch 还原中的碳负离子能作为亲核试剂与卤代烃等作用得到的二取代双烯,然后将分子中的亚甲基氧化为双烯酮,后者在酸性条件下或光照时起 Dienone-Phenol(双烯酮-苯酚)重排。如下式所示:

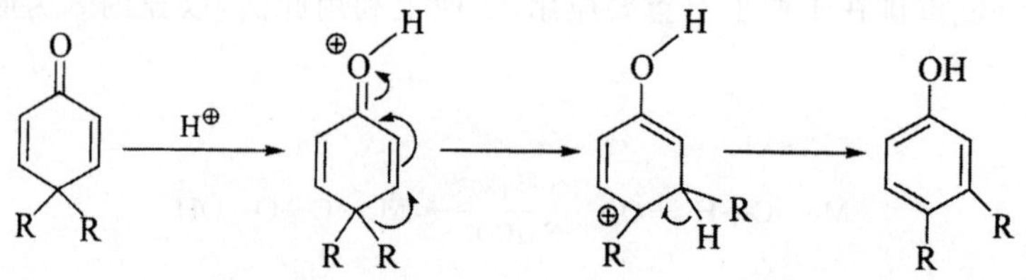

例如:

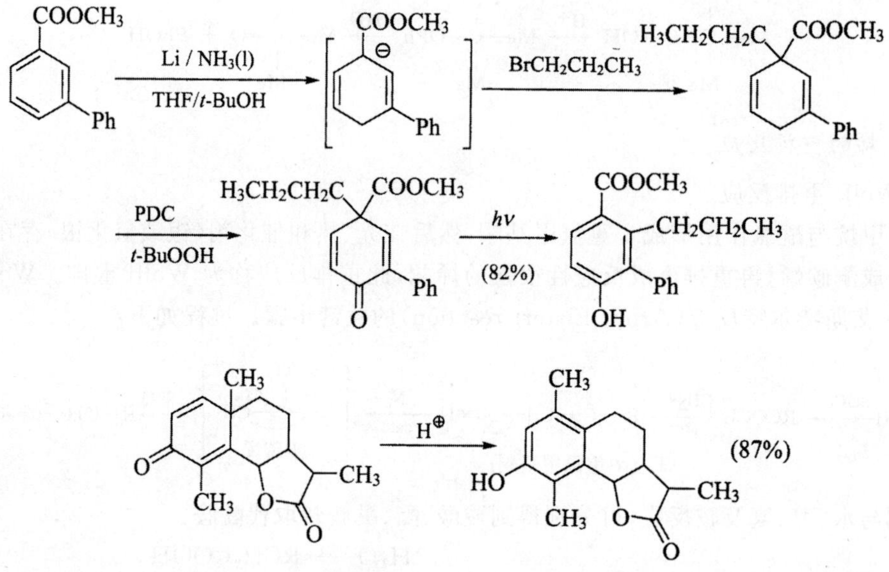

3. 其他重排反应——二芳羟乙酸重排反应

二苯基乙二酮在强碱作用下重排生成二苯基羟乙酸,根据产物结构这类重排叫做二芳羟乙酸重排反应。其反应机理是 $HO^{\ominus}$ 首先亲核进攻并加在反应物的一个羰基碳原子上,迫使连载该碳原子上的苯基带着一对电子迁移到另一个羰基碳原子上,同时使前一羰基转变成稳定的羟基负离子:

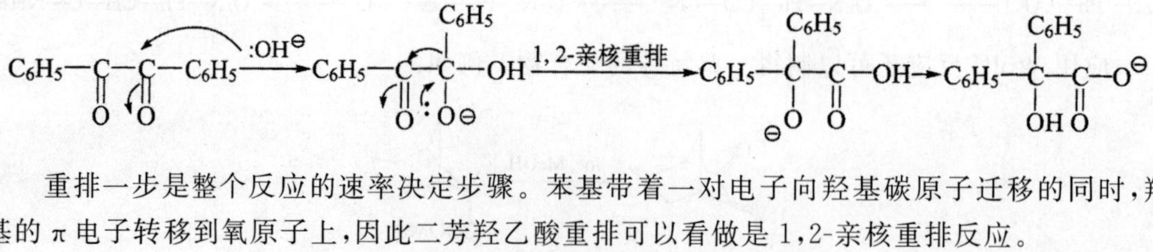

重排一步是整个反应的速率决定步骤。苯基带着一对电子向羰基碳原子迁移的同时,羰基的 π 电子转移到氧原子上,因此二芳羟乙酸重排可以看做是 1,2-亲核重排反应。

脂肪族邻二酮也能发生类似于二芳羟乙酸重排的反应。例如:

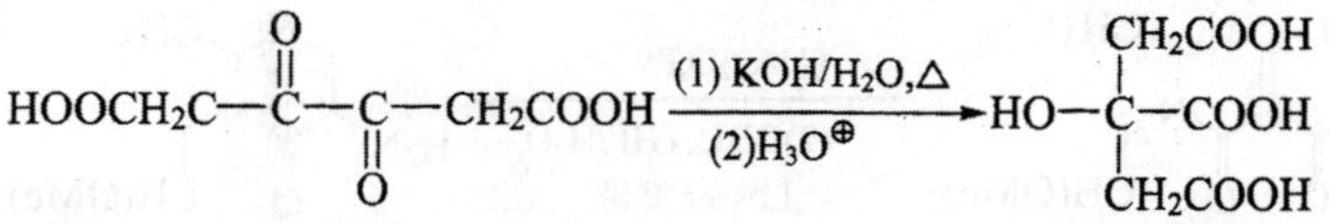

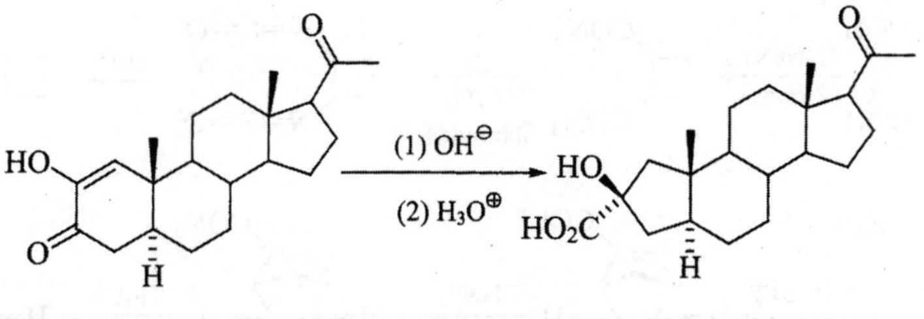

8.2.2 从碳原子到杂原子的亲核重排反应

1. 氮烯的重排反应

氮烯的重排反应包括酰胺（RCONH₂）的 Hofmann 重排、异羟肟酸（RCON-HOH）的 Lossen 重排、酰基叠氮化合物（RCON₃）的 Curtius 重排和 Schmidt 重排。它们的反应机理颇为相似，活性中间体都是酰基氮烯，酰基碳原子上的烃基带一对电子向相邻的缺电子的六隅体氮原子迁移生成异氰酸酯，后者水解得到比重排起始原料少一个碳原子的伯胺。反应通式如下：

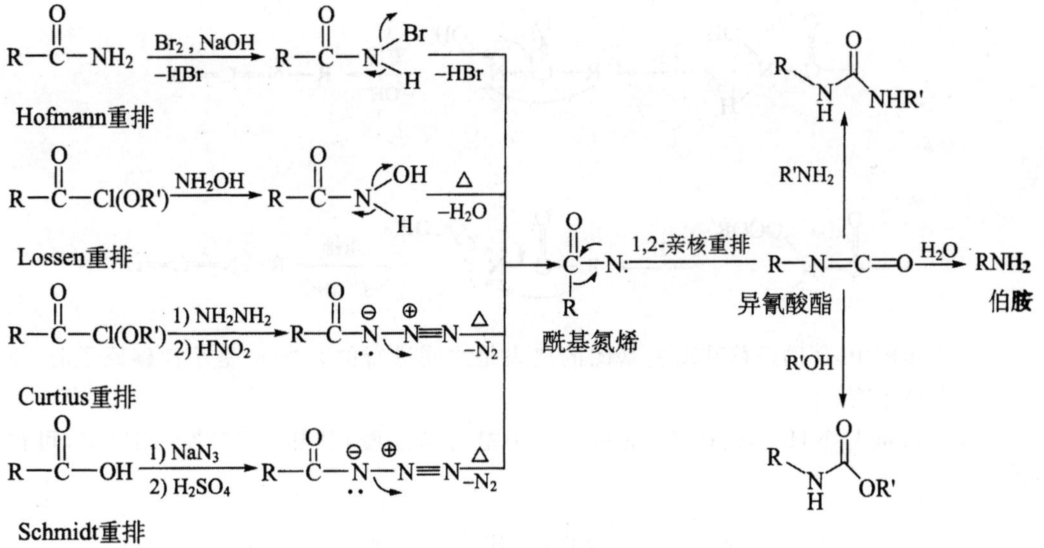

（1）Hofmann 重排反应

Hofmann 重排的氧化剂也可以用四乙酸铅（LTA）或 PhIO、PhI(OCOR)₂ 等。例如：

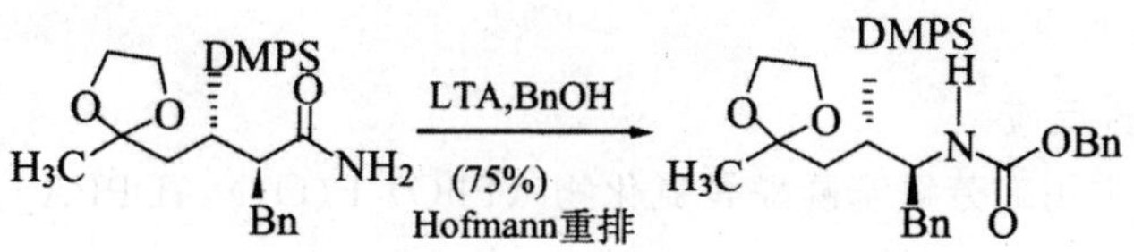

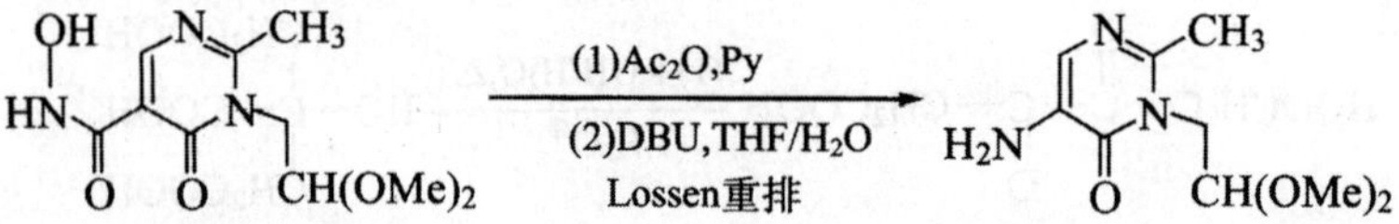

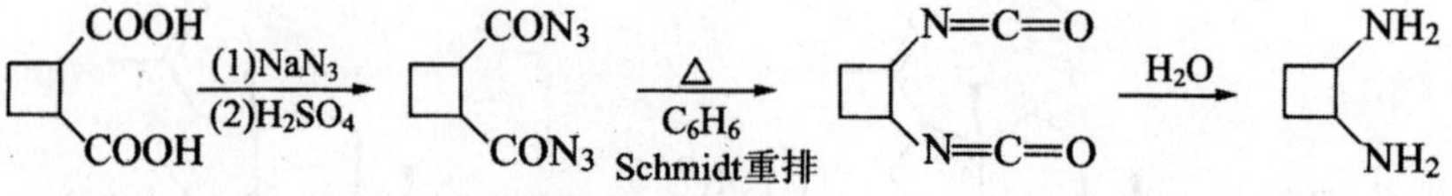

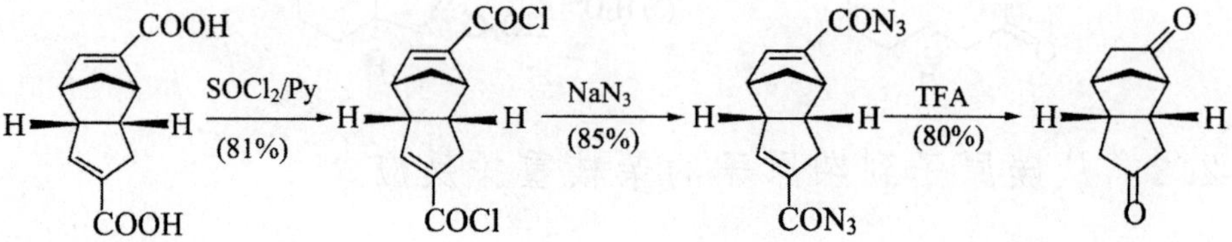

（2）Lossen 重排反应

Lossen 重排是指异羟肟酸（R—C(=O)—NH—OH）或酰基衍生物（R—C(=O)—NH—OCOR′）单独加热，或在 P_2O_5、$SOCl_2$、Ac_2O 等脱水剂存在下加热，发生重排得到异氰酸酯，再经水解生成伯胺。其过程如下：

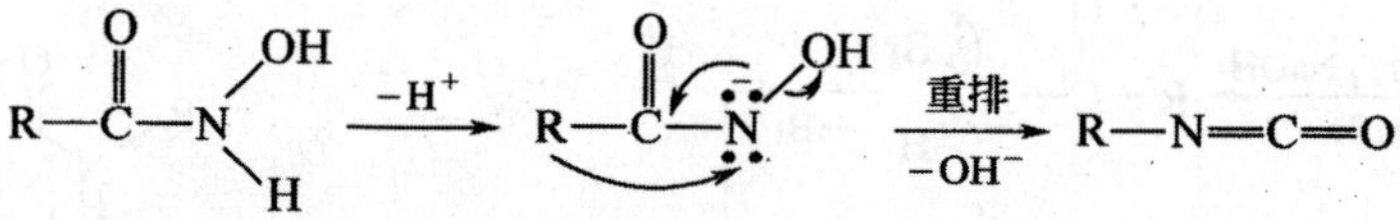

或

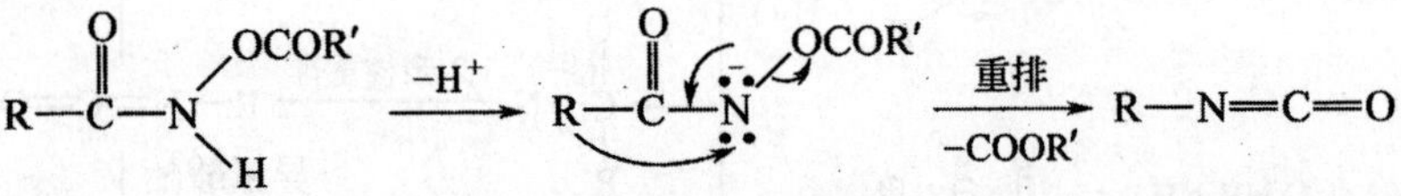

在重排步骤中，R 的迁移和离去基团的离去是协同进行的。当 R 是手性碳原子时，重排后其构型保持不变。

芳香族羧酸与 NH_2OH、PPA（聚对苯二甲酰对苯二胺）共热至 150℃～170℃，可得到芳胺：

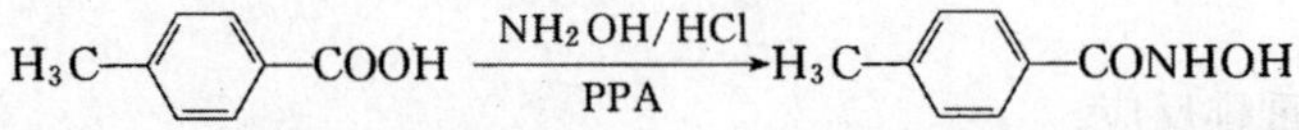

但当芳香环上有吸电子基团如—NO_2 等时，反应不能顺利进行；脂肪族羧酸也不能顺利进行此反应。

（3）Curtius 重排反应

Curtius 重排中常用二芳氧基磷酰叠氮化物［$(PhO)_2P(O)N_3$，DPPA］为试剂。例如：

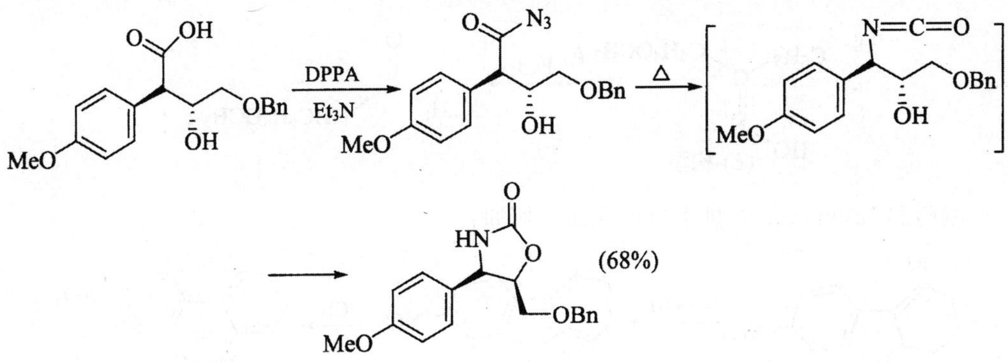

（4）Schmidt 重排反应

例如：

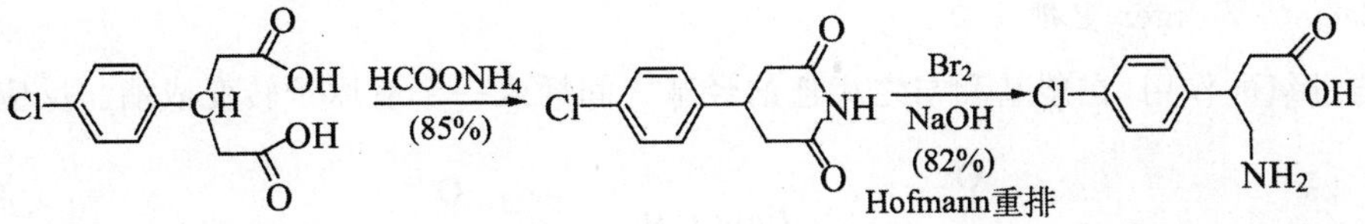

2. Beckmann 重排反应

酮肟在酸性催化剂（如 H_2SO_4、$POCl_3$、PCl_5、聚磷酸等）作用下重排生成酰胺的反应称为 Beckmann 重排。反应通式如下：

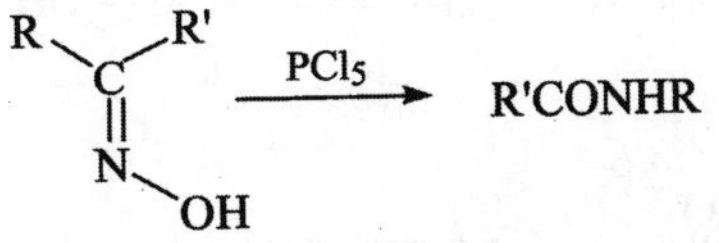

$$R'CONHR$$

Beckmann 重排也是通过缺电子的氮原子进行的。一般认为其反应机理为：

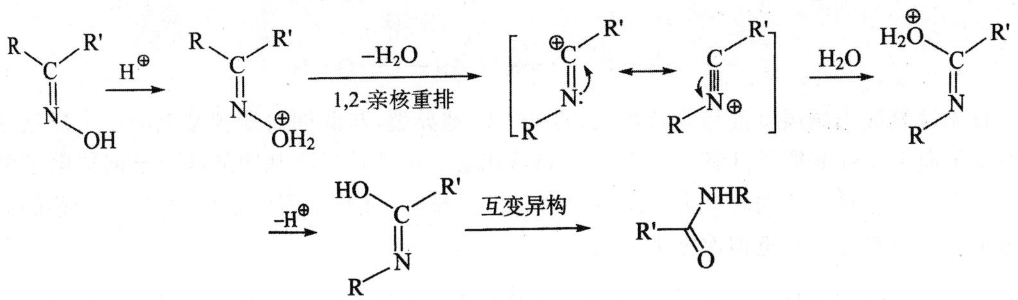

在 Beckmann 重排反应中，迁移基团与羟基处于反式位置，因此酮肟的两种顺反异构体起 Beckmann 重排反应生成不同的产物。例如：

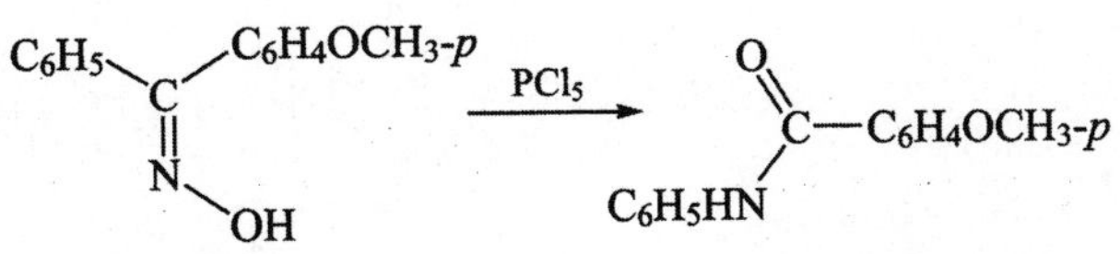

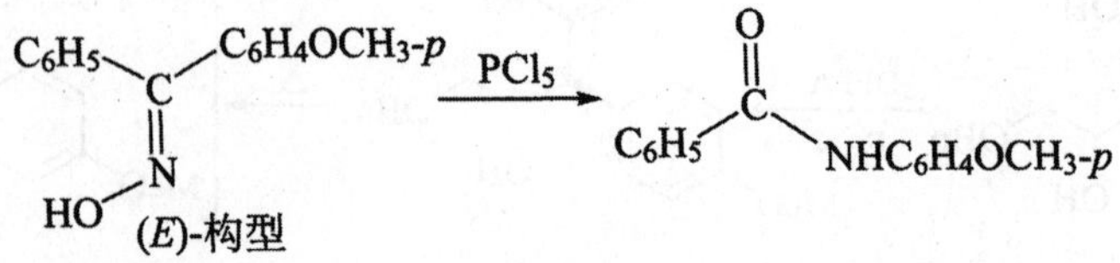

$$C_6H_5-\overset{\displaystyle N}{\underset{\displaystyle \underset{HO}{\parallel}}{C}}-C_6H_4OCH_3\text{-}p \xrightarrow{PCl_5} C_6H_5-\overset{\displaystyle O}{\overset{\parallel}{C}}-NHC_6H_4OCH_3\text{-}p$$

(E)-构型

环酮肟起 Beckmann 重排生成内酰胺。例如：

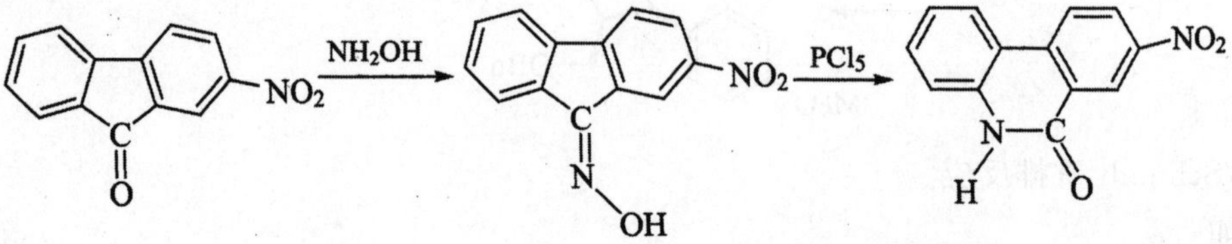

3. Baeyer-Villiger 重排反应

酮与过氧酸作用，在羰基和与之相连的烃基之间插入一个氧原子转变成酯。反应式如下：

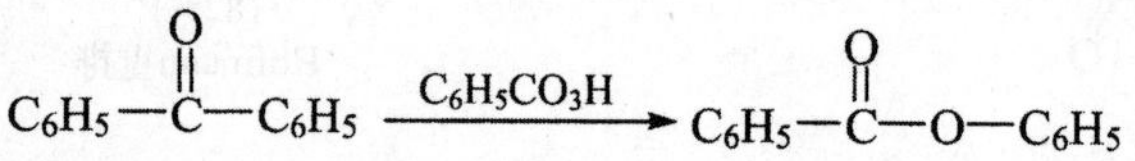

$$C_6H_5-\overset{\displaystyle O}{\overset{\parallel}{C}}-C_6H_5 \xrightarrow{C_6H_5CO_3H} C_6H_5-\overset{\displaystyle O}{\overset{\parallel}{C}}-O-C_6H_5$$

Baeyer-Villiger 重排的反应机理如下：

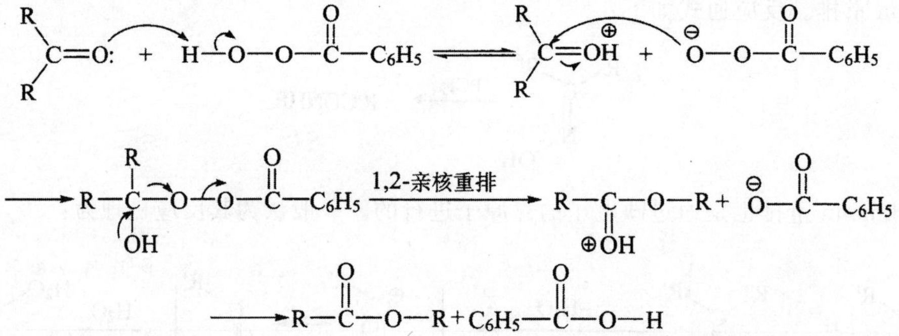

首先过氧酸与酮羰基进行亲核加成，再 O—O 键异裂，与此同时酮羰基上的一个烃基带着一对电子向电正性氧原子迁移。所以 Baeyer-Villiger 重排是迁移基团从碳原子向缺电子氧原子的 1,2-亲核重排。不对称酮起 Baeyer-Villiger 重排时，迁移基团的亲核性愈大，迁移的倾向性也愈大。烃基迁移的近似次序大致为：

$$p\text{-}CH_3OPh->Ph->R_3C->R_2CH->RCH_2->CH_3->H-$$

例如：

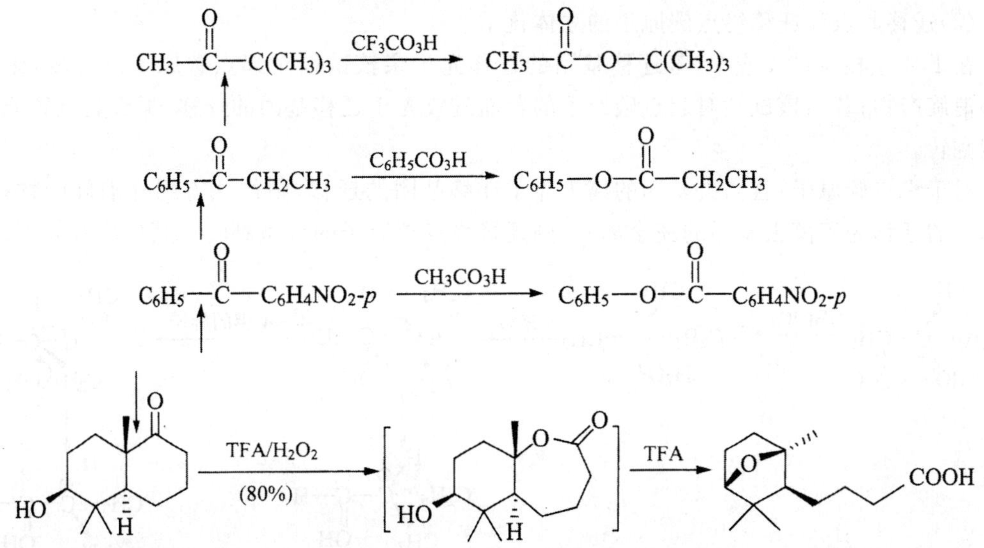

芳醛也可起类似于 Baeyer-Villiger 重排反应。此反应称为 Dakin 反应。例如：

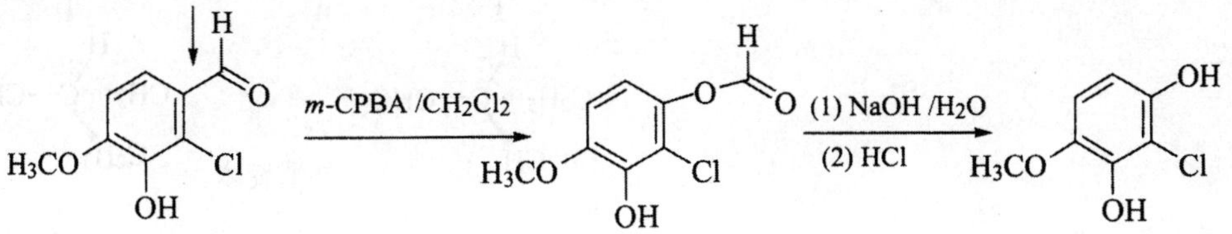

4. 1,2-亲核重排的立体化学

(1)迁移基团的立体化学

在 1,2-亲核重排反应中，迁移基团以同一位相从迁移起点原子同面迁移到终点原子，所以迁移基团的手性碳原子构型保持不变：

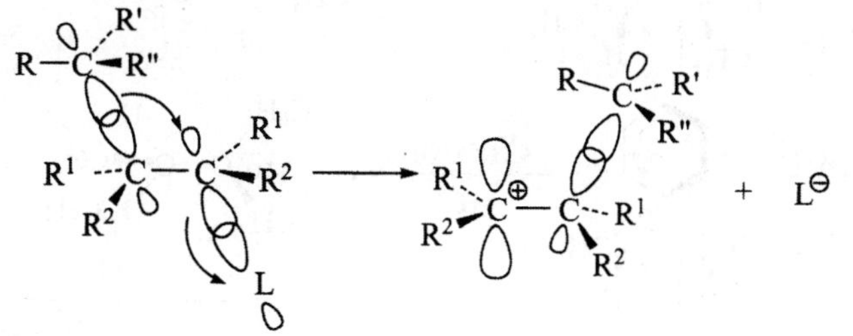

例如：

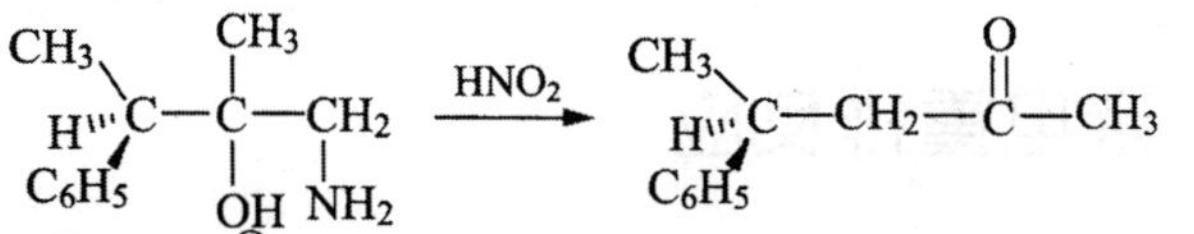

(94.5%光学纯度)　频哪醇重排

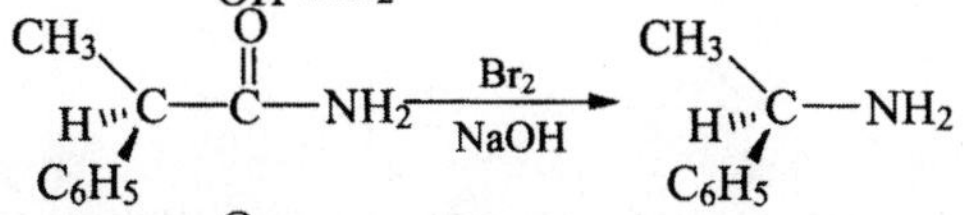

(95.5%光学纯度)　Hofmann重排

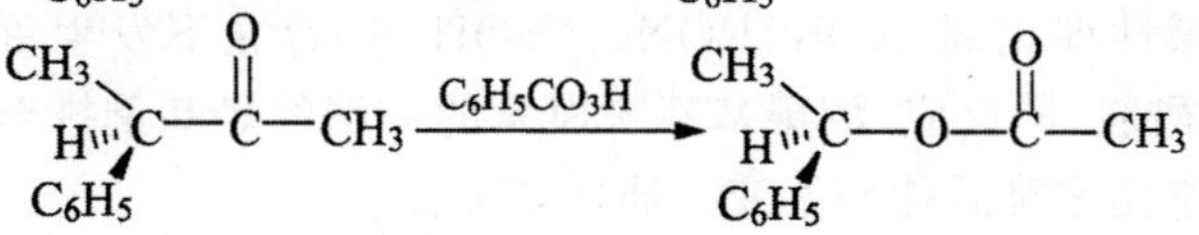

(96.4%光学纯度)　Baeyer-Villiger重排

（2）迁移起点和迁移终点碳原子的立体化学

在 1,2-亲核重排反应中,若迁移基团的迁移先于亲核试剂对起点碳原子的进攻,则常生成外消旋产物;若亲核试剂对起点碳原子的背面进攻先于迁移基团的迁移,那么起点碳原子的构型翻转。

对于终点碳原子,若离去基团的离去先于迁移基团的迁移,则往往得到外消旋产物;若迁移基团的迁移先于离去基团的完全离去,则迁移终点碳原子的构型翻转。其反应式如下:

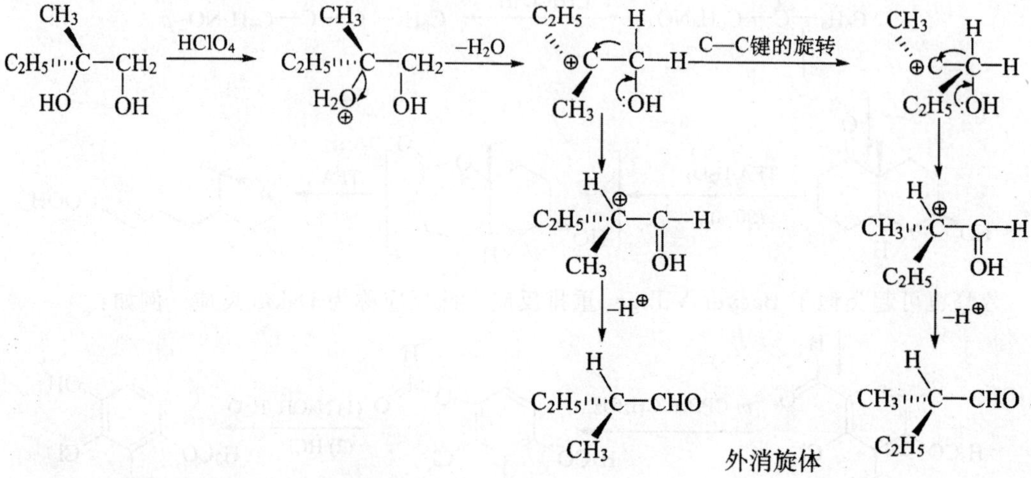

若离去基团离开后,1,2-迁移的过渡状态有较大的稳定性,那么迁移起点碳原子和终点碳原子都分别有构型保持和构型翻转的可能性。例如:

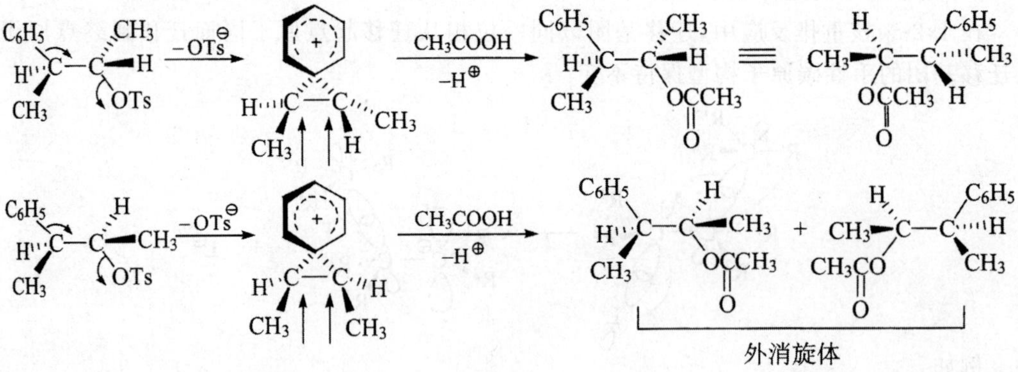

8.3 亲电重排反应

8.3.1 Favorskii 重排反应

Favorskii 重排是指 α-卤代酮类在碱性催化剂（ROK、RONa、NaOH 等）存在下发生重排生成羧酸酯或羧酸（NH₃ 的存在使生成酰胺）的反应,酮羰基不含卤素的一端的烃基重排至卤素位置。该反应具有立体专一性,手性基团重排后构型不变。通式如下:

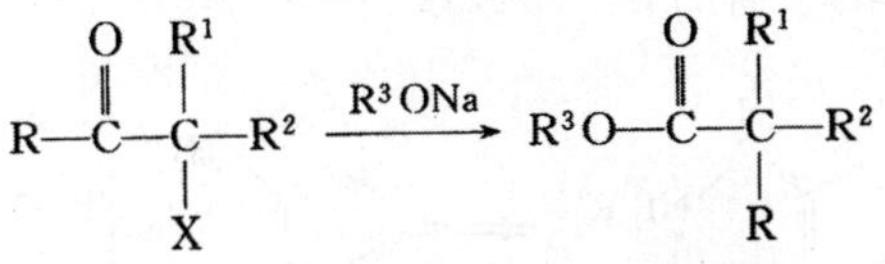

（羧酸酯）

或

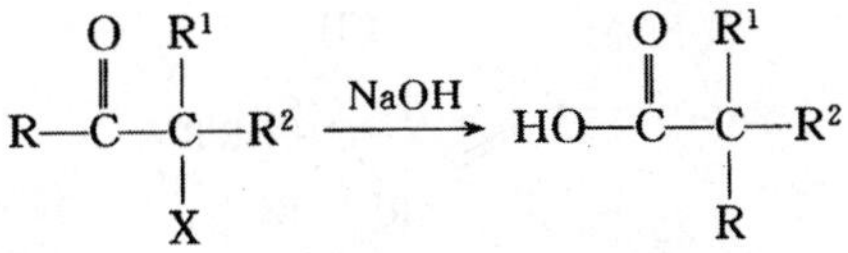

（羧酸）

而 α-卤代环酮经重排后可得到环缩小产物,该反应中有环丙酮中间体生成,已用示踪原子[14]C 证实。例如:

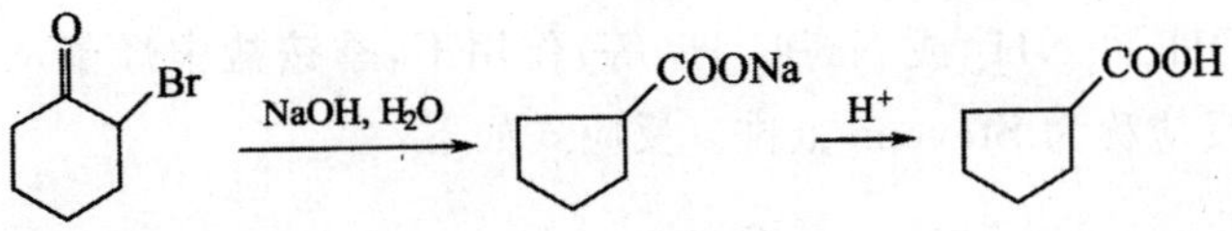

如用醇钠的醇溶液,则得羧酸酯:

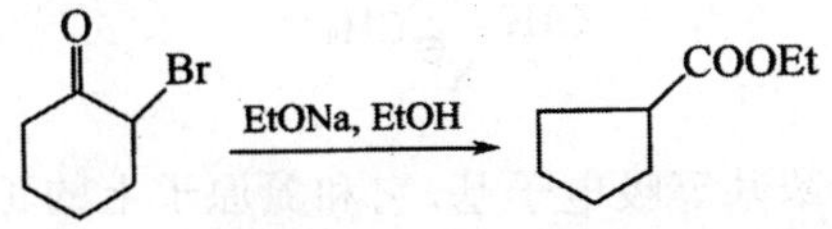

其反应过程如下:

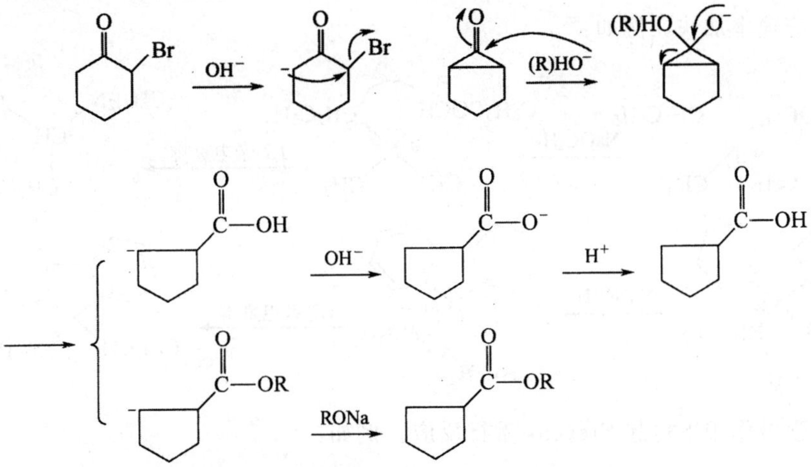

8.3.2　Sommelet 重排反应

苯甲基三烷基季铵盐(或锍盐)在 PhLi、LiNH₂ 等强碱作用下发生重排,苯环上起亲核烷基化反应,烷基的 α-碳原子与苯环的邻位碳原子相连成叔胺。此反应称为 Sommelet 重排,可作为在芳环上引入邻位甲基的一种方法。例如：

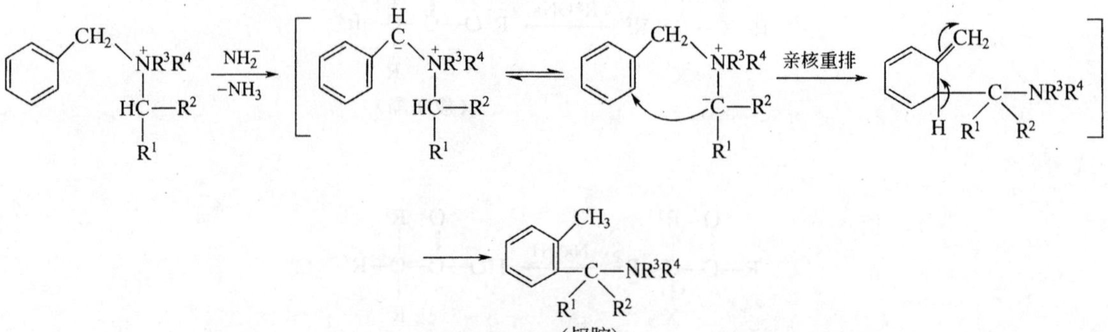

式中，R^1、R^2 可以是氢或烃基，R^3、R^4 不能是 H。

8.3.3　Stevens 重排反应

在强碱(如 NaOH、NaNH$_2$ 或 NaOC$_2$H$_5$ 等)作用下，季铵盐中烃基从氮原子上迁移到相邻的碳负离子上的反应称为 Stevens 重排。反应式如下：

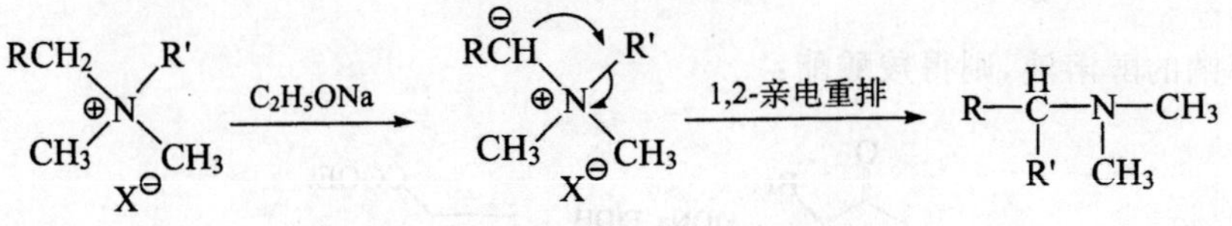

其中，R 为乙酰基、苯甲酰基、苯基等吸电子基，它和氮原子上的正电荷使亚甲基活化并提高形成的碳负离子的稳定性。迁移基团 R′ 常为烯丙基、苄基、取代苯甲基等。

由于 Stevens 重排是迁移基向富电子碳原子迁移的 1,2-亲电重排，因而迁移基团上有吸电子基时反应速率加快。例如：

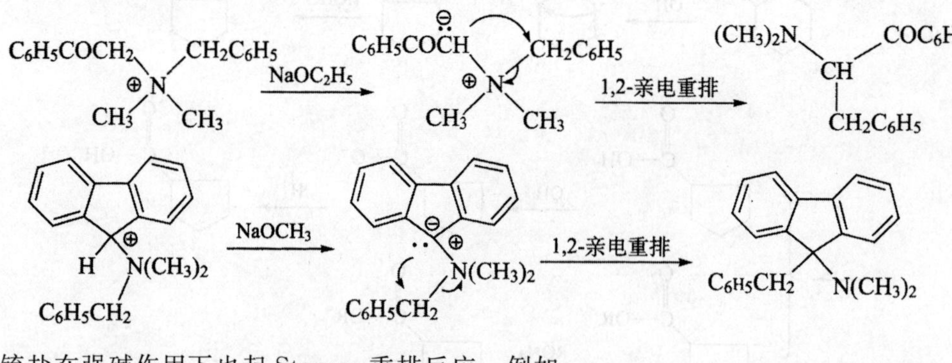

锍盐在强碱作用下也起 Stevens 重排反应。例如：

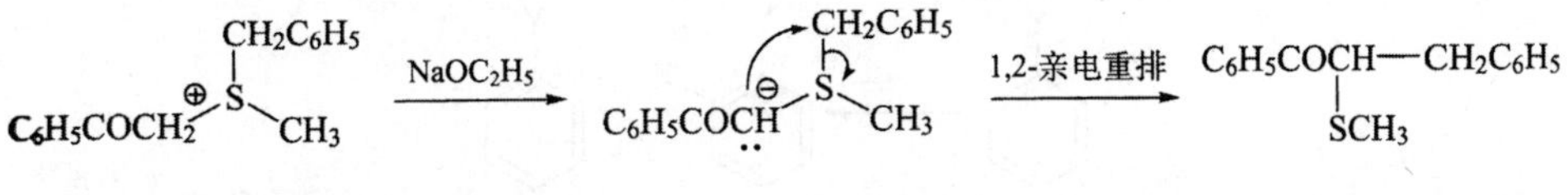

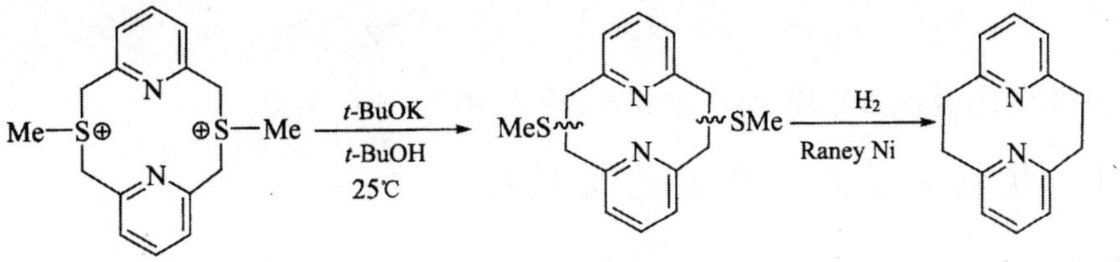

式中，∽SMe表示不能确定 S 连接在哪一个碳原子上。

在 Stevens 重排反应中，迁移基团的构型保持不变。例如：

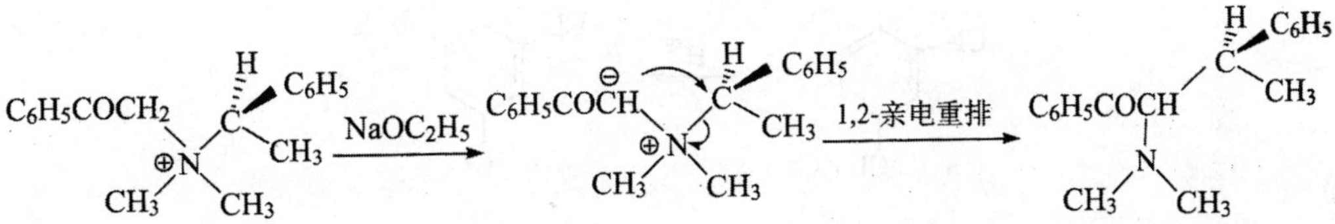

8.3.4　Wittig 重排反应

苄基型或烯丙基型醚在强碱试剂（如 RLi、PhLi、KNH$_2$、NaNH$_2$ 等）作用下，形成苄基型或烯丙基型碳负离子，然后，烃基迁移而成为更稳定的氧负离子，夺取质子生成醇的反应称为 Wittig 重排。

其过程如下：

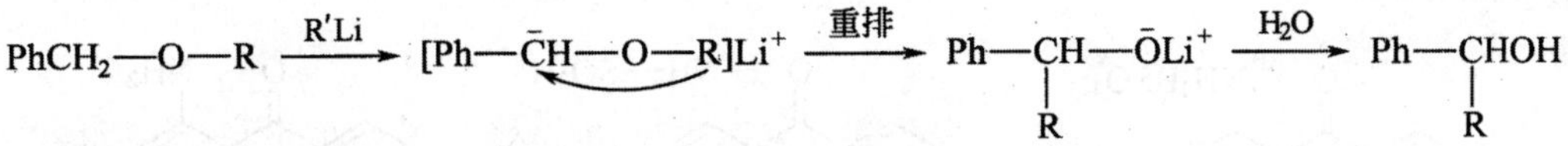

$$PhCH_2-O-R \xrightarrow{R'Li} [Ph-\overset{-}{C}H-O-R]Li^+ \xrightarrow{重排} Ph-\underset{R}{CH}-\overset{-}{O}Li^+ \xrightarrow{H_2O} Ph-\underset{R}{CHOH}$$

迁移基团 R 的迁移能力大致顺序如下：

$$H_2C=CH-CH_2 > PhCH_2- > Me- > Et- > Ph-$$

例如：

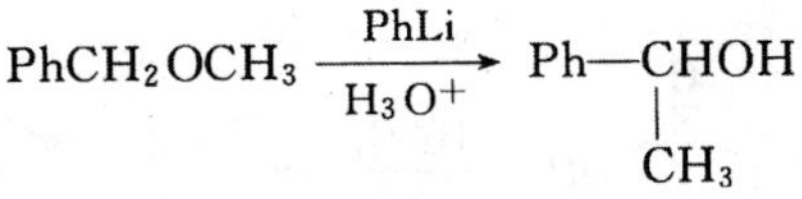

$$PhCH_2OCH_3 \xrightarrow[H_3O^+]{PhLi} Ph-\underset{CH_3}{CHOH}$$

8.4　芳环上的重排反应

芳香族化合物的环上能发生多种重排反应，其通式可表示为：

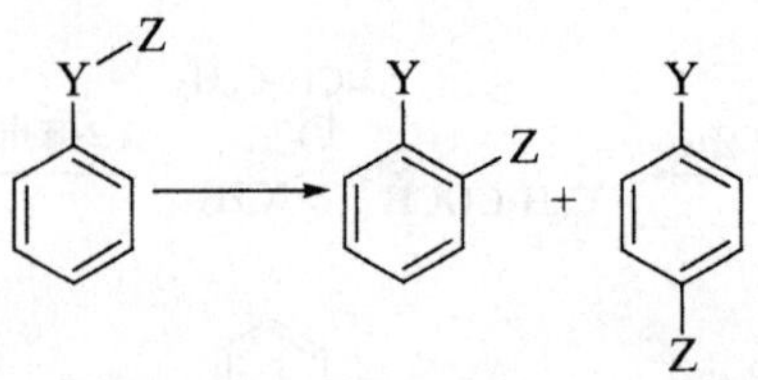

其中,Y 常为氮原子,其次为氧原子;Z 为卤素、羟基、硝基、亚硝基等。

8.4.1 从氮原子到芳环的重排反应

1.N-取代苯胺的重排

N-硝基或亚硝基芳胺在酸性条件下加热,硝基或亚硝基迁移到邻对位。例如:

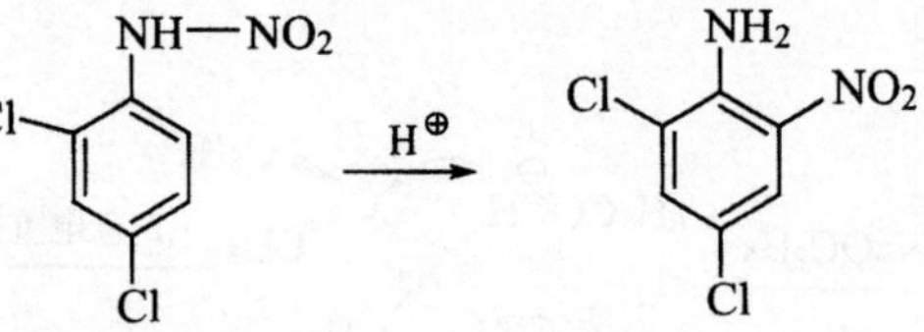

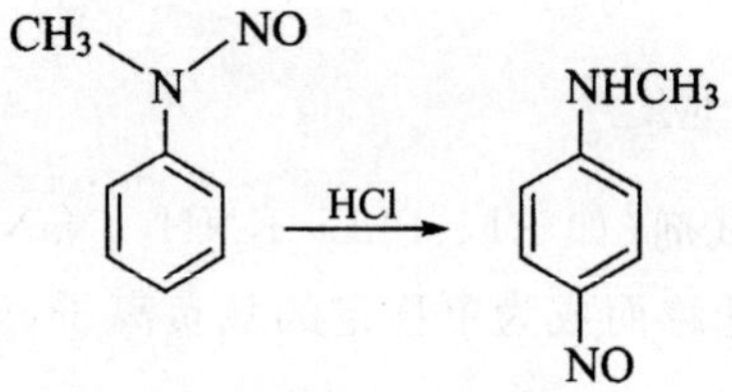

N-磺基芳胺在加热时,磺基重排到邻对位。邻对位产物异构体的比例取决于重排时的温度。例如:

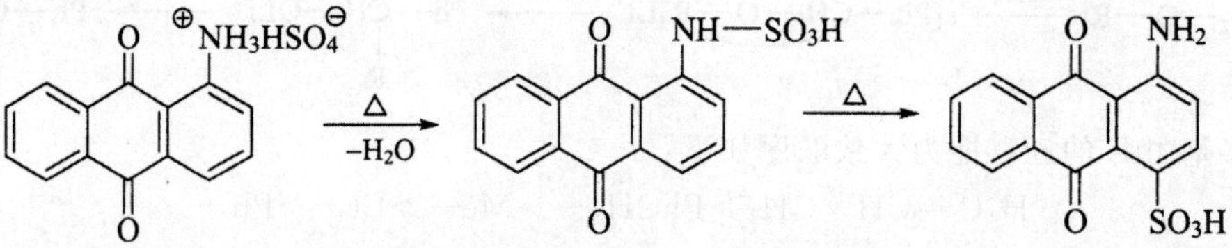

N-羟基苯胺在酸性条件下重排为对氨基苯酚。反应式如下:

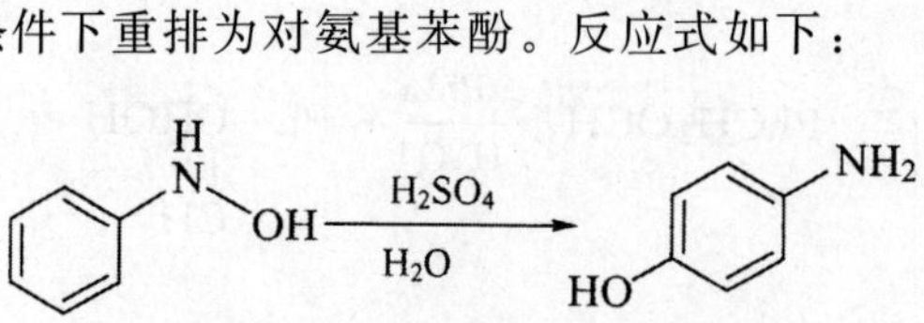

N-卤代乙酰苯胺用卤化氢的乙酸溶液处理,卤素重排到邻、对位反应式如下:

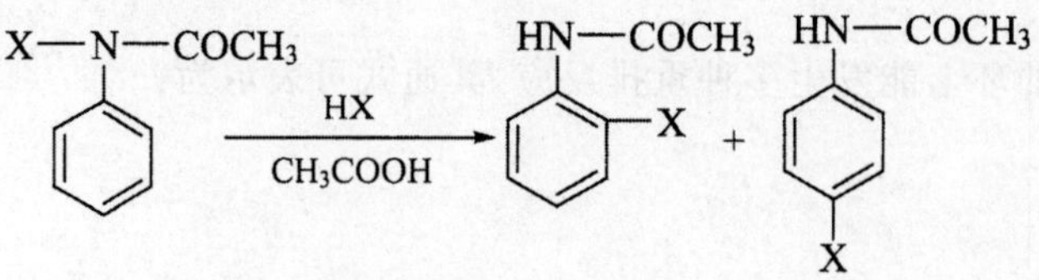

N-取代二噻烷芳胺的重排可合成通常难以制备的邻氨基苯甲醛。例如：

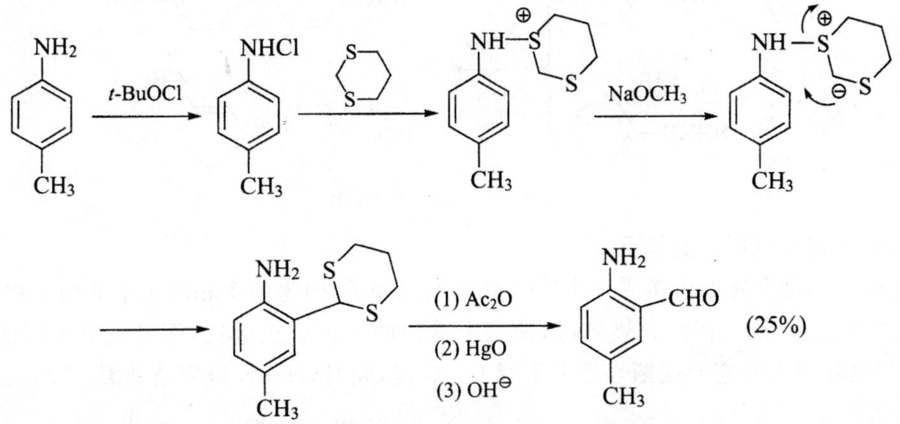

N-取代苄胺在强碱作用下也能发生重排生成邻取代苯衍生物，反应机理类似于 Stevens 重排。例如：

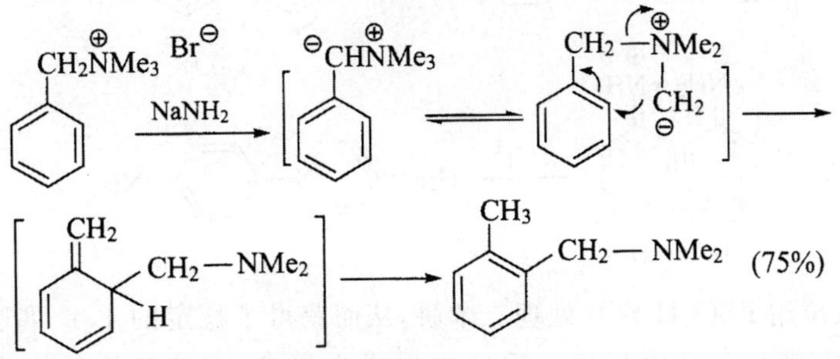

1,1-二甲基-2-苯基六氢吡啶季铵盐重排生成扩环产物：

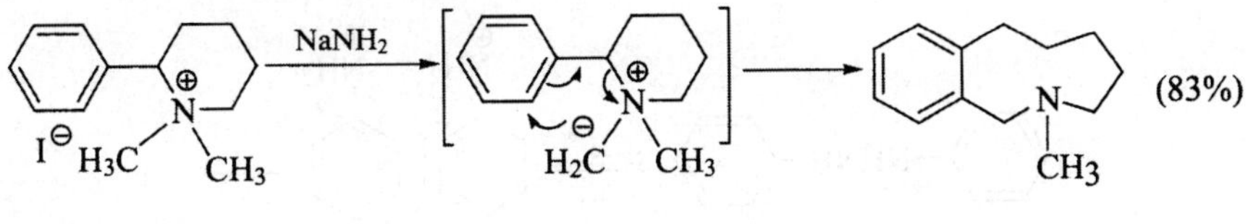

2. 联苯胺重排反应

氢化偶氮苯在强酸作用下重排成联苯胺。反应式如下：

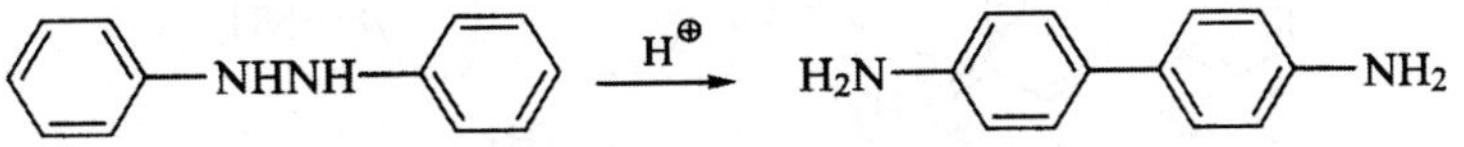

将等摩尔的氢化偶氮苯和 2,2′-二甲基氢化偶氮苯的混合物在强酸存在下起联苯胺重排反应，产物中没有交叉的偶联产物。从而说明重排是分子内反应。即在 N—N 键完全破裂之前，两个芳环已开始联结。反应式如下：

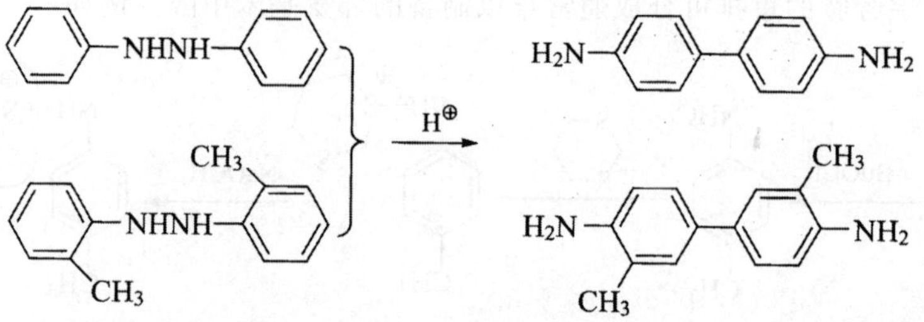

联苯胺重排的机理可能如下：

氢化偶氮苯每个氮原子接受一个质子形成双正离子，因为两个相邻正电荷的互相排斥，使 N—N 键变弱变长，同时因为共轭效应，使一个苯环的对位呈正电性，而另一个苯环的对位呈负电性，静电吸引力使它们逐渐靠近并形成 C—C 键，同时，N—N 键完全破裂。反应式如下：

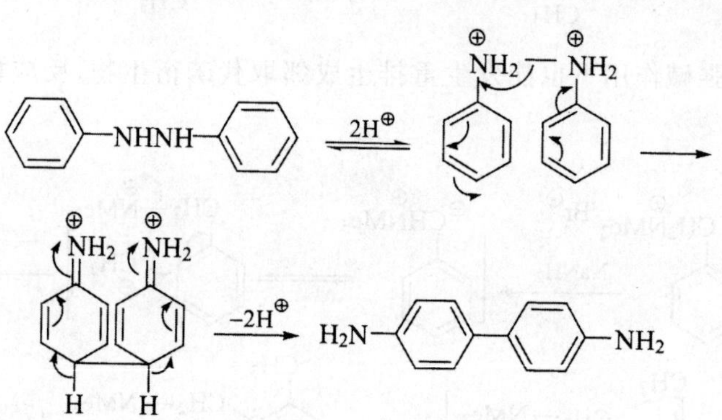

于 1972 年欧拉用 FSO_3H-SO_2 处理二苯肼，从而获得了稳定的 $4,4'$-偶联的双氮正离子，从而证实联苯胺重排是分子内反应。反应中生成少量 $2,4'$-二氨基联苯，可以是按下式生成的：

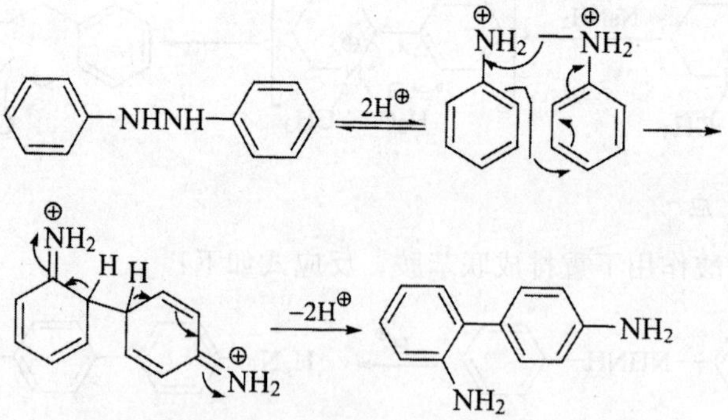

联苯胺重排可用于对称性联苯衍生物的制备。

8.4.2　从氧原子到芳环的重排反应

酚类的酯在 Lewis 酸（如 $AlCl_3$、$ZnCl_2$、$FeCl_3$ 等）存在下重排生成酚酮，这一反应称为 Fries 重排。其反应机理是与 Lewis 酸作用时产生的酰基正离子，在酚羟基的邻、对位起亲电取代反应。如下所示：

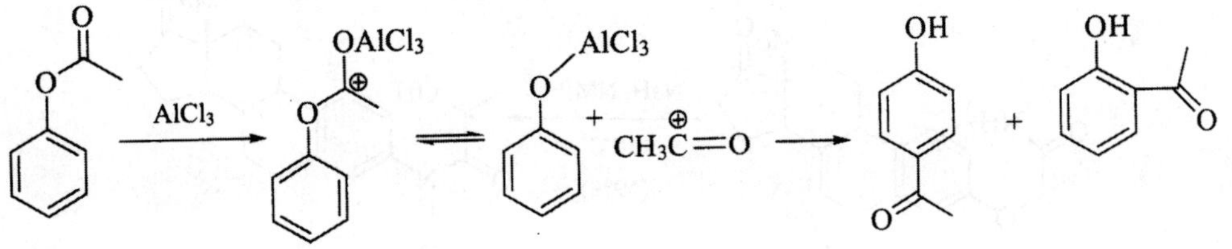

例如:

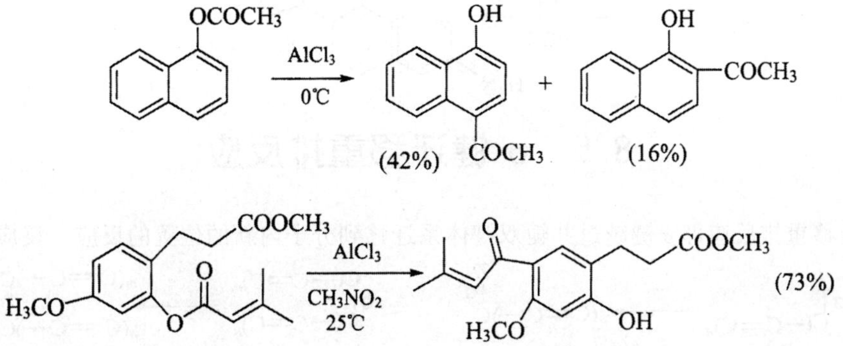

(42%)   (16%)

(73%)

8.4.3 Smiles 重排反应

Smiles 重排的反应式如下:

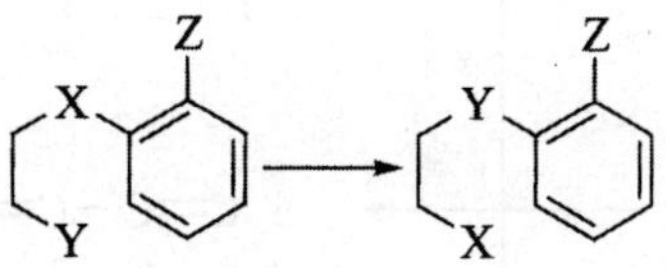

其中,X 为 O、COO、S、SO、SO_2 等;Y 为 OH、SH、NH_2、NHR 等的共轭碱;Z 为吸电子基,在重排基团的邻位或对位。Smiles 重排是分子内的亲核取代反应。例如:

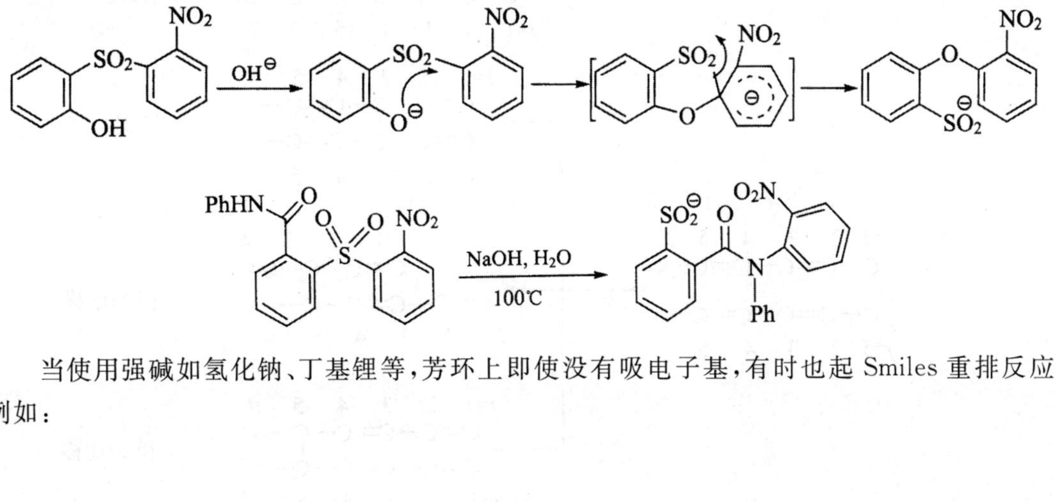

当使用强碱如氢化钠、丁基锂等,芳环上即使没有吸电子基,有时也起 Smiles 重排反应。例如:

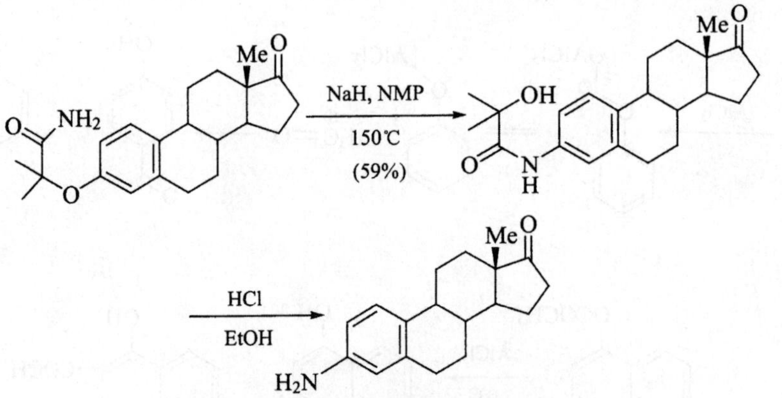

8.5 σ 键迁移重排反应

σ键迁移重排反应即 σ 键越过共轭双键体系迁移到分子内新的位置的反应。反应通式如下：

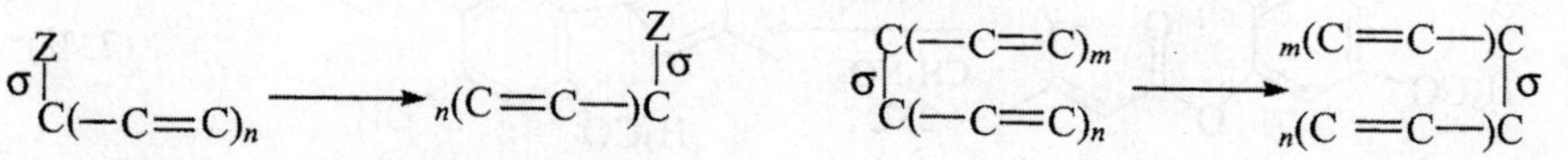

σ 键迁移反应的系统命名法如下式所示：

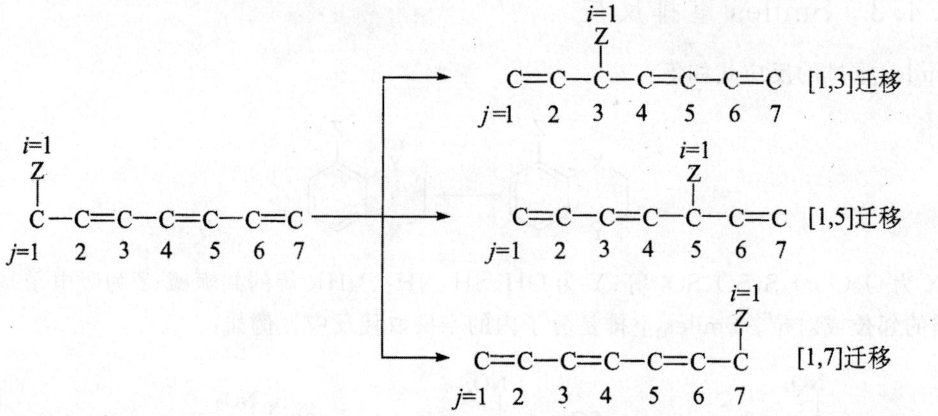

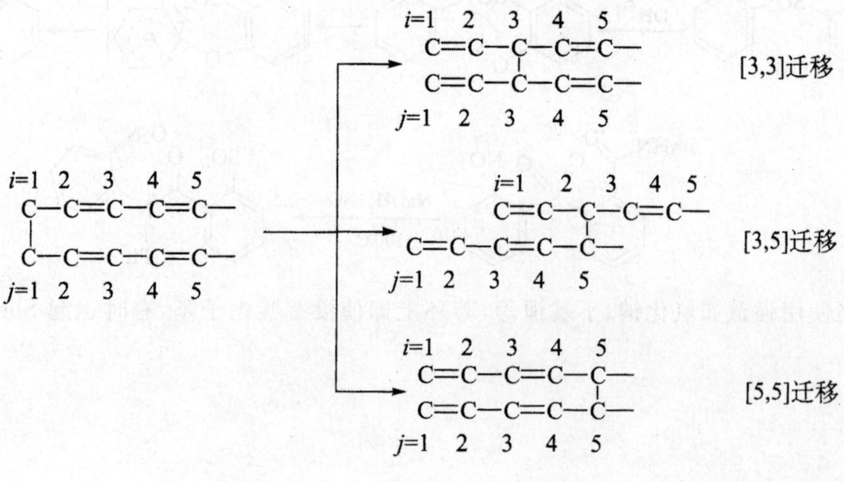

[i,j]表示迁移后 σ 键所连接的两个原子的位置，i、j 的编号分别从作用物中 σ 键所联结的两个原子开始。

σ 键重排反应为协同反应，π 键的移动和旧的 σ 键的破裂与新的 σ 键的形成是协同进行的。例如：

乙烯基环丙烷重排即乙烯基环丙烷在高温时也可通过[1,3]-烷基 σ 键重排生成环戊烯衍生物。反应式如下：

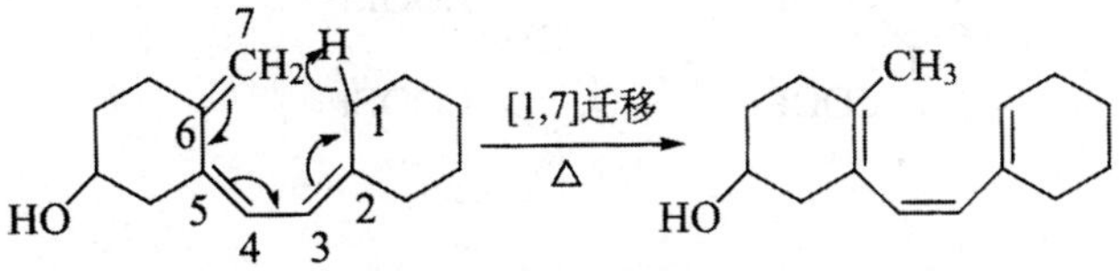

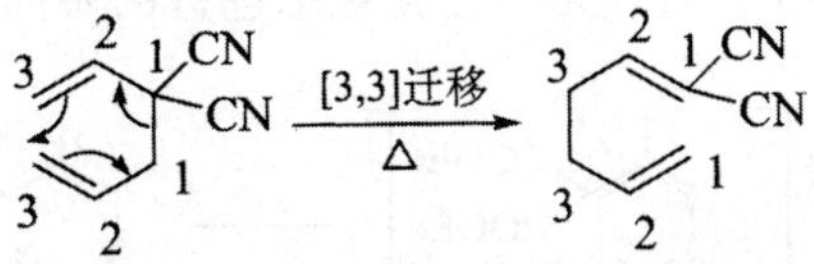

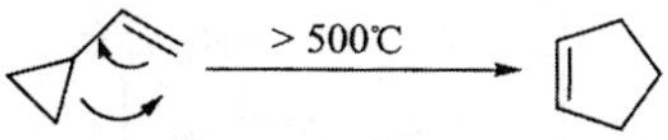

例如，下面的化合物在高温起乙烯基环丙烷重排反应和逆 Diels-Alder 反应。

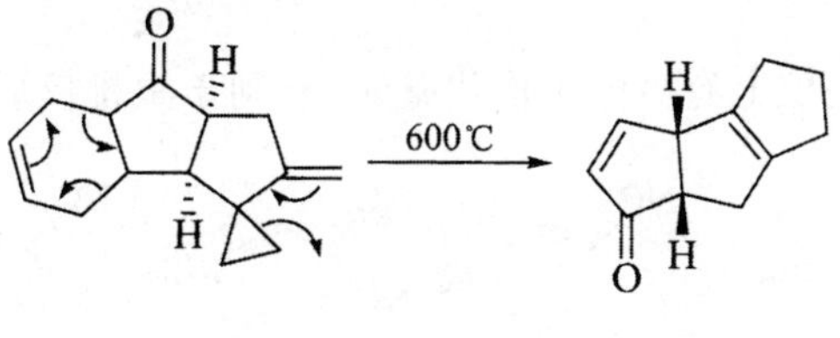

重氮酮和共轭二烯作用生成乙烯基环丙烷衍生物，后者在高温起重排反应：

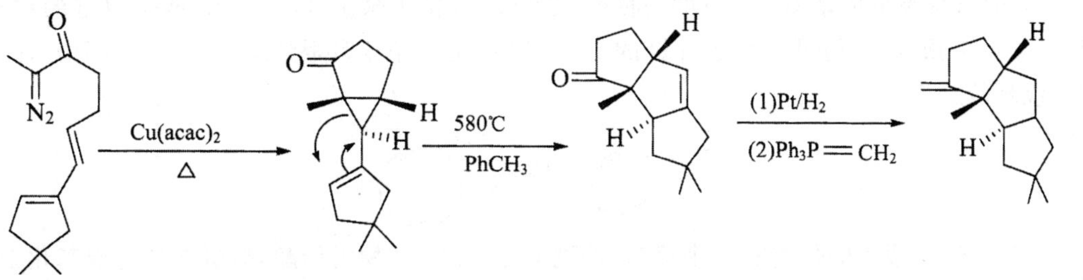

8.5.1　Cope 重排反应

1,5-二烯（即双烯丙基衍生物）加热，经过[3,3]σ 迁移，发生异构化得到另一双烯丙基衍生物的反应，称为 Cope 重排。1,5-二烯在 150℃～200℃下单独加热短时间就容易发生重排，并且产率非常好。反应式如下：

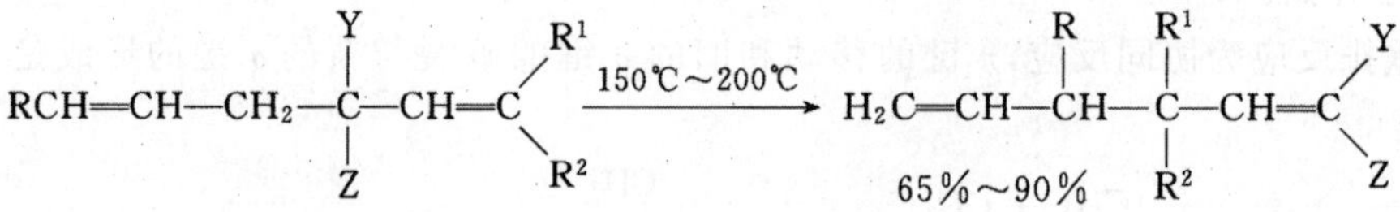

式中，R，R^1，R^2＝H，烷基；Y，Z＝COOEt，CN，C_6H_5。例如：

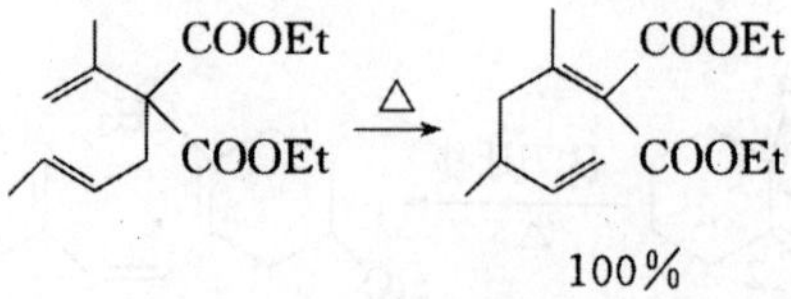

100％

Cope重排反应过程一般是经由分子内六元环过渡状态进行的协同反应。即

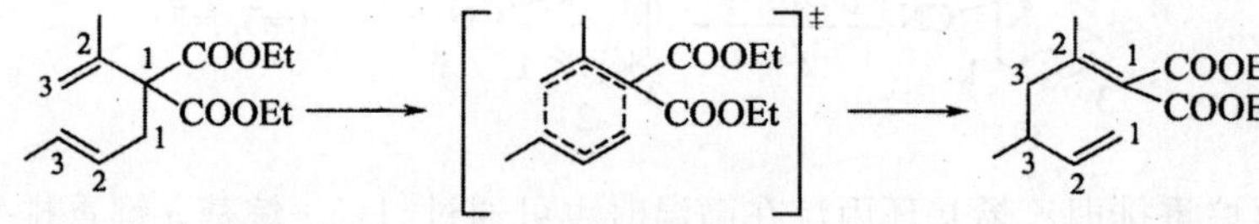

在立体化学上，表现出经过椅式环状过渡态：

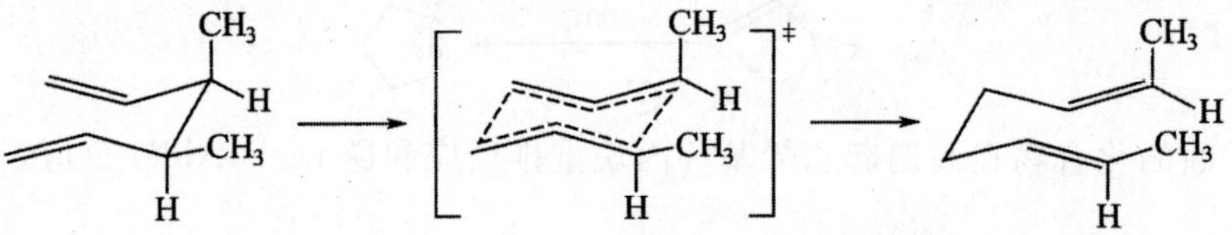

Cope重排反应当3-位或4-位上有吸电子取代基时，有利于重排反应的进行，例如：

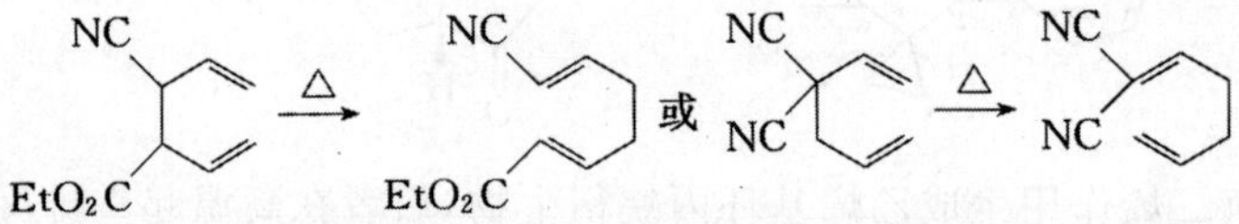

Cope重排是形成新C—C键的一种合成手段，重排生成的1,5-二烯，两个双键的位置确定，完全可以预测，不但可以用于开链的1,5-二烯，还可用于环状二烯，以及构建七元环以上的中级环等。例如：

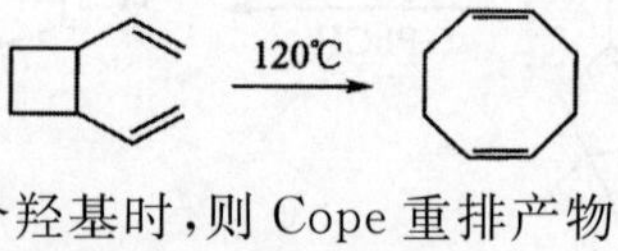

1,5-二烯在适当的位置有一个羟基时，则Cope重排产物为烯醇，后者转变为羰基化合物，称为羟化Cope重排（Oxy-Cope rearrangement），例如：

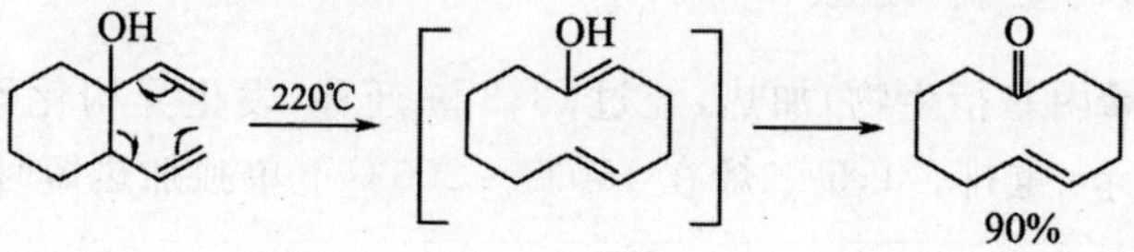

90％

Cope 重排属于周环反应,它和其他周环反应的特点一样,具有高度的立体选择性。并且不需要其他手性试剂或催化剂,在有机合成中有重要意义。例如,内消旋-3,4-二甲基-1,5-己二烯重排后,得到的产物几乎全部是(Z,E)-2,6 辛二烯:

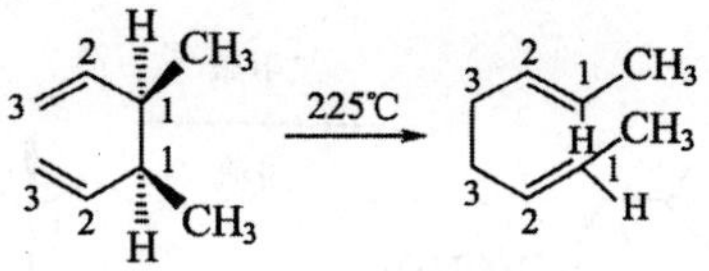

8.5.2　Claisen 重排反应

Claisen 重排是$[3,3]\sigma$键迁移热重排反应。按反应物结构可以分为脂肪族 Claisen 重排和芳香族 Claisen 重排两大类。

1. 脂肪族 Claisen 重排反应

(1)Johnson-Claisen 重排

烯丙式醇和原酸酯作用后失去一分子乙醇生成的烯丙基烯醇酯醚,后者起 Claisen 重排(Johnson-Claisen 重排)得到不饱和酯。反应通式如下:

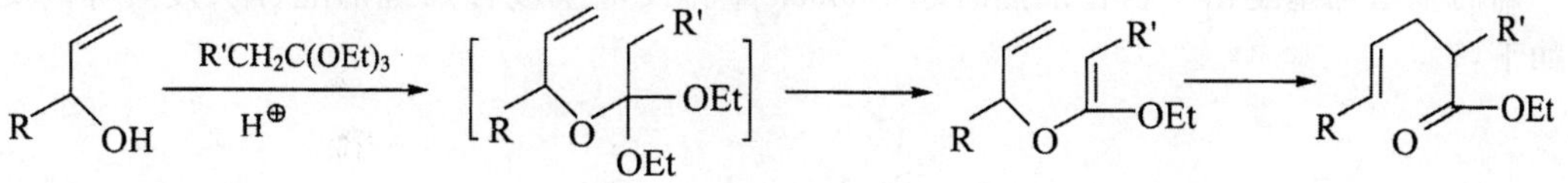

例如:

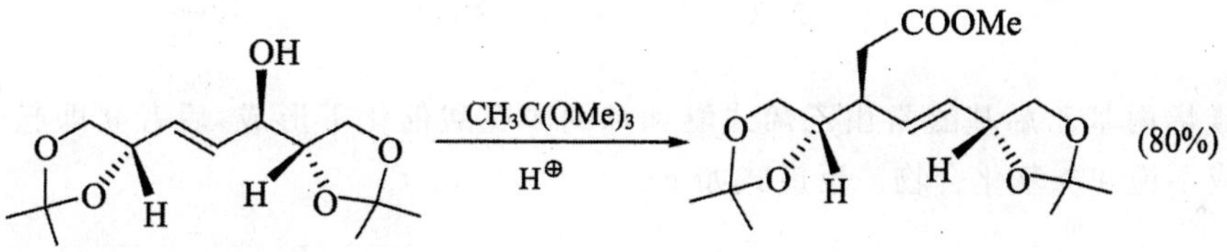

(2)Carroll-Claisen 重排

β-酮酸酯一般有较高的惜春含量,其烯丙基醚发生重排(Carroll-Claisen 重排)时同时脱羧,使β-酮酸酯转变为γ-酮烯。反应式如下:

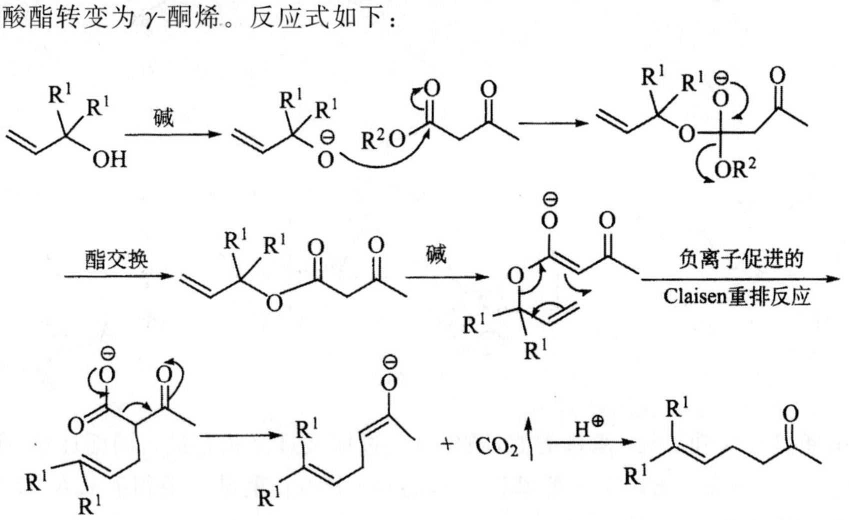

例如：

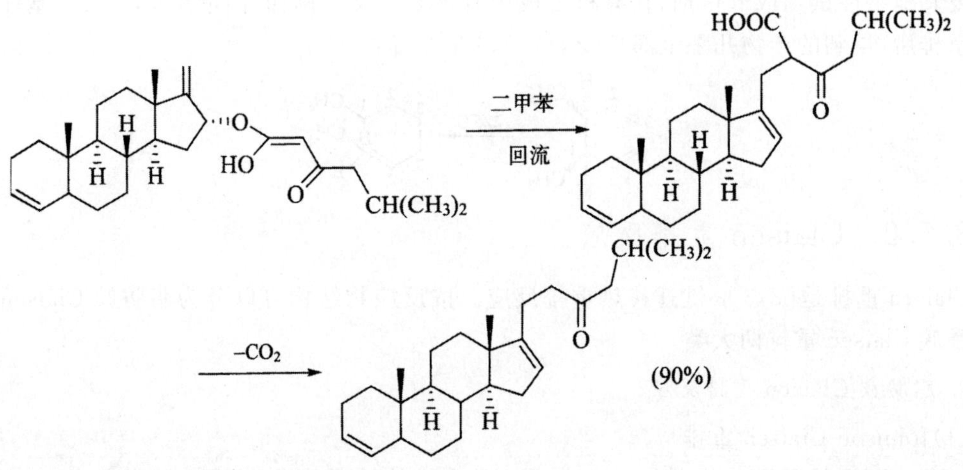

（3）烯丙基乙烯基醚 Claisen 重排

烯丙基乙烯基醚衍生物在加热时起 Claisen 重排反应生成含烯键的醛、酮、羧酸等。反应式如下：

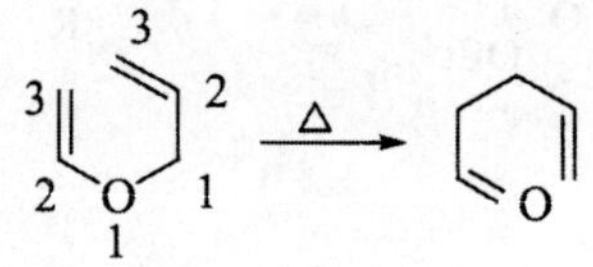

脂肪族烯丙基乙烯基醚常由乙烯式醚和烯丙醇在酸催化下形成，后者立即起 Claisen 重排反应生成不饱和羰基化合物。反应式如下：

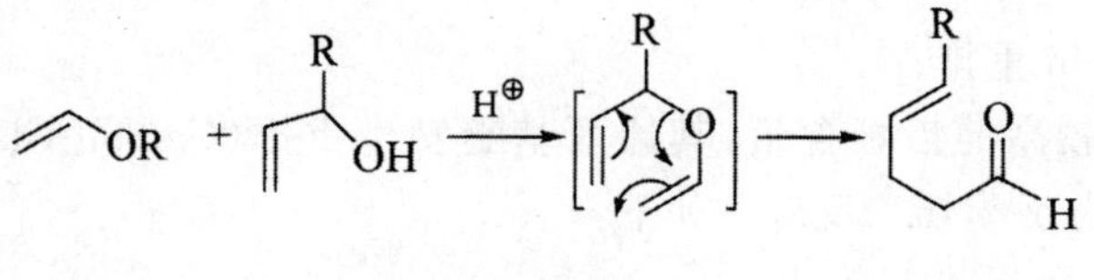

例如：

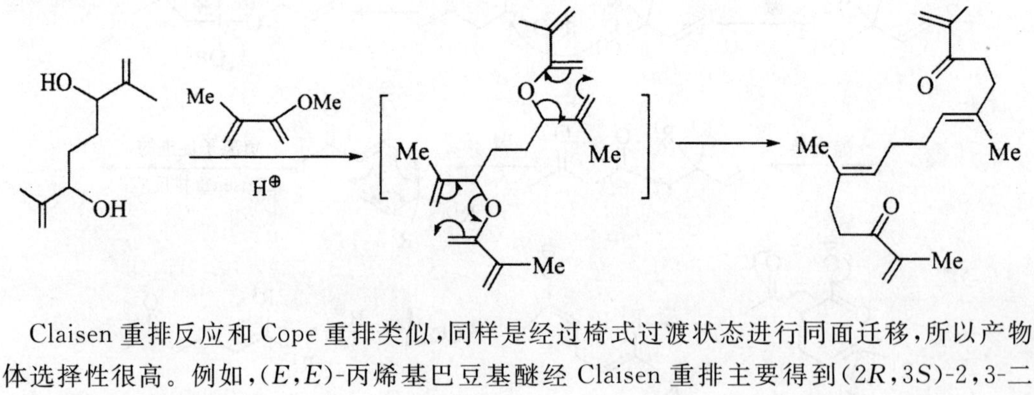

Claisen 重排反应和 Cope 重排类似，同样是经过椅式过渡状态进行同面迁移，所以产物的立体选择性很高。例如，(E,E)-丙烯基巴豆基醚经 Claisen 重排主要得到$(2R,3S)$-2,3-二甲基 4-戊烯醛。反应式如下：

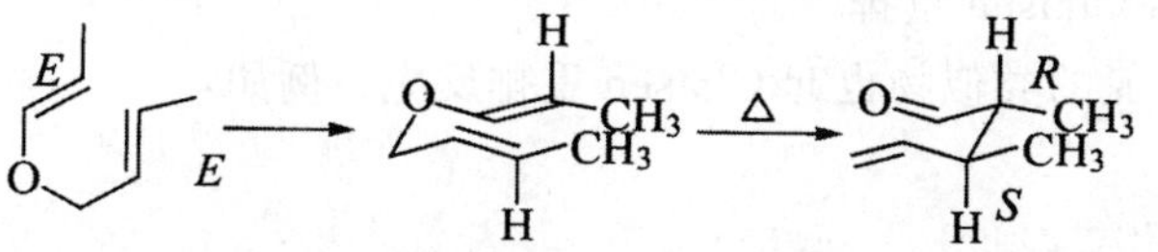

(97%)

Lewis 酸催化 Claisen 重排一般情况下可提高立体选择性和反应产率。例如:

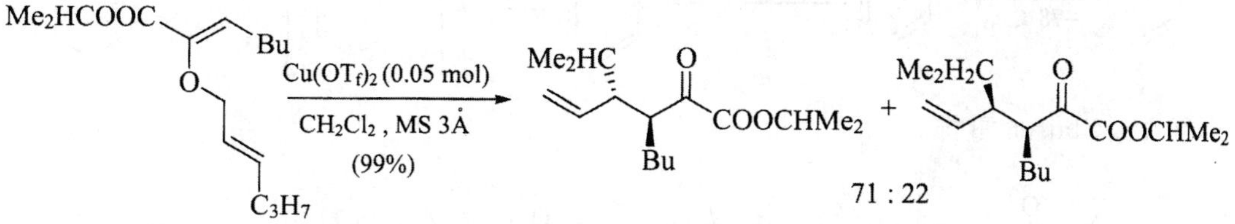

(4)Eschenmoser-Claisen 重排

烯丙式醇和 N,N-二甲基乙酰胺的缩醛衍生物作用失去一份子醇生成烯丙基烯醇酰胺醚,后者起 Claisen 重排(Eschenmoser-Claisen 重排)得到不饱和酰胺。反应式如下:

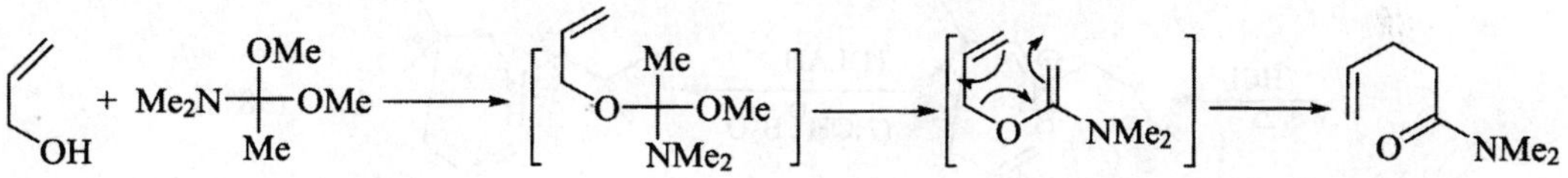

例如:

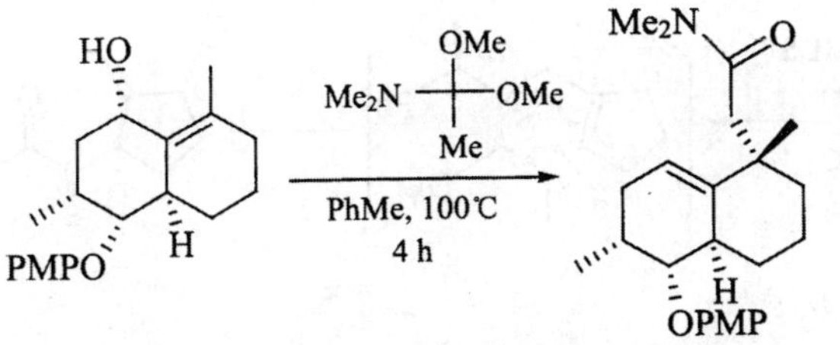

(5)Claisen-Ireland 重排

烯丙基酯在强碱作用下生成的烯醇硅醚也可发生 Claisen 重排,生成不饱和酸。反应式如下:

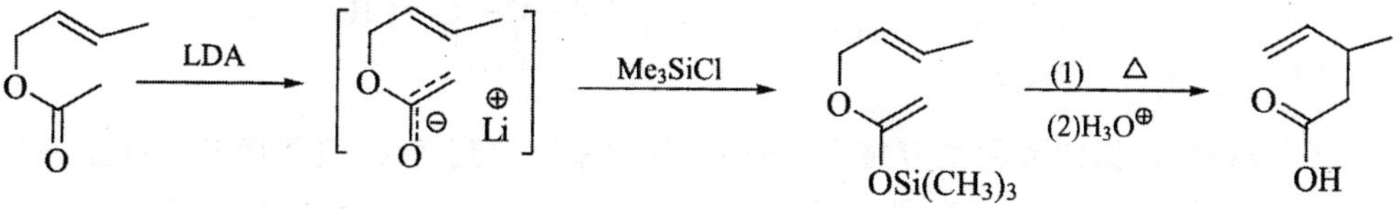

例如:

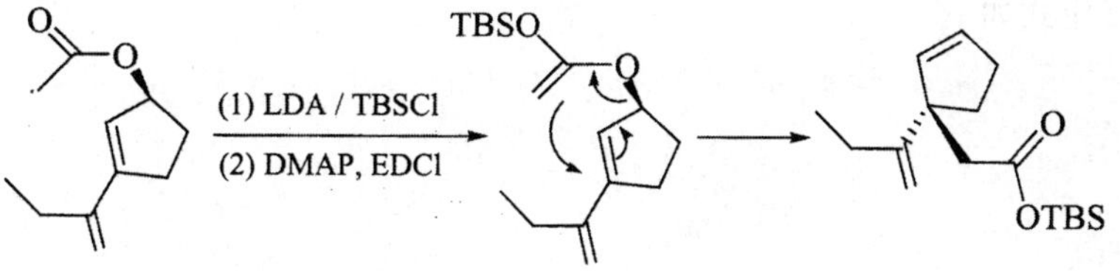

（6）Thio-Claisen 和 Aza-Claisen 重排

烯丙基乙烯基醚的硫或氮的类似物也起 Claisen 重排反应。例如：

①Thio-Claisen 重排。

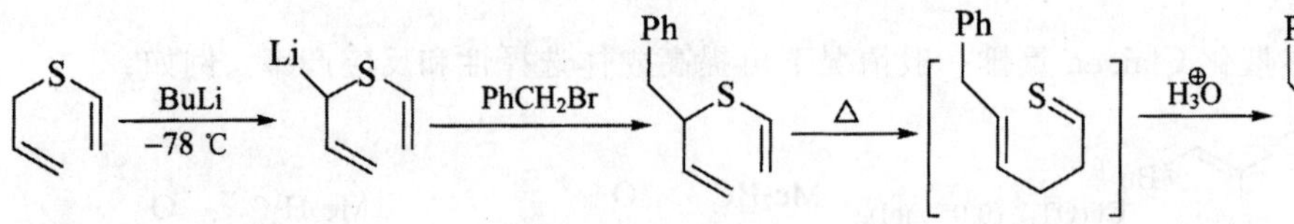

②Aza-Claisen 重排。

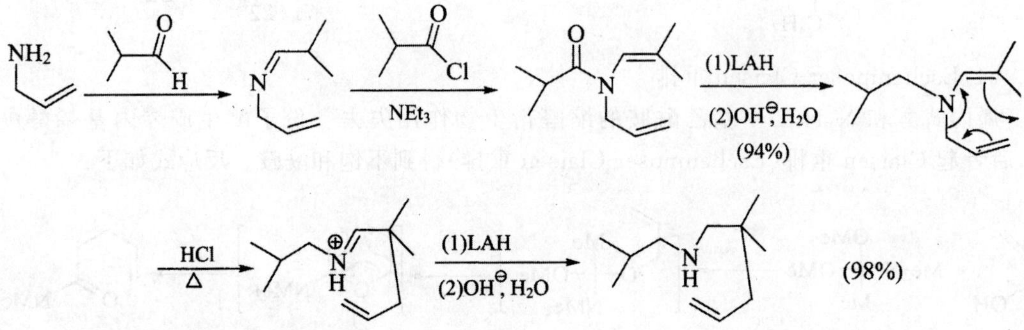

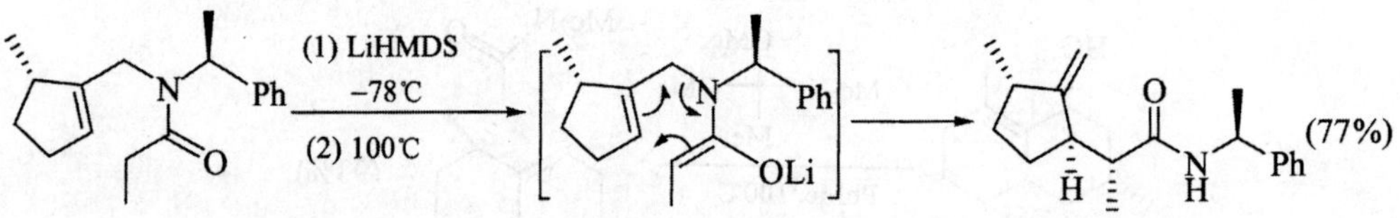

2. 芳香族 Claisen 重排反应

烯丙基芳醚在加热时起 Claisen 重排，烯丙基迁移到邻位 α-碳原子上：

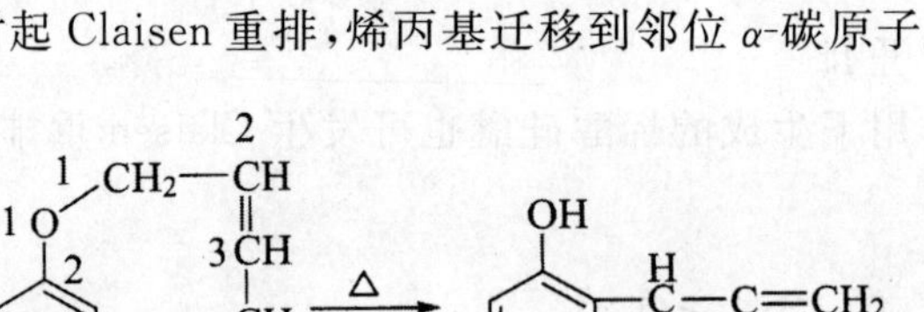

两个邻位都被占据的烯丙基芳醚在加热时，烯丙基迁移到对位，且烯丙基以碳原子与酚羟基的对位相连。经同位素标记法研究证明，该反应实际上经过两次重排，先发生 Claisen 重排，使烯丙基迁移到邻位，形成环状的双烯酮，再经 Cope 重排使烯丙基迁移到对位，烯醇化后生成对取代酚。反应式如下：

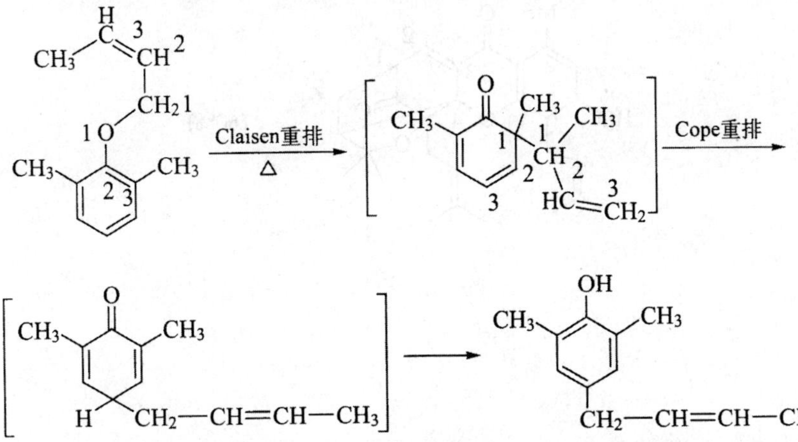

如果对位有烯基取代基时,烯丙基可重排到侧链上。反应式如下:

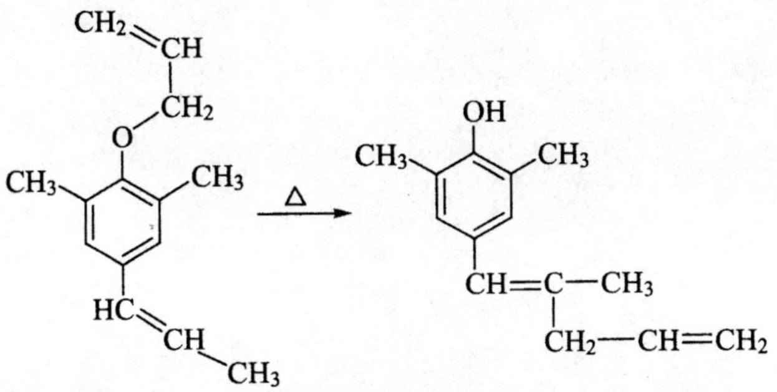

芳香族硫醚同样可发生 Claisen 重排。反应式如下:

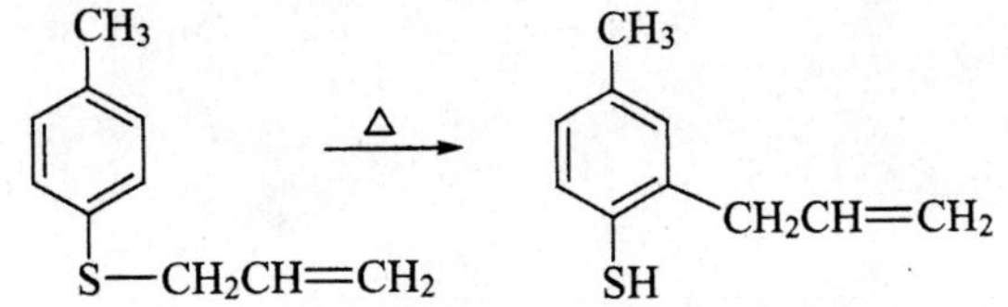

Claisen 重排也常和分子内 Diels-Alder 反应串联发生。例如:

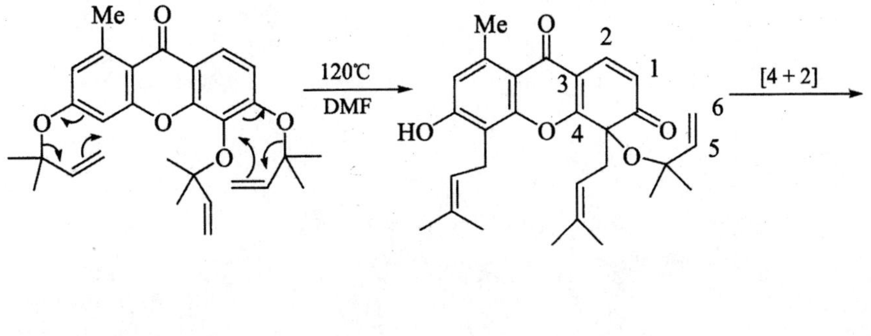

(60%)

第9章 不对称合成反应

9.1 不对称合成反应概述

9.1.1 不对称合成反应的定义

不对称合反应泛指由于手性反应物、试剂、催化剂以及物理因素等造成的手性环境而发生的反应,是近年来有机化学中发展最迅速和最有成就的领域之一。反应物的前手性部位在反应后变为手性部位时形成的立体异构体不等量,或在已有的手性部位上一对立体异构体以不同速率反应,从而形成一对立体异构体不等量的产物和一对立体异构体不等量的未反应原料。

例如,关于 D-(+)-甘油醛的氰解、水解、氧化三个反应过程:D-(+)-甘油醛是一个右旋的手性化合物,当在这个含有一个手性中心的不对称分子的醛发生氰解时,又生成一个新的不对称中心,结果得到一对非对映异构体:D-苏力糖腈和 D-赤藓糖腈。因为,D-(+)-甘油醛分子原来的手性碳原子的结构对新的不对称中心的影响,这就导致在反应中产物两种可能构型在数量上呈分配不均的现象。这一反应主要生成 D-苏力糖腈和少量 D-赤藓糖腈。进一步水解、氧化,结果就产生大量 D-(−)-酒石酸和少量的 meso-酒石酸。反应如下:

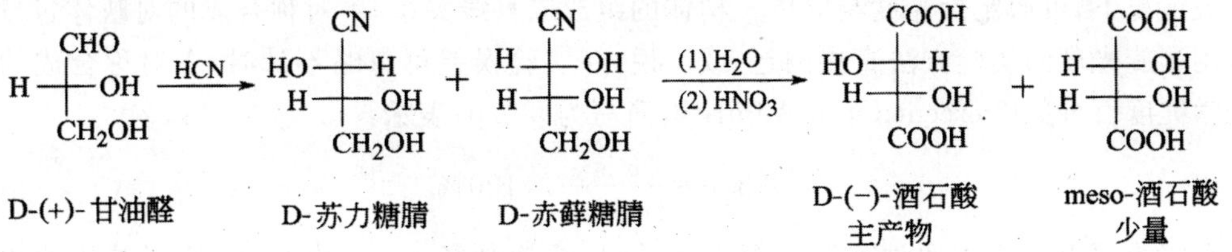

再如,R-(−)-乙酰基甲醇与甲胺发生亲核加成消去反应,然后进行催化加氢后,得到主产物 D-(−)-麻黄碱和少量的 D-(−)-假麻黄碱。反应如下:

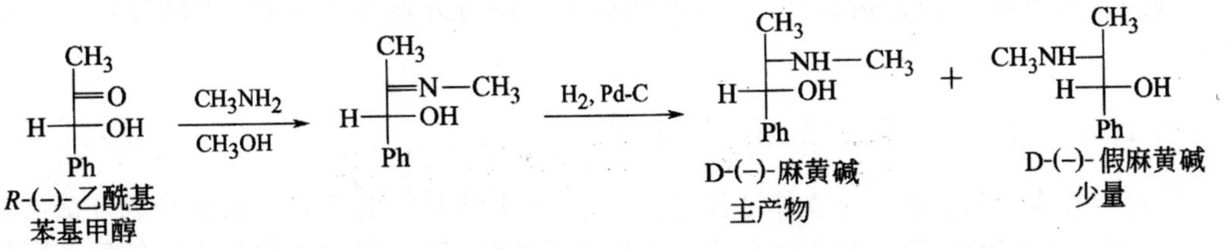

这一反应的反应物质也含有一个不对称碳原子,这一不对称碳原子的结构是试剂分子(H_2-Pd)在进入反应时,两种可能的方向呈现不均等的状态。

从以上两个例子可以得出:在一个不对称反应物分子中形成一个新的不对称中心时,两种可能的构型在产物中的出现常常是不等量的。在有机合成化学中,就把这种反应称为不对称反应或不对称合成。

Morrison 和 Mosher 提出了"不对称合成"较为完整的定义:一个反应,其中底物分子整体中的非手性单元由反应剂以不等量地生成立体异构产物的途径转换为手性单元。也就是说,不对称合成是这样一个过程,它将潜手性单元转化为手性单元,使得产生不等量的立体异构产物。

9.1.2　不对称合成反应的效率

不对称合成实际上是一种立体选择性反应,它的反应产物可以是对映体,也可以是非对映体,且两种异构体的量不同。立体选择性越高的不对称合成反应,产物中两种对映体或非对映体的数量差别越悬殊。正是用这种数量上的差别来表征不对称合成反应的效率。

不对称合成反应效率的表示方法有两种。一种是对应异构体过量百分数,如果产物互为对映体,则用某一对映体过量百分率(Percent Enantiomeric Excess,简写为%e.e)来衡量其效率:

$$\%e.e = \frac{[S]-[R]}{[S]+[R]} \times 100\%$$

或是非对应异构体表示方法,如果产物为非对映体,可用非对映体过量百分率(Dercent Diastereoisomeric Excess,简写为%d.e)表示其效率:

$$\%d.e = \frac{[S^*S]-[S^*R]}{[S^*S]+[S^*R]} \times 100\%$$

式中,[S]和[R]分别表示主产物和次产物对应异构体的量;[S^*S]和[S^*R]分别表示主次要产物非对应异构体的量。

第二种不对称合成反应效率用产物的旋光纯度来表示,旋光性是手性化合物的基本属性,在一般情况下,可假定旋光度与立体异构体的组成成直线关系,不对称合成的对映体过量百分率常用测旋光度的实验方法直接测定,或者说,在实验误差可忽略不计时,不对称合成的效率用光学纯度百分数(Percent Optical Purity,简写为%o.p)表示:

$$\%o.p = \frac{[\alpha]_{实测}}{[\alpha]_{纯样品}} \times 100\%$$

在实验误差范围内两种方法相等。若%e.e 或旋光度%o.p 为 90%,则对映体的比例为95:5,非对应异构体的量可以用[1]H-NMR、GC 或 HPLC 来测定。

一个成功不对称合成的标准为:①对应异构体的量,对应异构体含量越高合成越成功;②可以制备到 R 和 S 两种构型;③手型辅助剂易于制备并能循环应用;④最好是催化性的合成。

9.1.3　不对称合成反应的途径

不对称合成实际上是一种立体选择性合成,按照手性基团的影响方式和合成方法的演变和发展,可以分成四代:第一代方法称为手性底物控制法,第二代方法称为手性辅助基团控制法,第三代方法称为手性试剂控制法,第四代称为手性催化剂控制法。

1. 手性底物控制的不对称合成

底物控制反应(又称手性源不对称反应)即第一代不对称合成,是通过手性底物中已经存在的手性单元进行分子内定向诱导。在底物中新的手性单元通过底物与非手性试剂反应而产生,此时反应点邻近的手性单元可以控制非对映面上的反应选择性。底物控制反应在环状及刚性分子上能发挥较好的作用。

底物控制法的反应底物具有两个特点:

①含有手性单元。

②含有潜手性反应单元。

在不对称反应中,已有的手性单元为潜手性单元创造手性环境,使潜手性单元的化学反应具有对映选择性。

手性底物控制不对称合成反应原料易得,但缺点是往往没有简捷、高效的方法将其转化为手性目标化合物。对于一些多手性中心有机化合物的合成,这种不对称合成思想尤为重要。只要在起始步骤中控制一个或几个手性中心的不对称合成,接下来就可能靠已有的手性单元来控制别的手性中心的单一形成,避免另外使用昂贵的手性物质。这类合成在药物合成上的应用研究比较多,有一些出色完成实际药物合成的实例。

(1)青蒿素的合成

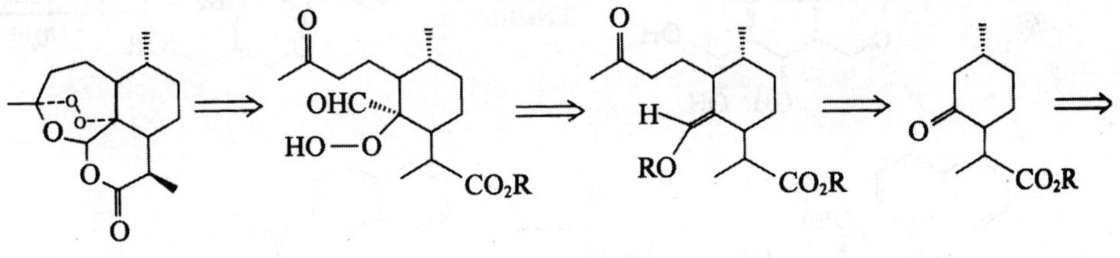

青蒿素(arteannuin)

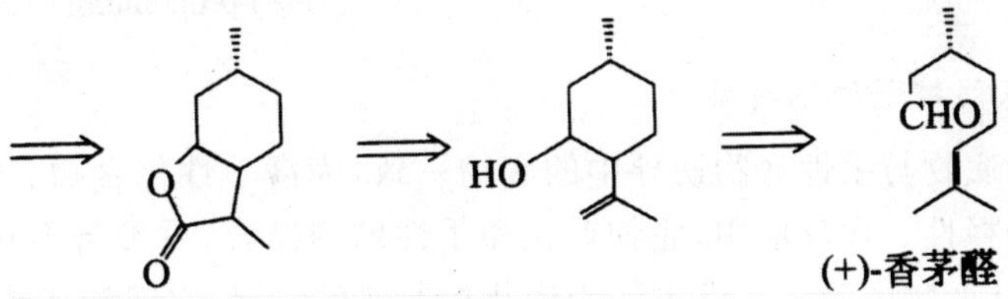

(+)-香茅醛

这项全合成的成功的关键在于用光氧化反应在饱和碳环上引入过氧键,用孟加拉玫红作光敏剂对半缩醛进行光氧化得 α 位过氧化物,合成设计中巧妙地利用了环上大取代基优势构象所产生的对反应的立体选择性。

(2)(S)-(−)-心得安合成(propranolol)

(S)-(−)-心得安作为 β-受体阻断剂类药物,其药效比(R)-(＋)-构型体高 100 倍,并且它在体内有更长的半衰期。一种由天然产物 L-山梨糖醇出发合成的路线如下,在这个合成中保留了天然山梨糖醇中与目标分子中构型一致的手性中心。

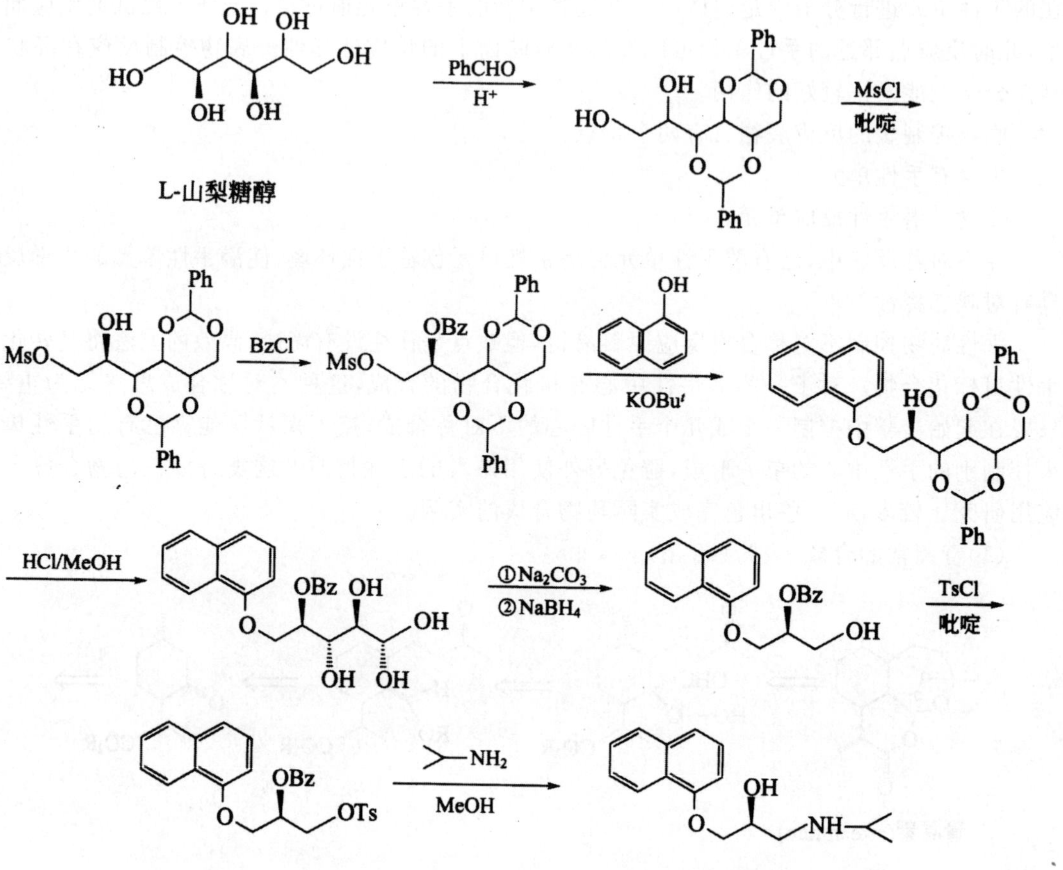

$$(S)\text{-}(-)\text{-propranolol}$$

2. 手性辅助基团控制的不对称合成

辅基控制中的底物与手性底物诱导中的底物一致,为潜手性化合物。它需要手性助剂来诱导反应的光学选择性。在反应中,底物首先和手性助剂结合,后参与不对称反应,反应结束后,手性助剂可以从产物中脱去。此方法为底物控制法的发展,它们都是通过分子内的手性基团来控制反应的光学选择性;只不过前者中的手性单元仅在参与反应时才与底物结合成一个整体,同时赋予底物手性;后者在完成手性诱导功能后,可从产物中分离出来,并且有时可以重复利用。其控制历程为:

$$S \xrightarrow{A^*} S-A^* \xrightarrow{R} P^*-A^* \xrightarrow{-A^*} P^*$$

其中,S 为反应底物;A* 为手性辅剂;R 为反应试剂;* 为手性单元。

虽然手性辅助基团控制不对称合成方法很有用,但该过程中需要手性辅助剂的连接和脱出两个额外步骤。关于该方法的报道不少,也有一些工业例子。例如,工业上利用此方法生产药物 S-萘普生。手性助剂酒石酸与原料酮类化合物发生反应时在保护羰基的同时又赋予底物手性。接着发生溴化反应,生成单一构型产物,再经重排和水解得到目标产物。

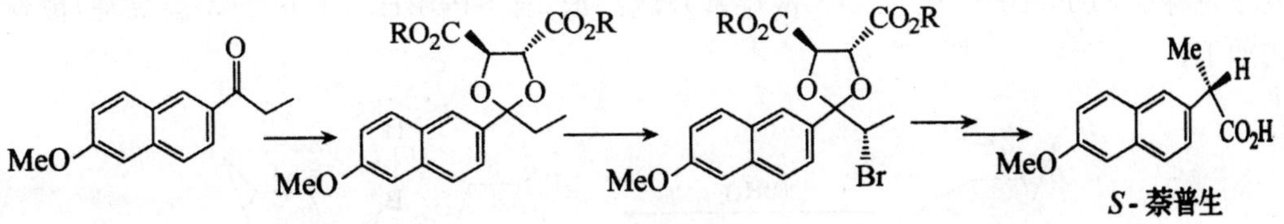

又如,Bruce 等将双阴离子与 Mg^{2+} 形成的盐进行醛酯缩合反应,诱导生成构型占优的产物。后来,Lynch 对该路线进行了不同程度的改进,在第一步反应中引入 LDH,将反应产率提高到 95% 以上,重结晶后的终产物光学纯度大于 99% e.e 值。

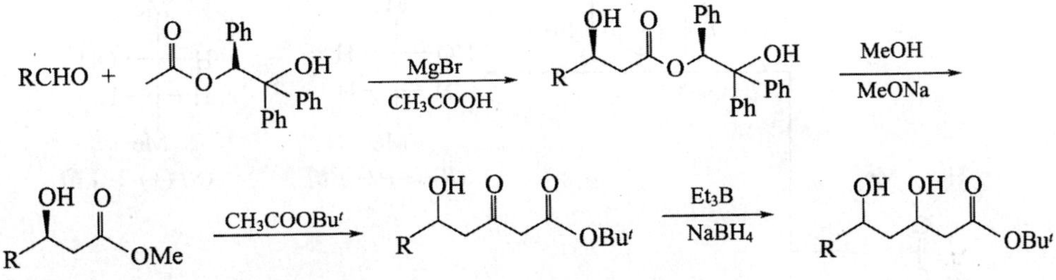

3. 手性试剂控制的不对称合成

用手性试剂与潜手性化合物作用可以制得不对称目的物。手性试剂可以在一般的对称试剂中引入不对称基团而制得。在手性试剂的不对称反应中最常见的是不对称还原反应。

(1)不对称烷氧基铝还原剂

Noyori 用光学活性的联萘二酚、氢化锂铝以及简单的一元醇形成 1∶1∶1 的复合物(BINAL-H)不对称还原剂,用于还原酮或不饱和酮,可以获得很高%e.e 的仲醇,是这方面最成功的例子。联萘二酚和 BINAL-H 的结构式如下:

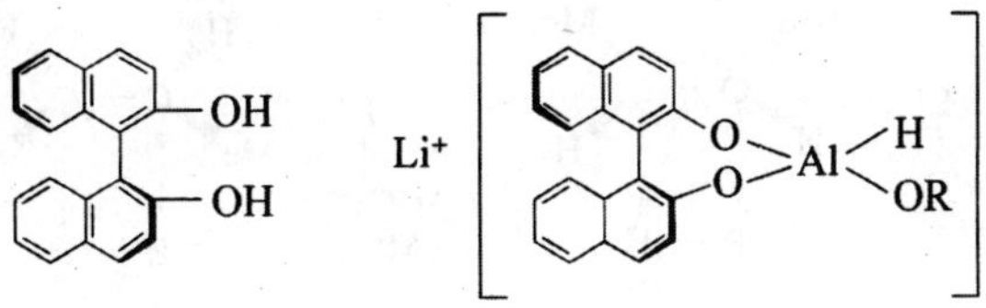

反应式如下:

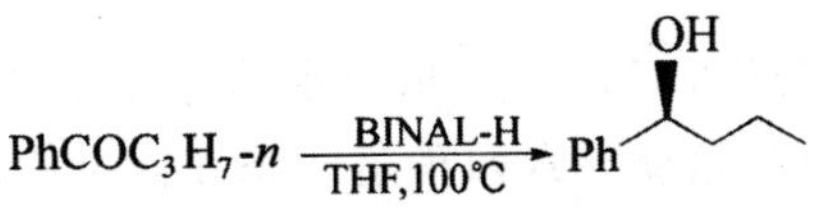

(—)-薄荷醇的一烷氧基氢化锂铝、(+)-喹尼丁碱的一烷基氢化锂铝(R =CH$_3$O—)、(+)-辛可宁碱的-烷基氢化锂铝(R =H)等不对称氢化物还原剂也可以用手性试剂和氢化锂铝反应制得。

(2)手性硼试剂

手性硼试剂用于不对称还原也曾做了大量工作,利用手性环状硼试剂更是取得了很好的结果。例如,将(+)-α-蒎烯或(—)-α-蒎烯与二硼烷在二甲氧基乙烷中,于 0℃ 发生反应,分别生成非对称（＋）-P_2^*BH［（＋）-二（3-蒎烷基）硼烷］或（－）-P_2^*BH［（－）-二（3-蒎烷基）硼烷］，反应式如下：

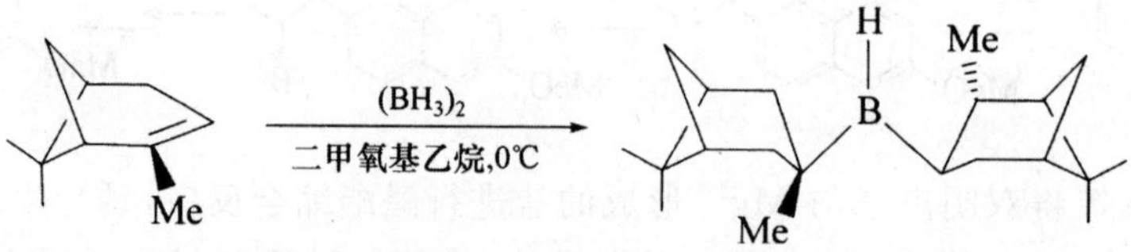

P_2^*BH 和同一烯烃反应时，加成方向取决于不对称试剂的结构。例如：

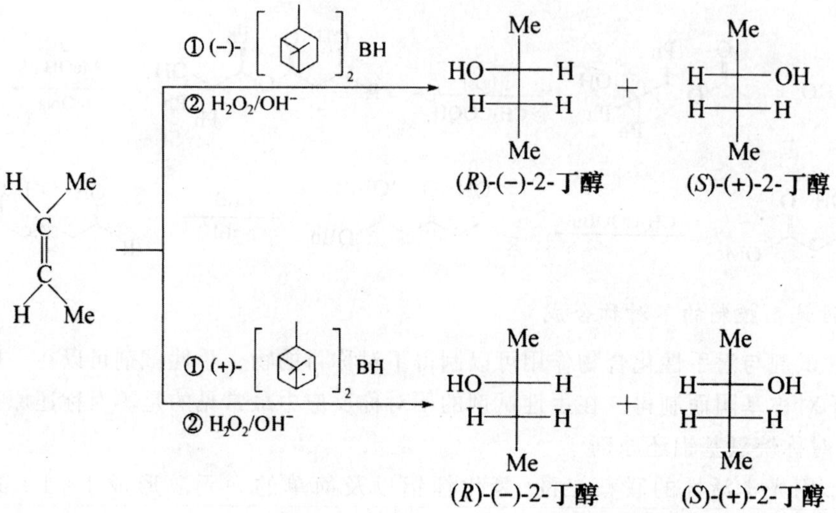

该实例说明应用手性硼烷进行的手性合成反应具有很高的立体选择性。在反应过程中，形成两种能量差别相当大的过渡态（A）和（B），而（A）的能量小于（B）的能量。表示如下：

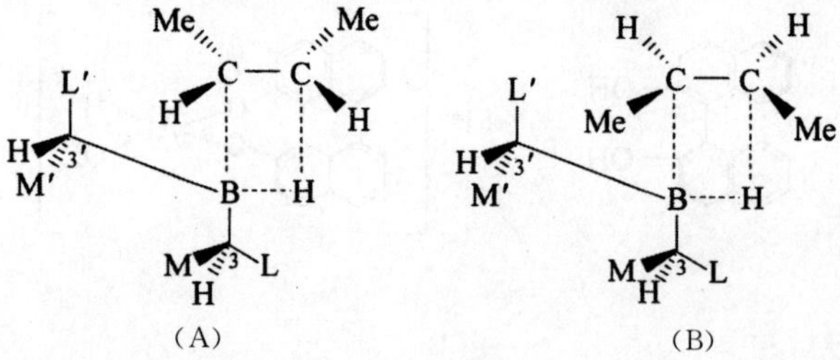

在（A）中顺-2-丁烯的甲基接近 C-3′上体积较小的氢原子，在（B）中该甲基接近体积较氢原子大得多的 C-3 上的 M 基团，这就导致两种过渡态在能量上的悬殊，从而使反应具有较高的立体选择性。

4．手性催化剂控制的不对称合成

催化法以光学活性物质作为催化剂来控制反应的对映体选择性。它可以分为两种：生物催化法和不对称化学催化法：

$$S+R \xrightarrow{\text{酶}} P^*$$

$$S+R \xrightarrow{\text{手性催化剂}} P^*$$

式中,S 为反应底物;R 为反应试剂;∗ 代表手性物质。

(1)手性催化剂诱导醛的不对称烷基化

醛、酮分子中羰基醛、酮与 Grignard 试剂的反应生成相应醇是一个古老而经典的亲核加成反应。但由于 Grignard 试剂反应活性非常大,往往使潜手性的醛、酮转化为外消旋体,而像二烷基锌这样的有机金属化合物对于一般的羰基是惰性的,但就在 20 世纪的 80 年代,Oguni 发现几种手性化合物能够催化二烷基锌对醛的加成反应。例如,(S)-亮氨醇可催化二乙基锌与苯甲醛的反应,生成(R)-1-苯基-1-丙醇,e.e 值为 49%。从此这个领域的研究迅速发展,至今为止,已设计出许多新的手性配体,应用这些手性配体可促进醛与二烷基锌亲核加成,这些催化剂一般对芳香醛的烷基化也具有较高的立体选择性。

(2)酶催化的不对称合成

生物催化反应通常是条件温和、高效,并具有高度的立体专一性。酶催化法使用生物酶作为催化剂来实现有机反应。酶催化的普通不对称有机反应主要有水解、还原、氧化和碳-碳键形成反应等。早在 1921 年,Neuberg 等用苯甲醛和乙醛在酵母的作用下发生缩合反应,生成 D-(—)-乙酰基苯甲醇。用于急救的强心药物"阿拉明"的中间体 D-(—)-乙酰基间羟基苯甲醇也是用这种方法合成的。1966 年,Cohen 采用 D-羟腈酶作催化剂,苯甲醛和 HCN 进行亲核加成反应,合成(R)-(+)-苦杏仁腈,具有很高的立体选择性,反应式如下:

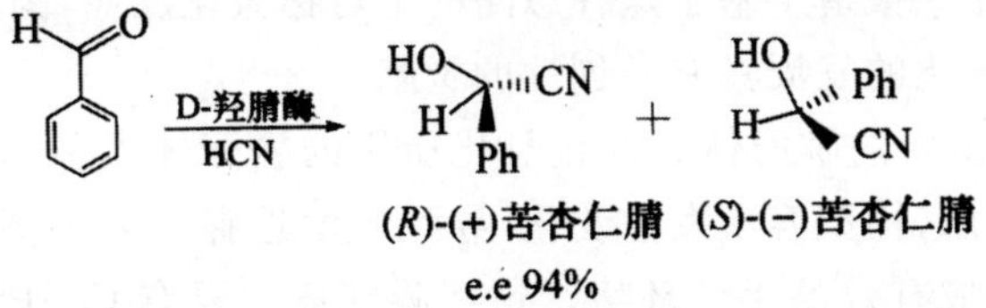

目前内消旋化合物的对映选择性反应只有酶催化反应才能完成。马肝醇脱氢酶(HLADH)可选择性地将二醇氧化成光学活性内酯,猪肝酯酶(PLE)可使二酯选择性水解成光学活性产物 β-羧酸酯,反应式如下:

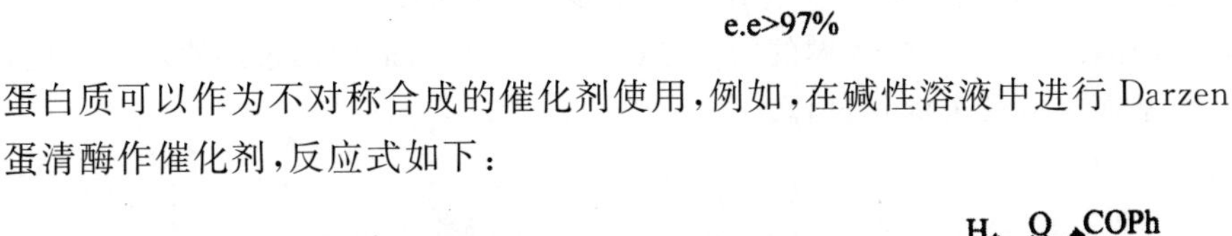

部分蛋白质可以作为不对称合成的催化剂使用,例如,在碱性溶液中进行 Darzen 反应时,可用牛奶蛋清酶作催化剂,反应式如下:

手性化学催化剂控制对映体选择性的不对称催化能够手性增殖,仅用少量的手性催化剂,就可获取大量的光学纯物质。也避免了用一般方法所得外消旋体的拆分,又不像化学计量不对称合成那样需要大量的光学纯物质,它是最有发展前途的合成途径之一。尽管酶催化法也能手性增殖,但生物酶比较娇嫩,常因热、氧化和 pH 不适而失活;而手性化学催化剂对环境有较强的适应性。

9.2　不对称氢化反应

9.2.1　碳-碳双键的不对称氢化反应

加氢反应是最常见的有机反应之一。H_2 分子简单,来源充足,价格低廉,参与的反应产率高,副产物少,因此得到了广泛的研究和应用。早期的不对称氢化反应都使用非均相催化技术,但得到的产物 e. e 值低,无法令人满意。到 20 世纪 60 年代,G. J. Wilkinson 发明了一种实用的均相催化剂三苯基膦氯化铑 $Rh(PPh_3)_3Cl$,它能在温和的条件下显示出极高的催化加氢活性。

P 原子是具有四面体空间的结构,因此,它可以形成手性化合物。如果用三个不同的基团来替换三苯基膦上的三个苯基,则可以得到手性的膦配体催化剂。1968 年,L. Horner 和 W. S. Knowles 各自独立地报道了基于这种思路的不对称氢化反应,为以后的工作奠定了坚实的基础,对不对称催化氢化的发展具有开创性的贡献。

图 9-1 列出了一些重要的膦配体。催化氢化所用的膦配体大多为双膦配体,这是因为单膦配体制备成为催化剂后,构型容易发生变化,导致光学选择性的下降,而双膦配体可以通过与中心金属双齿配位形成有效的手性环境。这些膦配体主要有 C—P 键构成的双膦配体,这其中包括 PPh_2 基团连接在具手性碳原子骨架上的配体,如 1,2;PPh_2 基团连接在具手性面骨架上的配体,如 3;具手性磷原子的配体,如 4,5;O—P,N—P 构成的双膦配体,如 6。而近年来也出现了能高对映选择性诱导不对称氢化反应的单膦配体,如 7。在这些配体中,BINAP 3 尤其重要,其对不对称氢化的发展具有里程碑式的意义。

除了手性配体外,中心金属对催化剂的手性诱导能力也有很大的影响,选择适合的中心金属与精心设计的手性配体的良好结合对催化剂获得高效率至关重要。

通过对反应中间体的核磁共振、X 射线衍射研究以及详尽的动力学分析,科学家们阐明了膦-铑配合物催化烯胺的氢化反应机理。如图 9-2 所示,催化剂的中心金属与底物的烯键和羰基氧发生相互作用,形成螯合的铑配合物 8;氢气经过氧化过程加成到中心金属铑,形成铑(Ⅲ)二氢化物中间体 9,这一步为反应速率决定步骤;金属铑上的一个 H^- 通过五元螯合烷基—铑(Ⅲ)中间体转移到配位的烯键的缺电子的 β 位上(10);最后通过还原消去反应,释放催化剂得到产物,从而完成整个催化过程。

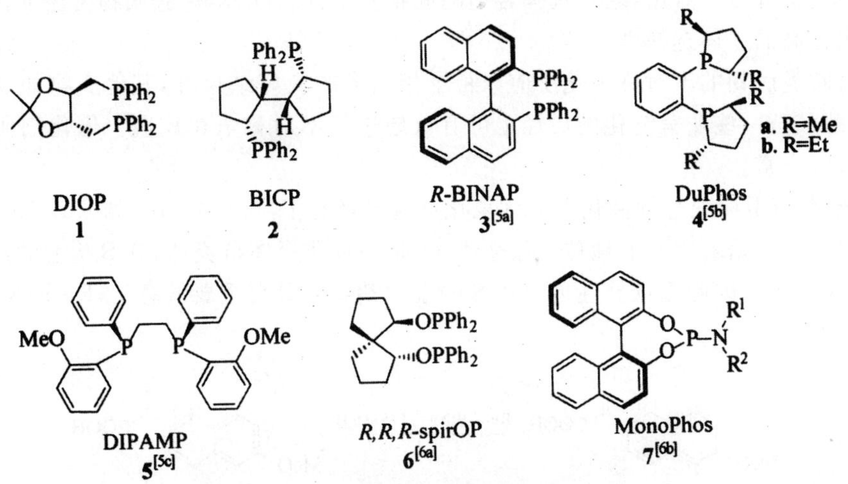

图 9-1　一些参与不对称氢化反应的膦配体

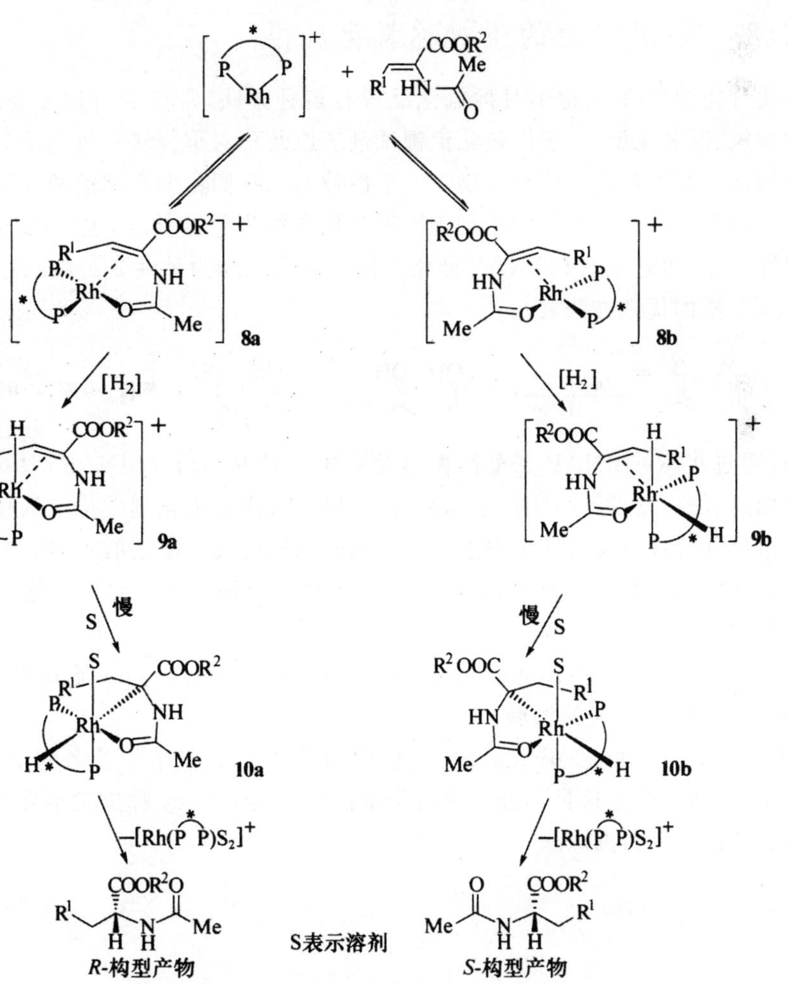

图 9-2　铑-手性二膦催化剂催化的脱氢氨基酸的不对称氢化反应机理图

从反应的机理可以看出,通过选择合适的底物及手性膦配体,烯胺底物与铑催化剂的结合可以表现出很高的立体选择性。

除了烯胺类底物的不对称氢化反应取得了相当多的良好结果外,其他底物如取代丙烯酸及酯、烯醇酯甚至一些非官能化的烯烃也可有效地进行不对称氢化反应。催化剂所选用的中心金属也日渐丰富。

过渡金属-膦手性配合物催化不对称氢化反应已经有了广泛的应用,如 Ru-BINAP 催化剂在合成萘普生中占据着重要的地位。萘普生 11 是一种非甾体抗炎药,其 S 构型的活性要比 R 构型高 40~70 倍。因此能选择性地合成 S 构型的萘普生具有重要的意义,Ru-BINAP 催化剂能满足这一要求。

S-11,93%~94% e.e

9.2.2 碳-氧双键的不对称氢化反应

羰基化合物的碳-氧双键不对称氢化反应有多种方法,常见的有过渡金属(如 Ru,Rh)配合物催化加氢、硼氢化反应、手性氢化铝锂试剂还原及不对称氢转移氢化反应等。通过这样的反应可以制备一类重要的手性化合物——手性仲醇。我们主要介绍前两种氢化反应。

Ru-BINAP 体系不仅能有效还原各种羰基化合物为手性仲醇,也可以催化还原酮酯类化合物为手性二醇,如通过 Ru-BINAP 催化氢化 2,4-戊二酮为手性 2,4-戊二醇的方法已成为制备手性 1,3-二醇的优选方法之一。

产率 >95%, >99.9% e.e

另外,通过将 Ru-BINAP 二醋酸配合物[Ru(OCOCH$_3$)$_2$(BINAP)]中的醋酸阴离子转换为一些如高氯酸、三氟乙酸阴离子等强酸,可以大大提高催化剂催化 β-酮酸酯氢化反应的催化活性。这可以通过向反应体系中加入二当量的高氯酸或三氟乙酸水溶液实现。而将醋酸阴离子替换为含卤离子的配合物 RuX$_2$(BINAP)催化的 β-酮酸酯不对称氢化反应给出了比不含卤离子配合物高很多的 e.e 值。

从 20 世纪 80 年代初 S. Itsuno 开始,手性噁唑硼烷体系作为一类成功的催化剂,经E. J. Corey 的改进,得到了很大的发展。

噁唑硼烷属于手性硼杂环化合物,其结构如 A 所示。其中最著名的是由 L-脯氨酸衍生的 CBS 催化剂 12。由于这类小分子具有类似酶的行为,Corey 称这类催化剂为“化学酶”,同时亦提出了催化反应的机理。

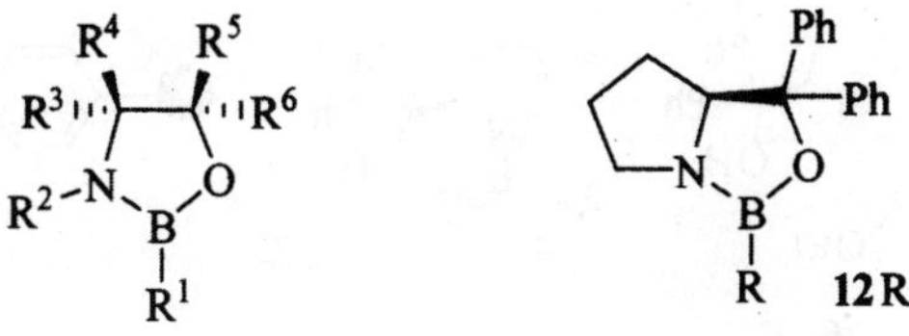

A　　　　　　　CBS 催化剂

12 R＝H, Me

Corey 的 CBS 催化剂催化苯乙酮还原反应的机理如图 9-3 所示。

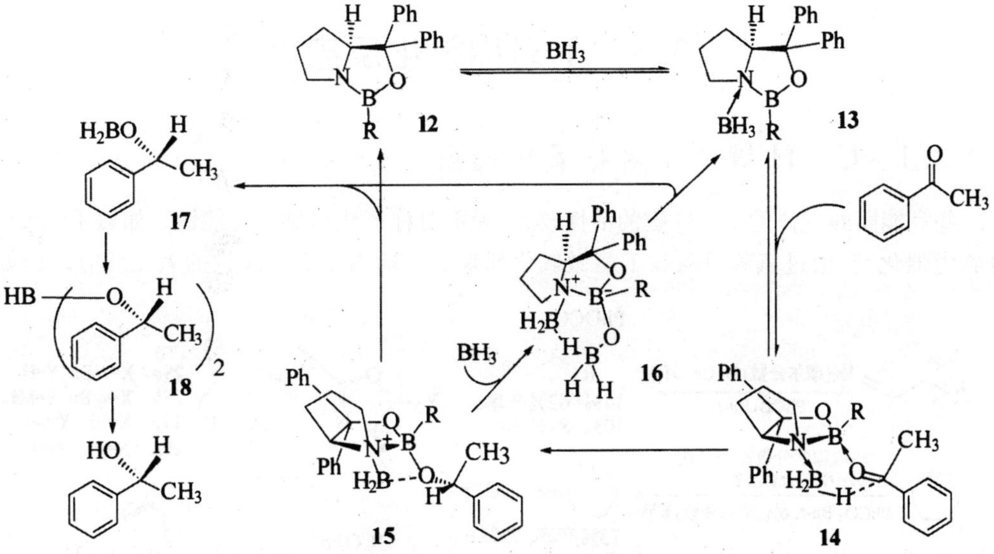

图 9-3　CBS 催化剂催化苯乙酮还原反应的机理

硼烷与环上的氮原子配位形成配合物 13,硼烷与氮原子配位后可被活化为氢给体,同时又可以使环上硼原子的 Lewis 酸性增强,从而使环上的硼原子与底物酮中的羰基进行同面配位形成 14。硼烷中的负氢离子再经一六元环过渡态分子内迁移至羰基的 Re-面形成 15。当羰基被还原后以氧硼烷 17 的形式脱离䓬唑硼烷 12。

这个过程可能经过两种途径:

①15 中与䓬唑硼烷上硼原子配位的醇盐配体与配位的 BH₃ 通过环消去反应,使 12 再生并生成氧硼烷 17。

②15 再与另一分子 BH₃ 加成形成一六元 BH₃-桥化合物 16,再分解为硼烷加合物 13 和 17。17 很快发生歧化反应生成二氧硼烷 18 和 BH₃,从而使 BH₃ 中三个氢原子被充分利用。

从反应机理可以看出,产物中手性醇的构型可以从与手性䓬唑硼烷氮原子相连的手性碳原子的构型预测。

图 9-4 是一些典型的配体,它们与硼烷或烷基硼烷作用可形成䓬唑硼烷催化剂,从而有效地催化不对称还原反应。近年来还出现了将 CBS 催化剂固载化后(22)用于催化不对称还原反应,固载化后的催化剂具有易回收、可重复利用等优点,对映选择性也非常高。

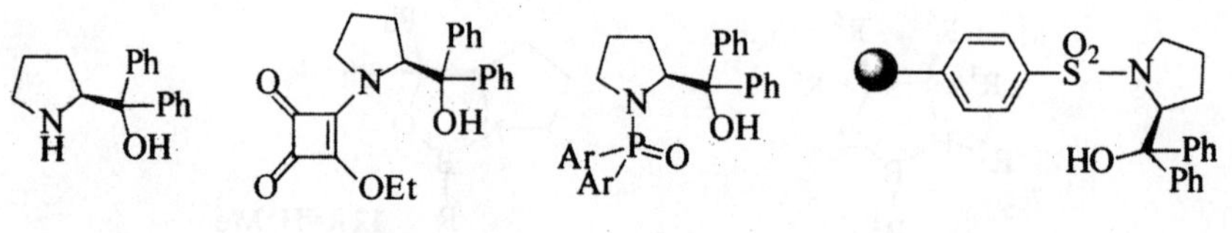

19　　20　　21　　22

图 9-4　一些典型的用于不对称硼氢化反应的手性配体

不对称氢转移反应也是一类重要的碳-氧双键还原方法。

9.3　不对称氧化反应

9.3.1　C—H 键的不对称氧化反应

一些官能团的 α-位的 C—H 键的活性较大，为不对称氧化提供了可能性。如以手性 Cu (Ⅱ) 络合物为催化剂，用过氧苯甲酸叔丁酯做氧化剂来实现烯丙型 C—H 键的氧化反应。例如：

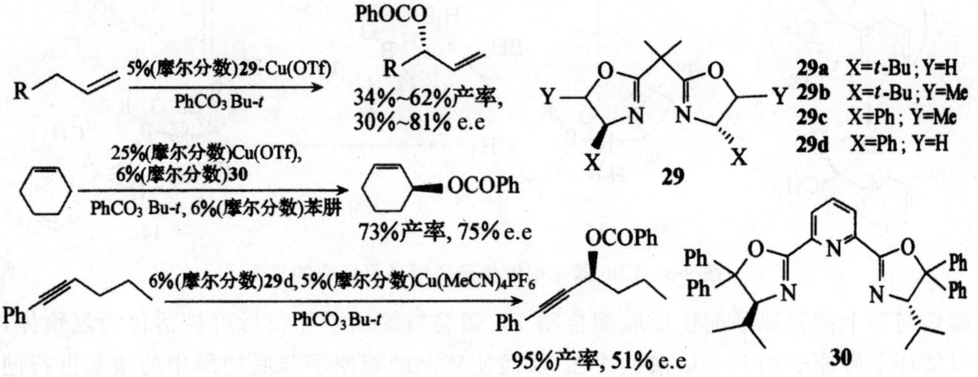

醚类化合物 α-C 的不对称氧化用 Salen-Mn (Ⅲ)络合物作催化剂，以 PhIO 氧化剂，反应得到具有光学活性的邻羟基醚。下面的例子中得到了中等水平的光学选择性。

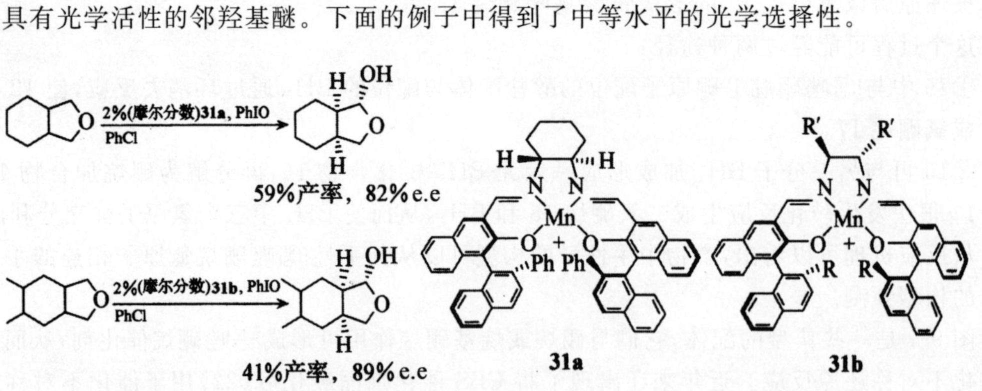

9.3.2　硫醚的不对称氧化反应

硫醚的不对称氧化是合成手性亚砜最为直接的方法。反应体系为 Kagan 试剂，即反应中的催化剂体系为 Ti(Opr-i)$_4$ 和(＋)-DET 催化剂及氧化剂中加入一些水来促进反应的进行。氧化剂通常是 t-BuOOH,而 PhCMe$_2$OOH 的效果较佳。

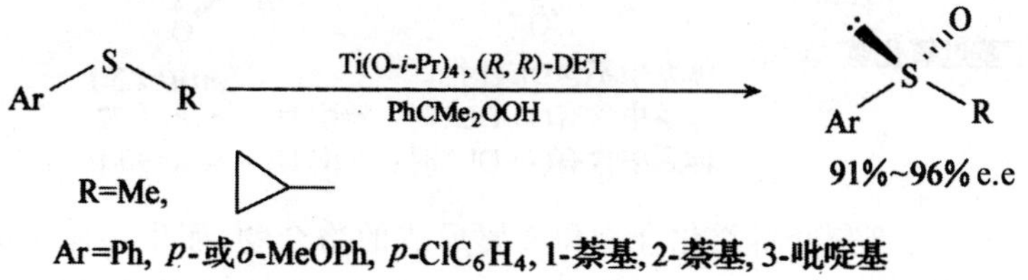

$$Ar-\overset{S}{}-R \xrightarrow[\text{PhCMe}_2\text{OOH}]{\text{Ti(O-}i\text{-Pr)}_4,\ (R,R)\text{-DET}} Ar-\overset{O}{\underset{}{S}}-R$$

R=Me, △

Ar=Ph, p-或o-MeOPh, p-ClC$_6$H$_4$, 1-萘基, 2-萘基, 3-吡啶基

91%～96% e.e

联萘酚也可作为配体替代酒石酸乙酯,而且原位形成的催化剂效果较好。例如,在 2.5%(摩尔分数)的这种催化剂作用下,一些芳基硫醚的反应对映选择性可达到84%～96%。当反应的催化剂非原位生成时,仅得到中等水平的对映选择性。

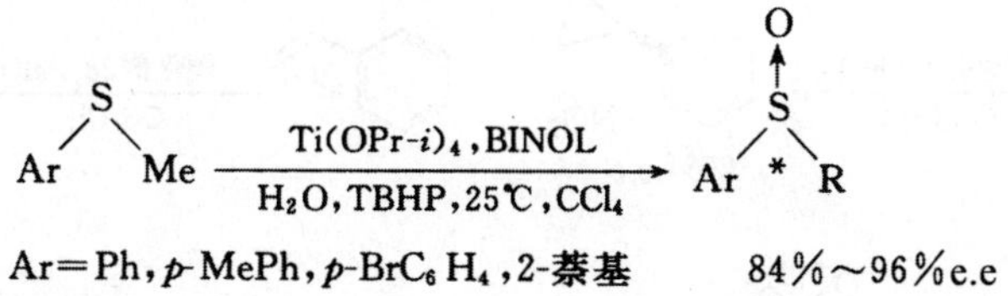

$$Ar-\overset{S}{}-Me \xrightarrow[\text{H}_2\text{O, TBHP,25℃,CCl}_4]{\text{Ti(OPr-}i)_4, \text{BINOL}} Ar-\overset{O}{\underset{*}{S}}-R$$

Ar=Ph, p-MePh, p-BrC$_6$H$_4$, 2-萘基　　　　84%～96% e.e

9.3.3　烯烃的不对称环氧化反应

烯烃的不对称环氧化是制备光学活性环氧化物最为简便和有效的方法,如图 9-5 所示。反应的关键在于对手性催化剂的选择,目前较好的手性催化剂主要有:Sharpless 钛催化剂、手性(Salen)金属络合催化剂、手性金属卟啉催化剂、手性酮催化剂等。

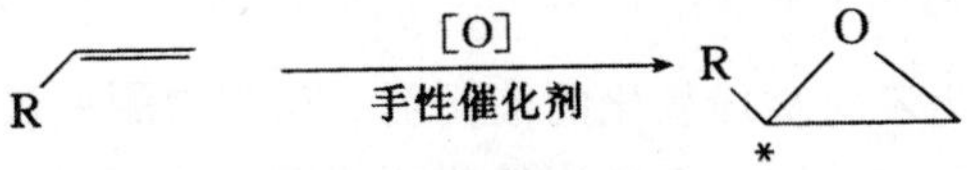

$$R-\!\!\!= \xrightarrow[\text{手性催化剂}]{[\text{O}]} R-\!\!\overset{O}{\underset{*}{\triangle}}$$

图 9-5　不对称环氧化

Sharpless 钛催化剂是一般由烷氧基钛和酒石酸二酯及其衍生物形成,主要适用于烯丙伯醇类底物的不对称环氧化。对于大部分丙烯伯醇类底物,不管是顺式的还是反式的,一般能给出较高的 e.e 值;而且可以根据底物的 Z 或 E 构型来预见生成手性中心的绝对构型。

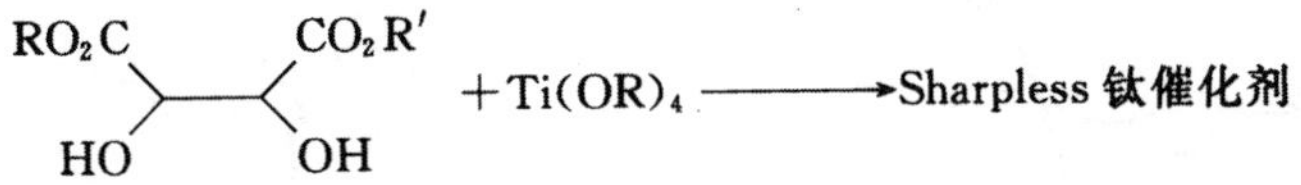

$$\underset{\text{HO}\quad\quad\text{OH}}{\text{RO}_2\text{C}\quad\quad\text{CO}_2\text{R}'} + \text{Ti(OR)}_4 \longrightarrow \text{Sharpless 钛催化剂}$$

如果反应底物为手性的,反应存在底物与催化剂的匹配问题。例如,在四异丙氧基钛催化手性底物的不对称环氧化反应中,如果不使用手性诱导剂酒石酸二乙酯,相应非对映产物的比例为 2.3∶1;如果使用(＋)-或(－)-酒石酸二乙酯进行手性诱导,非对映产物的比例分别为1∶22和90∶1。

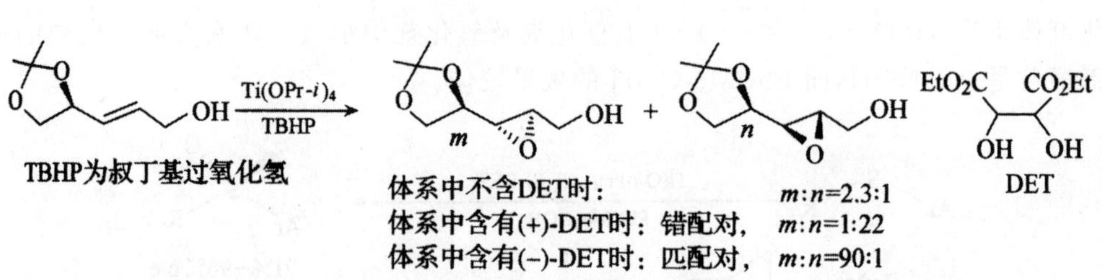

TBHP为叔丁基过氧化氢

体系中不含DET时：　　　　　　　　　　$m:n=2.3:1$
体系中含有(+)-DET时：错配对，　　　　$m:n=1:22$
体系中含有(−)-DET时：匹配对，　　　　$m:n=90:1$

　　手性金属卟啉催化剂是卟啉类化合物和金属形成的络合物，而生物体中的氧化酶细胞色素 P450 为卟啉 Fe(Ⅲ) 络合物结构。可见，这种催化剂是一种仿生物质，它的催化中心金属通常是锰离子，也可为钌和铁等金属离子。这类催化剂比较适合反式烯烃，尤其是一些缺电子末端烯烃。

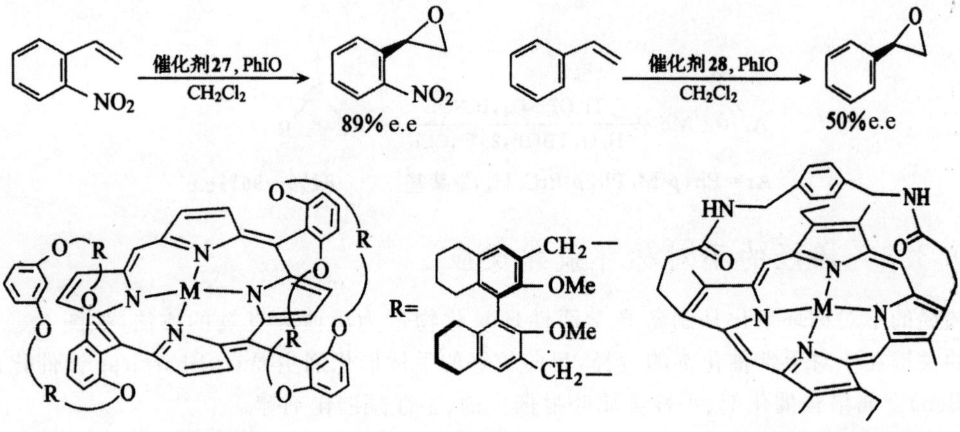

89% e.e　　　　　　　　　　50% e.e

27　M=FeCl₂　　　　　　　　　28　M=MnCl₂ 或 FeCl₂

　　手性酮化合物也可作为不对称环氧化的催化剂。反应中酮被过氧硫酸氢钾氧化成二氧杂环丙烷中间体；接着把双键氧化，同时手性酮催化剂得到再生，重新进入下一个循环，如图 9-6 所示。

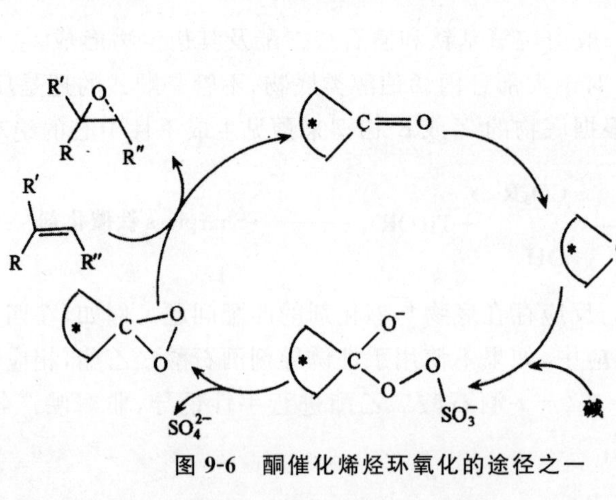

图 9-6　酮催化烯烃环氧化的途径之一

9.3.4　烯烃的不对称双羟化和氨基羟基化反应

　　烯烃的不对称双羟化是合成手性 1,2-二醇的重要方法之一，它是在催化量的 OsO₄ 和手性配体存在下,利用氧给予体对烯进行双羟化反应,如图 9-7 所示。氧给予体可以是氯酸钾、氯酸钠或过氧化氢,但它们会使底物部分过氧化而降低双羟化反应产率。后来发现,N-甲基-N-氧吗啉(NMO)和六氰合铁(Ⅲ)酸钾有较好的氧化效果,因此目前的不对称双羟化反应的氧给予体一般是这两种化合物。

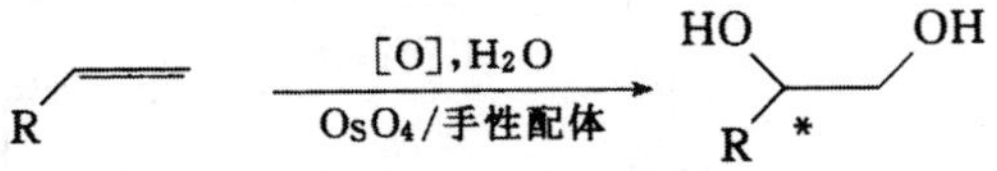

图 9-7　烯烃的不对称双羟化

用于烯烃的不对称双羟化的配体很多,迄今有 500 多种。其中,金鸡纳碱衍生物的效果最为突出。例如,(DHQ)₂PHAL、(DHQD)₂PHAL 在很多烯烃底物的双羟化反应中表现出良好的手性诱导性能,而且可以控制羟基的从底物的羟基 α 或 β 面进攻。其中,(DHQ)₂PHAL 控制烯烃 α 面发生反应,(DHQD)₂PHAL 则相反。它们按一定比例分别与 K₃Fe(CN)₆、K₂CO₃ 和锇酸钾形成的混合物已经商品化,前者被称为 AD-mix-α,后者被称为 AD-mix-β。

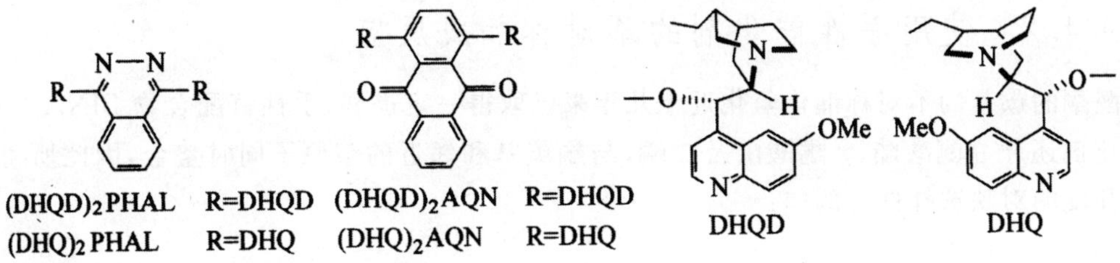

如果双羟化反应体系的供氧试剂改为氧化供氮试剂,则烯烃发生不对称氨羟化反应,如图 9-8 所示;产物为 β-氨基醇,是许多生物活性分子的关键结构单元。反应的机理和不对称双羟化反应类似,后者所用的催化剂体系也在氨羟化反应中同样适用。

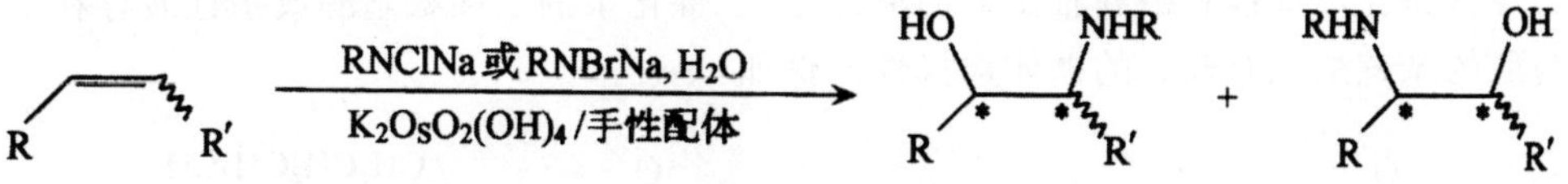

图 9-8　烯烃的不对称氨基羟基化反应

9.4　不对称亲核加成反应

9.4.1　有机试剂对醛酮的不对称加成反应

一些手性有机金属试剂可进行醛和酮的不对称加成。例如,芳基或烷基锌、烷基锂、二烷基镁、Grignard 试剂及烷基铝等可与手性氨基醇类化合物形成手性试剂,并对醛和酮进行手性试剂控制的不对称加成。也可进行手性底物控制的不对称加成反应。

在有机金属试剂中,芳基或烷基锌在醛酮的不对称加成反应中性能较为突出;而且能够在手性配体的诱导下实现其不对称催化反应,有时产物 e.e 值可高达 100%。这类反应中的手性配体主要有 β-氨基醇类化合物、手性二醇、β-氨基硫醇等化合物,反应中真正的催化活性物种是手性配体与部分锌试剂形成的手性化合物。例如:

173

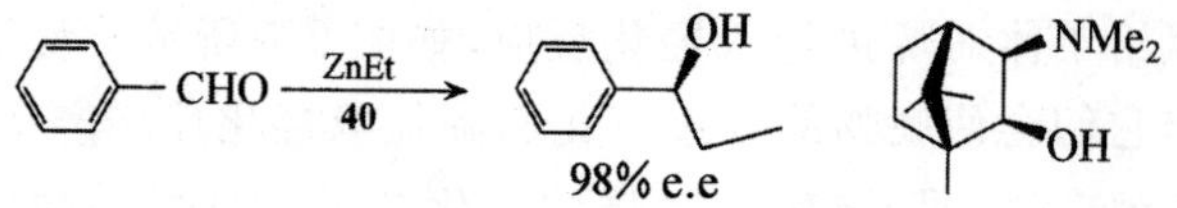

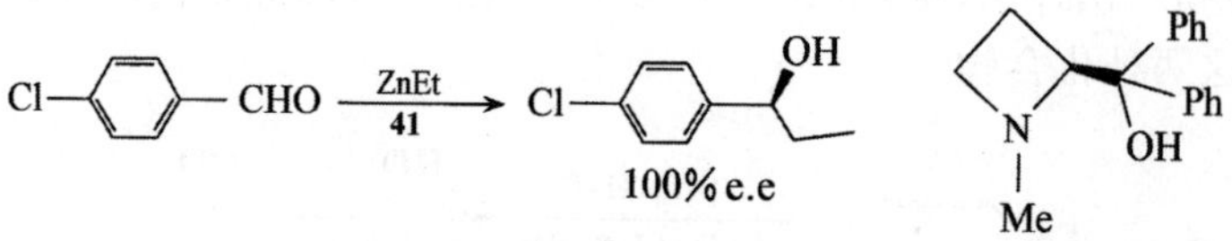

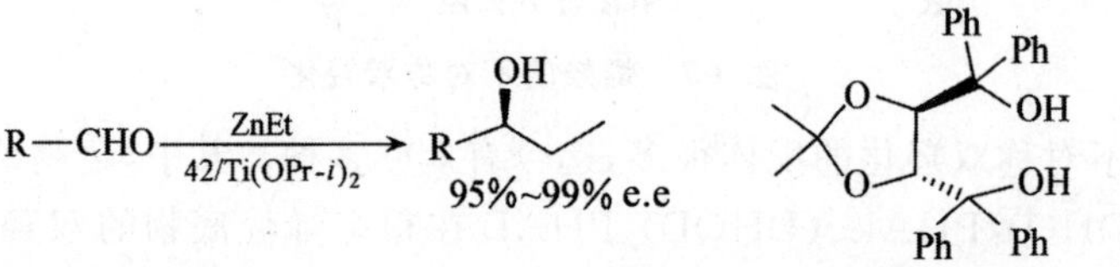

炔基金属试剂:卤代炔基锌、锌炔基锂、卤代炔基镁等,也可以对醛或酮进行不对称加成,生成手性炔基醇。由于端炔具有一定酸性,易于和较弱的碱反应,也可以直接使用端炔化合物来方便地进行醛或酮的不对称加成反应。

9.4.2 使用手性催化剂的不对称加成反应

醛酮的羰基的不对称催化氢化近十几年来已取得一定进展,手性钌配合物 BINAP-RuCl$_2$ 为催化剂还原 β-酮酸酯、γ-酮酸酯及二酮,与酮羰基和邻近的杂原子同时螯合,因此所得产物具有高度的对映选择性。例如:

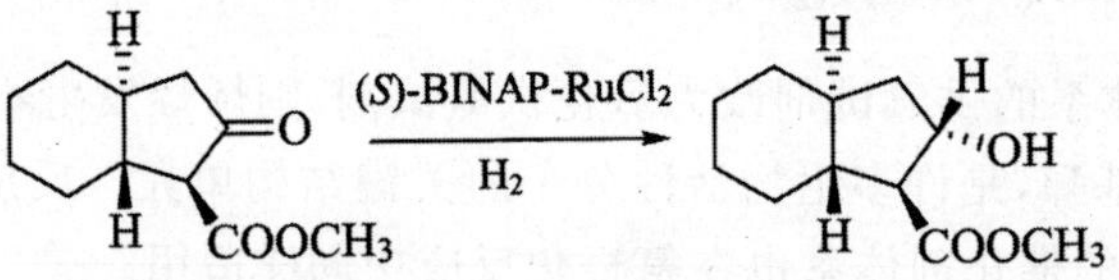

二烃基锌比烃基锂和格利雅试剂的活性小,在催化量的手性氨基醇或手性胺存在下,二烃基锌与醛的亲核加成有较高的立体选择性。例如:

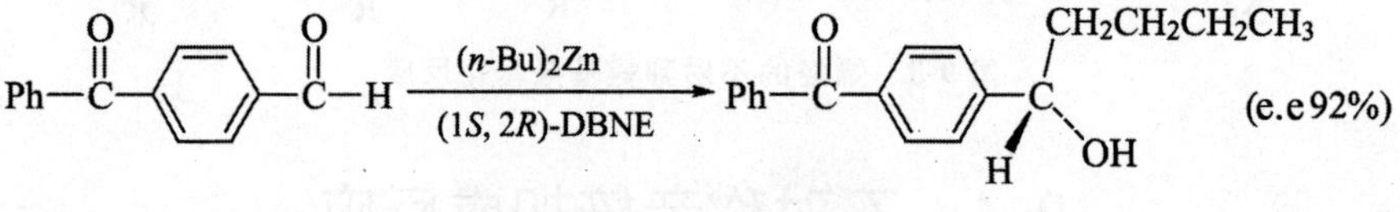

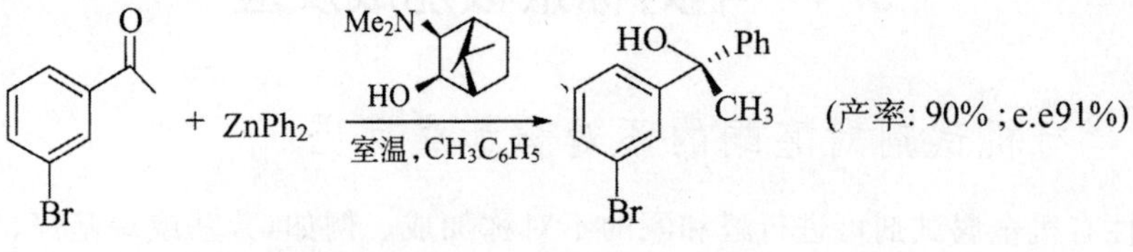

9.4.3 不对称 α-羟基膦酰化的加成反应

很多手性 α-羟基膦酰化合物的生物活性较强,可以作为酶的抑制剂。例如,HIV 蛋白酶抑制剂、肾素合成酶抑制剂,而且这种生物活性与它的绝对构型有关,那么合成光学纯 α-羟基膦酰化合物有很大的价值。合成这种手性 α-羟基膦酰化合物的方法并不太多,最为直接和经济的方法是最近发展的不对称 α-羟基膦酰化反应。

在联萘酚镧络合物的催化下,通过亚磷酸二烷酯对醛来实现不对称 α-羟基膦酰化的加成反应。反应的产率一般较高,但对映选择性与联萘酚镧络合物的形成方式有很大关系。例如,Spilling 和 Shibuya 分别报道的 LaLi$_3$-BINOL(LLB)催化亚磷酸二烷酯对芳香醛的加成,得到的对映选择性不太理想。如果对 LLB 的制备方法进行改良,则最高得到了 95% e.e 的对映选择性。

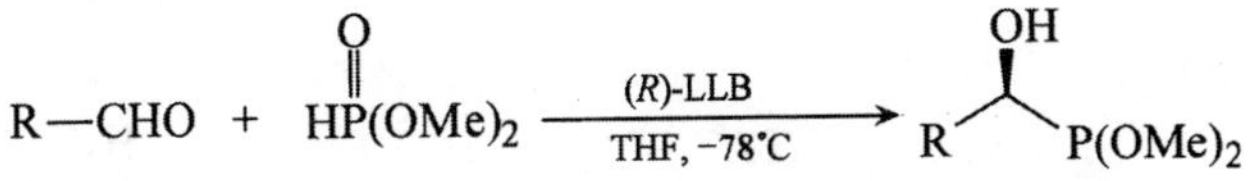

$$R\text{—CHO} + \underset{\text{HP(OMe)}_2}{\overset{O}{\|}} \xrightarrow[\text{THF, }-78^\circ\text{C}]{(R)\text{-LLB}} \underset{R}{\overset{OH}{|}}\text{P(OMe)}_2$$

9.5　不对称 Diels-Alder 反应

不对称 Diels-Alder 反应(简称不对称 D-A 反应)是合成光学活性六元环体系最有效的方法之一,可以同时形成四个手性中心,而且在很多情况下,可以对反应的立体化学进行预见,因此这种反应对构建复杂的手性分子,特别是天然产物有重要的意义。Kagan 等人在 1899 年首次报道了有机催化不对称 D-A 反应,生物碱等可作为催化剂。

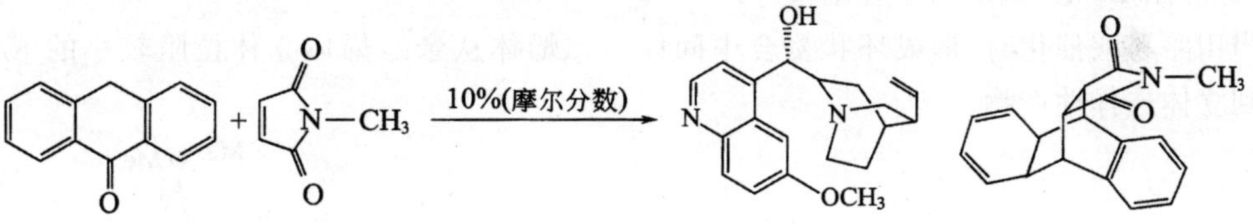

(97%产率　61% e.e)

9.5.1　不对称 Diels-Alder 反应方法

1. 使用手性二烯体或亲二烯体

例如:

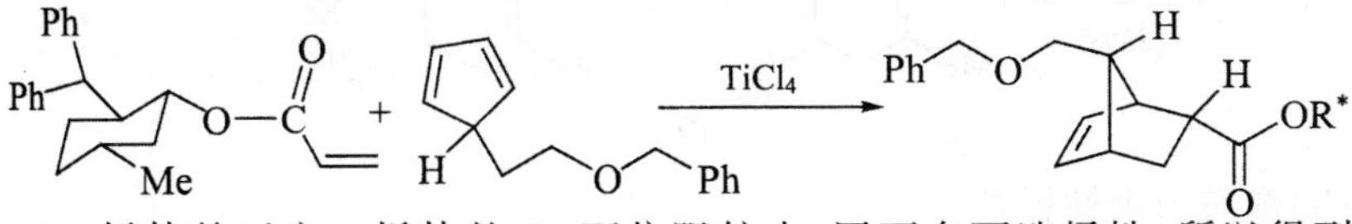

(e.e88%)

由于二烯体趋近亲二烯体的 Si 面位阻较小,因而有面选择性,所以得到较高 e.e 值的对映选择性产物。

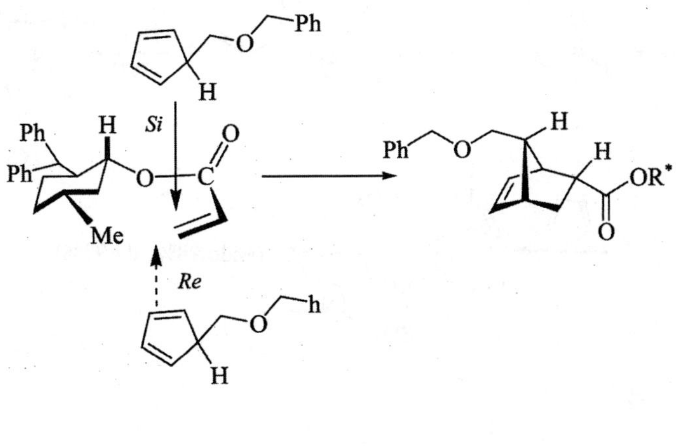

又如：

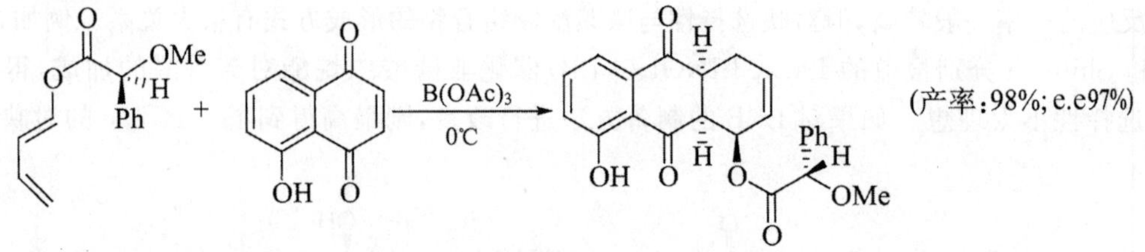

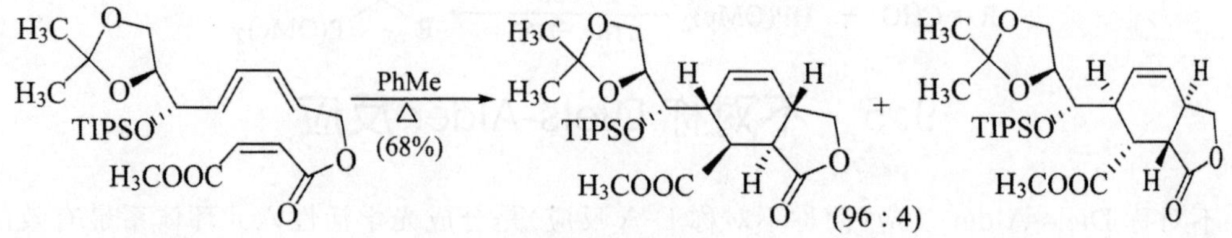

(产率：98%；e.e97%)

(68%)　　(96：4)

2. 在二烯体和亲二烯体中导入手性辅基

在二烯体和亲二烯体中导入手性辅基是实现 Diels-Alder 反应的常用方法：

（1）应用 Evans 试剂为手性辅基

当用路易酸催化时，形成环状螯合中间体。二烯体从亲二烯体立体位阻较小的 *Re* 面趋近得到立体选择性产物。

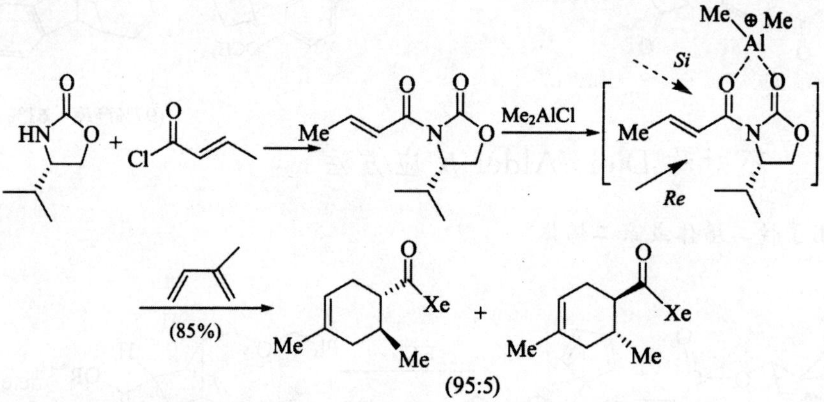

(85%)　　(95:5)

（2）应用樟脑磺酰胺为手性辅基

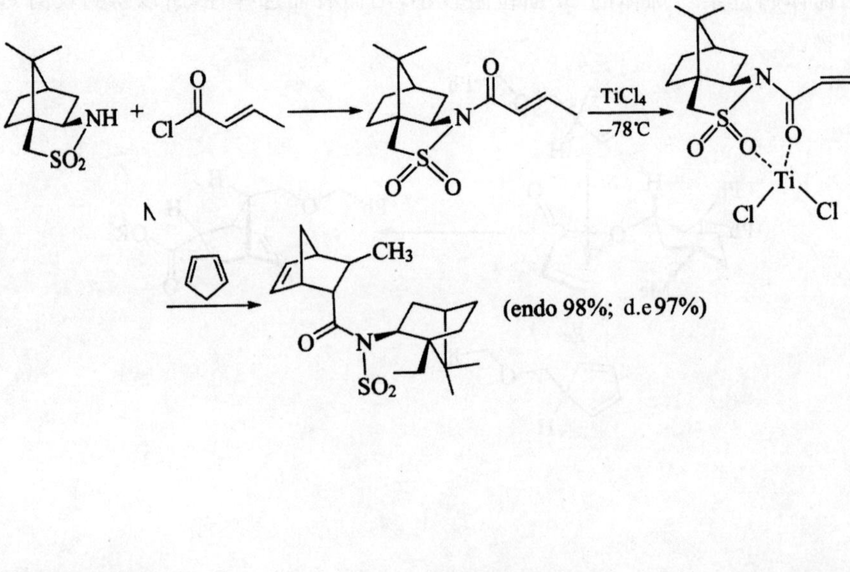

(endo 98%；d.e97%)

3. 使用手性催化剂

在不对称 Diels-Alder 反应中使用的手性催化剂一般是手性配体的铝、硼或过渡金属配合物或手性有机小分子。例如：

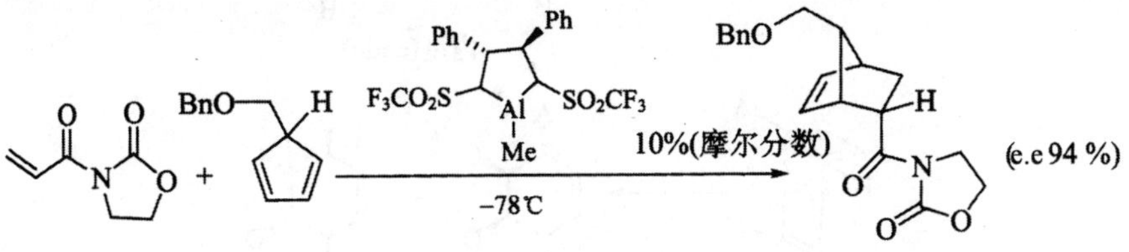

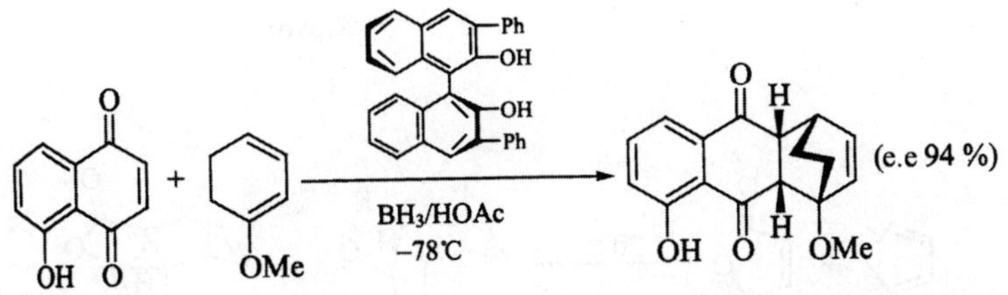

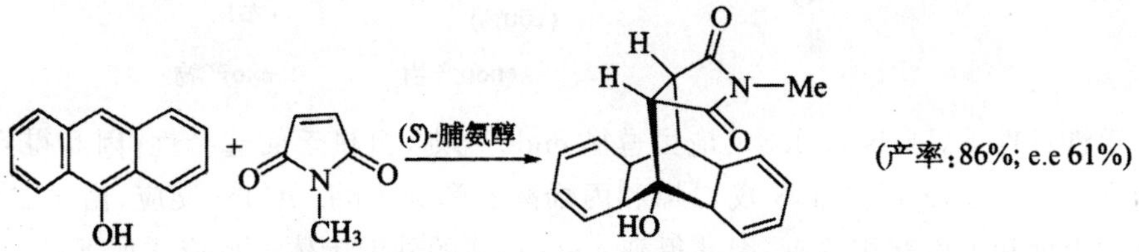

与 Diels-Alder 反应相似，1,3-偶极环加成反应也可以采用以上手段来实现。

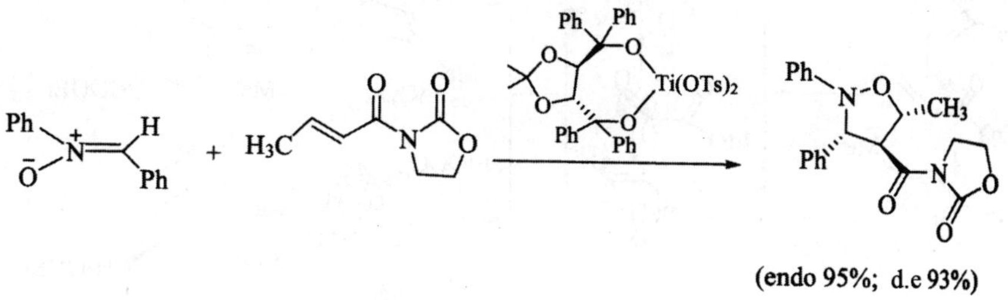

(endo 95%; d.e 93%)

9.5.2　endo 规则

Diels-Alder 反应能形成 4 个新的手性中心，理论上可能生成 16 种立体异构体。但在动力学控制条件下由于次级轨道互相作用，内型过渡状态较稳定，因此内型产物为主要产物，这一规律常叫做 endo 规则（endo rule）。路易斯酸作催化剂时可增加内型/外型（endo/exo）的比例。反应式如下：

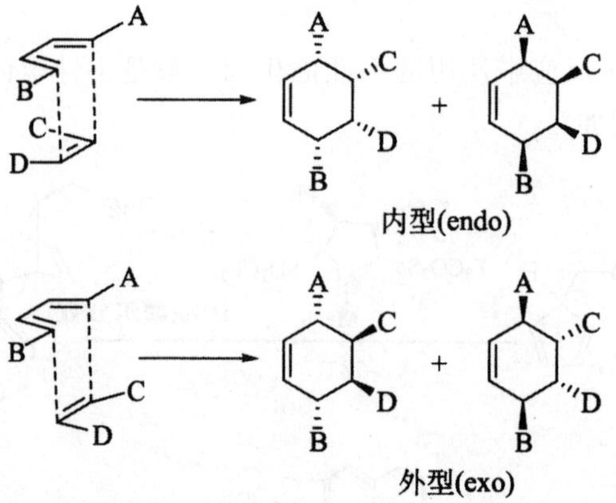

内型(endo)

外型(exo)

例如：

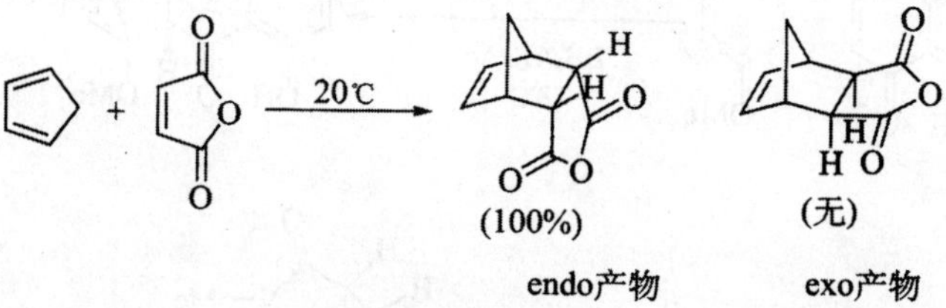

在非手性条件下,Diels-Alder 反应虽遵循 endo 规则,但缺乏面选择性,因此得到 endo 形式的外消旋体。例如,2-甲基-1,3-戊二烯和丙烯酸乙酯起 Diels-Alder 反应,由于二烯体能在亲二烯体的上面和下面互相趋近,因此得到 endo 形式的外消旋体。反应式如下：

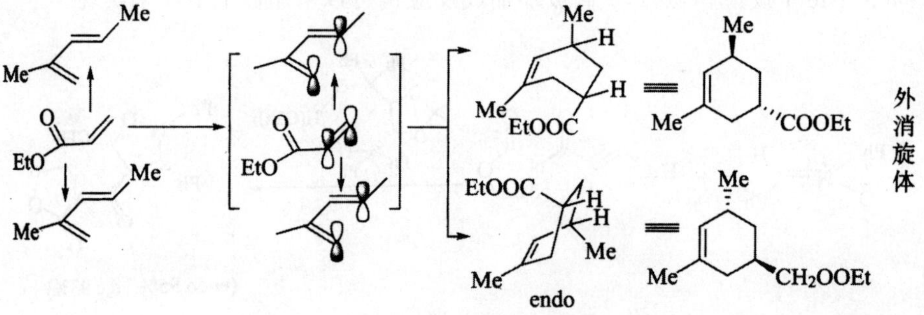

9.6　其他不对称合成反应

9.6.1　Grignard 试剂的不对称偶联反应

不对称偶合反应包括 Grignard 试剂和乙烯基、芳基或炔基卤化物的。反应中的 Grignard 试剂通常是外消旋化合物,而且一对对映体可以迅速转化。在手性催化剂诱导下,其中一个对映体转化成光学活性偶合产物;另一个对映体会发生构型翻转来维持一对对映异构体量的平衡。因此理论上这种外消旋物质可以全部转化成某一立体构型的偶合产物。

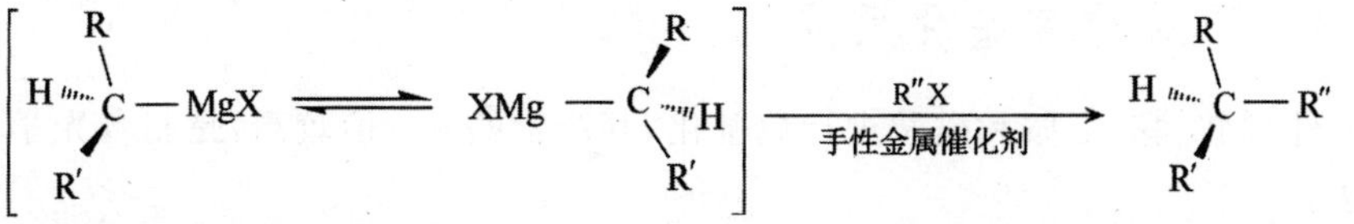

反应的催化中心金属通常是镍和钯。下面是分别两个配体与镍和钯形成的手性催化剂在相应类型的反应中,得到产物的 e.e 值分别为 95% 和大于 99%。

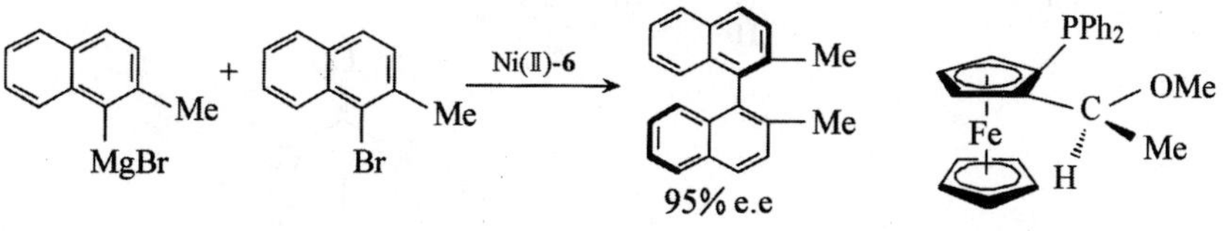

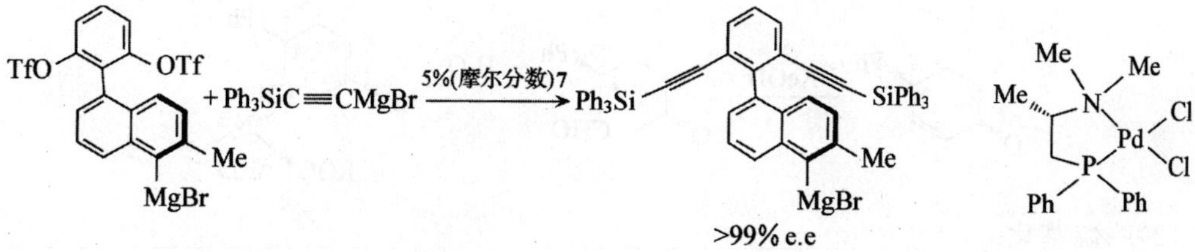

9.6.2　不对称羟醛缩合反应

不对称羟醛缩合反应主要靠不对称催化方法来实现;手性催化剂主要是硼、钛、锡、铜、银等 Lewis 酸和手性配体形成的化合物,而且很多已经在不对称羟醛缩合反应中表现出较好的手性诱导性。

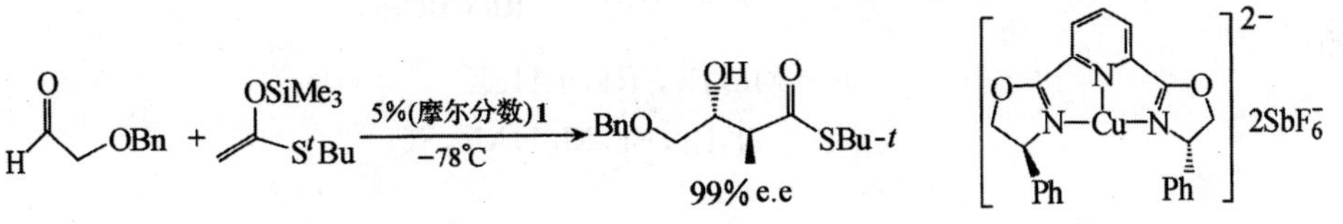

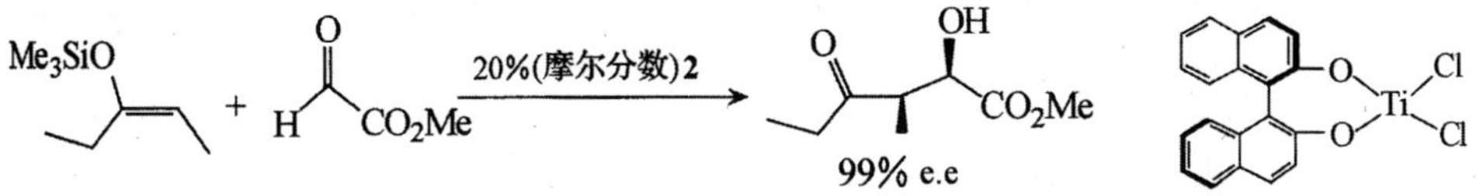

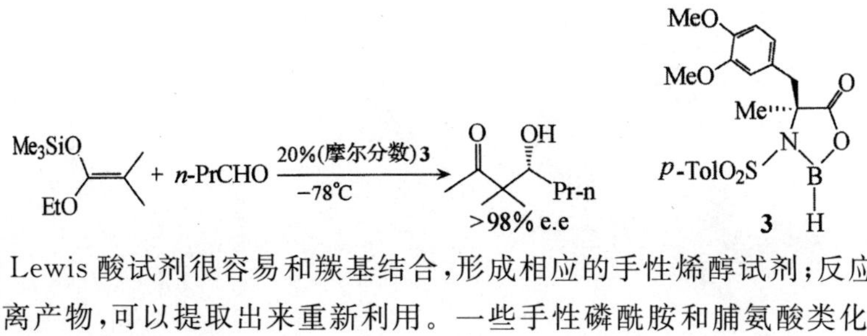

一些手性 Lewis 酸试剂很容易和羰基结合,形成相应的手性烯醇试剂;反应后这些 Lewis 酸辅剂自动脱离产物,可以提取出来重新利用。一些手性磷酰胺和脯氨酸类化合物也可直接作不对称羟醛缩合反应的催化剂。

9.6.3　不对称烷基化反应

利用手性烯胺、腙、亚胺和酰胺进行烷基化,其产物的 e. e 值较高,是制备光学活性化合物较好的方法。

(1)烯胺烷基化

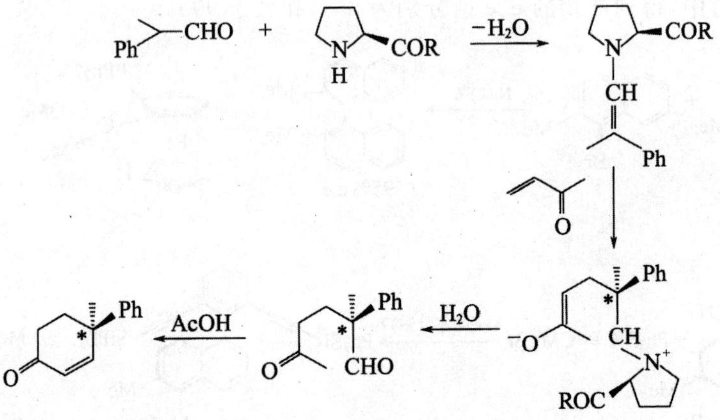

(2)腙烷基化

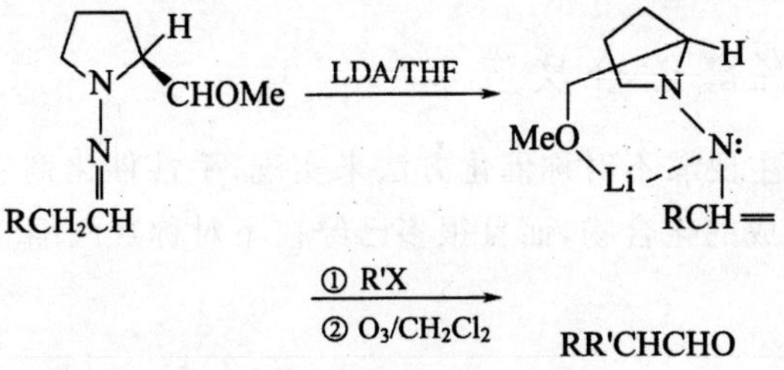

$$R=Me,Et,{}^iRr,n-HeX$$
$$R'X=PhCH_2Br,Br,MeI,Me_2SO_4$$

第10章 官能团的引入、转换及保护

10.1 官能团的引入

10.1.1 饱和碳原子上官能团的引入

饱和碳原子上官能团的引入主要是通过自由基取代反应来完成的。通过自由基取代，可在饱和碳原子上引入卤素、硝基和磺酸基等官能团。其中在有机合成中起重要作用的为卤素的引入。因为在有机化合物分子中引入卤素将使其极性增大，反应活性亦随之提高。因此，这里主要介绍卤代反应。

1. 饱和烃的卤代反应

饱和烃上的氢原子活性比较小，需用卤素在高温气相条件下或紫外光照射下，或在其他自由基引发剂存在下才能进行反应。此反应大多属于自由基历程。若无立体因素影响，烷烃的氢原子的活性次序为：

$$伯氢 < 仲氢 < 叔氢$$

而卤素的活性次序为：

$$F_2 > Cl_2 > Br_2$$

但是卤素的活性越高，选择性就越差。鉴于 I_2 的反应活性太差，与烷烃不发生取代反应，F_2 反应活性过于强烈，不容易控制。因此，只有饱和烃的氯代和溴代反应才具有实际意义。

$$CH_3CH_2CH_3 + X_2 \xrightarrow[\text{或}\triangle]{h\nu} CH_3CH_2CH_2X + CH_3\underset{\underset{X}{|}}{CH}CH_3 \ (X = Cl, Br)$$

除氯和溴外，卤代试剂还有硫酰氯、磺酰氯、次卤酸叔丁酯、N-卤代仲胺、N-溴代丁二酰亚胺（NBS）等，且后三者的选择性均好于卤素。例如：

$$HO(CH_2)_6CH_3 + [(CH_3)_2CH]_2NCl \xrightarrow[H_2SO_4/H_2O]{h\nu} HO(CH_2)_6CH_2Cl + [(CH_3)_2CH]_2NH$$

2. 烯丙基化合物和烷基芳烃的 α-卤代

烯丙位和苄位氢活性较高，在高温、光照或自由基引发剂的存在下，容易发生卤代反应。此反应也属于自由基历程。

烯丙基化合物的 α-卤代是合成不饱和卤代烃的重要方法。其中以 α-溴代反应更为普遍。最常用的溴化试剂为 N-溴代丁二酰亚胺（NBS）。

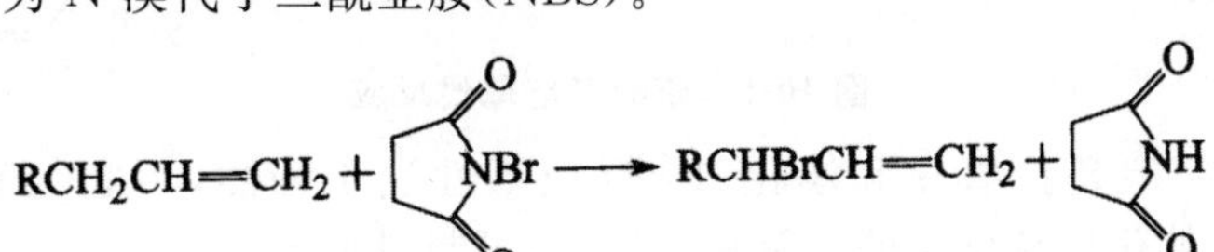

例如：

$$C_6H_5CH\!=\!CHCH_3 \xrightarrow{\text{NBS}} C_6H_5CH\!=\!CHCH_2Br$$

除 NBS 外,常用的溴化试剂还有三氯甲烷磺酰溴、二苯酮-N-溴亚胺、N-溴代邻苯二甲酰亚胺、N-溴代乙酰胺等。例如,二苯酮-N-溴亚胺与环己烯在紫外光照射下,于 80℃ 反应,生成-3-溴环己烯：

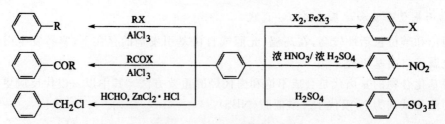

烷基芳烃的 α-氢也易被卤素取代,这是合成 α-卤代芳烃的重要方法。例如：

上述烯丙基化合物的卤代试剂均适用于烷基芳烃的卤代。

烯丙基化合物和烷基芳烃的 α-氯代,可以采用活泼的氯化试剂,常用的氯化试剂有三氯甲烷磺酰氯、次氯酸叔丁酯、N-氯代丁二酰亚胺、N-氯化-N-环己基苯磺酰胺等。例如,用 N,N-氯苯磺酰胺与环己烯作用生成的 N-氯化-N-(2-氯环己基)苯磺酰胺,可使烯烃的 α-位顺利氯代：

10.1.2 芳环上官能团的引入

苯的亲电取代反应是在苯环上引入官能团的重要方法。其亲电取代反应如图 10-1 所示。

图 10-1 苯的亲电取代反应

苯的卤化反应一般是指氯化和溴化,F_2 反应活性过于强烈,不宜与苯直接反应。苯在 CCl_4 溶液中与含有催化量氟化氢的二氟化氙反应,可制得氟苯。

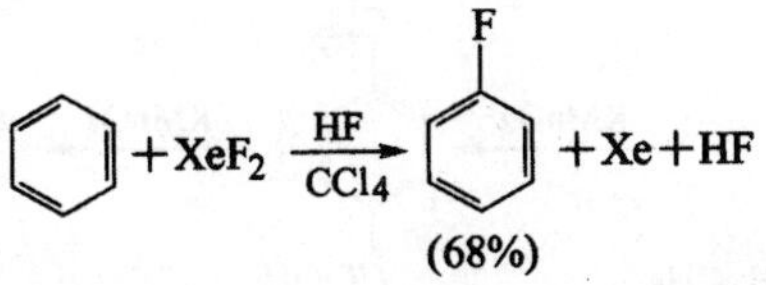

$$\text{苯} + XeF_2 \xrightarrow[CCl_4]{HF} \text{氟苯} + Xe + HF \quad (68\%)$$

碘很不活泼,只有在硝酸等氧化剂的作用下才可与苯发生碘化反应,

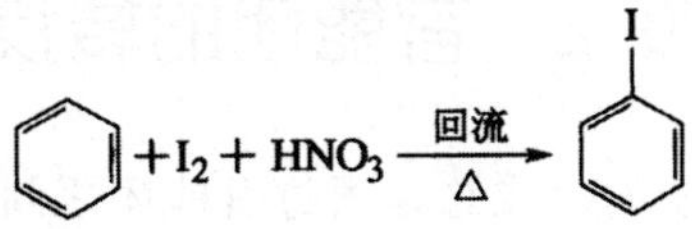

$$\text{苯} + I_2 + HNO_3 \xrightarrow[\triangle]{\text{回流}} \text{碘苯}$$

此外,氯化碘也是常用碘化试剂。

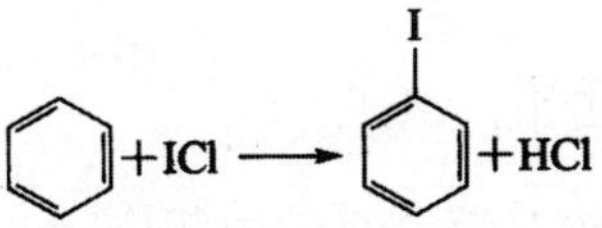

$$\text{苯} + ICl \longrightarrow \text{碘苯} + HCl$$

磺化反应属于可逆反应。此反应的可逆性在有机合成中非常有用,在合成时可通过磺化反应保护芳环上的某一位置,待进一步发生反应后,再通过稀硫酸将磺酸基除去,即可得到所需化合物。

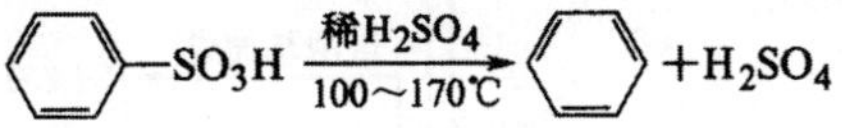

$$\text{苯}-SO_3H \xrightarrow[100\sim170℃]{\text{稀}H_2SO_4} \text{苯} + H_2SO_4$$

例如,用甲苯制备邻氯甲苯:

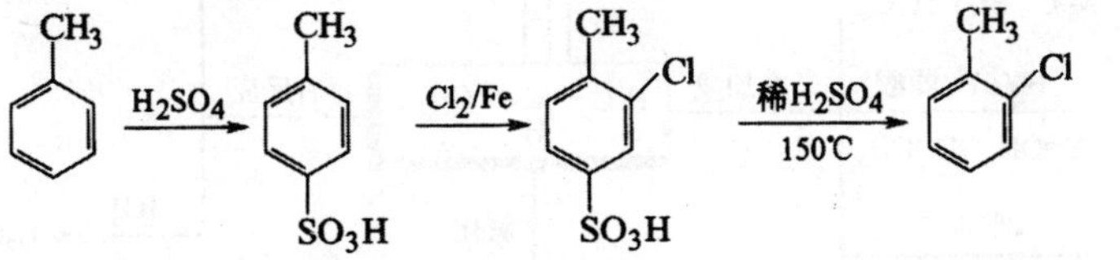

氯甲基化反应生成的氯化苄上的氯十分活泼,—CH_2Cl 可进一步转化为—CH_2OH、—CHO、—CH_2CN、—CH_2COOH、—CH_2NH_2 等。

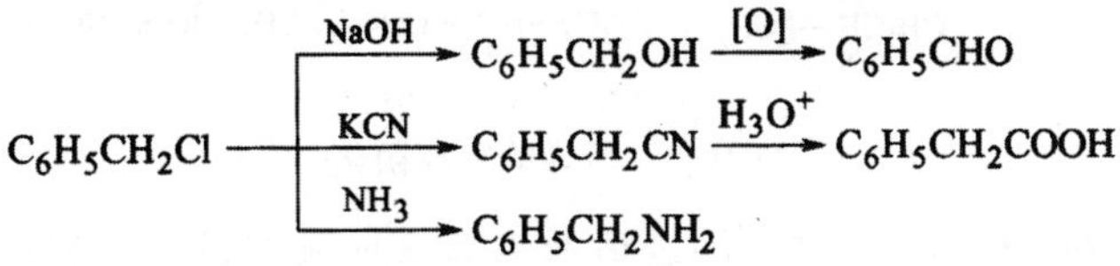

烷基苯侧链的卤代为自由基历程,在光热或加热条件下进行。

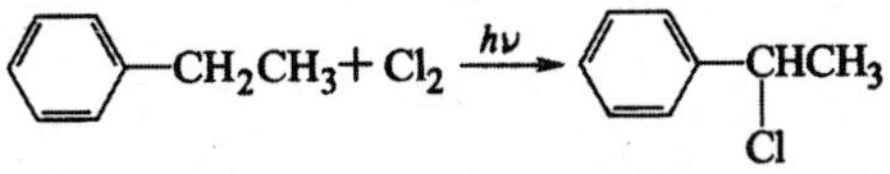

烷基苯易被氧化,在 $KMnO_4$ 或 $K_2Cr_2O_7$ 等氧化剂作用下,烷基侧链被氧化为—COOH。不管链有多长,只要与苯环相连的碳上有氢原子,氧化的最终产物均为只含一个碳的羧基。若苯环上有两个不等长碳键,通常是长的侧链先被氧化。

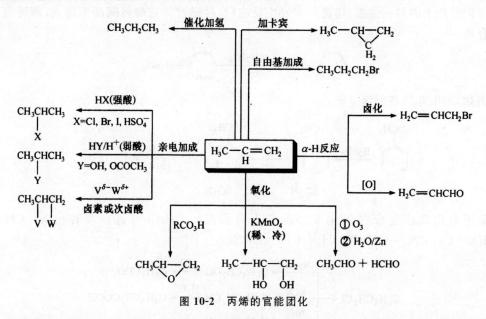

10.2　官能团的转换

在有机合成中,许多目标分子的合成总是通过官能团之间的相互转换来实现的,同时碳骨架的形成也不能脱离官能团的作用和影响。因此,有机化合物官能团之间的相互转换是有机合成的基础和重要工具。下面主要讨论基本的官能团的转换。

10.2.1　烯烃的官能团化

烯烃官能团化集中表现在碳-碳双键及双键的邻位——烯丙位两个位置上。现以丙烯为例,烯烃在合成上应用价值较大的反应如图 10-2 所示。

图 10-2　丙烯的官能团化

在碳-碳双键的反应中,就反应而言,包括亲电加成反应和自由基加成反应;就产物而言,亲电加成是马尔科夫尼科夫(Markovnikov)产物(硼氢化-氧化反应实际上仍符合不对称加成规则),而自由基加成一般得反马氏产物。例如:

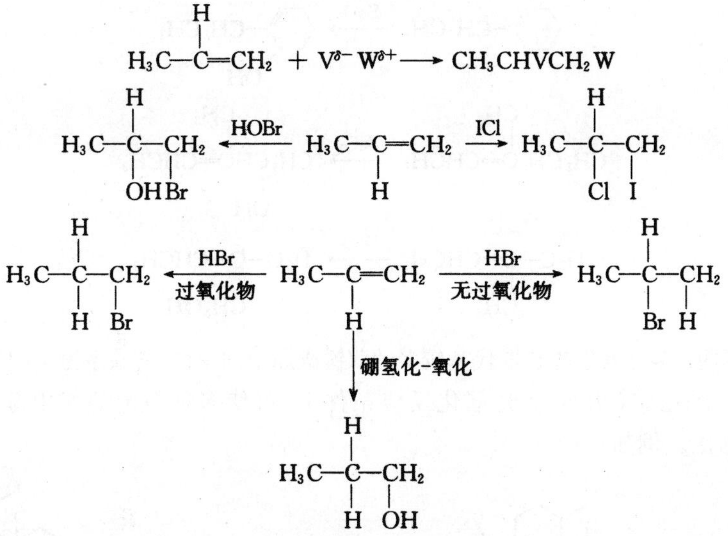

$$H_3C-\overset{\overset{\displaystyle H}{|}}{C}=CH_2 \ + \ V^{\delta-}\!-\!W^{\delta+} \longrightarrow CH_3CHVCH_2W$$

烯烃与卡宾的加成反应是合成环丙烷衍生物的重要方法。例如：

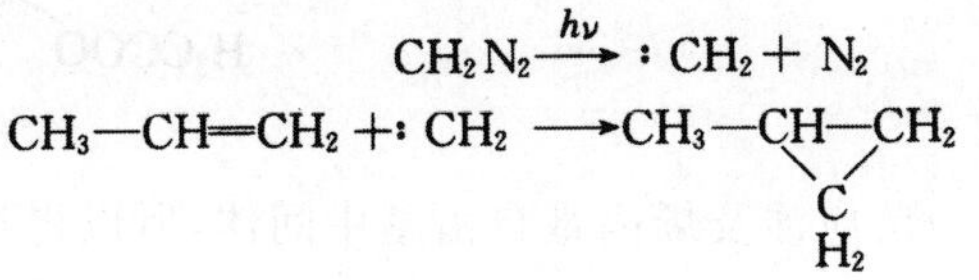

$$CH_2N_2 \xrightarrow{\ h\nu\ } \colon CH_2 + N_2$$

$$CH_3-CH=CH_2 + \colon CH_2 \longrightarrow CH_3-\overset{\displaystyle CH-CH_2}{\underset{\displaystyle CH_2}{\diagdown\!\diagup}}$$

亲电加成的立体化学表明，除硼氢化-氧化为顺式加成外，其余均为反式加成。例如：

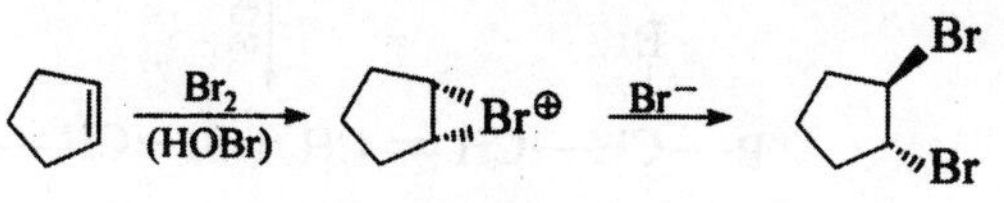

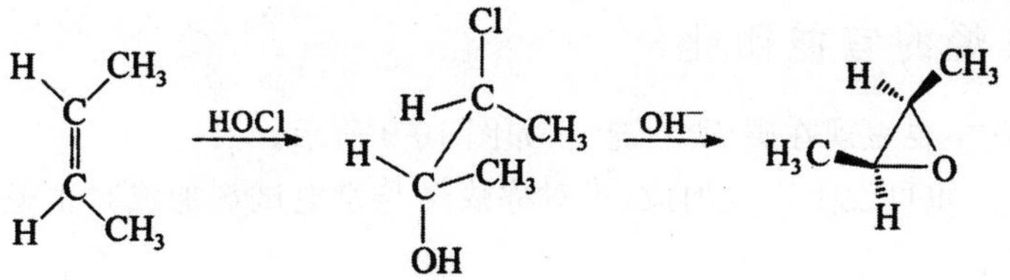

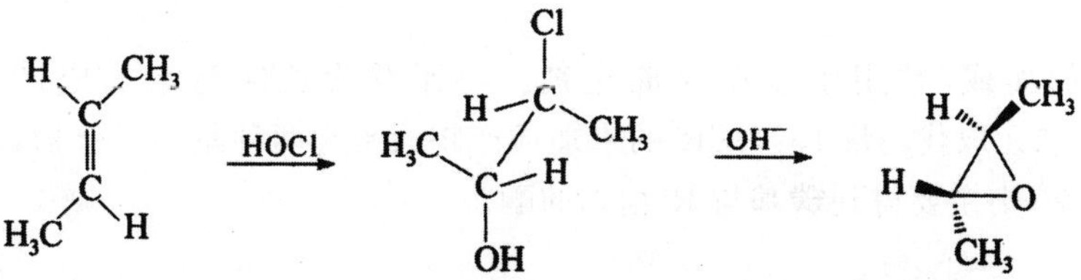

碳-碳双键相邻的碳-氢键（烯丙位氢）对氧化和卤化是敏感的。烯丙位氢的氧化反应常用 SeO_2 和过酸酯作为氧化剂，产物为相应的 α,β-不饱和醇。例如：

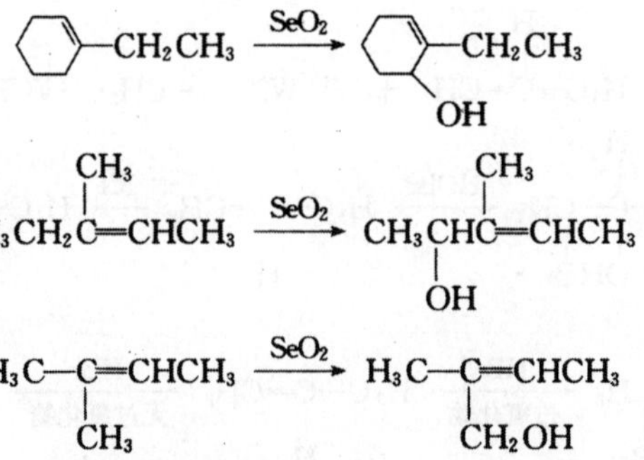

SeO₂ 氧化烯丙位氢通常发生在取代基较多的双键碳原子的 α 位，其顺序为—CH—CH₂＞CH₃。

N-溴代丁二酰亚胺（NBS）在光催化反应条件下，可使多种甾烯的亚甲基发生氧化，具有良好的区域选择性。例如：

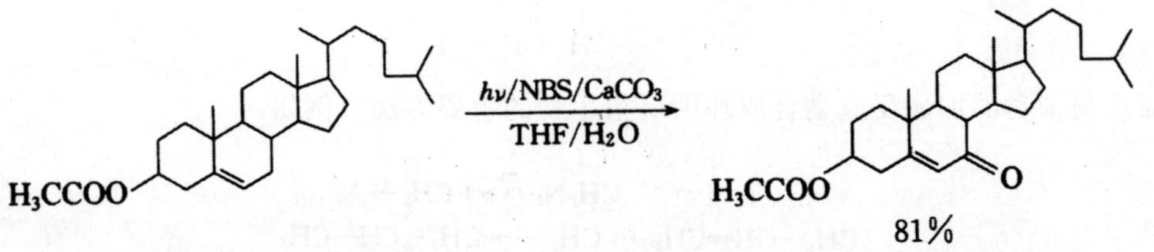

用 NBS 进行溴化，因为反应涉及烯丙基自由基中间体，所以得到溴代烃的混合物。例如：

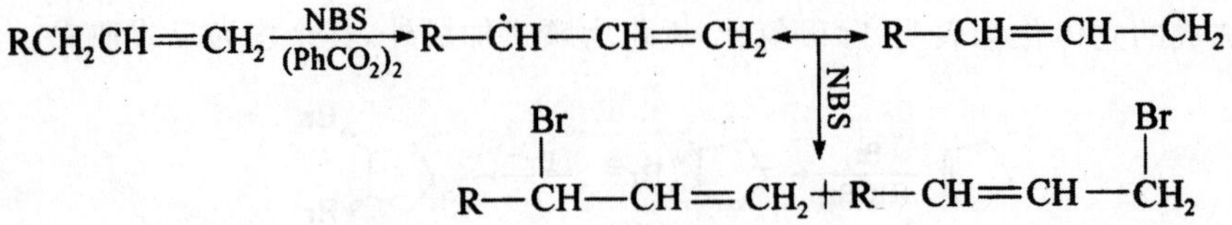

10.2.2 炔烃的官能团化

炔烃的官能团化主要表现在碳-碳三键上，如图 10-3 所示。

炔烃与烯烃相似，也可发生亲电加成，不对称炔烃与亲电试剂加成时也遵循马氏规则，多数加成也为反式加成。

溴化氢与炔烃加成时，与烯烃相同，在有过氧化物存在下，进行自由基加成，得反马氏规则产物。

炔烃与水的加成，常用汞盐作为催化剂。一元取代乙炔与水加成产物仅为甲基酮（RCOCH₃），而二元取代乙炔 RC≡CR′ 的水加成产物通常为两种酮的混合物，若 R 为 1°烃基，R′ 为 2°或 3°烃基，则主要得到羰基与 R′ 相邻的酮。

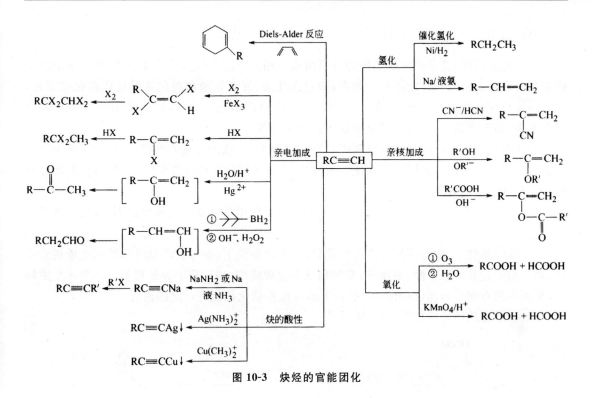

图 10-3　炔烃的官能团化

$$CH_3(CH_2)_2C\!\equiv\!CH + H_2O \xrightarrow[HgSO_4/H_2SO_4, 70℃]{HOAC} CH_3(CH_2)_2COCH_3$$

$$CH_3C\!\equiv\!C\!-\!\underset{\underset{CH_3}{\overset{|}{}}}{\overset{\overset{CH_3}{|}}{C}}\!-\!CH_3 + H_2O \xrightarrow[Hg^{2+}]{H^+} CH_3CH_2\!-\!\overset{\overset{O}{\|}}{C}\!-\!\underset{\underset{CH_3}{\overset{|}{}}}{\overset{\overset{CH_3}{|}}{C}}\!-\!CH_3$$

炔烃与烯烃的明显不同表现在亲核加成反应上,炔烃可以和有活泼氢的有机化合物如 —OH、—NH$_2$、—COOH、—CONH$_2$ 等发生加成反应生成含有双键的产物。例如:

$$HC\!\equiv\!CH + C_2H_5OH \xrightarrow[\substack{150℃\sim180℃\\0.1\sim1.5\,MPa}]{碱} H_2C\!=\!CHOC_2H_5$$

末端炔烃在碱催化下,形成碳负离子,并作为亲核试剂与羰基进行亲核加成反应,生成炔醇。

炔烃加氢除催化氢化外,还可以在液氨中用金属钠还原,主要生成反式烯烃衍生物。

$$CH_3C\!\equiv\!CCH_3 + 2Na + 2NH_3 \xrightarrow{液氨} \underset{\underset{H}{\overset{|}{}}}{\overset{\overset{H_3C}{|}}{C}}\!=\!\underset{\underset{CH_3}{\overset{|}{}}}{\overset{\overset{H}{|}}{C}} + 2NaNH_2$$

10.2.3 羟基的转换

醇羟基的卤代,经典的方法是用醇与氢卤酸作用。该方法因其常伴随消除、重排等副反应的发生而使其应用受到一定限制。现在,除三卤化磷、五卤化磷和卤化亚砜可作卤化试剂外,还有一些反应条件温和、选择性好、副反应少、产率高的卤代新试剂,如 N-氯代丁二酰亚胺与三苯基膦、四溴化碳与三苯基膦、碘甲烷与亚磷酸酯等。

酯的合成一般选用酸和醇反应制得。反应过程中,一般用过量的醇或酸,或利用共沸蒸馏等方法除去生成的水。采用三氟化硼-乙醚的络合物作催化剂可使芳酸、不饱和酸及杂环芳酸的酯化收到满意的效果。

为了中和生成的酸,在醇与酰卤或酸酐的酯化反应中通常要加入碱性试剂,以便促进反应的进行。

在 OH⁻ 条件下,醇与 RX 等作用生成醚;在酸性条件下,醇与 3,4-氢吡喃作用生成混合缩醛,用于保护羟基。醇与醛、酮反应,在酸催化下生成缩醛(酮),用于保护羰基。醇失水生成烯烃,可用多种布朗斯台德(Brönsted)酸和 Lewis 酸作催化剂促进反应的进行。

醇、酚的官能团转换如图 10-4 所示。

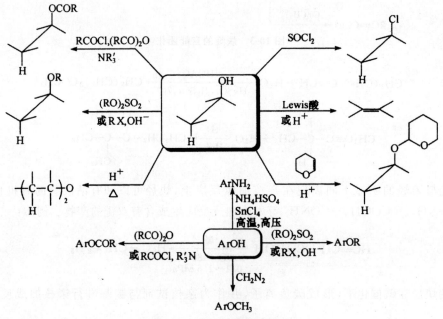

图 10-4 醇和酚羟基的转换

10.2.4 氨基的转换

氨基是碱性基团,它作为亲核试剂与卤代烷发生反应,得到胺和铵盐,与酰卤和酸酐作用得到酰胺。在氨基转换的反应中,伯芳胺转换为重氮盐的反应在合成上有重要意义。氨基转换的有关反应如图 10-5 所示。

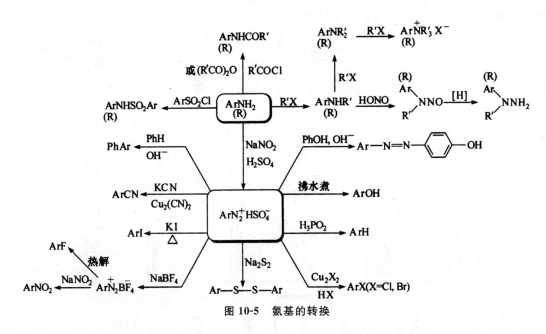

图 10-5　氨基的转换

10.2.5　硝基的转换

硝基是一个强的间位定位基,在芳香族化合物的合成中,起到非常重要的作用。它的一个重要转换就是还原为氨基,后者发生重氮化反应,可以被多种原子或基团取代,生成一系列化合物。其主要反应如图 10-6 所示。

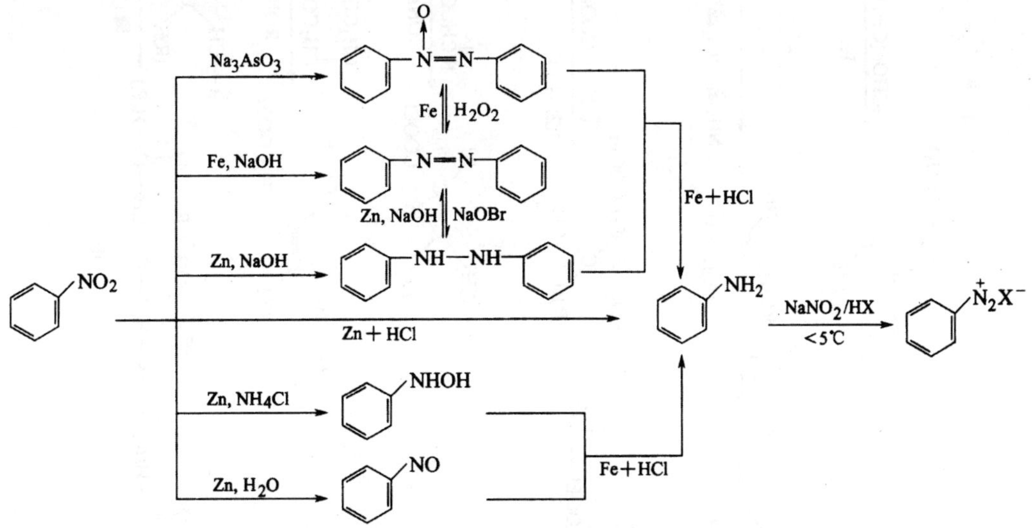

图 10-6　硝基的转换

10.2.6　羰基的转换

醛和酮可以发生缩合反应、亲核加成反应和还原反应等,生成各种化合物,在合成上具有

有机合成化学原理及新技术研究

重要应用价值。有关反应汇总如图 10-7 所示。

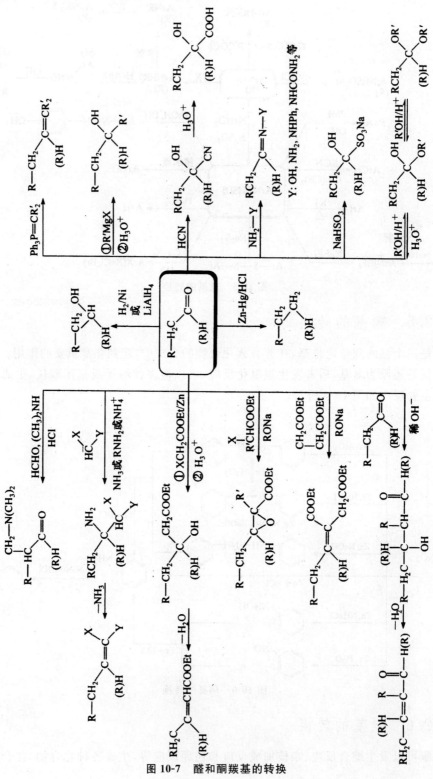

图 10-7　醛和酮羰基的转换

10.2.7 羧基的转换

羧基亦是较重要的官能团,羧酸及其衍生物酯、酰卤、酸酐、酰胺之间的相互转换既是制备方法之一,又是它们的重要性质,如图 10-8 所示。

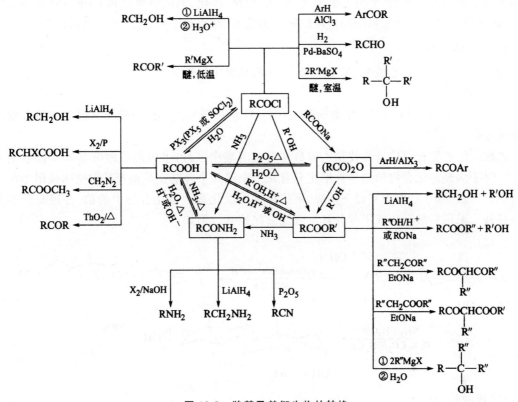

图 10-8 羧基及其衍生物的转换

羧酸衍生物的反应有很多共同之处,反应机制也大致相同。羧酸及其衍生物之间可相互转化,但是衍生物之间的转化与其活性有关,往往由活泼的转化为不活泼的。羧酸衍生物的活性次序为:酰卤>酸酐>酯>酰胺。

10.3 官能团的保护

在有机合成反应中,为使反应能顺利实现,必须把不必参加反应,而又有可能参加反应,甚至是优先反应的官能团,暂时地隐蔽起来,从而使必要的合成反应顺利地进行。这种暂时隐蔽官能团的方法,称为官能团的保护。为了保护其他官能团而引入分子内的官能团,称为"保护基"。

保护基一般应该满足以下几点要求:

①容易引入所要保护的分子中。

②与被保护分子能有效地结合,经受住所要发生的反应条件而不被破坏。

③在保持分子的其他部分结构不损坏的条件下易除去。

10.3.1 羟基的保护

羟基存在于许多有机化合物中,如碳水化合物、甾族化合物、核苷、大环内酯以及多酚等。羟基是敏感易变的官能团,容易发生氧化、烷化、酰化、卤化、消除以及分解 Grignard 试剂等反应,常需加以保护。醇羟基和酚羟基可以转变为酯类、醚类和缩醛、缩酮类等进行保护。

1. 酯类保护基

酯类保护基主要有乙酸酯、苯甲酸酯、三氯乙基氯甲酸酯等。

（1）乙酸酯

由于乙酸酯对 CrO_3/Py 氧化剂很稳定,因此广泛用于甾类、糖、核苷及其他类型化合物醇羟基的保护。

乙酸酯的乙酰化反应通常使用乙酸酐在吡啶溶液中进行,也可用乙酸酐在无水乙酸钠中进行。对于多羟基化合物的选择性酰化只有在一个或几个羟基比其他羟基的空间位阻小时才有可能。用乙酸酐/吡啶于室温下反应,可选择性地酰化多羟基化合物中的伯、仲羟基而不酰化叔羟基。采用氨解反应或甲醇分解反应能去保护基。例如:

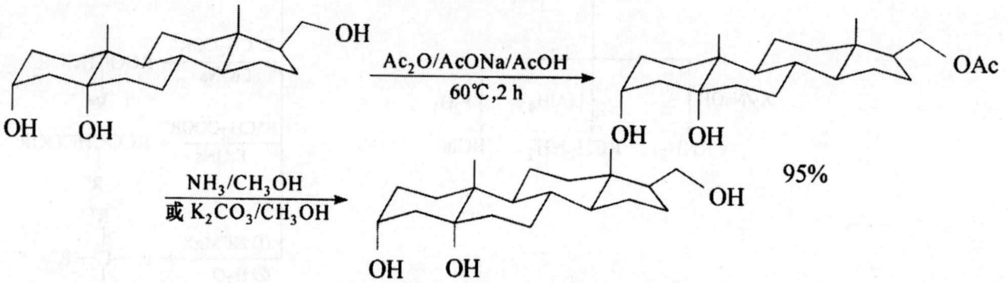

（2）苯甲酸酯

苯甲酸酯类似于乙酸酯但比之更稳定。适用于有机金属试剂、催化氢化、硼氢化物还原和氧化反应时对羟基的保护。

苯甲酰氯是最常用的试剂,随被保护羟基性质的不同,反应条件有所差异。对于多羟基底物,苯甲酰化较之乙酰化更易于实现多种选择性:伯醇优先于仲醇被选择性酰化;平伏键羟基优先于直立键羟基;环状仲醇优先于开链仲醇。

利用苯甲酸酯稳定性的不同以及调控适宜的去保护条件可实现一些选择性去保护。例如,核苷合成（B为碱基）中,由于 2-位羟基的酸性最强,肼解时优先去除 2-位苯甲酸酯保护基,3,6-位苯甲酸酯可保留。

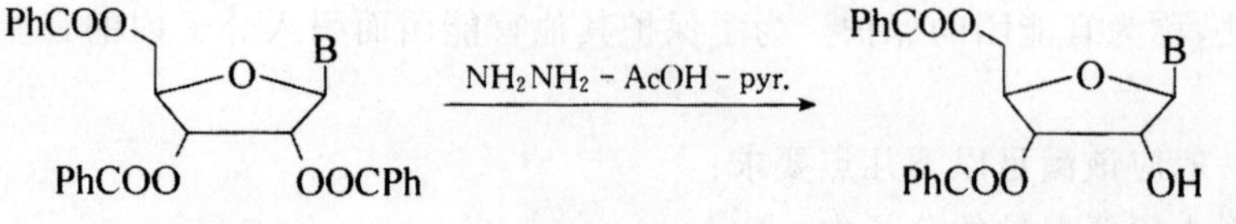

（3）三氯乙基氯甲酸酯

2,2,2-三氯乙基氯甲酸酯与醇作用,可生成 2,2,2-三氯乙氧羰基或 2,2,2-三溴乙氧羰基保护基,该保护基可在 20℃被 Zn-Cu/AcOH 顺利地还原分解,然而它对于酸和 CrO₃ 是稳定的。这种保护法在类脂、核苷酸的合成中得到广泛应用。例如:

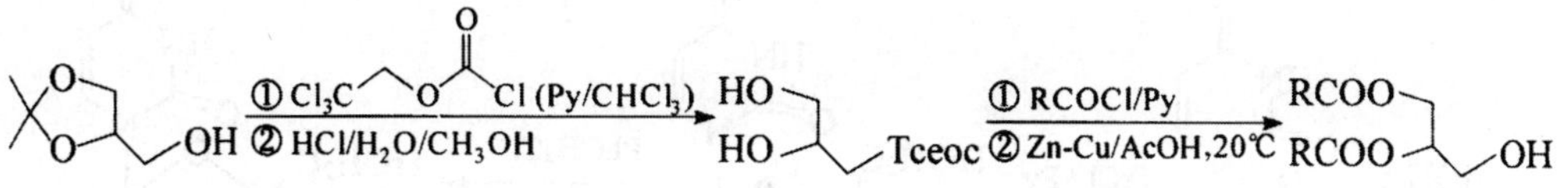

2. 醚类保护基

醚类保护基主要有甲基醚、苄基醚、三苯甲基醚、叔丁基醚、甲氧基甲醚、三甲基硅醚、三乙基硅醚、三异丙基硅醚、叔丁基二甲基硅醚、叔丁基二苯基硅醚等。

(1)甲基醚

常用 MeI、(MeO)₂SO₂、MeOTf 在碱性条件下和羟基反应即可引入甲基醚保护基。甲基醚保护基稳定性高,对酸、碱、亲核试剂、有机金属试剂、氧化剂、还原剂等均不受影响。除去甲基醚较难,一般用氢卤酸回流才能除去甲基醚保护基。用 Me₃SiI 或 BBr₃ 可以在温和条件下除去甲基醚保护基。例如,在较低温度下采用 BBr₃/CH₂Cl₂ 去除甲基醚保护基,复原的羟基进而形成内酯产物,其他官能团不受影响。

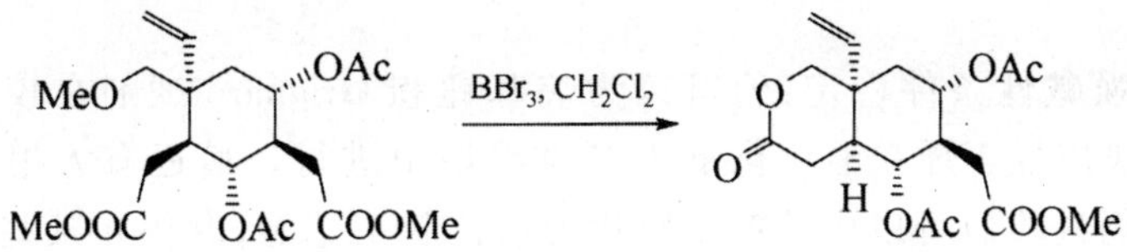

(2)苄基醚

苄基醚(ROCH₂Ph 或 ROCPh₃)广泛用于天然产物、糖及核苷酸中羟基的保护。常用苄基化试剂为 PhCH₂Cl 或 PhCH₂Br/KOH 或 NaH,有时也用 PhCH₂X/Ag₂O。苄基醚对碱、氧化剂、还原剂等都是稳定的。可在强碱作用下,与 PhCH₂Cl 或 PhCH₂Br 反应中引入苄基醚保护基。苄基保护基常用 10％Pd/C 氢解除去,氢解的氢源除了氢气外,也可以是环己烯、环己二烯、甲酸或甲酸铵等。

$$ROH \underset{Li, NH_3}{\overset{NaH, PhCH_2Br}{\rightleftharpoons}} ROCH_2Ph$$

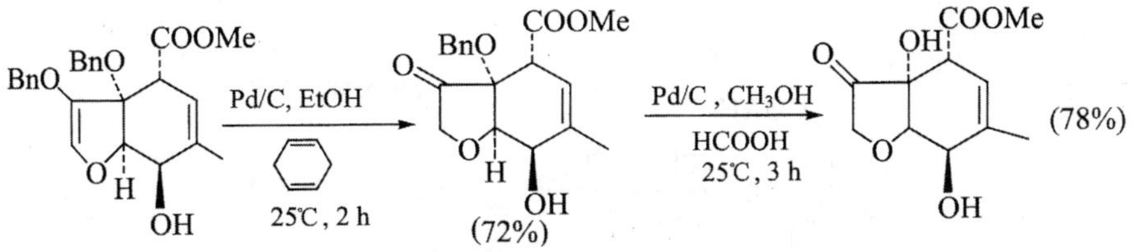

Li(Na)/NH₃(l)还原也可以迅速去除苄基保护,同时不影响双键。Lewis 酸也可以去除苄基醚的保护,常用的有 SnCl₄、FeCl₃、TMSI 等。

(3)三苯甲基醚

三苯甲基醚常可保护伯羟基,一般用三苯基氯甲烷 TrCl 在吡啶催化下完成保护。稀乙酸在室温下即可除去保护基。例如：

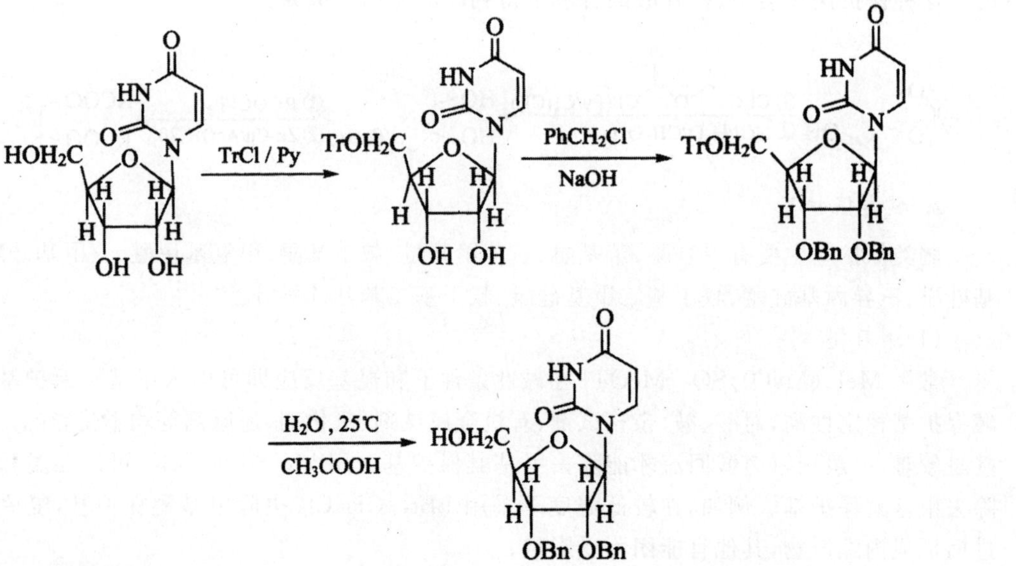

（4）叔丁基醚

叔丁基醚对强碱性条件稳定，但可以为烷基锂和 Grignard 试剂在较高温度下进攻破坏。它的制备一般用异丁烯在酸催化下于二氯甲烷中进行。最近有人报道末端丙酮叉经甲基 Grignard 试剂进攻后可以中等产率转化为伯位叔丁基醚，有望在某些合成中得到很好的应用。

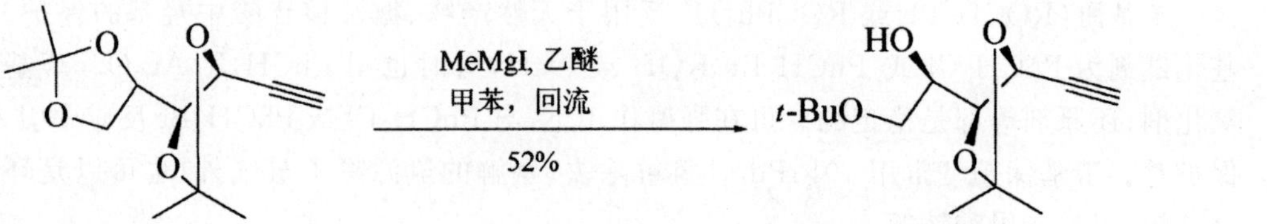

（5）甲氧基甲醚

甲氧基甲醚（MOM 醚）是烷氧基烷基醚保护基中的常用的保护基之一。MOM 醚对亲核试剂、有机金属试剂、氧化剂、氢化物还原剂等均稳定。MOM 醚保护基常用（CH$_3$O）$_2$CH$_2$/P$_2$O$_5$ 完成保护。例如：

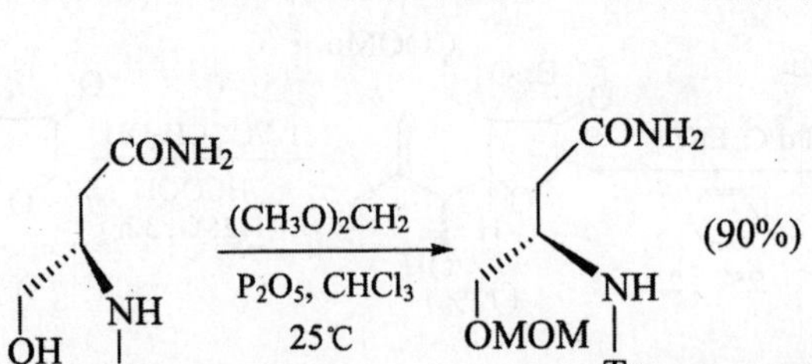

MOM 醚保护基可在酸性条件下去保护，如 HCl-THF-H$_2$O 或 Lewis 酸（如 BF$_3$·OEt$_2$、Me$_3$SiBr）。例如，采用 HCl-CH$_3$OH 溶液的温和条件，选择性的去除甲氧基醚而不影响其他保护基。

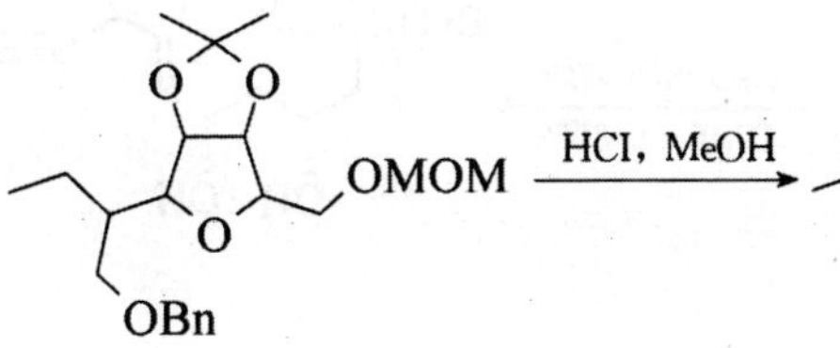

（6）三甲基硅醚

三甲基硅醚是常用的硅醚保护基,对催化氢化、氧化和还原反应比较稳定,广泛用于保护糖、甾类及其他醇的羟基保护。三甲基硅醚一般由 TMSCl 和待保护羟基的反应生成。TMSOTf 是活性更高的硅醚化试剂。使用的促进剂通常是吡啶、三乙胺、咪唑,溶剂可用二氯甲烷、乙腈、THF 或 DMF。

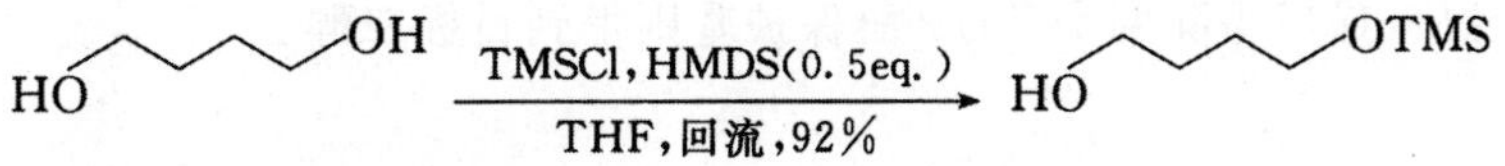

（7）三乙基硅醚

三乙基硅醚的水解稳定性比三甲基硅醚高 10～100 倍,对 Grignard 反应、Swern 氧化、Witting-Horner 反应等都是稳定的,去保护用 H_2O-HOAc-THF、HF/Py-THF 等。

（8）三异丙基硅醚

三异丙基硅醚的稳定性比三甲（乙）基硅醚高,可用于亲核反应、有机金属试剂、氰化物还原以及氧化反应中的羟基保护。三异丙基硅醚保护基可用氟化氢水溶液或氟化四丁胺除去。

（9）叔丁基二甲基硅醚

叔丁基二甲基硅醚是常用的较稳定的硅醚保护基,可用于亲核反应、有机金属试剂、氧化反应以及氢化还原的羟基保护。TBDMS 醚一般在碱性条件下使用,反应完成后,可用氟化氢水溶液或氟化四丁胺除去。脂肪醇的 TBDMS 醚和酚的 TBDMS 醚可选择性去除。

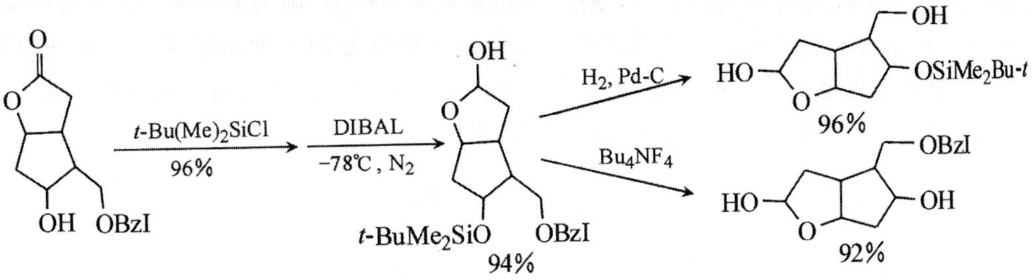

（10）叔丁基二苯基硅醚

叔丁基二苯基硅醚保护基比叔丁基二甲基硅醚更加稳定,一般使用 TBDPSCl/咪唑/DMF 体系和待保护羟基的反应来制备。一般用 DMAP 来催化保护基生成反应,溶剂可为 CH_2Cl_2。TBDPS 保护基不能保护叔醇,对伯醇和仲醇的区别优于 TBDMS。

3. 缩醛、缩酮类保护基

缩醛、缩酮类保护基主要包括四氢吡喃醚、缩醛和缩酮等。

(1)四氢吡喃醚

四氢吡喃醚(THP 醚)是有机合成中非常有用的保护基,由二氢吡喃醚与醇在酸催化下制备。三氟化硼醚化物、对甲苯磺酸及吡啶-对甲苯磺酸盐都是可供选用的有效催化剂。THP 醚在中性或碱性条件下是稳定的,对多数非质子酸试剂也有一定稳定性,在酸性水溶液中易于去保护。在合成胆甾-5-烯-23-炔-3,25-二醇时,采用 THP 醚分别保护甾体醇和炔醇的羟基,然后进行缩合反应,最后去除两个 THP 醚保护基则得到目标二醇。

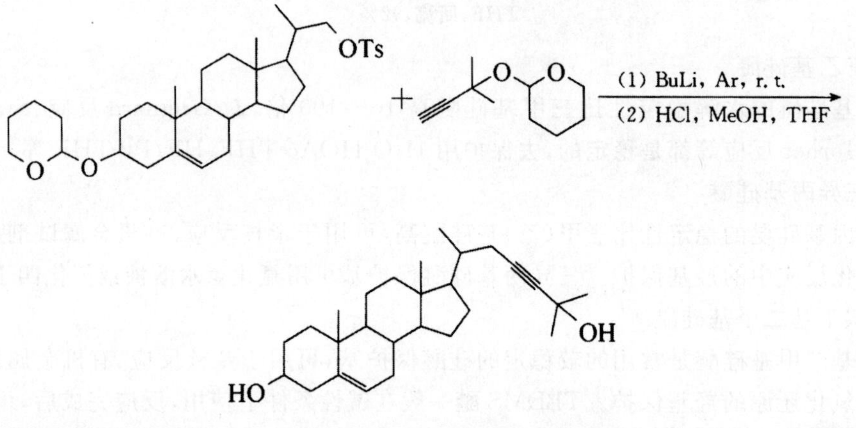

THP 醚作为保护基问题在于:反应结果在四氢吡喃环的 C_2-位产生一个潜手性中心,如果被保护的为非手性醇,则产物为外消旋混合物;如果为手性醇,则为手性异构体混合产物,进而造成分离和结构鉴定的困难。其后改用对称性的 4-甲氧基四氢吡喃醚或 4-甲氧基四氢噻喃醚等,由于不引入额外的手性中心,避免了上述困难。它们已广泛应用于核苷的合成。制法类似于 THP 醚;水解速率吡喃醚比噻喃醚快约 5 倍。

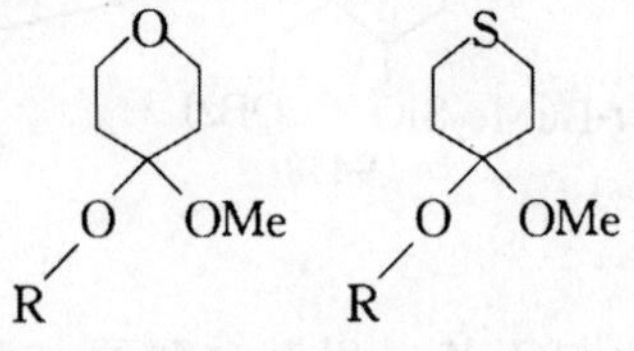

(2)缩醛和缩酮

在多羟基化合物中,同时保护两个羟基通常使用羰基化合物丙酮或苯甲醛与醇羟基作用,生成环状的缩醛(酮)来实现。例如,丙酮在酸催化下可与顺式 1,2-二醇反应生成环状的缩酮;而苯甲醛在酸性催化剂存在下可与 1,3-二醇反应生成环状的缩醛:

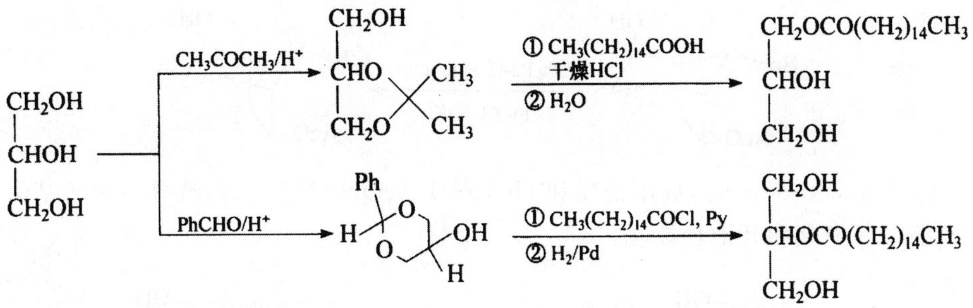

环状缩醛(酮)在绝大多数中性及碱性介质中都是稳定的,对铬酸酐/吡啶、过碘酸、碱性高锰酸钾等氧化剂,氢化铝锂、硼氢化钠等还原剂,以及催化氢化也都是稳定的。因此,环状缩醛(酮)是十分有用的保护基,广泛用于甾类、甘油酯和糖类、核苷等分子中 1,2-及 1,3-二羟基的保护。由于环状缩醛(酮)对酸性水解极为敏感,因此用作脱保护基的方法。

10.3.2 氨基的保护

氨基作为重要的活泼官能团能参与许多反应。伯胺、仲胺很容易发生氧化、烷基化、酰化以及与羰基的亲核加成反应等,在有机合成中常需加以保护。氨基的保护基主要有 N-烷基型、N-酰基型、氨基甲酸酯类和 N-磺酰基型等。

1. N-烷基型保护基

N-苄基和 N-三苯甲基是常用的氨基保护基。它们由伯胺和苄卤或三苯甲基卤在碳酸钠存在下反应得到。有时也可以用还原氨化的方法得到:

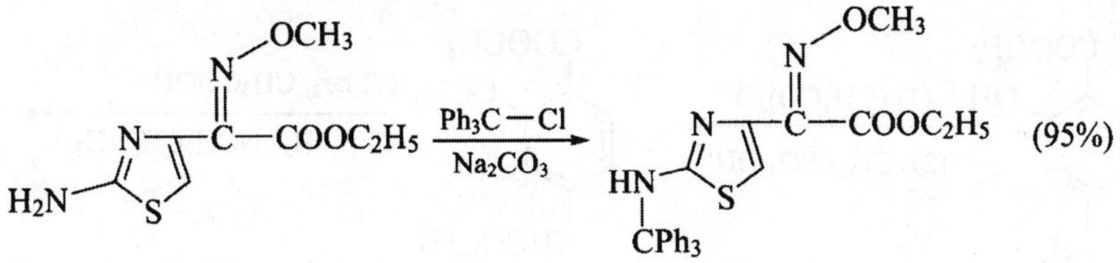

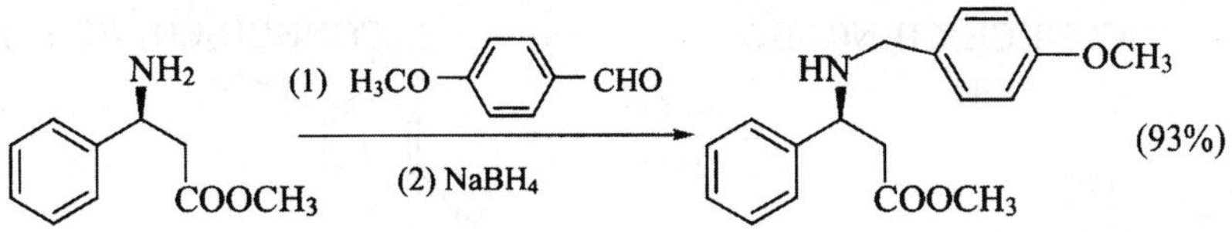

苄基保护基可用催化氢解的方法除去。

(1)N-苄基胺

N-苄基胺对碱、亲核试剂、有机金属试剂、氢化物还原剂等是稳定的,常用钯-碳催化氢化或可溶性金属还原脱除苄基保护。例如,合成治疗青光眼的中草药生物碱包公藤甲素时,选用 H_2 脱苄基。

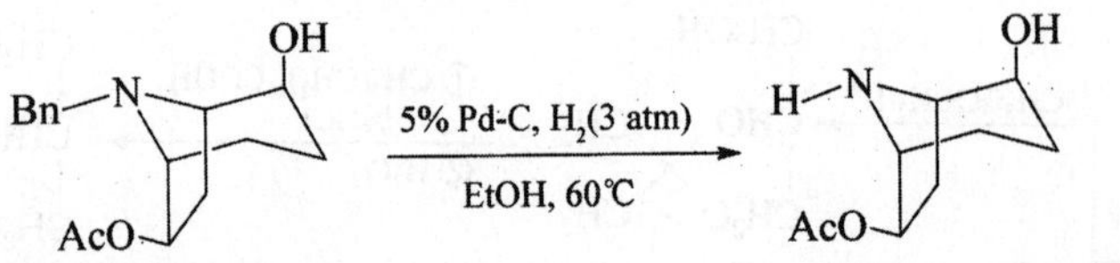

合成麻痹剂 Saxitoxin 时,选用钯黑和 HCOOH-AcOH 溶液处理,选择性脱苄基保护而不影响 S,S-缩酮保护基和其他功能基。

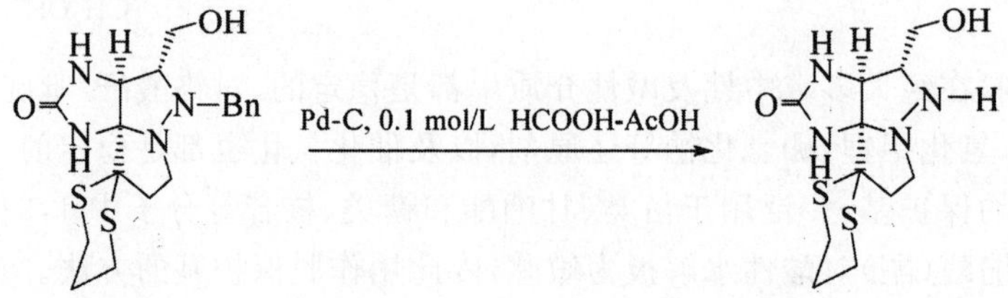

(2)N-三苯甲基硅胺

N-三苯甲基硅胺(TMS-N)是常用的 N-硅烷化保护基,在有机碱三乙胺或吡啶存在下三甲基硅烷化与伯胺、仲胺反应制得。由于硅衍生物通常对水汽高度敏感,在制备和使用时均要求无水操作,因此限制了它们的实际应用。去保护容易,水、醇即可分解。若采用位阻较大的叔丁基二苯基硅胺可选择性保护伯胺,仲胺不受影响。

2.N-酰基型保护基

伯胺和仲胺容易与酰氯或酸酐反应生成酰胺。乙酰基和苯甲酰基可用来保护氨基。酰基保护基可以用酸或碱水解的方法除去。例如:

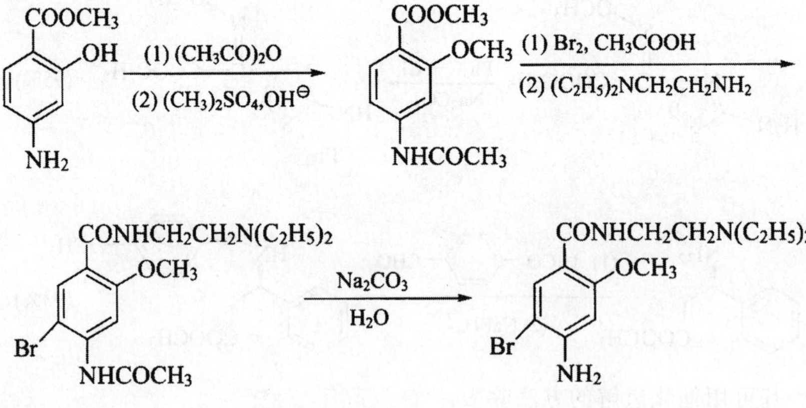

(1)乙酰胺

乙酰基是最常用的氨基保护基,将胺与乙酸酐或乙酰氯在碱(K_2CO_3、NaOH、三乙胺或吡啶等)存在下反应生成乙酰胺。它对亲核试剂和一些有机金属试剂是稳定的,但强酸、强碱、催化氢化、氢化物还原剂以及氧化剂等会影响乙酰胺。乙酰胺的脱保护常用酸碱催化水解。

(2)三氟乙酰胺

三氟乙酰胺是酰胺类保护中比较容易去除保护的酰胺之一,在三乙胺或吡啶存在下三氟乙酸酐与胺反应生成。用 K_2CO_3-甲醇水溶液处理即可脱保护,比乙酰胺更容易。例如:

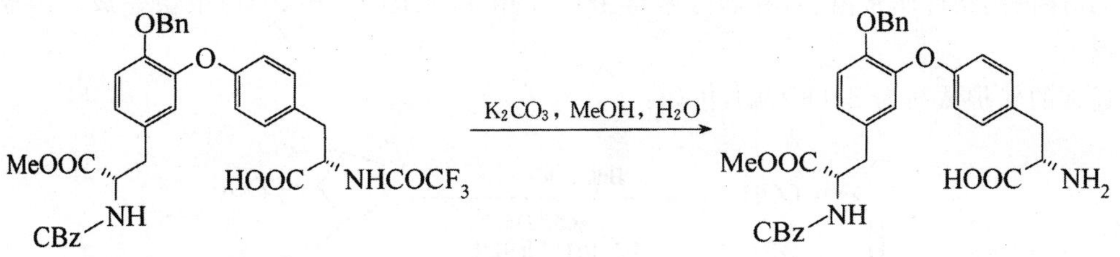

（3）苯甲酰胺

苯甲酰胺是在碱存在下苯甲酰氯与胺反应生成的。它能经受亲核试剂、有机金属试剂（有机锂除外）、催化氢化、硼氢化物还原剂和氧化剂等的反应。常用 NaOH 溶液、浓盐酸或 HBr 的乙酸溶液脱保护。例如,麦角酸合成中用苯甲酰基保护吲哚氮,反应后用较强的酸处理脱苯甲酰基保护基。

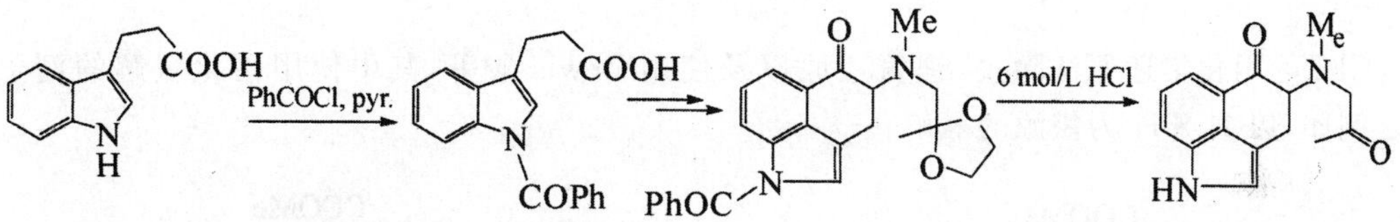

（4）邻苯二甲酰亚胺

邻苯二甲酰基是很常用的氨基保护基,它对 Pb(OAc)$_2$、O$_3$、30％ H$_2$O$_2$、SOCl$_2$、HBr-AcOH、OsO$_4$ 等都是稳定的,但对许多氢化物还原剂和 Na$_2$S·9H$_2$O 等不稳定。将伯胺与邻苯二甲酸酐、N-乙氧羰基邻苯二甲酰亚胺或 o-(MeOOC)C$_6$H$_4$COCl-Et$_3$N 等反应制得。去保护一般采用肼解法,条件温和,十分有效。例如：

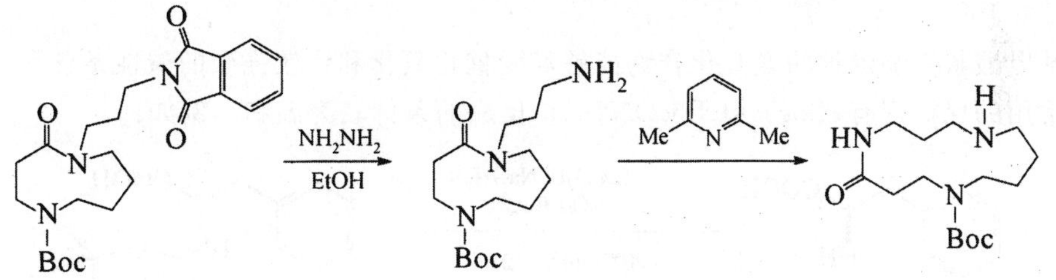

3. 氨基甲酸酯类保护基

在肽合成中,将氨基甲酸酯用作氨基酸中氨基的保护基,从而将外消旋化抑制到最低度。为最大限度抑制外消旋化,可使用非极性溶剂,此外,使用尽量少的碱和低的反应温度以及使用氨基甲酸酯保护基,都是有效的措施。通常采用胺和氯代甲酸酯或重氮甲酸酯进行反应制备氨基甲酸酯。不同结构的氨基甲酸酯其稳定性有着很大的差异,因此,当需要选择性地脱去保护基时,采用氨基甲酸酯类对氨基进行保护比较适宜。最有用的几种氨基甲酸酯有：苄酯、叔丁酯、2,4-二氯苄酯、9-芴甲基、异烟基酯等。下面选择常用的苄酯、叔丁酯进行研究。

（1）苄酯

1932 年 Bergman 发明了苄酯保护基:开创了现代肽合成化学中的一个里程碑。

苄酯制备的优点如下:①可以在中性条件下被氢解除去;②价格便宜,适合大量原料的制备；③其保护的条件非常温和，在碱性水溶液中使用 CbzCl（5℃～10℃）很快完成。因此，应用广泛。

通常的保护试剂为 BnOCOCl，例如：

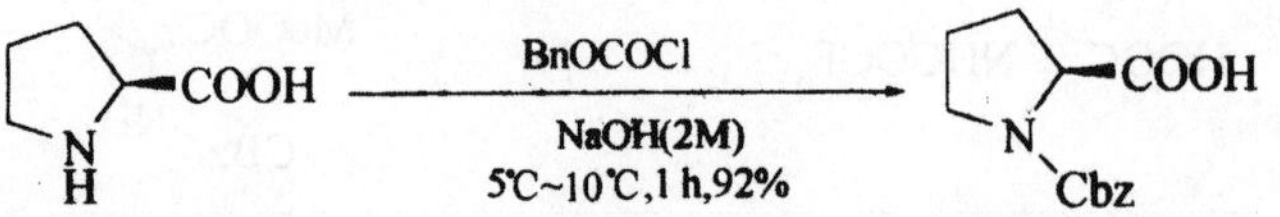

其他的保护试剂还有：

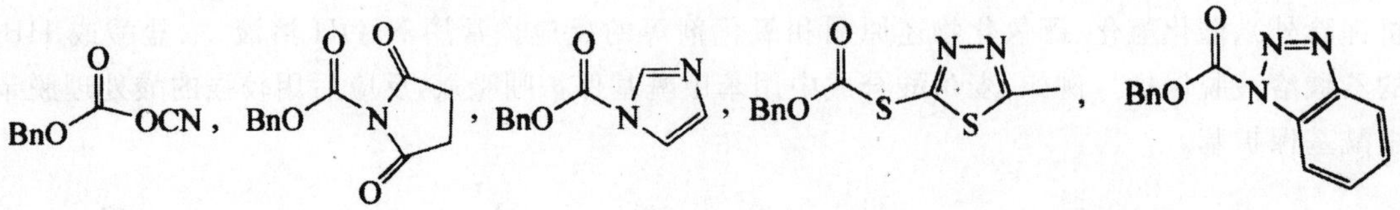

Cbz 可用化学还原法除去，锂氨还原以及使用 Lewis 酸等，其中使用催化氢解的例子最多。例如，以 R_3SiH 为氢源的氢解：

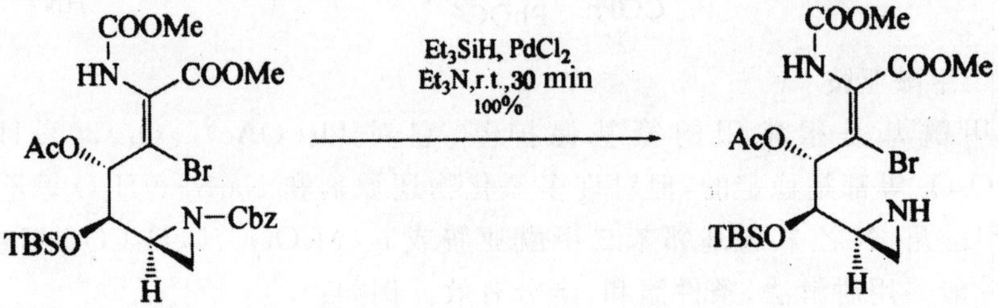

（2）叔丁酯

氨基甲酸叔丁酯保护的氨基化合物能够经受催化氢化和比较强烈的碱性条件和亲核反应条件。常用的保护剂有（Boc）$_2$O、BocON；保护反应的条件较为温和。例如：

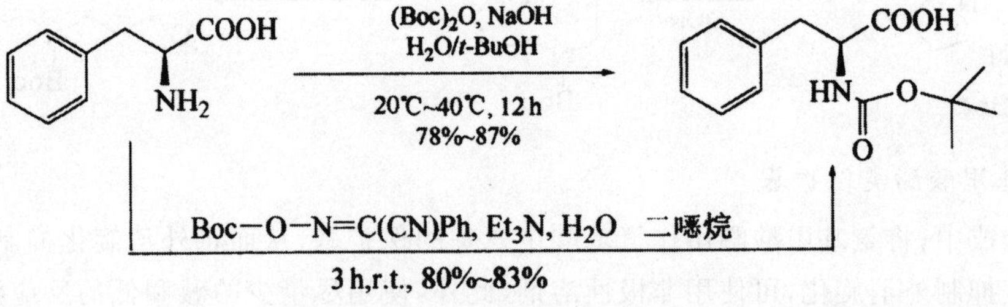

当有仲胺存在时，BocON 可选择性地保护伯胺。现在，多种 Boc 保护试剂被开发使用。例如：

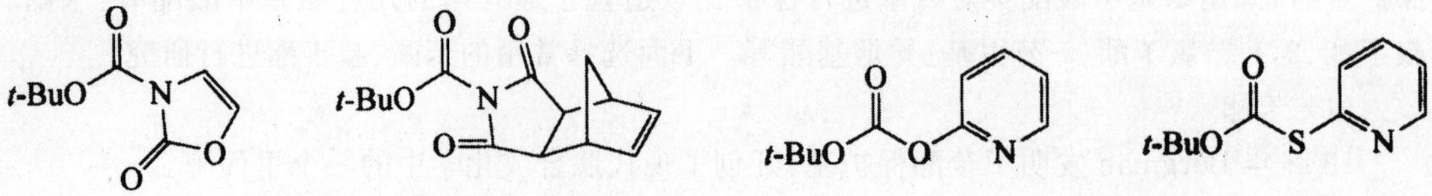

脱除 Boc 保护基最常用的方法是酸性水解。如使用三氟乙酸或三氟乙酸在 CH_2Cl_2 中的溶液,一般在室温下就可以迅速去保护。

4. N-磺酰基型保护基

N-磺酰基型保护基也许是最稳定的保护形式,一般这些化合物都是很好的结晶。常用的保护试剂为对甲苯磺酰氯(TsCl)。保护时通常是由胺和 TsCl 在惰性溶剂如 CH_2Cl_2 中加入缚酸剂如吡啶或三乙胺而制得。吲哚、吡咯和咪唑的保护先用强碱夺取 N 上的质子,然后与磺酰氯反应;也可使用相转移反应条件促进反应。

10.3.3　羰基的保护

醛、酮分子中的羰基是有机化合物中最易发生反应的活泼官能团之一,对亲核试剂、碱性试剂、氧化剂、还原剂、有机金属试剂等都很敏感,常需在合成中加以保护。羰基保护基主要有:O,O-、S,S-、O,S-缩醛、缩酮,烯醇、烯胺及其衍生物,缩胺脲、肟及腙等。下面仅对第一类保护基进行讨论。

1. O,O-缩醛、缩酮保护基

醛、酮在酸性催化剂作用下很容易与两分子的醇反应生成 O,O-缩醛、缩酮,也可和一分子 1,2-二醇或 1,3-二醇反应生成环状 O,O-缩醛、缩酮。常用的醇和二醇分别是甲醇和乙二醇。此外,醛、酮在酸催化下也可以与丙酮,丁酮的缩二甲醇或缩乙二醇以及二乙醇的双 TMS 醚等进行交换反应生成缩醛、缩酮。O,O-缩醛、缩酮对下列试剂和反应通常是稳定的:钠-醇、$LiAlH_4$、$NaBH_4$、CrO_3-Pyr、AgO、OsO_4、Br_2、催化氢化、Birch 还原、Wolff-Kishner 还原、Oppenauer氧化、过酸氧化、酯化、皂化、脱 HBr、Grignard 反应、Reformatsky 反应、碱催化亚甲基缩合等。去缩醛、缩酮保护基通常用稀酸水溶液。

O,O-缩醛、缩酮在有机合成反应中有很多应用实例。例如,对底物含三种不同的缩醛、缩酮保护基,选用 50%TFA 在 $CHCl_3$-H_2O 溶液中于 0℃处理,可选择去除酯醛与甲醇形成的缩醛保护基。

当两种活性不同的功能基共存时,对在活性较低的功能基上反应而不影响其他功能基,需先将活性高的功能基进行选择性保护。对于还原反应,醛羰基活性比酮羰基活性大,因此先将醛保护再进行还原反应,反应结束后,除去保护基。

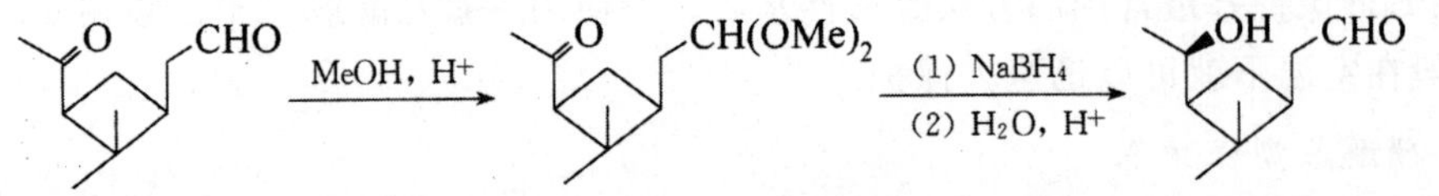

$$\xrightarrow{\text{MeOH, H}^+}$$

$$\xrightarrow[\text{(2) H}_2\text{O, H}^+]{\text{(1) NaBH}_4}$$

酮羰基与酯羰基都能与 Grignard 试剂反应,酮羰基活性较高。要进行酯羰基的反应应先保护酮羰基,再进行反应。

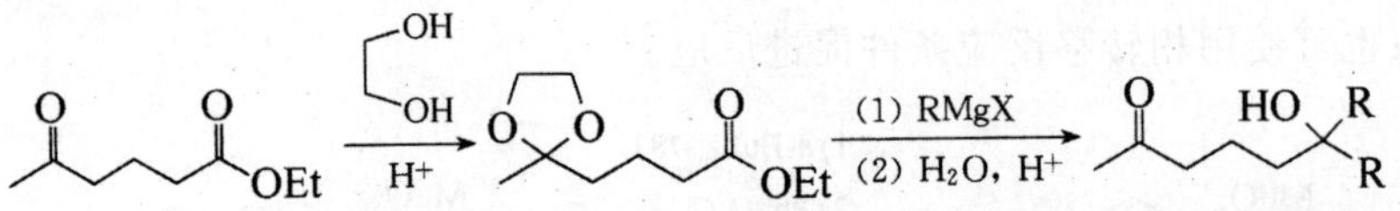

$$\xrightarrow{\text{H}^+}$$

$$\xrightarrow[\text{(2) H}_2\text{O, H}^+]{\text{(1) RMgX}}$$

采用固载化保护试剂,对芳香二醛进行选择性单保护,有利于后续对另一醛基的多种衍生化反应。

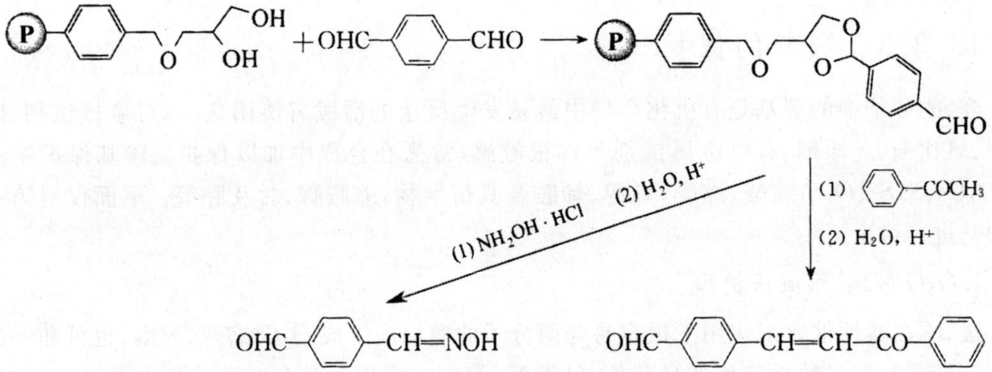

$$\xrightarrow{\text{(1) NH}_2\text{OH}\cdot\text{HCl} \quad \text{(2) H}_2\text{O, H}^+}$$

$$\xrightarrow[\text{(2) H}_2\text{O, H}^+]{\text{(1)} \text{ C}_6\text{H}_5\text{COCH}_3}$$

以表氢化可的松为原料合成甾体抗炎药氢化可的松,其关键是 C_{11}-OH 构型的转换。将其氧化后再立体选择性还原,为了避免氧化时 $C_{3,20}$-位的两个酮基受影响,先将其保护,然后进行氧化、还原反应,最后除去保护基。

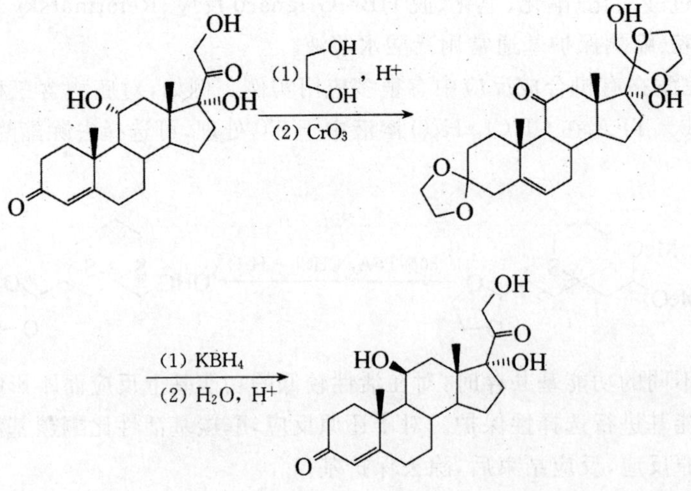

$$\xrightarrow[\text{(2) CrO}_3]{\text{(1)}}$$

$$\xrightarrow[\text{(2) H}_2\text{O, H}^+]{\text{(1) KBH}_4}$$

2. S,S-缩醛、缩酮保护基

醛、酮与两分子硫醇或一分子乙二硫醇或其二硅醚在酸催化下生成 S,S-缩醛、缩酮。常用的酸催化剂有：三氟化硼-乙醚、氯化锌、三氟乙酸锌等。

S,S-缩醛、缩酮可通过与二价汞盐或氧化反应来去保护，常用氯化汞、铜盐、钛盐、铝盐等水溶液处理，还可以用 N-溴代或氯代丁二酰亚胺等。

分子中含有酸敏感基团，进行保护时不宜使用 BF_3-Et_2O，而宜选用 $ZnCl_2$ 或 $Zn(OTf)_2$。

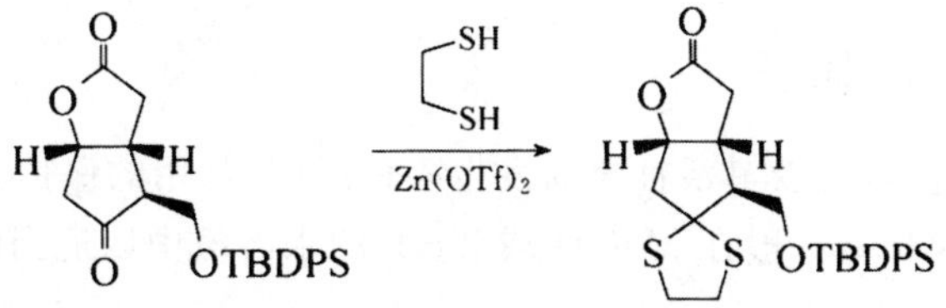

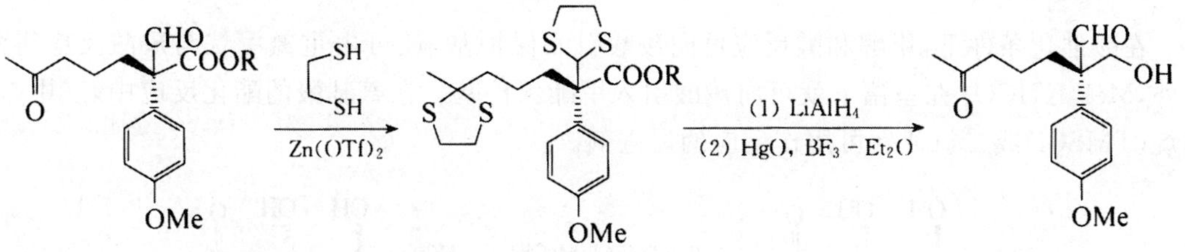

需要注意的是，底物中亲电性的羰基在形成 S,S-缩醛后，其 1,3-二噻烷的亚甲基易被 ^nBuLi 夺去质子，从而转变为亲核性的稳定碳负离子，之后可进行许多反应。

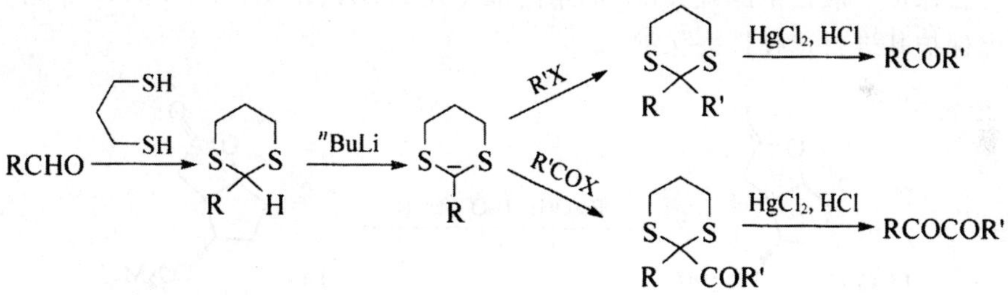

3. O,S-缩醛、缩酮保护基

O,S-缩醛、缩酮是较常使用的保护基，其生成和脱除如下：

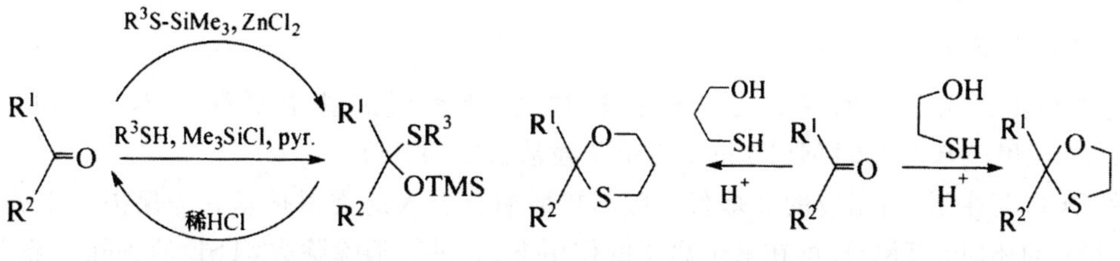

下例底物含多种功能基和保护基，当选用 MeI-丙酮水溶液处理可选择性脱除 O,S-缩酮保护基而不影响 O,O-缩醛和其他众多保护基或功能基。

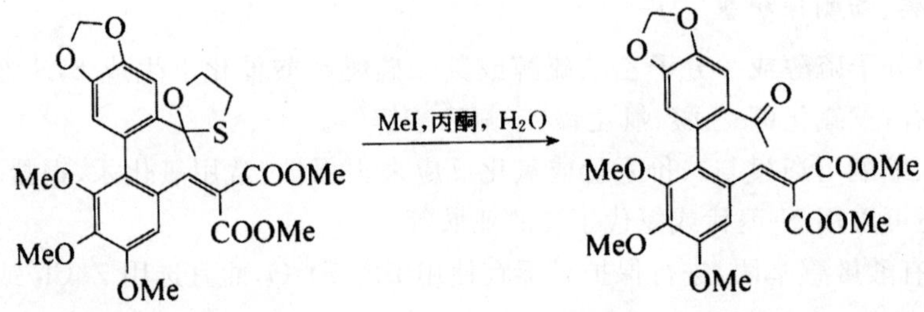

10.3.4　羧基的保护

羧基是活泼功能基,羧基及其活性氢易发生多种反应,常用的保护方法是将羧酸转化成相应的羧酸酯。脱酯基保护基一般在 MeOH 或 THF 的水溶液中以适当的酸或碱处理。

1. 甲酯保护基

在酸催化条件下,甲醇和酸反应可向羧酸引入保护基,还可由重氮甲烷与羧酸反应得到。此外,MeI/KHCO$_3$ 在室温下就可向羧酸引入甲酯保护基。在氨基酸的酯化反应中,三甲基氯硅烷(TMSCl)或二氯亚砜可用作反应的促进剂。

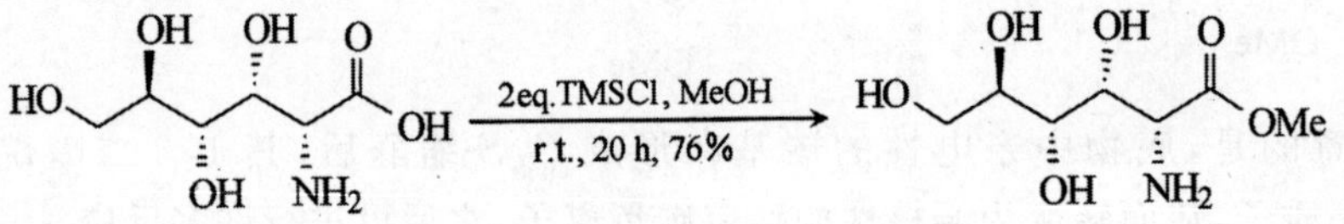

甲酯的去保护一般在甲醇或 THF 的水溶液中用 KOH、LiOH、Ba(OH)$_2$ 等无机碱处理,也可对甲酯保护基进行选择性去保护。

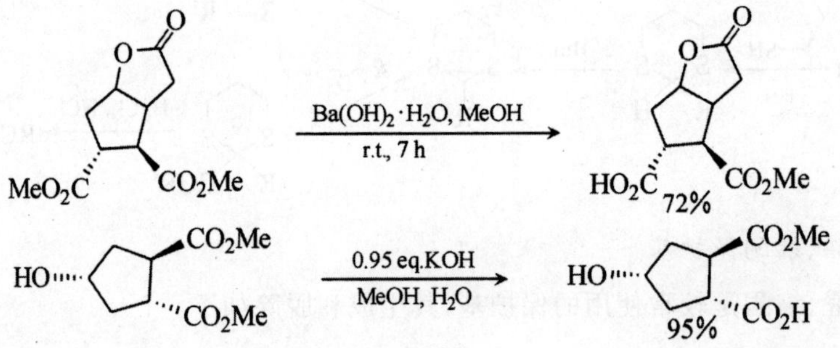

2. 乙酯保护基

将羧酸转变成乙酯的保护方法也比较常用,此类保护基主要有 2,2,2-三氯乙基酯(TCE)、2-三甲硅基乙酯(TMSE)和 2-对甲苯磺基乙酯(TSE)。

在 DCC 存在下,由相应的 2-取代乙醇与羧酸缩合引入此类保护基。去保护采用还原法,Zn-HOAc 的还原。TMSE 可在氟负离子的作用下,通过 β-消除除去,TSE 的去除一般在有机或无机碱作用下进行。

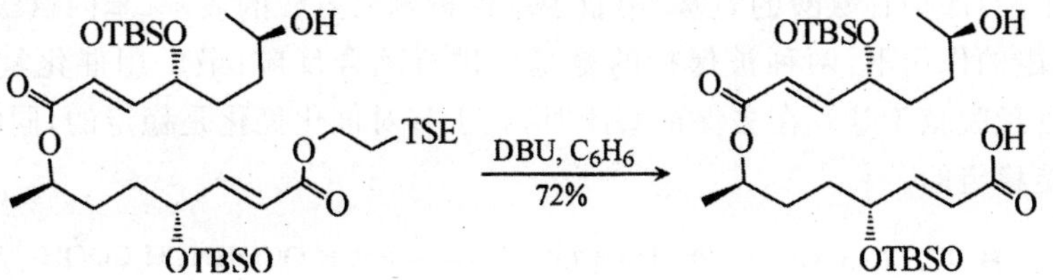

3. 叔丁酯保护基

叔丁酯是在酸催化下羧酸与异丁烯进行加成反应制得。由于存在较大位阻叔丁基，叔丁酯具有较大的稳定性。它对氨、肼和弱碱水解稳定，适用于一些碱催化反应中羧基的保护。

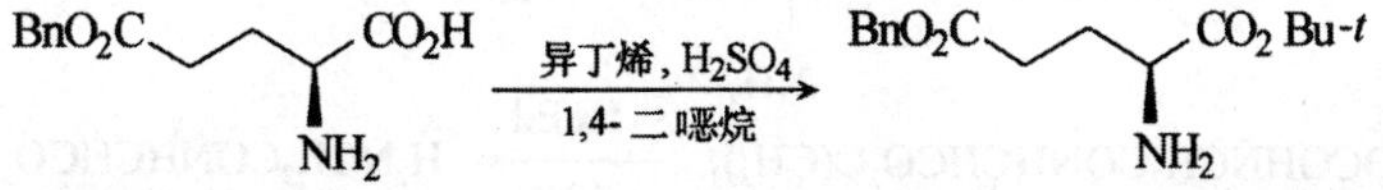

中等强度酸性水解去除保护基效果好。常用的脱保护催化剂是 CF_3COOH、TsOH、TMSOTf 等，但需注意去保护时应除尽伴生的活性叔丁基正离子以减免其引起副反应。

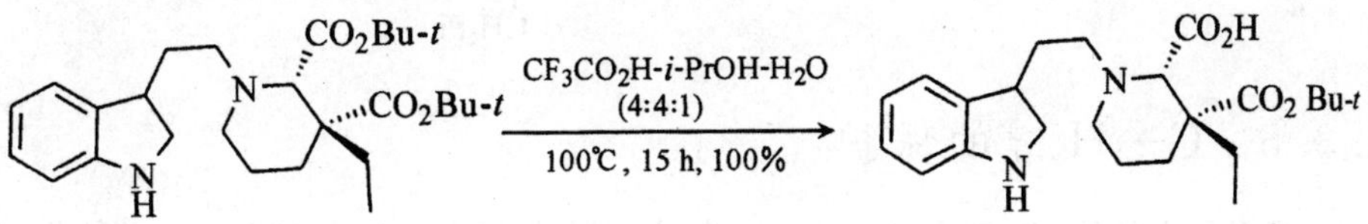

4. 苄酯保护基

由于苄基保护法反应条件温和，容易操作，还能调节苯环上取代基的活性，也常用作羧基保护。

苄卤与羧酸在碱性条件下反应生成相应的羧酸苄酯。

$$RCOOH + PhCH_2X \xrightarrow{OH^{\ominus}} RCOOCH_2Ph$$

苄基可以用 Pd/C 催化氢解法脱去。常用溶剂为醇、乙酸乙酯或四氢呋喃，而在这种条件下，烯、炔不饱和键，硝基，偶氮和苄酯均被还原，但苄醚和氮原子上的苄氧羰基不受影响。

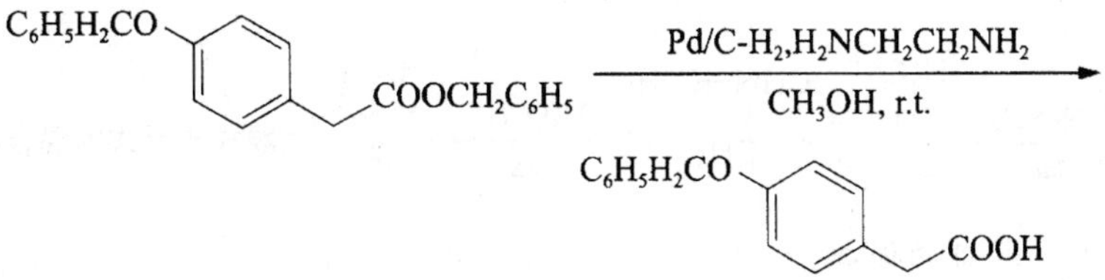

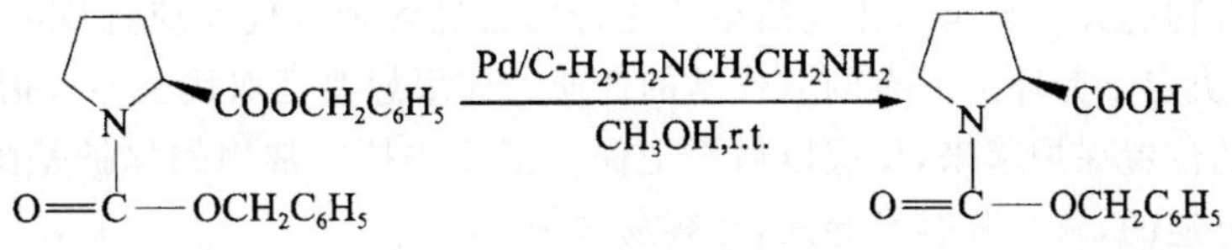

苄酯保护法被广泛用于多肽的合成中，如甘氨酸-苯丙氨酸的二肽合成。首先分别用苄氧

羰基(氯甲酸苄酯)保护甘氨酸的氨基,用叔丁基保护苯丙氨酸的羧基(苯丙氨酸叔丁酯);然后在焦磷酸二乙酯的作用下,两种被保护的氨基酸进行缩合反应;最后用催化氢化法脱苄氧羰基,用温和酸处理脱叔丁基。在去保护基团时,叔丁基对催化氢化是稳定的,同时,用温和酸处理时,苄基也是稳定的。

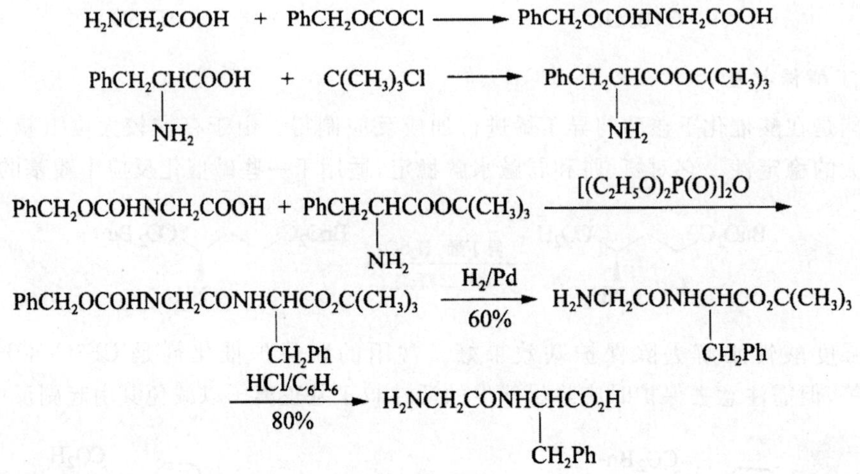

$$H_2NCH_2COOH \ + \ PhCH_2OCOCl \longrightarrow PhCH_2OCOHNCH_2COOH$$

$$\underset{NH_2}{PhCH_2\overset{|}{C}HCOOH} \ + \ C(CH_3)_3Cl \longrightarrow \underset{NH_2}{PhCH_2\overset{|}{C}HCOOC(CH_3)_3}$$

$$PhCH_2OCOHNCH_2COOH \ + \ \underset{NH_2}{PhCH_2\overset{|}{C}HCOOC(CH_3)_3} \xrightarrow{[(C_2H_5O)_2P(O)]_2O}$$

$$\underset{CH_2Ph}{PhCH_2OCOHNCH_2CONH\overset{|}{C}HCO_2C(CH_3)_3} \xrightarrow[60\%]{H_2/Pd} \underset{CH_2Ph}{H_2NCH_2CONH\overset{|}{C}HCO_2C(CH_3)_3}$$

$$\xrightarrow[80\%]{HCl/C_6H_6} \underset{CH_2Ph}{H_2NCH_2CONH\overset{|}{C}HCO_2H}$$

10.3.5 C—H 键的保护

C—H 键不是官能团,但在有些情况下,为了使反应在指定的位置进行,必须把别的也能起相同反应的 C—H 键封锁起来。这与官能团的保护有相似之处,故放在一起进行讨论。

1. 脂肪族化合物 C—H 键的保护

脂肪族化合物 C—H 键的保护一般是指保护特定位置的 C—H 键。例如,有一个 α-取代基的不对称酮,如果想使其在有取代基的 α-C 上进行烃化反应,就必须将另一个 α-位活泼亚甲基保护起来,待指定部位的烃化反应完成后再将保护基脱除,反应式如下:

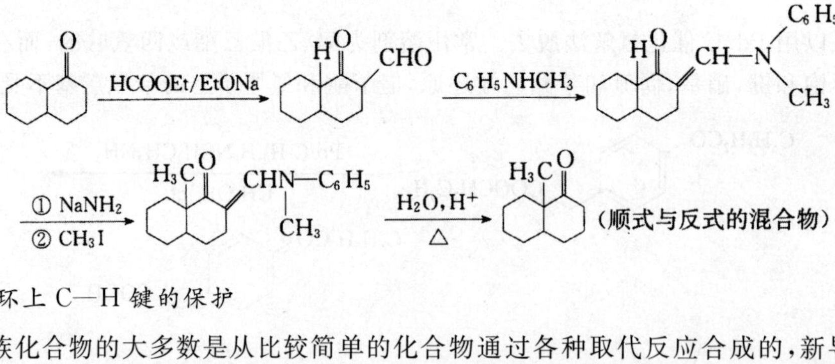

2. 芳环上 C—H 键的保护

芳香族化合物的大多数是从比较简单的化合物通过各种取代反应合成的,新导入的取代基的位置,主要决定于芳环上原有的取代基的性质。如果想要把取代基导入指定的位置上去,往往是把其他的位置保护起来,反应以后再把保护基团去掉。常用的保护基团为磺酸基。因为磺化反应是可逆的,磺酸基容易导入,也容易去掉。

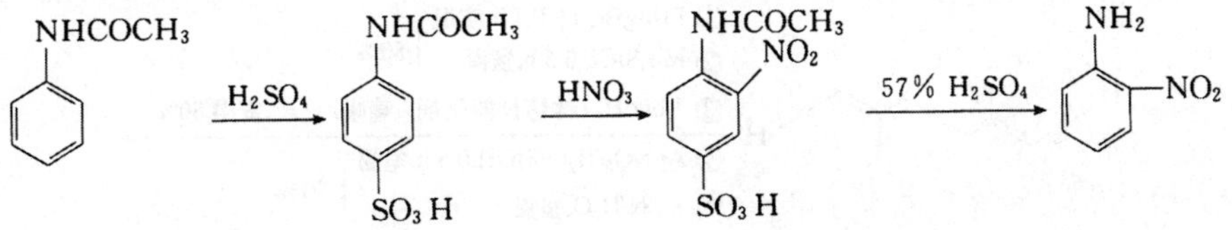

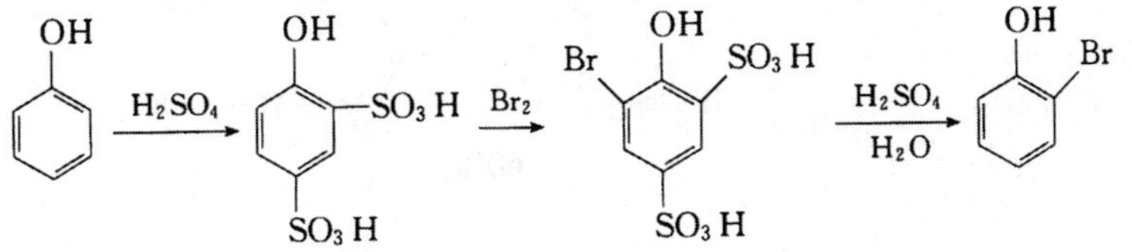

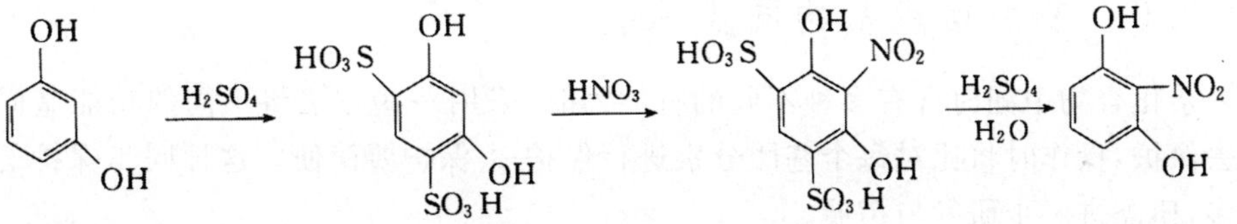

3. 乙炔衍生物活泼氢(—C≡C—H)的保护

末端炔烃(RC≡C—H)的炔氢可与活泼金属、强碱、强氧化剂以及金属有机化合物反应，故在某些合成中需要对其进行保护。

三烷基硅烷基是常用的炔氢保护基。炔烃转变为格氏试剂后再与三甲基氯硅烷作用，能够引入三烷基硅烷基进行保护。该保护基对金属有机试剂、氧化剂稳定，用硝酸银可以除去保护基。例如：

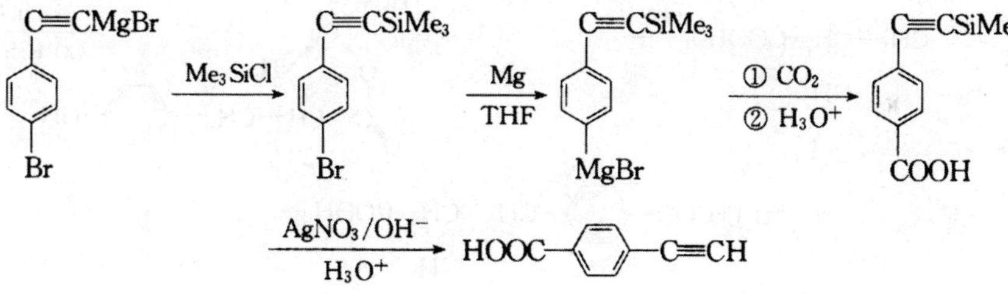

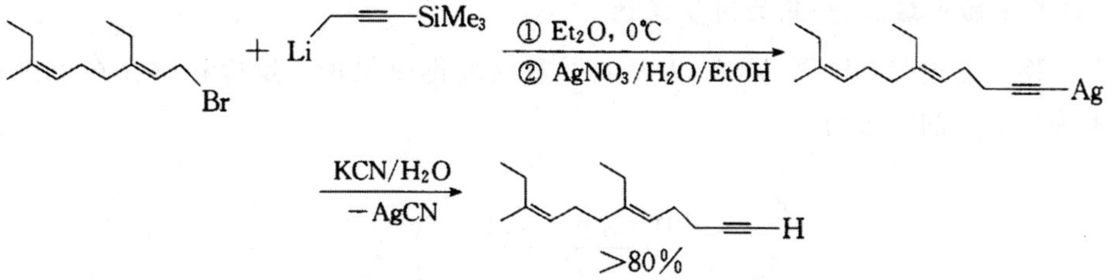

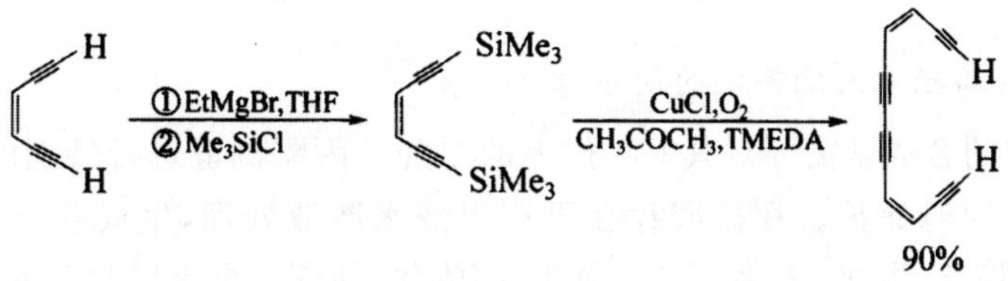

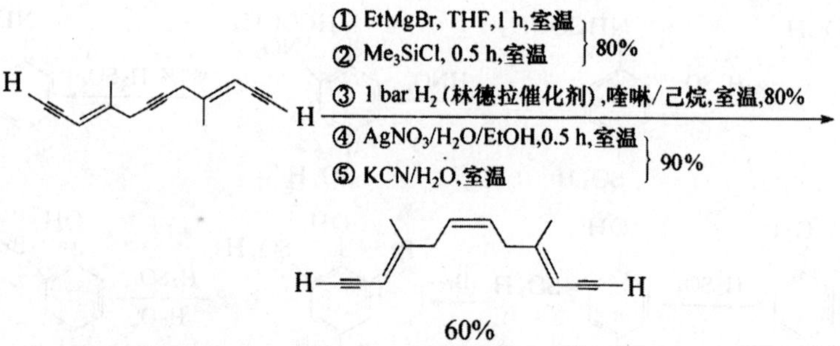

① EtMgBr, THF,1 h,室温 }80%
② Me₃SiCl, 0.5 h,室温
③ 1 bar H₂(林德拉催化剂),喹啉/己烷,室温,80%
④ AgNO₃/H₂O/EtOH,0.5 h,室温 }90%
⑤ KCN/H₂O,室温

60%

10.3.6　多种功能基的同步保护

当复杂化合物中同时含有多种不同的官能团时,采用一些方法将不同的功能基同步进行保护和去保护,操作时将比对每个基团分别进行保护-去保护要简便。这种同步保护的实例目前并不多,还需进一步研发与拓展。

1. 氨基酸中氨基、羧基的同步保护

在氨基酸分子中氨基和羧基都是活泼基团,为了避免其在后续反应中受到影响,可以采用适当的金属离子与之配位形成螯环,氨基和羧基能同时被保护。待反应结束后,用 H₂S 水溶液处理可除去保护基。

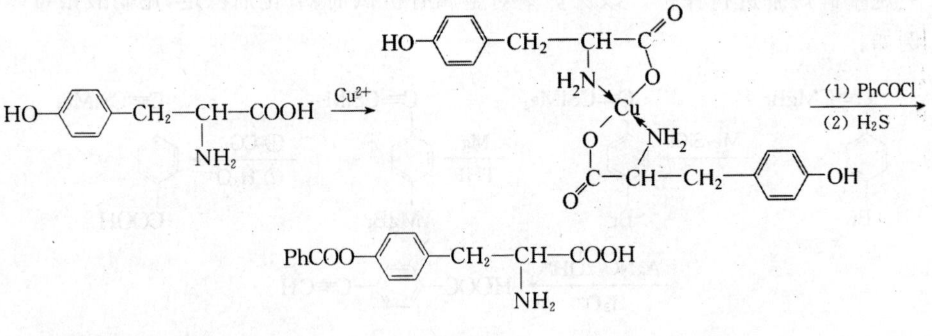

2. 2-巯基苯酚中巯基、羟基的同步保护

此类底物可通过与 CH₂X₂ 形成 O,S-亚甲基缩醛得以保护。反应在碱存在下进行,有时还需要相转移催化剂的参与。

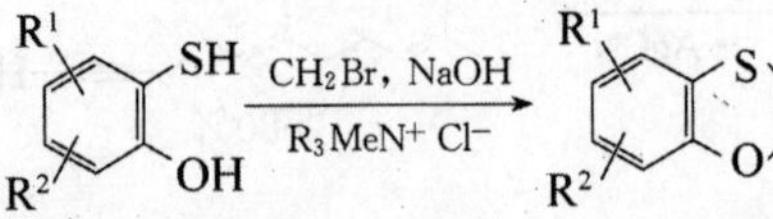

R¹, R² = H, Me, Cl, R = C₈ ～ C₁₀ 直链烷基

3. 甾体化合物二羟基丙酮侧链的同步保护

甾体皮质激素的合成常需要对其 C₁₇-位上的二羟基丙酮侧链进行特别的保护,这是两个羟基和一个羰基的同时保护。在盐酸存在下用甲醛水溶液处理,生成双亚甲基二氧衍生物(BMD)。BMD 对烷化、酰化、氧化、还原、卤化、缩酮化、酸催化重排以及 Grignard 反应等都稳

定。去保护用甲酸、乙酸水溶液处理。例如,合成 abeo-皮质激素以 BMD 保护甾体环氧化物侧链,在室温下紫外光照射发生 AB 环的异构化反应,AB 环转变为 abeo10 结构,最后去除 BMD 得到目标产物。

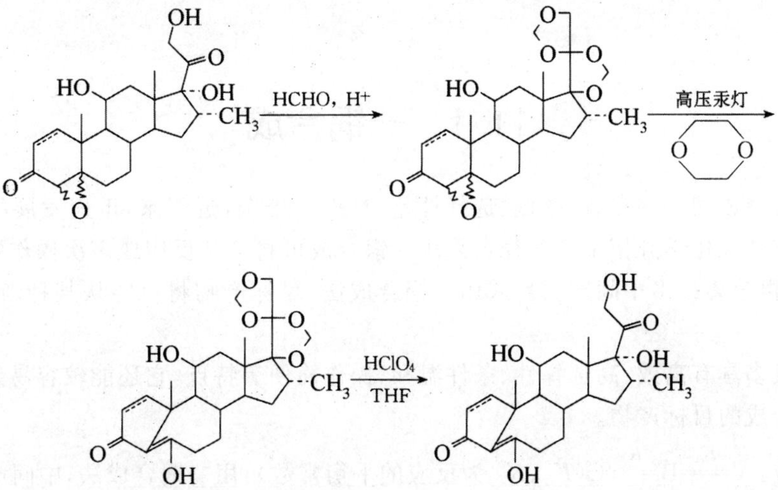

第 11 章　有机合成化学新技术

11.1　一锅合成

传统有机合成的步骤多、产率低、选择性差,且操作繁杂,近年来,迅速发展的一锅合成法为革新传统的合成化学开拓了新途径。采用一锅合成可将多步反应或多次操作置于一个反应器内完成,不再分离许多中间产物。采用一锅合成法,目标产物将可能从某种新颖、简捷的途径获得。

一锅合成多具有高效、高选择性、条件温和、操作简便等特点,它还能较容易地合成一些常规方法难以合成的目标产物。

对于反应:$A \xrightleftharpoons{K_1} B \xrightleftharpoons{K_2} C$($K_1$、$K_2$ 为反应的平衡常数),用一锅合成法,中间产物 B 不经分离,直接进行下一步反应,使 B 变成 C,A、B 之间的转化平衡由于 B 的消耗而向生成 B 的方向移动,这样会比多步反应产生更多的中间产物 B,C 的产率自然也比多步反应高,从而使反应的选择性和收率提高。

如果一个反应需要多步完成,但反应步骤都是在同种溶剂的溶液中进行,反应条件相近,不同的只是体系中的具体组成或温度等,则可以考虑能否用一锅法的合成。

下面就常见的几种物质的一锅合成路线进行讨论。

11.1.1　烯、炔的一锅合成

利用 Wittig-Horner 反应一锅合成烯、炔及其衍生物,近来取得了较大进展。将苯基氯甲基砜或苯基甲氧甲基砜,经二锂化物再转化为磷酸酯,继而与醛、酮反应,简便地制得一系列 α-官能化的烯基砜,进一步用碱处理,脱去氯化氢得乙炔基砜。总的反应过程为:

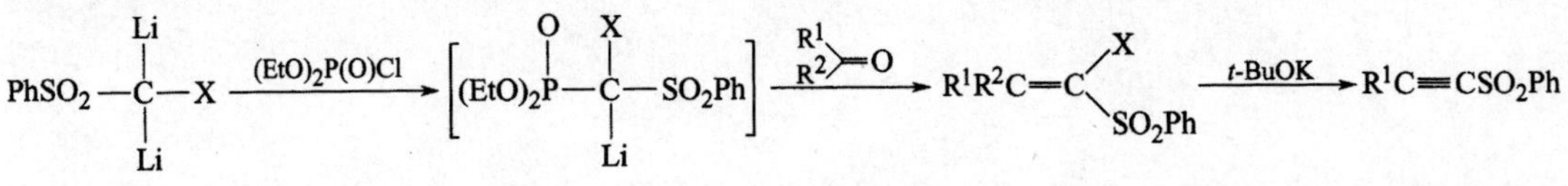

(X=Cl, OCH₃; R¹=CH₃, C₆H₅, p-CH₃C₆H₄等; R²=H, CH₃)

11.1.2　醛、酮的一锅合成

将酮转变为烯醇盐后与硝基烯烃进行共轭加成,水解得 1,4-二酮。起始物为不对称酮时,生成异构体产物,以长碳链二酮为主。例如:

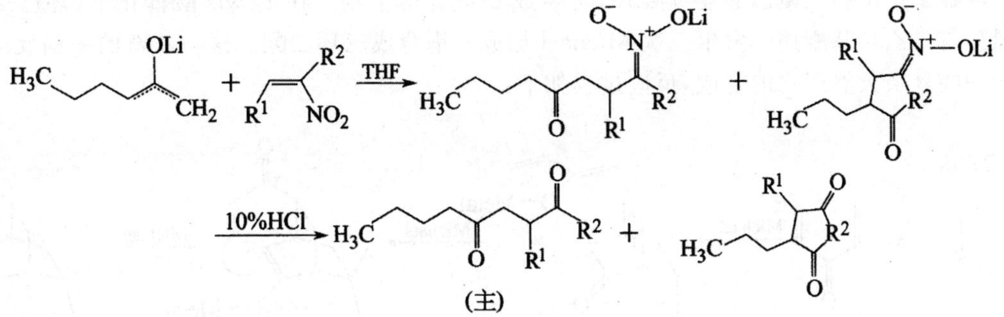

采用一锅法成功地实现了雌甾和化合物的高收率、高选择性的乙酰化和甲酰化反应，并提出该甲酰化反应可能经历了两次酚镁盐与甲醛配位，最后经六员环状过渡态的负氢转移而完成，其反应过程为：

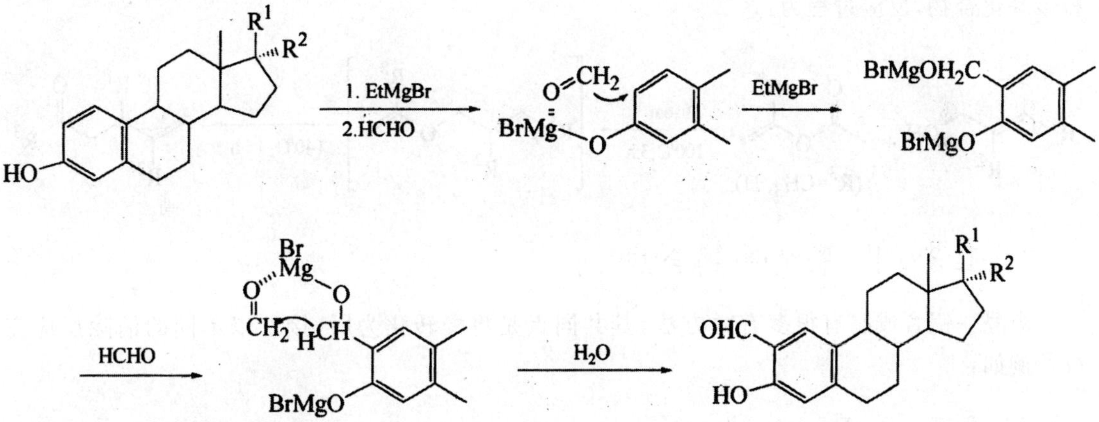

羧酸虽然可以转化为醛或酮，但中间需要几个步骤，而采用一锅方法则可以直接得到目标化合物，其反应过程为：

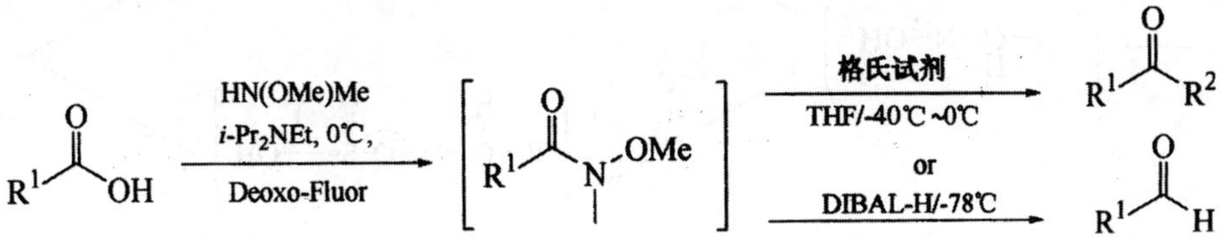

将羧酸酯经偶姻缩合和氯化亚砜处理，一锅合成对称 1,2-二酮；当偶姻缩合后，先用溴酸钠氧化再用氯化亚砜处理，则得到对称的单酮，反应过程为：

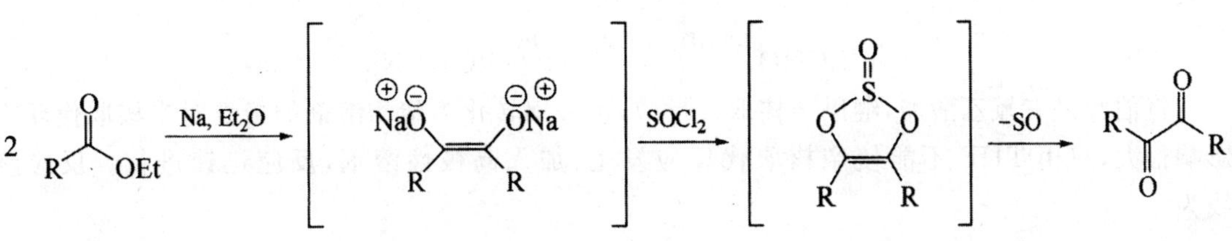

经叠氮化钠和三氟乙酸连续处理，可生成 2-氯腙衍生物。在 Lewis 酸催化下，环己-2-烯酮烯醇与二乙烯基酮连续发生三次 Michael 加成一锅合成三环二酮。这一新奇的一锅反应已用于一些复杂天然产物的合成，反应过程如下：

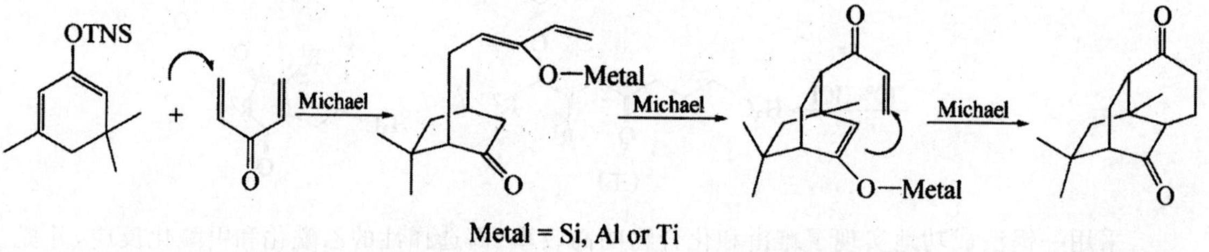

Metal = Si, Al or Ti

酯和醇反应，通常发生酯交换反应。Ishii 则用烯丙醇和乙酸乙烯或异丙烯酯在 [IrCl(cod)]₂ 催化下反应，生成乙烯烯丙型醚后，经过 Claisen 重排反应一锅合成了 γ,δ-不饱和羰基化合物，反应过程为：

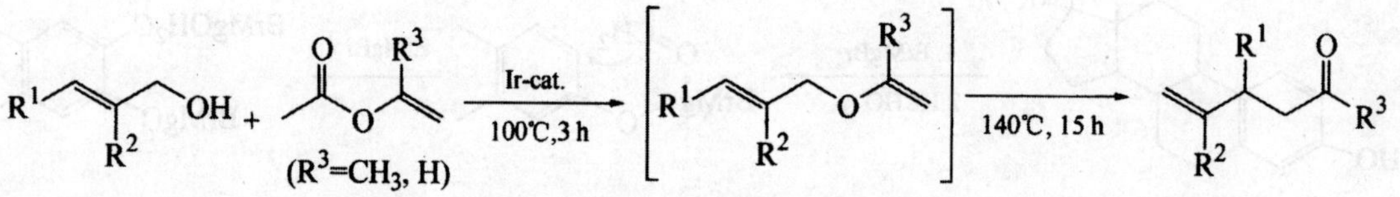

11.1.3 腈、胺的一锅合成

由醛一锅合成腈有很多有效方法，其共同点是将醛转化为肟，接着以不同的消除反应完成。例如：

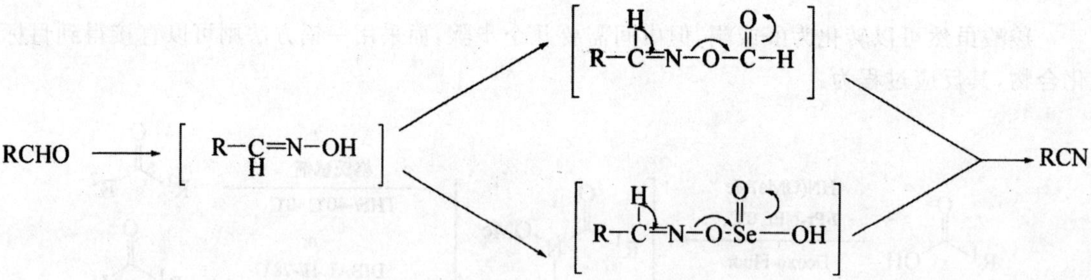

在氯化铵、铜粉和氧分子的参与下，芳醛、杂芳醛或叔烃基醛能有效地转化为腈。此法特别适宜于一些难制备、不稳定的腈的合成，也用于由容易获得的 ¹⁵NH₄Cl 合成标记的腈。反应式为：

$$RCHO \xrightarrow{^{15}NH_4Cl, CuO, O_2, Py} RC\equiv^{15}N$$

将伯醇经三氟乙酸酯，继以亲核取代反应，可一锅转化为腈。溶剂的极性对亲核取代反应影响很大，只用 THF 不能使亲核取代反应发生，加入高极性溶剂，反应迅速进行。反应路线为：

$$RCH_2OH \xrightarrow{CF_3COOH} [RCH_2OCOCF_3] \xrightarrow{NaCN, THF-HMPT} RCH_2CN$$

烯丙基化合物在相转移条件下经 CS_2 还原为肟,再脱水合成腈:

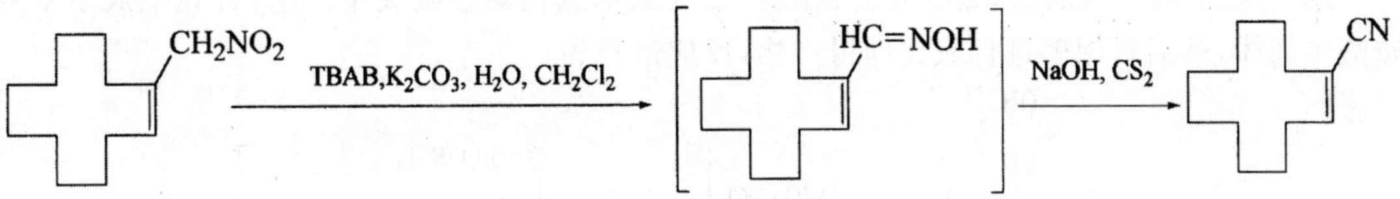

由卤代烃经 Staudinger 反应得到三乙氧基膦酰亚铵,然后用酸处理或与醛反应再还原分别合成胺或仲胺,反应路线为:

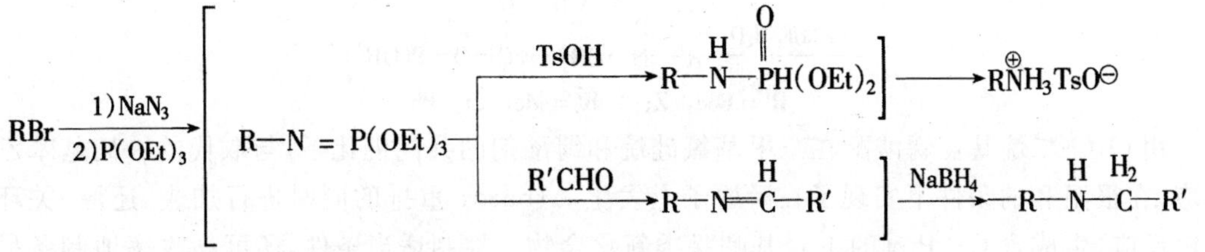

一锅合成腈的又一种方法是酮和丙二腈在乙酸铵溶液中和 Et_3B 或 RI_5/Et_3B 在 50℃~60℃下反应,得到丙二腈的衍生物,反应路线为:

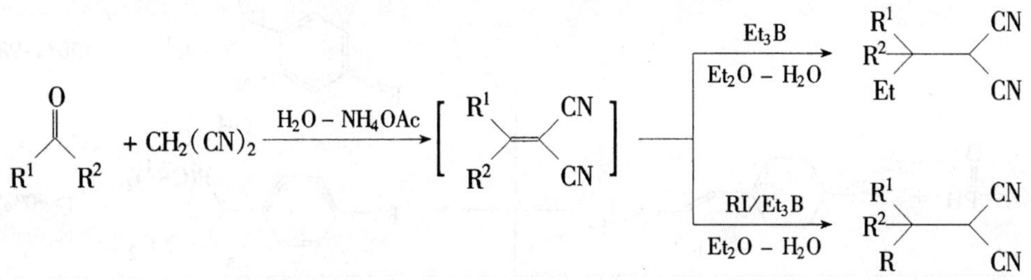

芳酸或杂芳酸的酰氯与羟胺磺酸反应,经重排得到对应的胺。该法比 Hofmann 法、Lossen 法或 Curtius 重排具有原料易得、操作简便安全等优点。反应历程为:

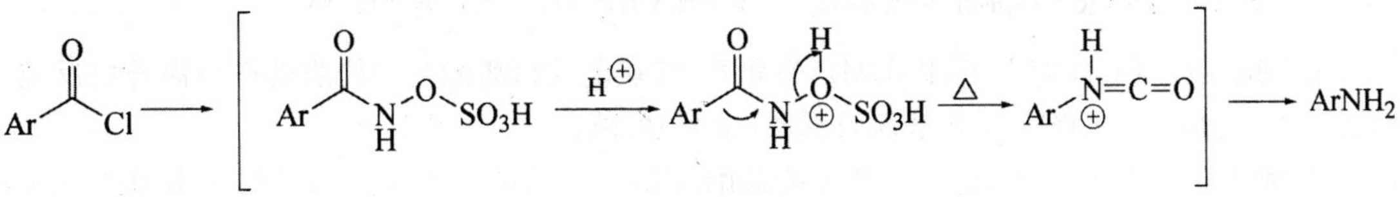

Naeimi 等以 P_2O_5/Al_2O_3 为催化剂,由酮和伯胺反应,一锅合成了 Schiff 碱,是一个绿色过程。反应式为:

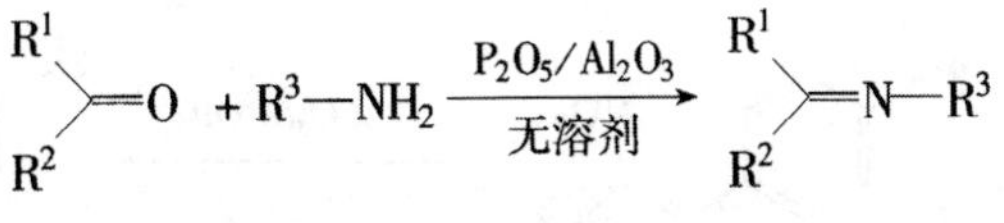

11.1.4　磷(膦)酸酯的一锅合成

磷酸酯、膦酸酯及其衍生物多具有生物活性和工业用途,对其合成方法的研究,越来越受到重视,近年来其一锅合成法进展迅速。

用 N-保护的丝氨酸、苏氨酸或酪氨酸和二烷氧基氯化磷在吡啶中反应,首先生成了双亚磷酸中间体,然后再用碘进行氧化即得产物,反应过程为:

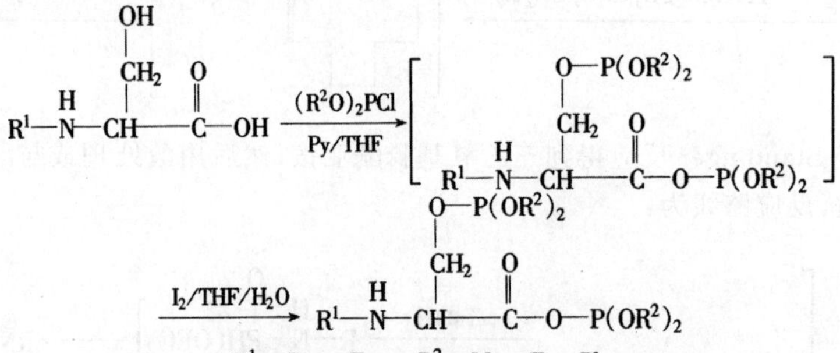

$$R^1 = Boc,\ Z;\qquad R^2 = Me,\ Et,\ Ph$$

用 O,O-二烷基亚磷酸酯在三甲基氯硅烷和缚酸剂的共同催化下,与取代的 β-硝基苯乙烯反应,在很温和的条件下实现了在磷原子上发生 Arbuzov 重排的同时进行加成、还原、关环的一锅反应,生成含 C—P 键的 1-羟基吲哚类新化合物。控制适当条件,还可高收率地制备另一类产物或聚合物,反应式为:

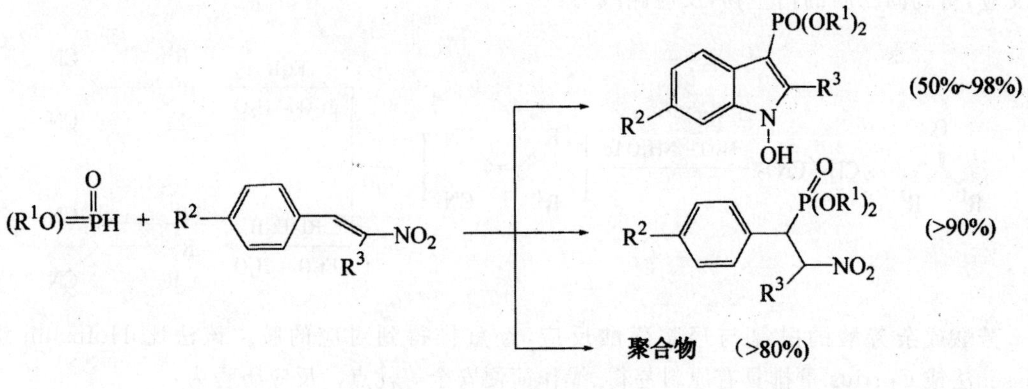

$$R^1 = ET, n\text{-}Pr, i\text{-}Pr, n\text{-}Bu;\qquad R^2 = H, OH, OMe;\qquad R^3 = H, Me$$

在 Me_3SiCl/Et_3N 存在下,以 DMF 为介质,将亚磷(膦)酸酯与肉桂醛进行一锅合成反应,可以高收率地得到 1-羟基-3-苯基烯丙基膦(次膦)酸酯。

在固体 K_2CO_3 存在下,将二烷基亚磷酸酯或烷基苯基磷酸酯与等当量的 1-芳基-2-硝基-1-丙烯进行环化膦酰化,使 3-二烷氧膦酰基或 3-(烷氧基苯基膦酰基)-1-羟基吲哚衍生物的一锅合成更加简单实用,反应式为:

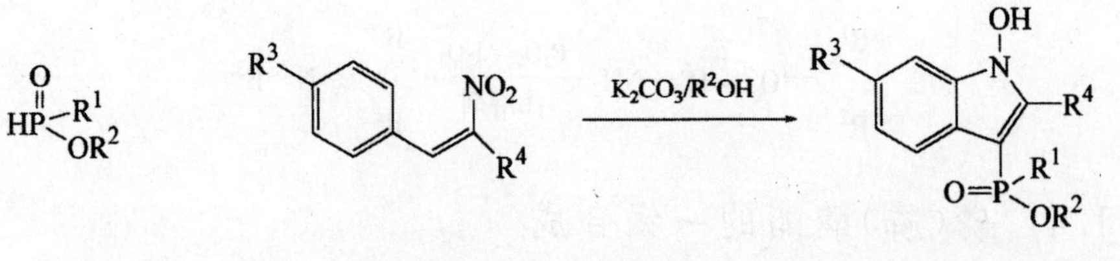

$$R^1 = OEt,\ OPr\text{-}i,\ Ph;\quad R^2 = Et,\ i\text{-}Pr;\quad R^3 = H,\ Me;\quad R^4 = Me,\ Et$$

含磷阻燃剂 DOPO 即 9,10-二氢-9-氧杂-10-磷杂菲-10-氧化物,是一个膦酸酯,采用一锅法高纯度地合成了该化合物。例如:

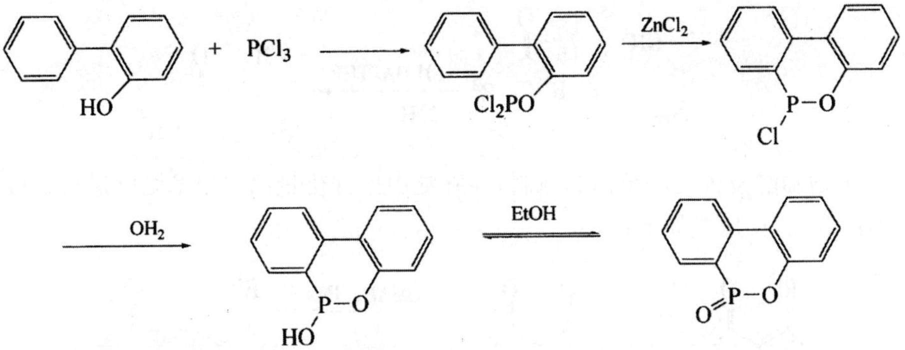

此外,采用一锅法还合成多种膦酸酯。

11.1.5　邻氨基苯甲腈的一锅合成

本方法用靛红为原料,在合适的有机溶剂中使原料靛红与盐酸羟胺缩合生成靛红-3-肟,在催化剂甲醇钠作用下热分解,生成邻氨基苯甲腈。这样可以减少原料损失,同时使产物溶于其中,有利于原料的充分利用和反应完全,避免产物随二氧化碳逸出。邻氨基苯甲腈的一锅合成合成路线为:

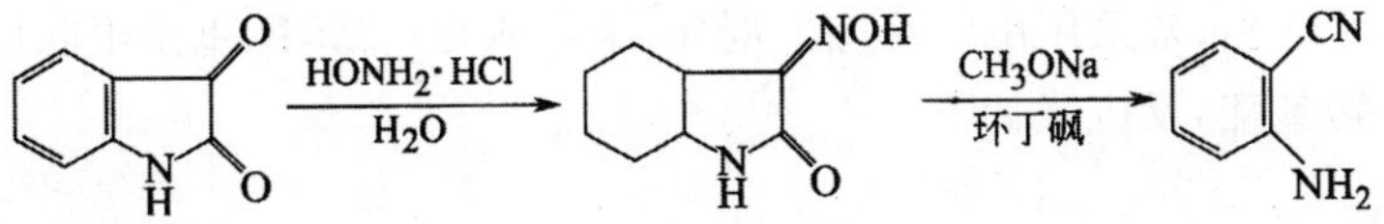

11.1.6　羧酸及其衍生物的一锅合成

在醇或醛的氧化过程中,生成的半缩醛中间体易氧化,于是开发了将伯醇或邻二醇转化为酯的一锅法,并成功地用于受性异构体的合成。例如,由 D-葡萄糖单缩酮合成木糖酸酯,反应式如下:

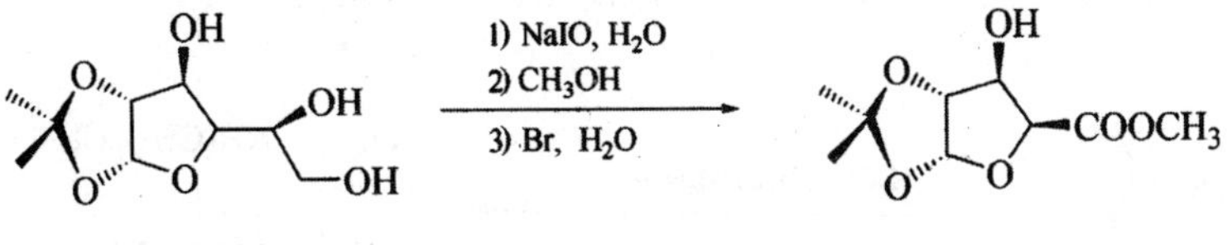

Deng 等以醇为底物,连续经过氧化-Homer-Wadsworth-Emmons 反应,将其氧化为不饱和酯,反应式如下:

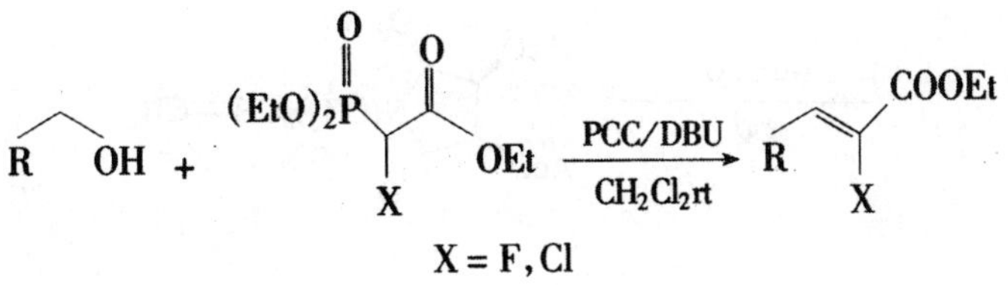

用二异丙基锂处理氯代缩乙醛，易于产生烷氧基乙炔负离子，接着与碳基化合物反应并酸化，一锅合成 α,β-不饱合酯。所用碳基化合物可以是活泼的也可以是不活泼的，收率均较好。

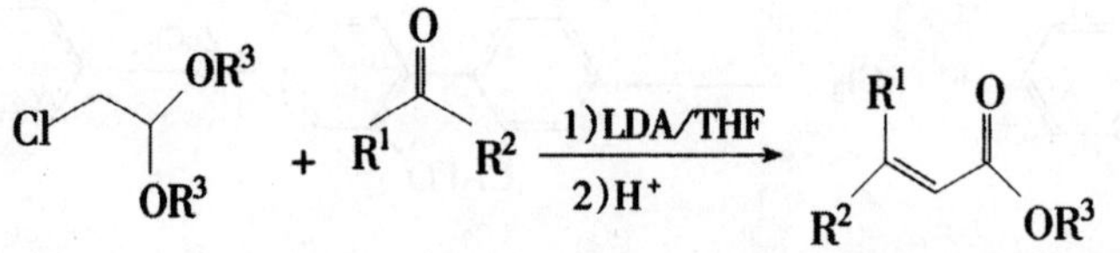

以 α,β-不饱和醛及丙二酸单酯为原料，在吡啶中用催化量的二甲基吡啶进行处理，一锅法制得 2E-不饱和酯，反应式如下：

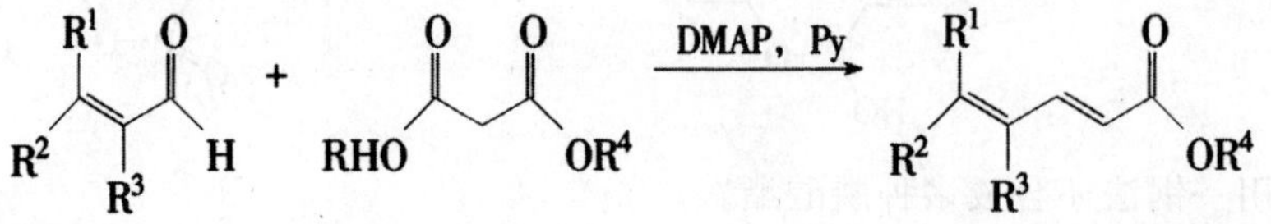

与其他方法相比较，这种方法不仅具有高的立体选择性，而且收率明显提高。例如，从丙烯醛或 2-丁烯醛合成 2,4-戊二烯酸甲酯或 2,4-己二烯酸甲酯用通常方法需要经三步反应，生成的收率分别为 30%、27%，而采用一锅方法，目标物收率分别提高到 88% 和 95%。

γ-丁内酯衍生物的一锅合成近年已有不少发展。如由 3-丁烯-1-醇及其衍生物经过硼氢化-氧化可合成 γ-丁内酯衍生物。采用手性底物可得到高光学纯度的手性内酯，利用不对称还原、环化，也可得到手性 γ-丁内酯衍生物。

一锅法合成羧酸酯，常采用串联反应。例如，采用氧化/二苯酯重排串联反应，立体选择性地一锅合成了 α-羟基酯，反应式如下：

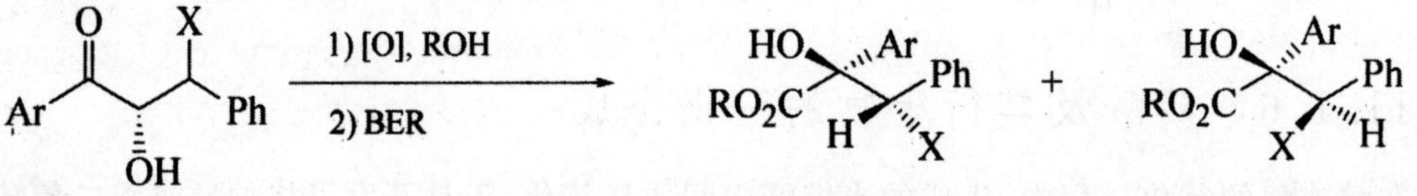

酰胺或内酰胺的一锅合成已有不少实例。例如，将二乙酰酒石酸酐与烯丙基胺在室温下反应得到 N-烯丙基-(2R,3R)-二乙酰酒石酸单酰胺的烯丙基胺盐后，不经过酸和提纯，直接与乙酐在 40℃ 下反应，高收率和高纯度得到了目标化合物，反应过程为：

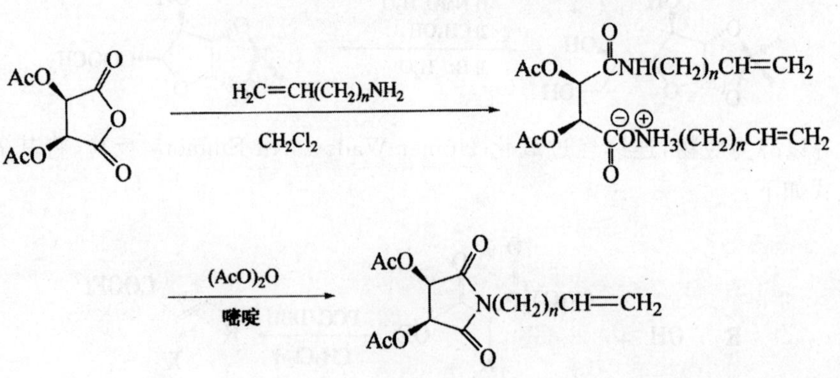

11.1.7　噻唑及其衍生物的一锅合成

由取代的邻卤硝基苯、CO、S 一锅反应，可得苯并噻唑酮及其衍生物：

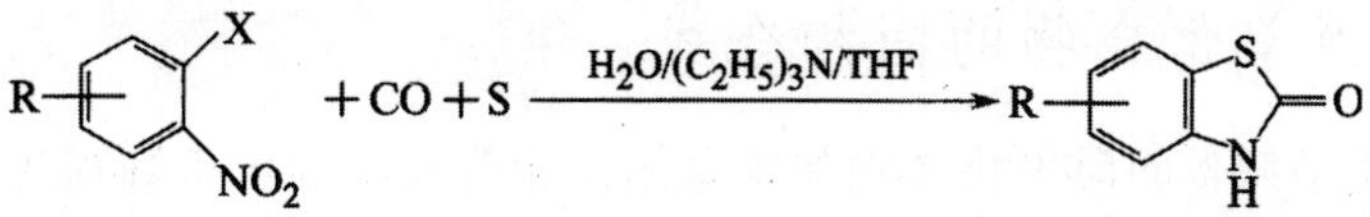

S 和 CO 反应生成 SCO；SCO 水解成 H_2S 和 CO_2；邻卤硝基苯中卤素被 H_2S 取代；将硝基还原为氨基后，在 N 和 S 原子间进行羰基化得到目标物。该法原料易得，过程简单，产率很好，是很有应用前景的工业过程和重要的实验室合成方法。

将 2-氯-3-氨基吡啶和 Grignard 试剂、硫代芳酸酯一锅合成了噻唑衍生物，反应式如下：

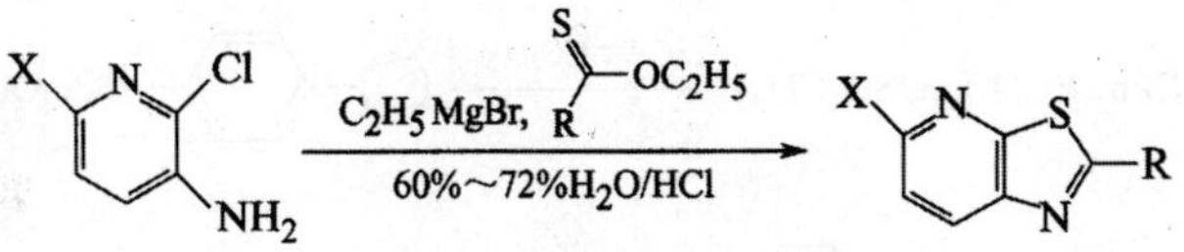

11.2　固相合成

固相合成(Solid-phase Synthesis)就是将底物或催化剂通过化学键固定在固相载体上，然后与其他试剂反应，反应后通过过滤、淋洗的操作将生成物与均相试剂及副产物分离，可以重复这个操作 n 次，以合成具有多个重复单元或不同单元的复杂目标产物，最后将目标产物从载体上解脱下来。固相合成常用的载体通常是含有活性官能团氯甲基、氨基、羟基等的聚苯乙烯树脂。固相合成常采用加入过量反应试剂的方法使反应完全。固相合成最初用于多肽的合成，后来广泛应用于合成聚核苷酸、低聚糖等生物活性物质及有机小分子、杂环分子、天然产物分子等不易制备的化合物。

11.2.1　多肽的固相合成

传统的多肽合成产物与反应物不易分离、操作繁琐、产率较低。使用固相合成法则可以克服这些缺点。以二肽的合成为例，来说明多肽的合成方法。传统的二肽的合成方法是先将第一个氨基酸的氨基保护，再将另一个氨基酸的羧基保护，然后将这两个被保护的氨基酸脱水形成酰胺肽键，最后将氨基和羧基脱保护形成二肽。

$$NH_2—CHRCOOH \xrightarrow{HCOOH} OHCNH—CHRCOOH$$

$$NH_2—CHR'COOH \xrightarrow{CH_3OH} NH_2—CHR'COOMe$$

$$OHC—NHCHRCONHCHR'COOMe \xrightarrow{0.5\ mol/L\ HCl} NH_2CHRCOHNCHR'COOMe$$

$$OHC—NHCHRCONHCHR'COOMe \xrightarrow{1\ mol/L\ NaOH} OHC—HNCHRCONHCHR'COO^-$$

二肽的固相合成方法是先将第一个一端氨基被叔丁氧羰基保护的氨基酸连接到载体树脂

上,然后用酸将保护基脱去,再用三乙胺进行中和除去与氨基相连的酸,再与另一个一端氨基被叔丁氧羰基保护的氨基酸脱水形成肽键,最后在强酸三氟乙酸的作用下将二肽从树脂上解脱下来,并用碱中和氨基上的酸,得到二肽。如果想得到多肽,则将第二步重复多次即可。

11.2.2 简单化合物的固相合成

一些溶液中不易制备的简单化合物如果采用固相合成法则可得到理想的结果。11-十四烯酸乙酯是一种鳞翅目昆虫性诱剂,合成该物质的原料 11-十四炔-1 醇用普通办法难以合成,用固相法则可以合成,步骤如下:

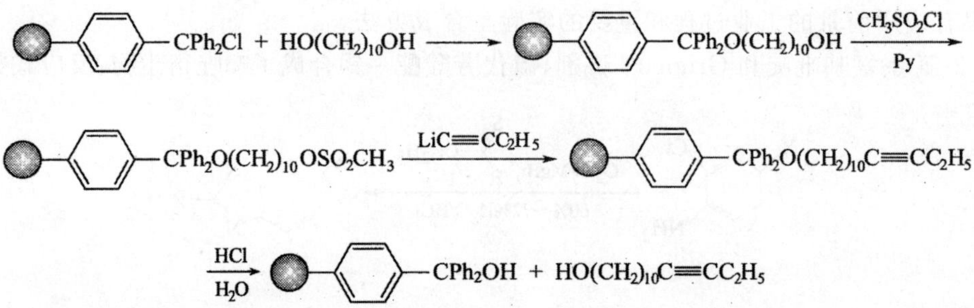

双取代的环己烯可用于制备香料或香料中间体,传统的液相合成法是使用丙烯酸酯与取代的 1,3-丁二烯进行环加成得到 3,4-双取代及 3,5-双取代两种加成产物,且 3,4-双取代为主要产物,选择性大于 80%。如果使用固相合成法,则由于载体的巨大位阻,产物以 3,5-双取代为主,选择性大于 90%。

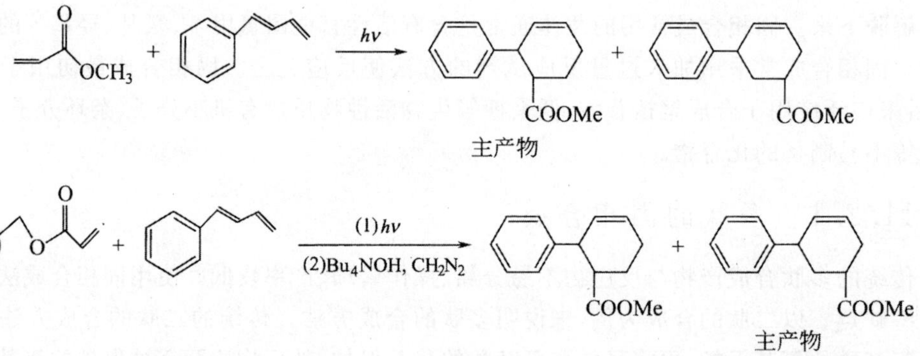

1-氨基 2,4-咪唑二酮是抗心律失常药阿齐利特、肌肉松弛剂丹曲林钠等药物的重要中间体。与传统的合成方法相比,固相合成得到的产品更纯净。在碱的作用下先合成羟基苯甲醛树脂,再与盐酸氨基脲在甲醇溶剂中回流下发生缩合反应生成苯甲醛缩氨基脲树脂,苯甲醛缩氨基脲树脂在乙醇钠的作用下与氯乙酸乙酯回流 24 h 后生成苯基亚甲基氨基-2,4-二酮咪唑树脂。最后用盐酸溶液进行切割,得到 1-氨基-2,4-咪唑二酮盐酸盐。

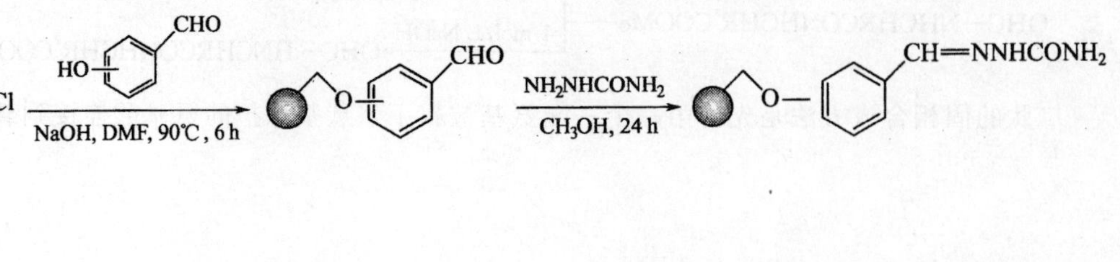

$$\xrightarrow[\text{CH}_3\text{OH, 24 h}]{\text{ClCH}_2\text{COOC}_2\text{H}_5,\ \text{EtONa}}$$

$$\xrightarrow{1\ \text{mol/L HCl}}$$

11.3　组合合成

新药的开发往往是根据治疗目标寻找先导药物。先导药物的设计的目的是在于从无到有、发现新结构类型药物,克服已知药物的缺点。化学家们以往的目标是合成尽可能纯净的单一化合物,他们合成成千上万的纯净的化合物,再从中挑选一个或几个具有生物活性的产物作为候选药物,进行药物开发研究。这样的过程必然导致化学家的时间大量浪费在无用的化合物的合成上,也必然使药物的开发成本极高、时间极长。

近年来,分子药理学、分子生物学的高度发展,使人们可以直接从分子水平上探究底物与生物蛋白相互作用,生物筛选技术的迅速发展使新化合物的合成成为快速制药的关键所在,组合合成法就是在这样的背景下产生的。

组合合成法迅速发展,能够利用组合合成的反应也越来越多,如麦克尔反应、狄尔斯-阿尔德反应、狄克曼环化、羟醛缩合、有机金属加成、脲合成、维狄希反应、环化加成等。

近几年来,组合合成法已从药物制备领域向电子材料、光化学材料、磁材料、机械和超导材料的制备发展,同时组合合成法开始向其他化学领域中渗透。组合合成法具有巨大的发展潜力,其在更多化学领域中的渗透和发展,将会把化学带入一个新的增长空间。

11.3.1　组合合成方法

以前化学家一次只合成一种化合物,一次发生一个化学反应,如 $A+B \longrightarrow AB$。然后通过重结晶、蒸馏或色谱法分离纯化产物 AB。在组合合成法中,起始反应物是同一类型的一系列反应物 $A_1 \sim A_n$ 与另一类的一系列反应物 $B_1 \sim B_m$,相对于 A 和 B 两类物质间反应的所有可能产物同时被制备出来,产物从 $A_1 B_1$ 到 $A_n B_m$ 的任一种组合都可能被合成出来,反应过程如下:

$$A+B \longrightarrow AB \quad
\begin{matrix} A_1 \\ A_2 \\ A_3 \\ \vdots \\ A_n \end{matrix}
\quad + \quad
\begin{matrix} B_1 \\ B_2 \\ B_3 \\ \vdots \\ B_m \end{matrix}
\quad \longrightarrow \quad
\begin{matrix} A_i B_j\ (i=1、2、3、\cdots、n,j=1、2、3、\cdots、m, \\ \text{共 } n \times m \text{ 种化合物}) \end{matrix}$$

若是更多的物质间的多步反应,产物的数量会按指数增加。这种组合合成法显然大幅度提高了合成化合物的效率,减少了时间和资金消耗,提高了发现目标产物的速度。

由此可得,组合合成法是指用数学组合法或均匀混合交替轮作方式,顺序同步地共价连接结构上相关的构建单元以合成含有千百个甚至数万个化合物分子库的策略。组合合成法可以同步合成大量的样品供筛选,并可进行对多种受体的筛选。

11.3.2 集群筛选法

集群筛选法,如果将大量的不同种类的物质(混合物或纯净物)送交生物体系去筛选,应该较容易地选出具有临床意义的最佳药物。这种方法又称为集群筛选,该法主要用于混合组分中有效单体的结构识别。这种筛选方法必须在下列条件成立时才能应用:混合物之间不存在相互作用,互相不影响生物活性。

集群筛选并不是逐个测试单一化合物的活性及结构,而是从许多的微量化合物的混合体中通过特异的生物学手段筛选出特异性及选择性最高的化合物,而对其他化合物未作理会。因而它具有如下优点:

①筛选化合物量大,灵敏度高,速度快,成本低。

②对产物先进行活性筛选,再做结构分析。

③只对混合产物中生物活性最强的一个或几个产物进行结构分析。

④有的组合库在活性筛选完成时,其活性结构即被识别,无需再分析。

对活性产物的分析,可以从树脂珠上切下进行,也可连在树脂珠上用常规的氨基酸组成分析、质谱、核磁共振谱等手段进行结构鉴定。

11.3.3 化合物库的合成

组合合成法包括大量归类化合物的合成和筛选,被称为库。库本身就是由许多单个化合物或它们的混合物组成的矩阵。合成库的方法通常有以下几类。

1. 混合裂分合成法及回溯合成鉴定法

混合裂分合成法及回溯合成鉴定法被用来在两天内合成百万以上的多肽,现在已成功地用于化合物库的建立。混合裂分合成法建立在 Merrifield 的固相合成基础上,其合成过程主要为以下几个步骤的循环应用:

①将固体载体平均分成几份。

②每份载体与同一类反应物中的不同物质作用。

③均匀地混合所有负载了反应物的载体。

从合成过程可以看出混合裂分合成法具有以下特点:

①高效性,如果用 20 种氨基酸为反应物,形成含有 n 个氨基酸的多肽,则多肽的数目为 20^n。

②这种方法能够产生所有的序列组合。

③各种组合的化合物以 $1:1$ 的比例生成,这样可以防止大量活性较低的化合物掩盖了少量高活性化合物的生理活性。

④单个树脂珠上只生成一种产物,因为每个珠子每次遇到的是一种氨基酸,每个珠子就像一个微反应器,在反应过程中保持自己的内容为单一化合物。

回溯合成鉴定法也称为倒推法,该法可实现活性物的筛选与结构分析同时完成。

2. 位置扫描排除法

位置扫描排除法的关键是开始就建立一定量的子库,子库中某一位置由一相同的氨基酸占据,其他位置则由各种氨基酸任意组合。分别用生物活性鉴定法鉴定各个子库的生物活性,从而确定最终活性物种的结构。当然,这种方法每个库化合物要被合成很多次。

3. 正交库聚焦法

用正交库聚焦法寻找活性物质,每个库化合物要被合成两次,被分别包含在两个子库 A 和 B 中,即 A、B 两个子库各包含了"一套"完整的化合物库。A、B 子库又分成多个二级子库。比如共 9 个化合物,则每个子库含 3 个二级子库,每个二级子库含 3 个化合物,但要保证每个化合物每次与不同的化合物组合。这样通过找到包含了活性组分的二级子库就可以确定活性化合物。A 库和 B 库中各包含了 1~9 全部的 9 个化合物,两个库都分为 3 个二级子库,每个子库中的库化合物的组合不同。如果利用生物活性鉴定法测出 A2 与 B2 两个二级子库有生物活性,则表明两者共同包含的库化合物 5 为目标活性物。含有 9 个化合物需要建立 2×3 个子库,对于含有 N 个化合物的库,则需要 $2\times\sqrt{N}$ 个子库才能确定活性物,再通过质谱、核磁共振等手段进行成分鉴定。正交库聚焦法对于只存在一个活性化合物时效果最好,如果库内包含两个以上活性化合物,则找到可能活性化合物的数目会以指数级增长,但只要对这些可能的对象进行再合成,仍然可以鉴定出最好的化合物。

4. 编码的组合合成法

有时化合物库过于庞大,难以进行快速的结构鉴定与筛选。因此人们设想如果在每个反应底物进行编码,再通过识别编码,就能知道该树脂珠上的产物合成历程及成分。

近年来,微珠编码技术的发展极为活跃。主要可分为化学编码和非化学编码。化学编码包括:寡核苷酸标识、肽标识、分子二进制编码和同位素编码。化学编码的基本原理是化合物库内每个树脂珠上都被连接一个或几个标签化合物,用这些标签化合物对树脂珠上的库化合物作唯一编码。理想的微珠编码技术应该具有下述特点:

①标签分子与库组分分子必须使用相互兼容的化学反应在树脂珠上交替平行地合成。

②编码分子的结构必须在含量很少时就可以由光谱或色谱技术进行确定。

③标签分子含量应较低,以免占据树脂珠上太多的官能团。

④不干扰反应物和产物的化学性质,不破坏反应过程,且不干扰筛选。

⑤标签分子能够与库化合物分离。

⑥经济可行性。

在非化学编码中,射频(RF)编码法是一种极有前途的编码技术。非化学编码主要是射频编码法、激光光学编码、荧光团编码。将电子可擦写程序化只读记忆器(EEPROM)包埋在树脂珠内,通过从远处下载射频二进制信息来编码。当树脂珠经历了一系列化学转化后,芯片记录下相应的合成史对应的信息,再通过读取信息可知活性物质的成分。可以认为,在低功率水平上的无线电信号的发射和接受,不会影响化合物库的合成。

11.3.4 平行化学合成

混合裂分法合成化合物库固然效率很高,但其活性成分的鉴定往往需要再合成一系列子库,这无疑加大了工作量,而且其中某些子库的合成不易通过混合裂分法直接合成,这需要借助平行化学合成的手段。

平行化学合成是指在多个反应器中每一步反应同时加入不同的反应物，在相同条件下进行化学反应，生成相应的产物。

平行化学合成法的操作简单，可以通过机械手完成，目前已有商品化的有机合成仪出现。每个反应器内只生成一种产物，且每个产物的成分可通过加入反应物的顺序来确定。但是，用该法制备化合物的数目最多等于反应器的数目。常用的固相平行化学合成方法有多头法、茶叶袋法、点滴法、光导向平行化学合成法等。

11.3.5 液相组合合成

液相反应的类型较广泛，生成产品量也较大。由于不用特制载体，相对成本要低。但是，液相组合合成要求每步反应之收率不低于 90%，并且仅允许一个简单的纯化过程，如使用了一个短小的硅胶层析柱就能达到目的，能够提高合成速度。它没有树脂负载量的影响，不受合成量的限制，反应过程中能对产物进行分析测定，进行反应的跟踪分析。相对于固相来说，液相合成更适合于步骤少、结构多样性小分子化合物库的合成。

液相组合合成的原理与固相组合合成相同，不同之处在于液相中若想保证每种物质以接近相等的量产出，需预先确定各反应物的反应活性，通过控制浓度使各反应物有接近的化学动力学参数。

液相反应迅速，但收率不高，产品不纯，需要纯化，费时较多，需进一步深入研究。

11.4 无溶剂反应

无溶剂反应包括作用物在负载混合物存在下进行的反应和作用物不需负载混合物直接进行的反应，又称为干反应。前者通常以无机固体（如三氧化二铝、硅胶等）为介质，只需将负载混合物于适当温度下放置，间或振动即可，操作十分简便。后者将固体作用物（固-液作用物）在玛瑙乳钵中研磨或在反应瓶中加热即可，操作也很方便。产物均可用溶剂萃取或用柱层析分离，后处理也很方便。由于反应条件温和，一些在溶液中无法进行的反应可以利用无溶剂反应获得满意的结果。

11.4.1 烷化反应

1. 碳烷化

将甲醇钠吸附在氧化铝或硅胶上可使丙二酸酯发生选择性干法烷化。例如：

$$CH_2(COOMe)_2 + Br(CH_2)_5Br \xrightarrow{\text{MeONa-Al}_2O_3} Br(CH_2)_5CH(COOMe)_2 + \qquad \textbf{(1)}$$

$$\begin{array}{c} \text{COOMe} \\ \bigcirc\!\!\!\times \\ \text{COOMe} \\ \textbf{(2)} \end{array} + (MeOOC)_2CH(CH_2)_5CH(COOMe)_2 \atop \textbf{(3)}$$

当 $MeONa/Al_2O_3$ 为 1 mol/kg 时，主要生成（1）；$MeONa/Al_2O_3$ 为 1.7 mol/kg 时，则生成（2）；而在溶液中反应同时生成三种产物。

与此类似,乙酰乙酸乙酯在 MeONa/Al$_2$O$_3$ 体系中进行烷化,高选择性地生成单碳烷化产物,如表 11-1 所示。

$$MeC\!=\!CHCOOEt + EtX \xrightarrow[\text{室温,5 d}]{MeONa\text{-}Al_2O_3} MeC\!=\!CHCOOEt + MeCOCHCOOEt + MeCOC(Et)_2COOEt$$

中间产物:OK → OEt **(4)**, Et **(5)**, **(6)**

表 11-1　乙酰乙酸乙酯烷化产物分布

烃化试剂	(4)的摩尔分数/%	(5)的摩尔分数/%	(6)的摩尔分数/%	总产率/%
Et$_2$SO$_4$	2	96	2	76
EtBr	1	97	2	53
EtI	<1	97	3	52

2. 硫烷化

例如,丙二硫代羧酸甲酯与苄氯在 KF-Al$_2$O$_3$ 无溶剂体系中室温下反应,主要得到顺式 (S)-烷化产物。硫烷化比在溶液中反应有较好的选择性,反应式如下:

$$MeCH_2CSMe + PhCH_2Cl \xrightarrow{KF\text{-}Al_2O_3}$$

产物:85% + 15%

11.4.2　酰化反应

N,N-二乙氨基乙醇己酸酯是一种高效植物生长调节剂,传统的合成方法均采用有机溶剂为带水剂,存在溶剂消耗、溶剂污染等问题。在无溶剂条件下,以固体超强酸 ZrO$_2$/SO$_4^{2-}$ 为催化剂,在高于 130℃的条件下,将己酸和二乙氨基乙醇进行酯化反应,使反应产生的水直接蒸出,从而使酯化反应得以进行,该法工艺安全简单,不存在溶剂损耗及污染等问题。

$$CH_3(CH_2)_4COOH + HOCH_2CH_2N(C_2H_5)_2 \xrightarrow[-H_2O]{ZrO_2/SO_4^{2-}} CH_3(CH_2)_4COOCH_2CH_2N(C_2H_5)_2$$

固体超强酸 ZrO$_2$/SO$_4^{2-}$ 的合成:称取 ZrOCl$_2$·8H$_2$O 溶解在 100 g 蒸馏水中,搅拌下加入浓氨水调 pH 至 8～9;继续搅拌 30 min,放置陈化 24 h,过滤洗涤至无 Cl$^-$;沉淀物在 110℃下干燥 24 h,粉碎过 100 目筛;沉淀物用 20 倍的 0.5 mol/L H$_2$SO$_4$ 浸泡陈化 24 h,过滤洗涤,110℃干燥 24 h,粉碎过 100 目筛;550℃焙烧 3 h 即可。

11.4.3　氧化反应

烯键和炔键化合物可在含水硅胶负载下氧化成羰基化合物,反应式如下:

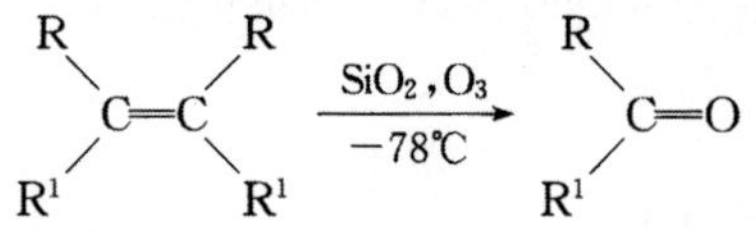

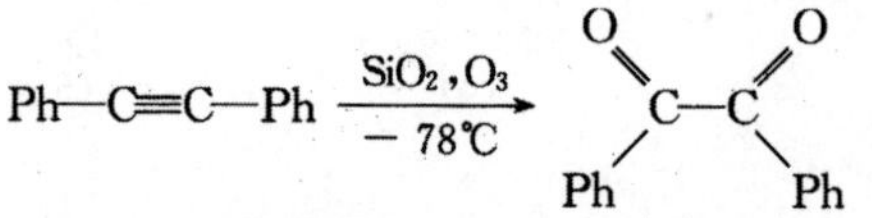

1988 年，Toda 等研究比较了一些酮的 Baeyer-Villiger 氧化反应，发现在固态中反应比在氯仿溶液中反应速率快，产率高（表 11-2）。例如：

$$R^1COR^2（固）\xrightarrow{m-ClC_6H_4CO_3H（固）}R^1COOR^2$$

表 11-2 酮的 Baeyer-Villiger 固态氧化

R^1	R^2	产率（%）	
		固态	溶液（氯仿）
p-BrPh	CH$_3$	64	50
Ph	CH$_2$Ph	97	46
Ph	Ph	85	13
Ph	p-MePh	50	12

干反应能够使苯偶姻转化为苯偶酰，用 Fe(NO$_3$)$_3$·9H$_2$O 作氧化剂获得了理想的结果，反应式如下：

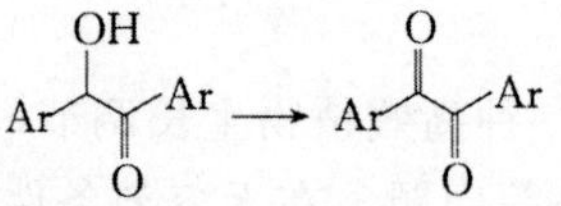

90%～95%

Ar：Ph、p-MeOPh、o-MePh、p-ClPh、 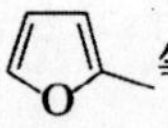 等

二苯基卡巴腙用通常的溶液反应产率只有 48%，而用干反应 20～30 min 产率可达 76%～90%，反应式如下：

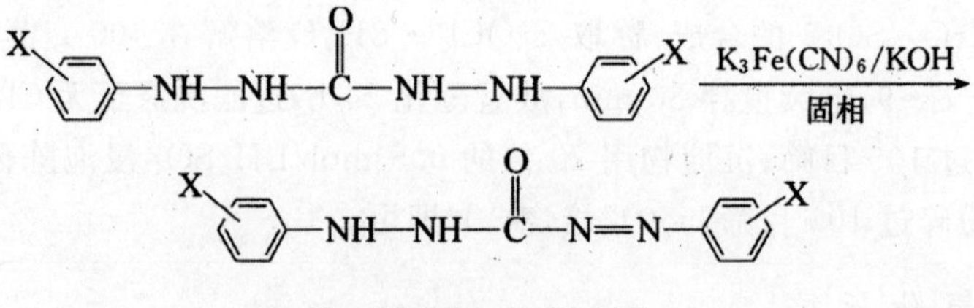

X＝H、Me、EtO、NO$_2$

11.4.4　加成反应

利用干反应可以进行多种加成反应,如 Michael 加成、羰基加成、异氰酸酯和异硫氰酸酯的加成等。例如:

$$\begin{array}{c} R^1 \\ \diagdown \\ CH-NO_2 \\ \diagup \\ R^2 \end{array} + R^3-CH=\underset{\underset{O}{\,\|\,}}{C}-C-R^4 \xrightarrow[\text{室温},5\sim8\ h]{Al_2O_3} R^1-\overset{O_2N}{\underset{R^2}{C}}-\overset{H}{\underset{R^3}{C}}-\overset{H}{\underset{R^5}{C}}-\overset{O}{\overset{\|}{C}}-R^4$$

$$52\%\sim88\%$$

$$\begin{array}{c} R^1 \\ \diagdown \\ CH-NO_2 \\ \diagup \\ R^2 \end{array} + \begin{array}{c} H \\ \diagdown \\ C=O \\ \diagup \\ R^3 \end{array} \xrightarrow{Al_2O_3} R^1-\overset{O_2N}{\underset{R^2}{C}}-\overset{H}{\underset{OH}{C}}-R^3$$

$$71\%\sim86\%$$

11.4.5　缩合反应

7-羟基-4-甲基香豆素是一种重要的医药化工中间体,常用 Pechmann 缩合反应(酚和 β-酮酸或酮酸酯在酸性条件下合成香豆素类化合物的反应)来合成。传统的用浓硫酸的催化缩合方法具有产物不易处理、设备腐蚀严重、环境被污染等缺点。采用无溶剂且在强酸性离子交换树脂的催化下缩合可克服上述缺点。

氨基酸希夫碱是制备特殊生物活性物质的重要中间体,其部分化合物也可以采用干法缩合来合成,如香草醛氨基酸希夫碱的合成。

Knoevenagel 反应也可以在无溶剂条件下实现。例如:

$$R^1-\underset{\underset{O}{\|}}{C}-R^2 + Y-CH_2-CN \xrightarrow[-H_2O]{AlPO_4/Al_2O_3} \begin{array}{c} R^1 \\ \diagdown \\ C=C \\ \diagup \quad \diagdown \\ R^2 \quad\quad Y \end{array} \overset{CN}{}$$

$$81\%\sim95\%$$

11.5 有机声化学合成

11.5.1 有机声化学合成原理分析

超声波对化学反应的促进作用不是来自声波与反应物分子的直接相互作用,虽然超声波对液相反应体系有显著的机械作用,可以加快物质的分散、乳化、传热和传质等过程,在一定程度上可以促进化学反应,但这不足以解释超声波可以成倍甚至上百倍地加速反应的事实。一个普遍接受的观点是:加快反应的主要作用是由于超声波的超声空化现象。

超声空化是指液体在超声波的作用下激活或产生空化泡(微小气泡或空穴)以及空化泡的振荡、生长、收缩及崩溃(爆裂)等一系列动力学过程,及其引发的物理和化学效应。液体中的空化泡的来源有两种:一方面来自于附着在固体杂质或容器表面的微小气泡或析出溶解的气体;另一方面,也是更主要的一方面,是来自超声波对液体作用的结果。超声波作为一种机械波作用于液体时,波的周期性波动对液体产生压缩和稀疏作用,从而在液体内部形成过压位相和负压位相,在一定程度上破坏了液体的结构形态。当超声波的能量足够大时,其负压作用可以导致液体内部产生大量的微小气泡或空穴(即空化泡),有时可以听到小的爆裂声,于暗室内可以看到发光现象。这种微小气泡或空穴极不稳定,存在时间仅为超声波振动的一个或几个周期,其体积随后迅速膨胀并爆裂(即崩溃),在空化泡爆裂时,在极短时间(10^{-9} s)在空化泡周围的极小空间内产生 5000 K 以上的高温和大约 50 MPa 的高压,温度变化率高达 109 K·s^{-1},并伴随着强烈的冲击波和时速高达 400 km·h^{-1} 的微射流,同时还伴有空穴的充电放电和发光现象。

这种局部高温、高压存在的时间非常短,仅有几微秒,所以温度的变化率非常大,这就为在一般条件下难以实现或不可能实现的化学反应提供了一种非常特殊的环境。高温条件有利于反应物种的裂解和自由基的形成,提高了化学反应速率。高压有利于气相中的反应。因此,空化作用可以看作聚集声能的一种形式,能够在微观尺度内模拟反应器内的高温高压,促进反应的进行。

11.5.2 有机声化学反应的影响因素

除了超声频率与强度之外,有机液相反应体系的性质,如溶剂的性质、成分、表面张力、黏度及蒸气压等也对声空化效应有重要影响。例如,在超声波作用下,偕二卤环丙烷与金属在正戊烷溶剂中几乎没有反应,在乙醚溶剂中反应缓慢,而在四氢呋喃溶剂中反应很快。

另外,超声波的使用方式(连续或脉冲)、外压、反应温度以及液体中溶解气体的种类和含量等也影响有机声化学反应。如温度升高,蒸气压增大,表面张力及黏度系数下降,使空化泡的产生变得容易。但是蒸气压增大,反过来又会导致空化强度或声空化效应下降。因此,为了获得较大的声化学效应,应该在较低温度下反应,而且应选用蒸气压较低的溶剂。

11.5.3 有机声化学反应器

声化学反应器是实现有机声化学合成的装置,一般由四部分组成:化学反应器部分,包括容器、加料、搅拌、回流、测温等;信号发生器及其控制的电子部分;换能部分;超声波传递的耦合部分。随着声化学的发展,各类声化学反应器不断地出现,主要类型有以下几种。

1. 超声清洗槽式反应器

超声清洗槽式反应器的结构比较简单,由一个不锈钢水槽和若干个固定在水槽底部的超声换能器组成。将装有反应液体的锥形瓶置于不锈钢水槽中就构成了超声清洗槽式反应器,如图 11-1 所示。

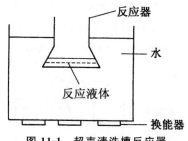

图 11-1　超声清洗槽反应器

该反应器方便可得,除了要求为平底外(超声波垂直入射进入反应液体的超声能量损失较小),无特殊要求。该类反应器的缺点是由于反应器与液体之间的声阻抗相差很大,声波反射很严重,例如,对于玻璃反应器和液体的反射率高达 70%,不仅浪费声能,而且使反应液中实际消耗的声功率也无法定量确定;反应容器截面远小于清洗槽,能量损失严重;清洗槽内的温度难以控制,尤其在较长时间照射之后,耦合液(清洗槽中的水)吸收超声波而升温;各种不同型号的超声清洗槽式反应器的频率和功率都是固定的,而且各不相同,因此不能用于研究不同频率与功率下的声化学反应,也难以重复别人的实验结果。

超声清洗槽式反应器是一种价格便宜、应用普遍的超产设备,许多声化学工作者都是利用超声清洗槽式反应器来开始他们的实验工作。

2. 杯式声变幅杆反应器

将超声清洗槽式反应器与功率可调的声变幅杆反应器结合起来,就构成了杯式声变幅杆反应器,如图 11-2 所示。杯式结构上部可看成是温度可控的小水槽,装反应液体的锥形烧瓶置于其中,并接受自下而上的超声波辐射。

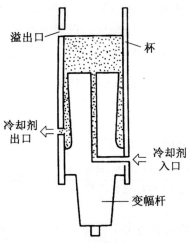

图 11-2　杯式声变幅杆反应器

杯式声变幅杆反应器的优点有：频率固定，定量和重复结果较好；反应液体中的辐射声强可调；反应液体的温度可以控制；不存在空化腐蚀探头表面而污染反应液体的问题。缺点是反应液体中的辐射声强不如插入式的强；反应器的大小受到杯体的限制。

3. 探头插入式反应器

产生超声波的探头就是超声换能器驱动的声变幅杆（声波振幅放大器）。探头插入式反应器是将由换能器发射的超声波经过变幅杆端面直接辐射到反应液体中，如图 11-3 所示。可见，这是把超声能量传递到反应液体中的一种最有效的方法。

图 11-3　探头插入式反应器

探头插入式反应器的优点是探头直接插入反应液，声能利用率大，在反应液中可获得相当高的超声功率密度，可实现许多在超声清洗槽式反应器上难以实现的反应；功率连续可调，能在较大的功率密度范围内寻找和确定最佳超声辐射条件；通过交换探头可改变辐射的声强，从而实现功率、声强与辐射液体容量之间的最佳匹配。其缺点是探头表面易受空化腐蚀而污染反应液体；难以对反应液进行控温。

4. 复合型反应器

将超声反应器与电化学反应器、光化学反应器、微波反应器结合起来便构成了复合型声化学反应器。

与传统化学合成方法相比，声化学合成的反应条件温和、反应速率快、时间短、收率高，实验仪器简单，操作方便，易于控制。超声波辐照不仅促进液相均相反应，还可促进液-液、液-固非均相反应，显示出超声波化学合成的优越性。

11.5.4　有机声化学在有机合成中的应用

1. 氧化反应

超声波对氧化反应有明显的促进作用，例如：

$$CH_3(CH_2)_5—CH—CH_3 \xrightarrow[②KMnO_4,己烷,USI\ 1\,h]{①KMnO_4,己烷,搅拌\ 5\,h} CH_3(CH_2)_5—C—CH_3 \qquad \begin{array}{l}①:2\% \\ ②:92\%\end{array}$$

式中，USI 表示超声波辐照，反应式右边上下两部分的百分数分别表示对应传统反应和声化学反应的产率，以下类同。其他例子：

$$n\text{-}C_7H_{15}\text{—}CH_2OH \xrightarrow[\text{USI 20 min}]{60\%\ HNO_3} n\text{-}C_7H_{15}\text{—}COOH \quad (100\%)$$

2. 还原反应

在有机还原反应中，很多是采用金属和固体催化剂，超声波对这类反应的促进作用特别明显。

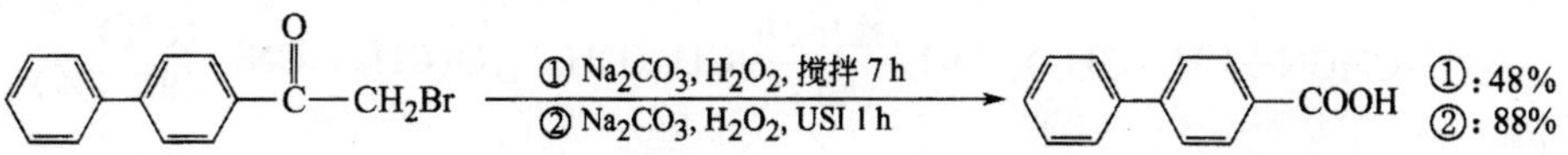

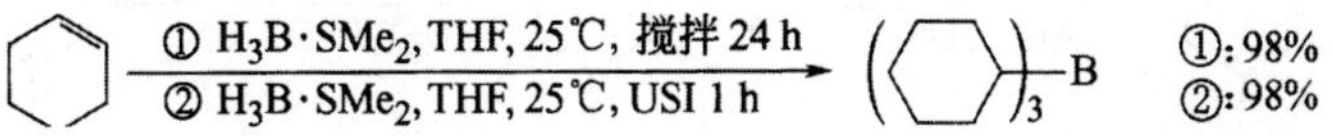

式中，THF 为四氢呋喃。

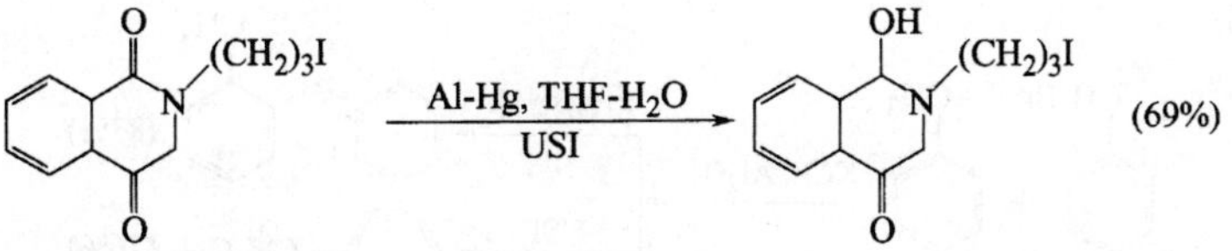

3. 加成反应

超声波辐照条件下，烯烃的加长激励可能是自由基历程。例如，苯乙烯与四乙酸铅的反应，被认为是自由基与离子的竞争反应，产物 A 由自由基机理产生，产物 B 由离子机理产生，产物 C 是这两种机理共同作用的结果。超声波有利于按自由基机理进行，在 50℃下超声波辐射 1 h，产物 A 的收率为 38.7%，而搅拌 15 h，只能得到 33.1%的产物 B。

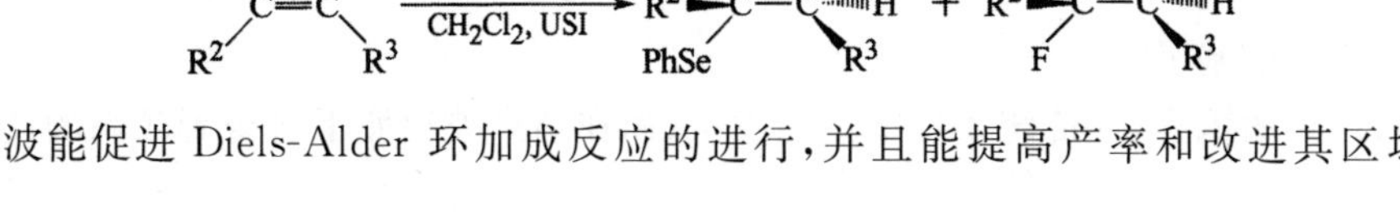

烯烃上直接引入 F 比较困难，而在超声波辐射下则可很方便地引入：

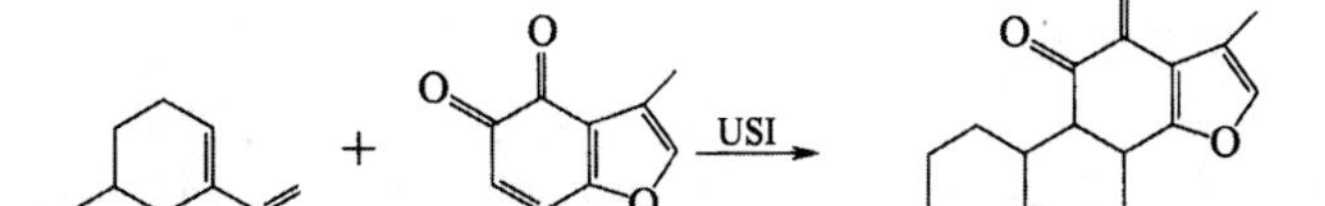

超声波能促进 Diels-Alder 环加成反应的进行，并且能提高产率和改进其区域选择性，例如：

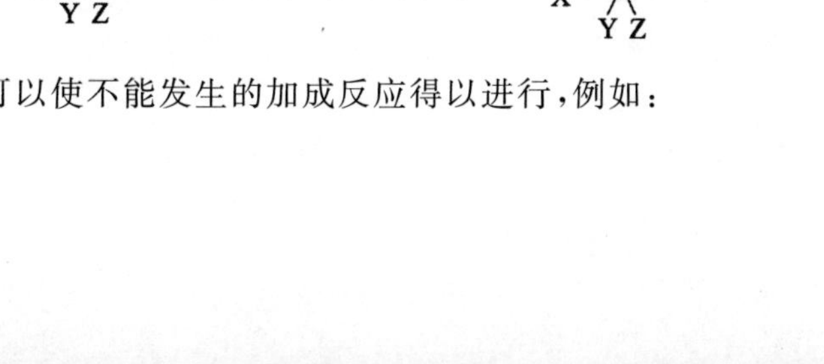

超声波辐照还可以使不能发生的加成反应得以进行，例如：

$$H_2C=CHCN+CH_3(CH_2)_{13}OH \xrightarrow[\text{USI 2 h}]{\text{搅拌 2 h}} CH_3(CH_2)_{13}O(CH_2)_2CN \quad \begin{matrix}(0\%)\\(91.4\%)\end{matrix}$$

4. 取代反应

超声波辐照可以使合成反应的中间产物不经分离而直接参与下一步反应,减少合成的步骤。例如,在超声波的作用下,以下最终产物的合成步骤由常规的 15 步减少到 4 步。

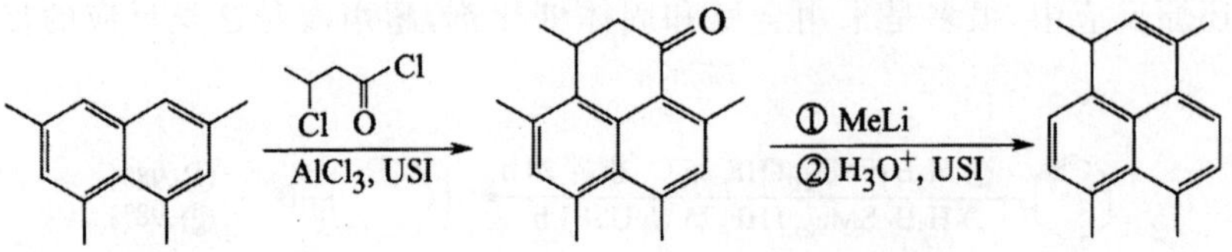

超声波辐射还能改变途径,生成与机械搅拌不同的产物,例如:

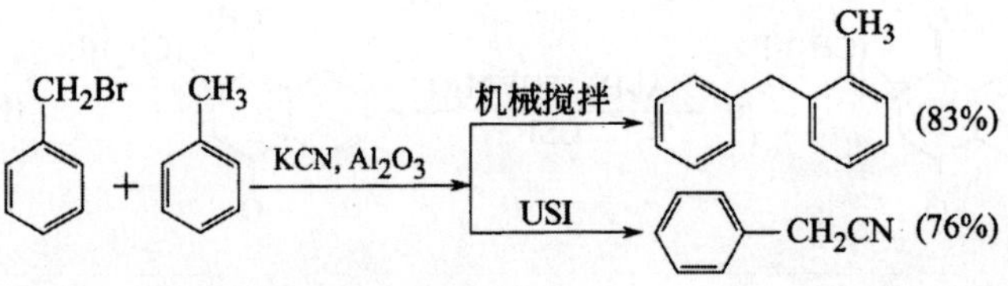

这是因为超声波促使 CN⁻ 分散在 Al_2O_3 表面,降低了 Al_2O_3 对于 Friedel-Crafts 烷基化反应的催化活性,增大了 CN⁻ 亲核取代的活性。

5. 偶合反应

对于 Ullmann 型偶合反应,在传统条件下很难反应或根本不反应,而在超声辐照下反应温度大大降低,并且反应速率比机械搅拌快几十倍甚至更多。

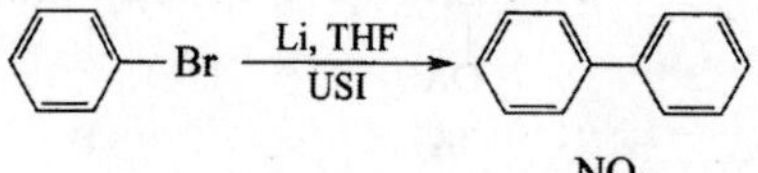

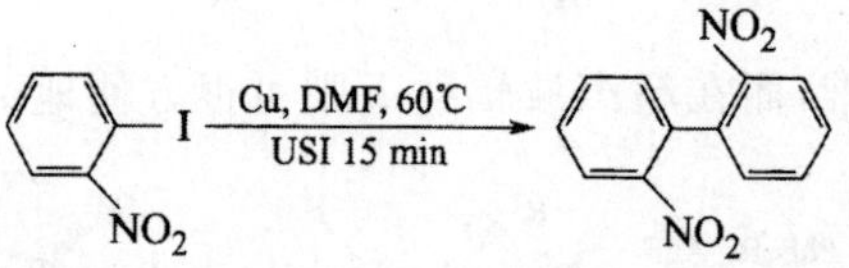

式中,DMF 为二甲基甲酰胺。

对于氯硅烷的耦合,在传统条件下不能发生,而在超声波辐照下可得到较高的产率。

$$2Mes_2SiCl_2 \xrightarrow[\text{USI 15 min}]{\text{Li, THF}} Mes_2Si=SiMes_2 \quad (约 90\%)$$

式中,Mes=2,4,6-三甲基苯基。

6. 缩合反应

在 Claisen-Schmidt 缩合反应中,超声波辐照可使催化剂 C-200 的用量减少,反应时间缩短。

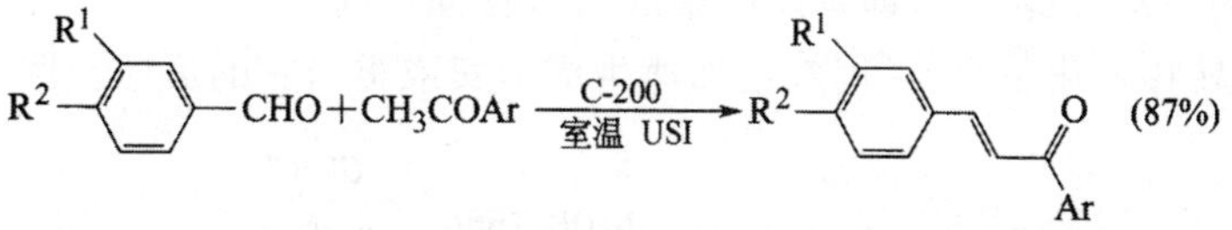

在典型的 Atherton-Todd 反应中，胺、亚胺及肟都易被磷酰化，而醇不能。但在超声波作用下，醇也能顺利地磷酰化，而且收率很高。

$$CH_3(CH_2)_3OH + H{-}\overset{\overset{\displaystyle O}{\|}}{P}(OEt)_2 \xrightarrow[\text{USI 2.5 h}]{NEt_3,\ CCl_4} CH_3(CH_2)_3O{-}\overset{\overset{\displaystyle O}{\|}}{P}(OEt)_2 \quad (92\%)$$

7. 消除反应

在下面反应中，超声波作用不仅明显地提高了产率，而且还大大地缩短了反应时间。

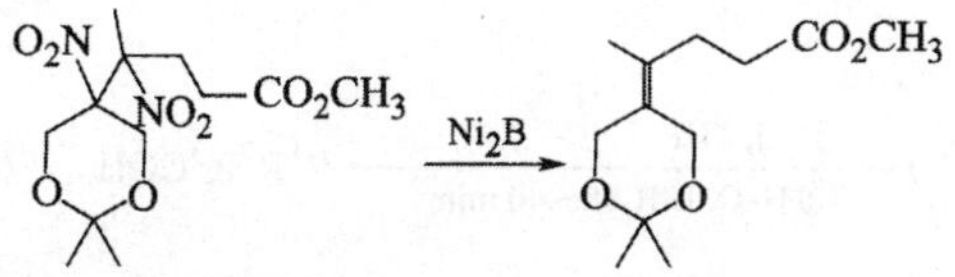

以上反应，传统的方法是在苯中回流 10～12 h，产率为 15%，而在超声波辐照下，以甲醇为溶剂，反应 15 min，产率可达 92%。在超声波作用下，对于锌粉进行氟氯烃的脱氯反应也十分有效，例如：

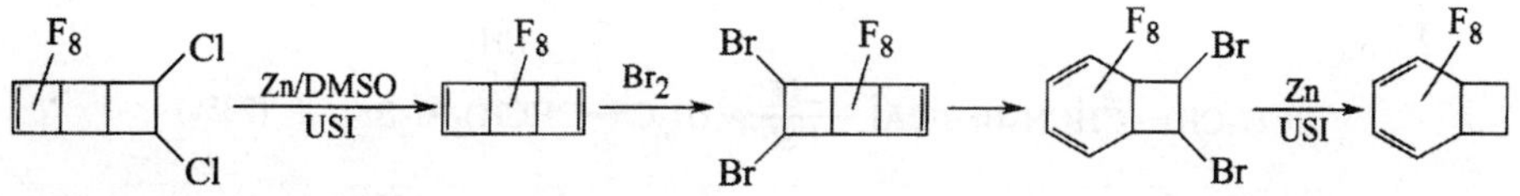

8. 相转移催化反应

超声波可以产生高能环境，并引起强烈的搅拌分散作用，所以能够大大地促进相转移催化反应，减少催化剂用量，甚至在某些有机反应中，还可以完全代替相转移催化剂。

β-萘乙醚是一种人工合成香料的中间体，传统合成方法，反应温度较高，产率较低将超声波辐照与相转移结合起来，在 75℃，催化剂用量减少一半，反应时间缩短 5 h，产率达到 94.2%。

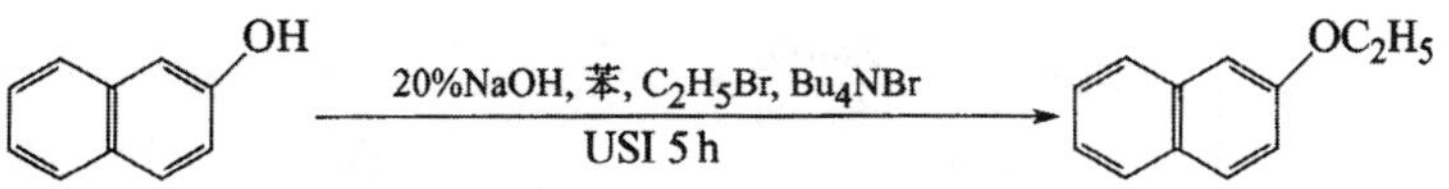

超声波辐照也可以促进液-固两相的相转移催化反应。例如，传统合成苯乙酰基芳基硫脲化合物时，反应条件比较苛刻(需无水溶剂)，反应时间也较长(2～6 h)，产率也不高(15%)。采用固-液相转移催化法，产率也不太高；但再结合超声波辐照，以甲醇为溶剂，反应 15 min，产率即达 92%。

$$PhCH_2COCl \xrightarrow[\text{室温, USI 1 h}]{NH_4SCN,\ PEG\text{-}400/CH_2Cl_2} PhCH_2{-}\overset{\overset{\displaystyle O}{\|}}{C}{-}N{=}C{=}S \xrightarrow[\text{USI, 0.5 h}]{ArNH_2,\ CH_2Cl_2} PhCH_2{-}\overset{\overset{\displaystyle O}{\|}}{C}{-}NH{-}\overset{\overset{\displaystyle S}{\|}}{C}NHAr$$

式中，PEG-400 为聚乙二醇-400，即本反应中的相转移催化剂。

超声波与相转移催化结合，可用效地加速生成卡宾或类卡宾的反应。例如：

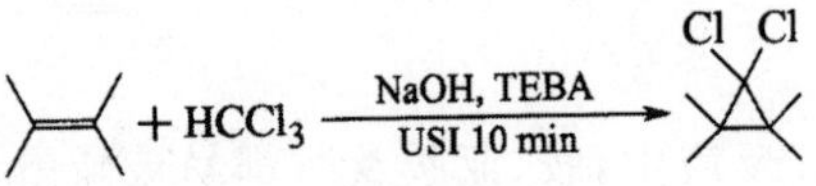

式中，TEBA 为相转移催化剂氯化乙基苄基胺。

9. 金属有机反应

烷基锂和格氏试剂在有机合成反应中应用广泛，但制备困难，而在超声波作用下可增加反应活性，大大缩短反应时间。许多反应还可以把制备有机金属试剂的反应与应用这一试剂的反应结合在一起进行，如烷基锂与醛、酮的反应，不必先制得烷基锂后再加醛、酮，只需将卤代烷、锂及醛或酮加以混合即可。这里不仅减少了操作过程，缩短了反应时间，而且产率也较高。例如：

$$R^1X + R^2R^3CO \xrightarrow[\text{② } H_2O,\ USI\ 15\sim40\ min]{\text{① } Li,\ THF} R^1R^2R^3COH \quad (76\%\sim100\%)$$

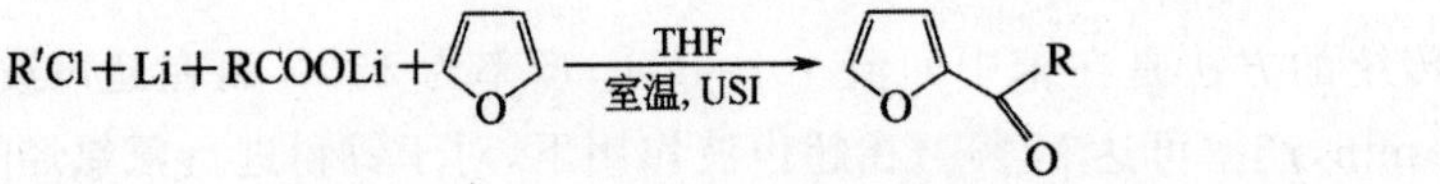

超声波也可用于有机铝、锌等化合物的合成，例如：

$$3CH_3CH{=}CHCH_2Br + 2Al \xrightarrow[USI]{\text{二烷}} (H_2C{=}CHCH(CH_3))_3Al_2Br_3 \quad (73\%)$$

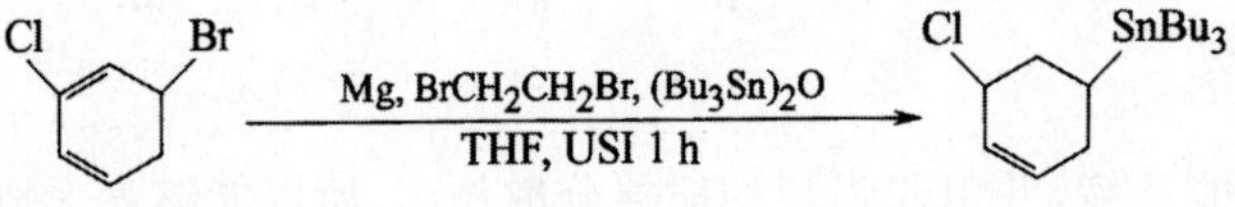

(94%)

10. 与无机硅的多相有机反应

在超声波辐照下，不加冠醚就可直接用 $KMnO_4$ 将仲醇氧化为酮，产率可达 90％。二氯卡宾也可直接由固体 NaOH 和 $CHCl_3$ 在超声波作用下产生，与烯烃加成产物的产率可达 62％～99％。例如：

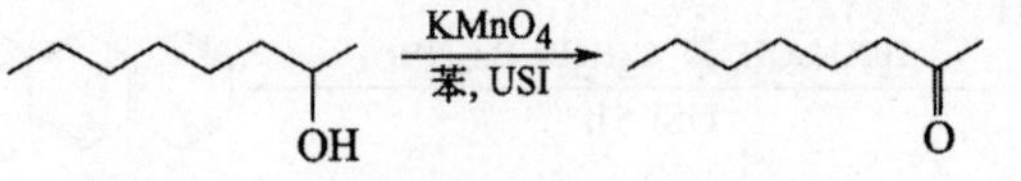

(93%)

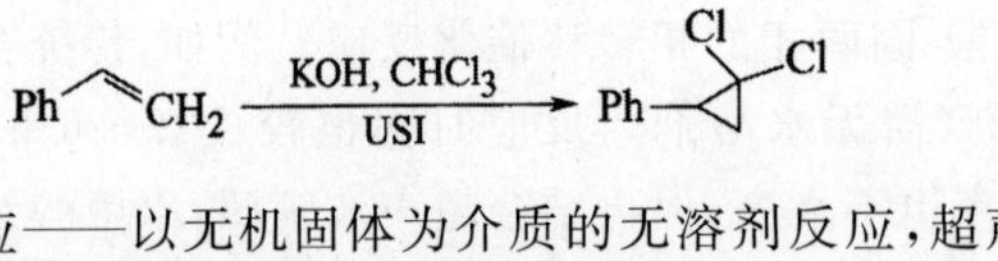

(96%)

对于标准的干反应——以无机固体为介质的无溶剂反应，超声波对其亦有促进作用。如 Villemin 报道了以 Al_2O_3 为无机载体的干反应，当 R 为 $CH_3CHBrCH_2$ 时，产率高达 99％。

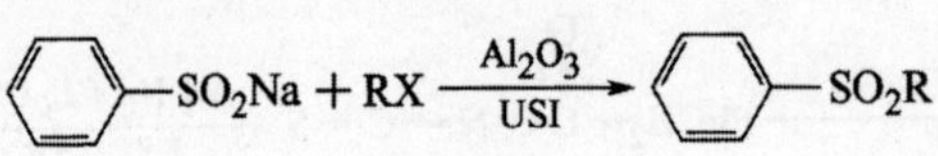

超声波促进有机反应的类型较多,除以上介绍的外,还可以促进重排反应、异构化反应、成环开环反应、分解反应、聚合反应、玻沃反应、金属有机反应及生物催化反应等。

11.6　有机光化学合成

11.6.1　有机光化学合成原理分析

光化学反应与热化学反应不同。在光化学反应中,反应物分子吸收光能,反应物分子由基态跃迁至激发态,成为活化反应物分子,而后发生化学反应。分子从基态到激发态吸收的能量,有时远远超过热化学反应可得到的能量。故有机光化学合成,可完成许多热化学反应难以完成、甚至不能完成的合成任务。

有机化合物的键能一般在 $200\sim500$ kJ/mol 范围内,当吸收了 $239\sim600$ nm 波长的光后,将导致分子成键的断裂,进而发生化学反应。

反应物分子 M 吸收光能的过程,称为"激发"。激发使物质的粒子(分子、原子、离子)由能级最低的基态跃迁至能级较高的激发态 M^*。处于激发态的分子 M^* 很不稳定,可能发生化学反应生成中间产物 P 和最终产物 B,也可能通过辐射退激或非辐射退激,失去能量回到基态 M。

激发过程	$M \longrightarrow M^*$
辐射退激过程	$M^* \longrightarrow M + h\nu$
无辐射退激过程	$M^* \longrightarrow M + 热量$
生成中间产物	$M^* + N \longrightarrow P$
生成最终产物	$P + A \longrightarrow B$

光具有微粒性和波动性双重性。普朗克(Planck)光量子理论指出,发光体在发射光波时是一份一份发射的,如同射出的一个个"能量颗粒"。每一个能量颗粒,称为这种光的光量子或光子。光量子的能量大小,仅与这种光的频率有关:

$$e = h\nu$$

式中,e 为光子具有的能量,J;h 为普朗克常数,$h = 6.62 \times 10^{-34}$ J·s;ν 为光的频率。

$$\nu = c/\lambda$$

式中,c 为光的速度,$c = 2.998 \times 10^{17}$ nm/s;λ 为被吸收光的波长,nm。

可见,分子吸收和辐射能量是量子化的,能量的大小与吸光度的波长成反比:

$$E = N_0 h\nu = Nhc/\lambda$$

式中,E 为 1 mol 光子吸收的能量,J/mol;N_0 为阿伏伽德罗常数,$N_0 = 6.023 \times 10^{23}$。

根据上式,可计算一定波长的有效能量。表 11-3 为不同波长光的有效能量。

表 11-3   不同波长的有效能量

波长/nm	能量/(KJ/mol)	波长/nm	能量/(KJ/mol)	波长/nm	能量/(KJ/mol)
200	598.5	350	342.0	500	239.4
250	478.8	400	299.3	550	217.6
300	399.0	450	266.0	600	199.5

可见,光的波长越短,其能量越高。氯分子光解能量为 250 kJ/mol,碳氢键的键能为 419 kJ/mol,碳碳 σ 键的键能为 347.3 kJ/mol。吸收波长小于 345 nm 的光,足以使反应物分子碳碳键断裂,进而发生化学反应。

光源发出的光并不能都被反应分子所吸收,而光的吸收符合比尔-朗伯定律:

$$\lg \frac{I_0}{I} = \varepsilon c l = A$$

式中,I_0 和 I 分别为入射光强度和透射光强度;c 为吸收光的物质的浓度,mol/L;l 为溶液的厚度,cm;ε 为摩尔吸光系数,其数值大小反映出吸光物质的特性及电子跃迁的可能性大小;A 为吸光度或光密度。

在光辐照下,即使一个分子吸收一个光子而被激发,但并不能都引起化学反应,这是因为有辐射和非辐射的去活化作用与化学反应竞争。光化学过程的效率称为量子产率(Φ):

Φ = 单位时间单位体积内发生反应的分子数/单位时间单位体积内吸收的分子数

　　= 产物的生成速率/所吸收辐射的强度

Φ 的大小与反应物的结构及反应条件如温度、压力、浓度等有关。对于许多光化学反应,Φ 处于 0～1 之间。但对于链式反应,吸收一个光子可引发一系列链反应,Φ 值可达到 10 的若干次方。例如,烷烃的自由基卤代反应的量子产率 $\Phi = 10^5$。

11.6.2   有机光化学反应的影响因素

有机光化学反应的主要影响因素与一般热化学反应并不完全一样,现扼要叙述如下。

1. 能量来源

一般的热化学反应本质上是由热能来提供反应过程所需要的活化能。热化学反应要求反应的总自由能降低。光化学反应是通过光子的吸收使反应物的某一基团激发而促进反应的进行,反应产物所具有的能量可以高于起始反应物所具有的能量。

2. 光的波长和光源

所需光的极限有效波长是根据被激发的键所需要的能量而确定,例如,氯分子的光解离能是 250 kJ/mol(59.7 kcal/mol)。它需要波长小于 479 nm 的紫光或紫外光,因此可以使用富于紫外光的日光灯作为光源。又如,亚硝酰氯(NOCl)在液相光解为 NO·和 Cl·时,需要紫外光,这时必须使用高压汞灯作为光源,因为汞蒸气能辐射 253.7 nm 的紫外光。溴分子的光解离能是 234 kJ/mol(55.8 kcal/mol),它只需要波长小于 512 nm 的可见光(蓝-紫区)即可。

3. 辐射强度

光化学反应的速度主要取决于光的辐射强度。有些简单的光化学反应,其速度只取决于光的辐射强度,而与反应物的浓度无关。

4. 温度

对于一般有机反应,温度每升高 10℃反应速度约增加 2～3 倍,而大多数光化学初级反应的速度则受温度的影响较小。在有机合成反应中,光子把分子活化后,常常接着还有几步非光化学反应,这时,如果决定整个反应速度的是最后面的非光化学步骤,那么温度的影响将与一般热化学反应相似。

5. 溶剂

溶剂对光化学反应的影响研究得还很不充分。对于在有机合成中最常遇到的自由基反应来说,不宜选择会导致自由基销毁的溶剂,而应选择有利于保护自由基的溶剂。例如,对甲苯来说侧链氯化时,常用 CCl_4 溶剂,这不仅是因为在非极性溶剂中氯分子较易光解为氯原子,还因为 CCl_4 会通过以下交换反应较易保存氯原子,从而增加了光量子效率。

$$Cl \cdot + CCl_4 \Longrightarrow Cl_2 + \cdot CCl_4$$

11.6.3　有机光化学反应器

有机光化学反应器一般由光源、透镜、滤光片、石英反应池、恒温装置和功率计等构成,如图 11-4 所示。光源灯发出的紫外光,通过石英透镜变成平行光,再经过滤光片将紫外光变成某一狭窄波段的光,通过垂直于光束的适应玻璃窗照射到反应混合物上,未被反应物吸收的光投射到功率计,由功率计检测透射光的强度。

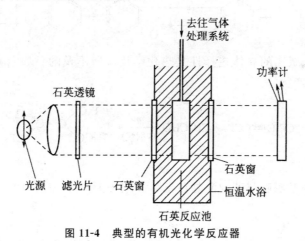

图 11-4　典型的有机光化学反应器

11.6.4　有机光化学在有机合成中的应用

在有机合成上,光化学合成常用于一般方法难以进行的关键步骤,特别是天然产物的人工合成、不饱和体系的加成、小环化合物的合成等。例如,麦角固醇或 7-去氢胆固醇的光照单重态开环反应可分别合成预维生素 D_2 和 D_3,这是利用光化学技术的最成功的例子。预维生素 D_2 和 D_3 进一步发生[1,7]δ-迁移重排反应得到维生素 D_2 和 D_3。

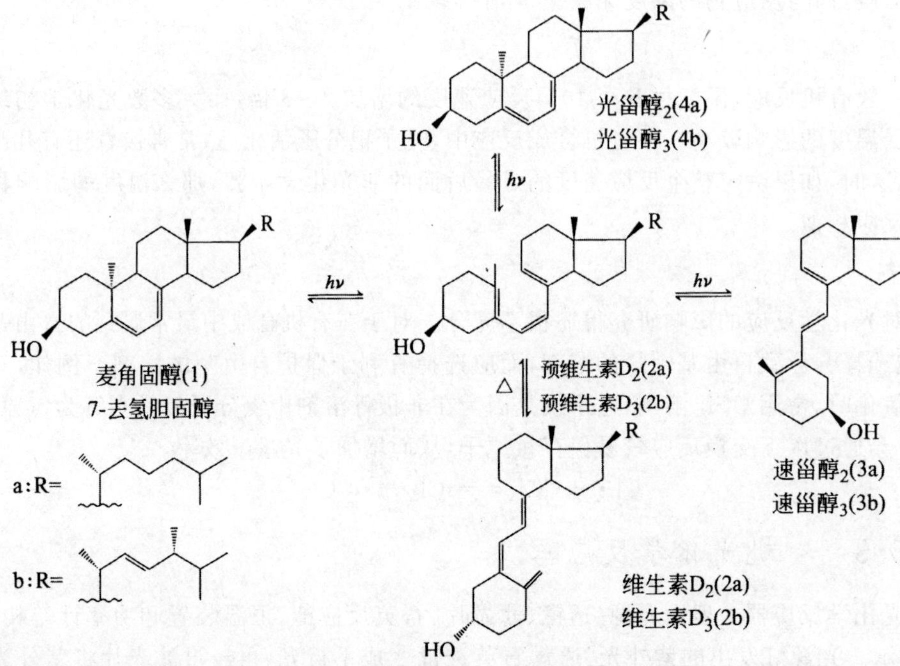

光甾醇₂(4a)
光甾醇₃(4b)

麦角固醇(1)
7-去氢胆固醇

a：R＝

b：R＝

预维生素D₂(2a)
预维生素D₃(2b)

速甾醇₂(3a)
速甾醇₃(3b)

维生素D₂(2a)
维生素D₃(2b)

光激活下,苯并呋喃二聚生成顺式及反式环丁烷衍生物,比例为 1：3。

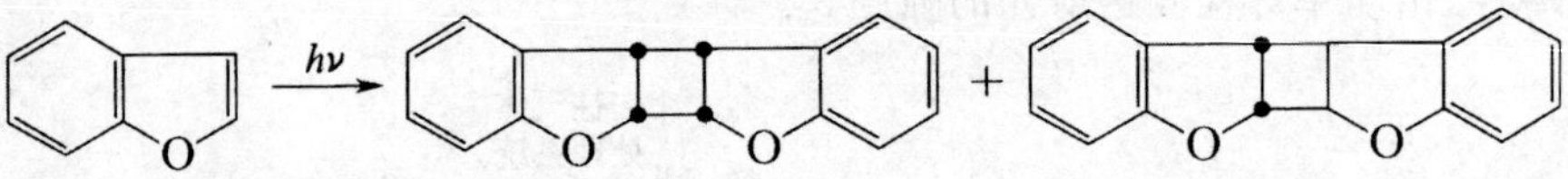

有机光化学反应极高的立体选择性是热化学反应所不及的。如六氟-2-丁炔与乙醛在光照下反应,得到反式产物：

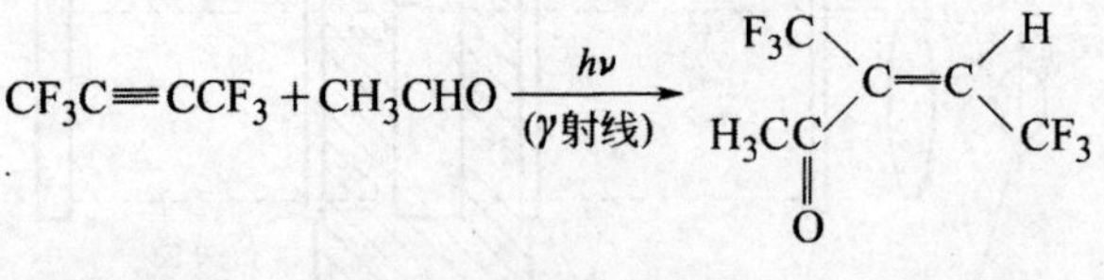

$$CF_3C \equiv CCF_3 + CH_3CHO \xrightarrow[(\gamma射线)]{h\nu} \begin{matrix} F_3C \\ H_3C-C \\ \| \\ O \end{matrix} C = C \begin{matrix} H \\ CF_3 \end{matrix}$$

6-氰基-1,3-二甲基嘧啶与菲的混晶在光照下,生成顺式单一的、100％产率的新加成物：

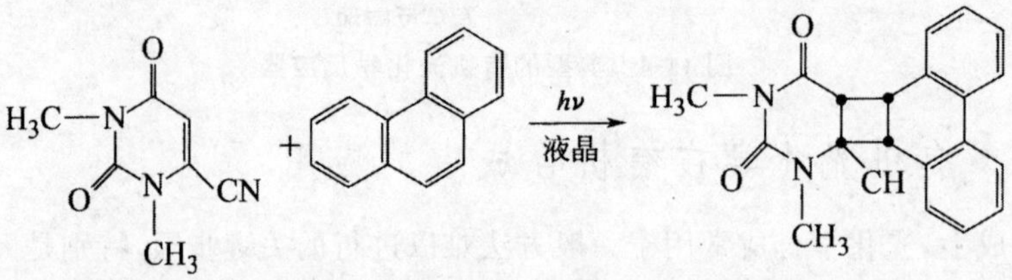

有机合成的活泼中间体二卤卡宾,一般由相转移催化反应生成,其中,CF₂ 最难生成,但在激光引发下,可生成 CF₂ 并可与烯烃发生加成反应。

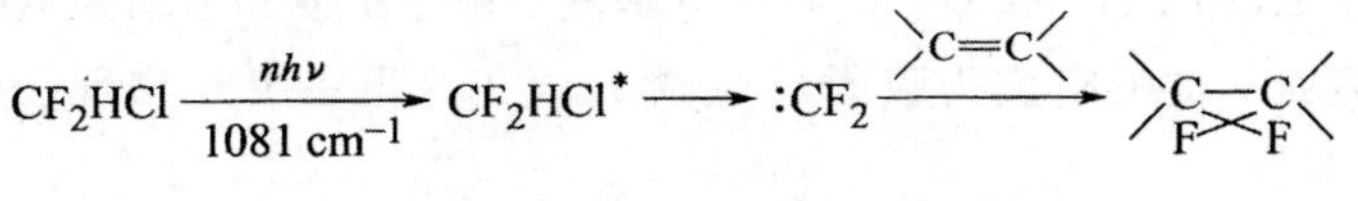

$$CF_2HCl \xrightarrow[1081 \text{ cm}^{-1}]{nh\nu} CF_2HCl^* \longrightarrow :CF_2 \xrightarrow{\underset{}{>C=C<}} \underset{F}{>}C\underset{F}{-}C<$$

11.7 有机电化学合成

11.7.1 有机电化学合成原理分析

有机电化学合成,也称为电解有机合成,它是用电化学技术和方法研究有机化学物合成的一门新型学科。目前,有机电化学合成在工业上已有重要应用。

电解有机合成可分为直接法、间接法和成对法三种类型。直接法是直接利用电解槽中的阳极或阴极完成特定的有机反应。间接法是由可变价金属离子盐的水溶液电解得到所需的氧化剂或还原剂,在另一个反应器中完成底物的氧化或还原反应,用过的无机盐水溶液送回电解槽使其又转化成氧化剂或还原剂。成对法则是将阳极和阴极同时利用起来。例如,苯先在阳极被氧化成对苯醌,再在阴极还原为对苯二酚。这三种电解方法在实际生产中均有应用。

从理论上讲,任何一种可用化学试剂完成的氧化或还原反应,都可以用电解方法实现。在电解槽的阳极进行氧化过程。绝大多数有机化合物并不能电离,因此,氧化剂主要来源于水中的 OH^-,它在阳极失去一个电子形成 $\cdot OH$,然后进一步形成过氧化氢或是释出原子氧。

$$:OH^- \longrightarrow \cdot OH + e$$
$$2 \cdot OH \longrightarrow H_2O_2$$
$$2 \cdot OH \longrightarrow H_2O + O$$

其他负离子如 X^-,在阳极生成 $X\cdot$ 或 X_2,而后与有机物发生加成或取代反应,如电解氟化。

电解还原则发生在电解槽的阴极,其基本反应为:

$$H^+ + e \longrightarrow H$$

氢离子在阴极接受电子形成原子氢,由原子氢还原有机化合物。

1. 电解反应的全过程

电解过程中还涉及许多物理过程,例如,扩散、吸附和脱吸附等。现以丙烯腈生成己二腈为例,其全过程至少包括以下几个步骤,如图 11-5 所示。

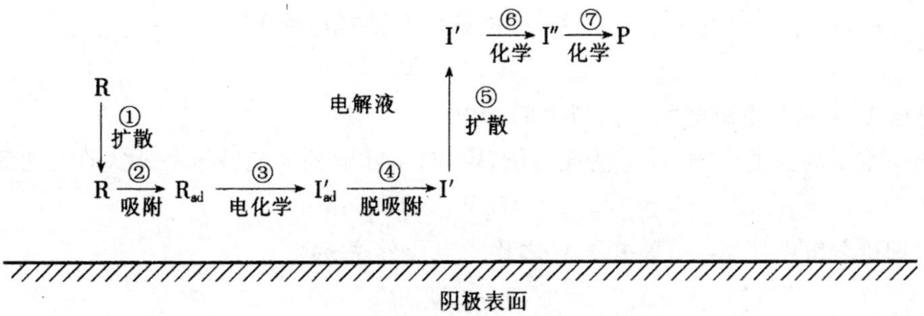

图 11-5 由丙烯腈生成己二腈的全过程

①反应物分子 R(即 $CH_2=CH-CN$)在电解液中由于扩散和泳动到达阴极表面。

②R 在阴极表面上被吸附成为吸附反应物 R_{ad},在这里主要是物理吸附,有时也有化学吸附。

③R_{ad} 与阴极之间发生电子转移反应,生成被吸附的中间体 I'_{ad}(即 $CH_2=CH-CN$ 得电子生成 $\dot{C}H_2-\overline{C}H-CN$ 负离子基)。

④I'_{ad} 从阴极表面脱吸附,成为脱吸附的中间体 I'。

⑤阴极表面的 I' 向电解液中扩散或泳动,离开阴极表面。

⑥I' 在电解液中发生化学反应,生成中间体 I''(例如,$\dot{C}H_2-\overline{C}H-CN$ 加质子生成 $\dot{C}H_2-CH_2-CN$)。

⑦中间体 I'' 在电解液中进一步发生化学反应,生成产物 P(即 $CH_2=CH-CN$ 的二聚生或己二腈),至此,阴极的电解反应全过程完成。

过程①和⑤的物质移动是物理过程。在工业生产中,它常常会成为限制反应速度的重要因素,它关系到电解槽的设计和操作条件的确定,必须作为化学工程问题来考虑。

过程③是电化学过程,它是电解反应中最重要的过程,也是我们讨论的中心。

过程⑥和⑦是化学过程。它是有机化学的研究对象,但是所确定的反应条件不应该干扰必要的电化学过程和物理过程。

过程②和④的吸附和脱吸附过程,除与有机生成物的立体选择性有关的场合以外,一般不作太多的考虑。

2. 法拉第电解定律与电能效率

每通过 $9.64846×10^4$ C 电量,在任一电极上会发生转移 1 mol 电子的电极反应,此即法拉第定律。电解温度、压力、电极材料及电解液组成的变化,不影响法拉第电解定律。

通电量为 Q,发生电极反应 n mol,1 mol 电极反应转移电子数为 z,由法拉第电解定律:

$$F=Q/(nz)$$
$$Q=nzF=(G/M)zF$$

式中,G 为产物的质量,kg;M 为产物的摩尔质量,kg/kmol;z 为电极反应转移的电子数;F 为法拉第常数,1 F$=9.65×10^4$ C/mol。

生产一定量的目的产物,理论所需要的电量(Q)与实际消耗电量(Q_P)之比,即电流效率(η_i):

$$\eta_i=Q/Q_P×100\%$$

实际耗电量 Q_P 与槽电压 V 的乘积,即电解实际消耗电能 W_P:

$$W_P=Q_PV$$

槽电压 V 为实际电解时加在两极之间的电压。

生产一定量的目的产物,理论消耗电能(W)与实际消耗电能(W_P)之比,即电能效率 η_E:

$$\eta_E=W/W_P×100\%$$

电解理论分解电压 E_V 与槽电压 V 之比为电压效率 η_V:

$$\eta_V=E_V/V$$

故电能效率 η_E 为:

$$\eta_E = \eta_V / \eta_I$$

11.7.2　有机电化学反应的影响因素

有机电化学反应的影响因素如下所示。

1. 槽电压

槽电压指的是阳极和阴极之间的电势差。它不仅包括阳极和阴极电势,还包括电解液、液体接界、隔膜和导线等整个欧姆电阻损失 IR。槽电压一般在 $2\sim20$ V,太高会影响单位质量的电耗,因此,应该尽可能降低整个体系的各项欧姆损失。

2. 电解质

电解质的基本作用是使电流能够通过电解液。如果电解质完全不参与反应,就叫做支持电解质,但是许多电解有机合成必须通过电解质离子的参与才能顺利进行。一般地,对于阳极主化反应,电解质中负离子的氧化电势必须高于有机反应物的氧化电势,对于阴极还原反应,电解质中正离子的还原电势(负值)必须低于有机反应物的还原电势(负值),否则会引起电解质的氧化或还原,使有机反应物的氧化或还原受到抑制,甚至使目的反应完全不能发生。各种离子的氧化还原电势可查阅有关文献或手册。

在水溶液中或水-有机溶剂中所用的电解质可以是无机的或有机的酸、碱或盐,在甲醇或二醇溶液中较好的电解质是碱金属氢氧化物,在非水极性有机溶剂中最常用的电解质是季铵盐。

3. 溶剂

溶剂一方面至少要能溶解一种或几种有机物的一部分;另一方面还要能使电解质溶解并解离成独立离子,以便能在电场中移动并具有足够的导电性。最方便的溶剂是水。当水对有机物的溶解性太差时,就不得不选用高介电常数的极性有机溶剂,例如,乙腈、二甲基甲酰胺、环丁砜和甲醇等,或采用水-有机溶剂的混合液。另外,溶剂在工作电极电位下必须是电化学惰性的,对于某些电解氧化过程也可以用浓硫酸作溶剂。

4. 隔膜

对于大多数电解有机合成,需要用隔膜将电解槽分隔成阳极室和阴极室。阳极室只发生氧化反应,阴极室只发生还原反应。两者互不干扰,而且两室的电解液都可根据自己的需要配制。在这里,隔膜必须能使电解质的离子或水的 H^+ 或 OH^- 离子自由通过以传递电流。

对于隔膜,除了要求对于特定离子具有高的选择性渗透以外,还要求对溶剂具有非渗透性,物理化学稳定性好,电阻低。最初主要采用多孔性隔膜,现在主要采用离子交换膜。

当起始反应物和生成物都不会在另一个电极上发生副反应时,也可以不用隔膜,但这时必须使用一种既适合阳极反应又适合阴极反应要求的电解液。

5. 电极材料

在选择电极材料时,首先应考虑它的过电位。过电位是电极材料的一种固有物理性质,其值随电极反应、电解液组成以及电流密度等因素而变化。当在水溶液中进行电解有机合成时,因为已经知道各种电极材料的氧过电位和氢过电位,可作为选择电极材料的参考。

对于阳极氧化反应,为了提高阳极上有机物电化学氧化的效率,必须防止水在阳极上析氧,这时应该选用氧过电位高的阳极材料。例如,铂、钯、镉、银、二氧化铅和二氧化钌等。同时为了水在辅助电极(阴极)上容易析氢,应该选用氢过电位尽可能低的阴极材料。例如,镍、碳、钢等。

对于阴极还原反应,为了提高阴极上有机物电化学还原的效率,必须防止水在阴极上析氢,这时应该选用氢过电位高的阴极材料,例如,汞、铅、镉、钽、锌等。同时,为了使水在辅助电极(阳极)上容易析氧,应该选用氧过电位尽可能低的阳极材料,例如,镍、钴、铂、铁、铜和二氧化铅等。

在选择电极材料时,除了要考虑它的过电位以外,还必须考虑它的导电率、化学稳定性、力学性能(加工性和强度)、价格和毒性等因素。根据上述多种因素的综合考虑,在工业上使用的阳极材料主要是:碳、石墨、铅、氧化铅、氧化钌/钛、铂/钛、镍、铅-银、钢和磁性氧化铁(Fe_3O_4)等。阴极材料主要是:汞、铅、碳、石墨、钢以及汞-铜、汞-铅、铜、镉、镍、锌/铜等。

其他的电化学影响因素还有:单电极电流密度、电解槽的体积电流密度、电流效率、电量效率、单位质量产物的耗电和电解槽的设计等。

11.7.3 有机电化学合成的方法

近代有机电化学合成方法有电聚合法、成对电化学合成法、间接电化学合成法、固体聚合物电解质法、电化学不对称合成法等。

1. 电聚合法

电化学聚合是应用电化学方法在阴极或阳极上进行聚合反应,生成高分子聚合物的过程。例如,丙烯腈电解二聚合成己二腈:

电聚合反应机理包括链的引发、链的增长、链的终止三个阶段。链的引发是产生活性自由基的过程。单体 R 或引发剂 A 可以在电极上转移电子成为活性中心。

$$A + e \longrightarrow A^* \text{ 或 } R + e \longrightarrow R^*$$

链的增长是活性中心转移和聚合物链不断增长的过程,链的终止是聚合物末端的活性基团失去活性而终止聚合的过程。

不同结构和性能的功能高分子材料可通过改变电极材料、溶剂、支持电解质、pH 值、电聚合方式等获得;高聚物的聚合度和相对分子质量可通过改变电解条件来实现。

2. 成对电化学合成法

成对电化学合成法是一种对环境几乎无污染的有机合成方法,被称为绿色工业。它是指在阴、阳两极同时安排可以生成目标产物的电极反应,这种电极反应可以大大提高电流的效率

（理论上可达 200％），可以节省电能、降低成本，提高了电合成设备的生产效率。成对电化学合成的两个电极反应的电解条件必需近似相同。根据实际情况可以决定是否使用隔膜。如果反应过程为反应物 A 在阳极氧化为中间产物 I，I 再在阴极上还原为目标产物 B。

$$A \xrightarrow[-e]{\text{阴极}} I \xrightarrow[+e]{\text{阴极}} B$$

成对电化学合成与间接电化学合成结合起来合成间氨基苯甲酸，合成原理如下：

阳极的电解氧化：

$$2Cr^{3+} + 7H_2O - 6e \longrightarrow Cr_2O_7^{2-} + 14H^+$$

间硝基苯甲酸的槽外合成：

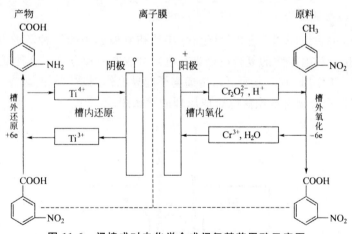

阴极的电解还原：

$$Ti^{4+} + e \longrightarrow Ti^{3+}$$

间氨基苯甲酸的槽外合成：

间氨基苯甲酸的具体合成过程如图 11-6 所示。

图 11-6　间接成对电化学合成间氨基苯甲酸示意图

3. 间接电化学合成法

直接有机电化学合成是依靠反应物在电极表面直接进行电子交换来生成新物质的一种方法。其缺点主要有：

①电极反应速率太慢。

②有机反应物在电解液中的溶解度太小。

③反应物或产物易吸附在电极表面上,形成焦油状或树脂状物质从而使电极污染,导致电化学合成的产率及电流效率较低等。

间接有机电化学合成是通过一种传递电子的媒质(易得失电子的物质)与反应物发生化学反应生成产物,发生价态变化的媒质再通过电解恢复原来的价态重新参与下一轮化学反应,如此循环便可以源源不断地得到目标产物。

例如,以钼为媒质,高价的 Mo^{n+} 将反应物 A 氧化为产物 B,自身被还原为低价的 $Mo^{(n-1)+}$。通过电氧化失去电子又变成原来的高价 Mo^{n+}。具体过程表示如下:

$$A \xrightarrow[-e]{阳极} I \xrightarrow[+e]{阴极} B$$

上述过程中有机反应物并不直接参加电极反应,而是媒质通过电极反应而再生,然后与反应物发生化学反应变成产物,所以这一方法称为间接有机电化学合成法。

间接电化学合成可采用两种操作方式:槽内式和槽外式。槽内式是在同一个装置中同时进行化学反应和电解反应。槽外式是将媒质先在电解槽中电解,然后转移到反应器中与反应物发生反应生成产物,反应结束后与含媒质的电解液分离,然后媒质返回到电解槽中重新电解再生。槽内式的优点是可以节省设备投资,操作简便,但使用时必须满足两个条件:

①电解反应与化学反应的速率相近,温度、压力等基本条件基本相同。

②反应物和产物不会污染电极表面。

在间接电化学合成中使用的媒质分为金属媒质、非金属媒质、有机物媒质、金属有机化合物媒质等,其中金属媒质最常用。使用时可只使用一种媒质,也可以混合使用两种或两种以上媒质进行间接电化学合成。

4. 固体聚合物电解质法

固体聚合物电解质法(SPE)是 20 世纪 80 年代初发展起来的一种新的电合成方法,它是利用金属与固体聚合物电解质的复合电极进行电解合成的一种方法。这种复合电极的固体聚合物膜一方面起隔膜作用,另一方面可以传递离子起导电作用。[①]

图 11-7 是固体聚合物电解质法电合成原理的示意图。

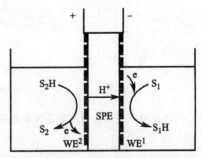

图 11-7　固体聚合物电解质法电合成原理示意图

固体聚合物膜在电解池聚合物中间,将有机物 S_1 和 S_2H 起隔膜作用,膜两侧的金属层分

---

①　薛永强,张蓉. 有机合成方法与技术[M]. 2 版.北京:化学工业出版社,2007.

别作为阴极和阳极。电解时阴、阳两极同时发生电合成反应。

5. 电化学不对称合成法

电化学不对称合成是指在手性诱导剂、物理作用（磁场、偏振光等）等诱导作用的存在下将潜手性的有机化合物通过电极反应生成有光学活性化合物的一种合成方法。手性诱导剂包括手性反应物、手性支持电解质、手性氧化还原媒质（在间接电化学合成中）、手性修饰电极等。与传统的不对称合成相比，电化学不对称合成具有反应条件温和、易于控制、手性试剂用量少、产物较纯、易于分离等优点。其缺点为产物光学纯度不高、手性电极寿命不长、重现性不佳等。

电化学不对称合成方法根据手性诱导剂的不同分为下列几种类型：

①电解手性物质合成新的手性产物。

②通过手性溶液合成手性物质。

③通过手性电极合成手性物质。

④通过磁场、偏振光等物理作用合成手性物质。

⑤在酶催化下电解合成手性物质。

11.7.4　有机电化学在有机合成中的应用

1. 氧化反应

在不同的电解条件下，双键氧化的产物不同，如乙烯的电氧化。

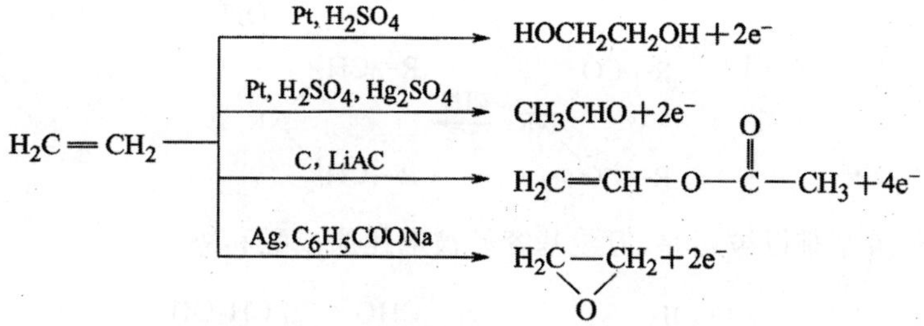

芳香族化合物可以被电氧化成醌、醛、酸等。

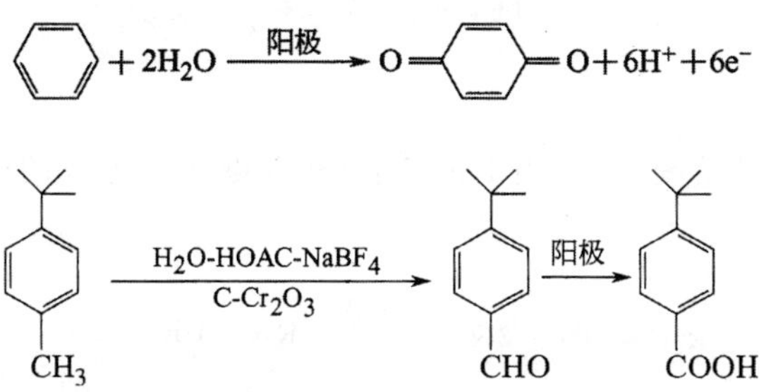

杂环化合物也可以发生电氧化，如糠醛可被氧化成丁二酸。

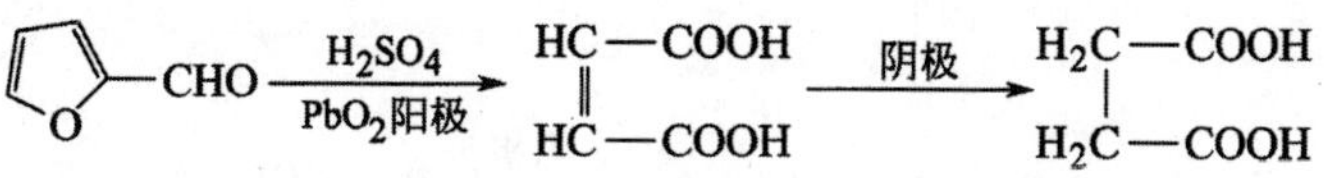

伯醇可被氧化成醛或酸，仲醇可被氧化成酮。

$$RCH_2OH \xrightarrow{阳极} RCHO \xrightarrow{阳极} RCOOH$$

$$\begin{matrix} R \\ | \\ CHOH \\ | \\ R' \end{matrix} \xrightarrow{阳极} \begin{matrix} R \\ | \\ C=O \\ | \\ R' \end{matrix}$$

羧酸盐被电氧化脱羧生成较长碳链的烃,这就是有名的柯尔贝(Kolbe)反应,是最早实现工业化的有机电化学合成反应。

$$2RCOO^- \xrightarrow[CH_3OH]{Pt\ 阳极} R-R + 2CO_2 + 2e$$

2. 还原反应

羟基可被电还原成氢,如羟甲基可被电还原成甲基。

$$\begin{matrix} CH_2OH \\ \bigcirc \end{matrix} \xrightarrow{阴极} \begin{matrix} CH_3 \\ \bigcirc \end{matrix}$$

羰基能被电还原,如醛基可被还原成醇,酮羰基可被还原成亚甲基。

$$CH_3CHO \xrightarrow[C\ 阴极]{CF_3Br/DMF\text{-}LiClO_4} H_3C-\overset{\overset{\displaystyle H}{|}}{\underset{\underset{\displaystyle OH}{|}}{C}}-CF_3$$

$$\begin{matrix} R-CO \\ NR' \\ R-CO \end{matrix} \xrightarrow{阴极} \begin{matrix} R-CH_2 \\ NR' \\ R-CH_2 \end{matrix}$$

一般情况下,羧基难以被还原,但羧基容易被电还原成醛和醇。

$$\begin{matrix} COOH \\ \bigcirc \end{matrix} \xrightarrow[Pb\text{-}阴极]{H_2O\text{-}H_2SO_4} \begin{matrix} CHO \\ \bigcirc \end{matrix} + \begin{matrix} CH_2OH \\ \bigcirc \end{matrix}$$

3. 电加成反应

阳极加成是两个亲核试剂分子(用 Nu 表示)和双键体系加成的同时失去两个电子的反应,反应式如下:

$$R_2C=CR_2 + 2Nu^- \xrightarrow{阳极} \underset{\underset{\displaystyle Nu\ Nu}{|\ \ |}}{R_2C-CR_2} + 2e^-$$

阴极加成是两个亲电试剂分子(用 E 表示)和双键体系加成的同时加两个电子的反应,反应式如下:

$$R_2C=CR_2 + 2E^+ + 2e^- \xrightarrow{阴极} \underset{\underset{\displaystyle E\ \ E}{|\ \ |}}{R_2C-CR_2}$$

例如,烯烃的氧化、还原加氢:

$$H_2C\!=\!CH_2 \xrightarrow[\text{C 阳极}]{H_2O\text{-}HCl\ (FeCl_3)} H_2\overset{Cl}{\underset{|}{C}}-\overset{Cl}{\underset{|}{C}}H_2$$

4. 电取代反应

阴极取代反应是亲电试剂对亲核基团的进攻,阳极反应则正好相反。阴、阳两极的取代反应可用下列通式表示:

阴极取代　　　　$R\!-\!Nu+E^++2e^- \longrightarrow R\!-\!E+Nu^-$

$(E\!=\!H,CO_2,CH_3Br;Nu\!=\!卤素、RSO、RSO_2、NR_3)$

阳极取代　　　　$R\!-\!E+Nu^- \longrightarrow R\!-\!Nu+E^++2e^-$

$(E\!=\!H、R_3C、OCH_3\ 或其他;R\!=\!Ar、ArCH_2、卤素、\overset{}{C}\!=\!C\!-\!CH_2等)$

例如,苯侧环的取代:

$$H_3C\!-\!\!\!\bigcirc\!\!\!-\!OAC \xrightarrow[\text{C 阳极}]{HOAC\text{-}CH_3OH} OHC\!-\!\!\!\bigcirc\!\!\!-\!OAC$$

$$\overset{}{C}\!=\!\overset{}{C} + R\!-\!\overset{O}{\underset{\|}{C}}\!-\!R' +2H^++2e^- \xrightarrow{\text{阴极}} HO\!-\!\overset{R}{\underset{R'}{C}}\!-\!\overset{}{C}\!-\!\overset{}{C}\!-\!H$$

5. 电消除反应

阳极和阴极的电化学消除反应分别为阳极和阴极电加成反应的逆反应。

① 阳极电消除反应(脱羧)。

$$\underset{HOOC\quad COOH}{\overset{}{C}\!-\!\overset{}{C}} \xrightarrow[\text{氧化}]{\text{阳极}} \overset{}{C}\!=\!\overset{}{C} +2CO_2$$

② 阴极电消除反应。

$$\underset{X\quad Y}{-\overset{}{C}\!-\!\overset{}{C}-} +2e^- \xrightarrow{\text{阴极}} -\overset{}{C}\!=\!\overset{}{C}- +X^-+Y^-$$

$(X、Y\!=\!F、Cl、Br、I、RCOO、RSO_3、RS\ 等)$

通过对全卤代(或部分卤代)芳香族化合物或杂环化合物的电还原消除反应,可区域选择地除去一个卤原子,得到特殊取代方式的芳香族卤代衍生物。此反应具有很高的选择性,例如:

$$\xrightarrow[\text{Hg阴极}]{EtOH\text{-}NH_4Cl\text{-}Me_4NCl}$$

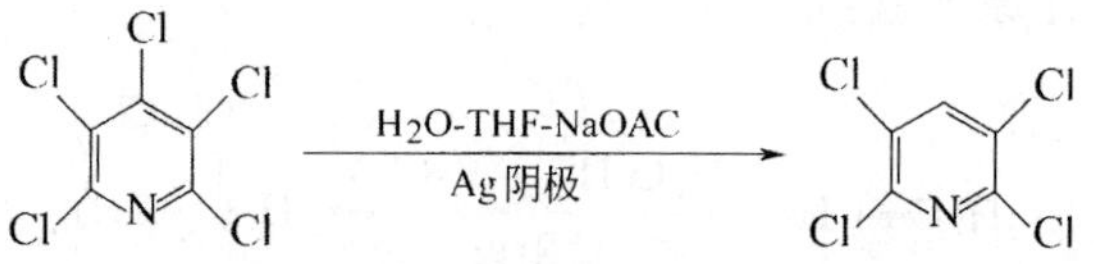

6. 电裂解反应

阴极还原裂解反应：

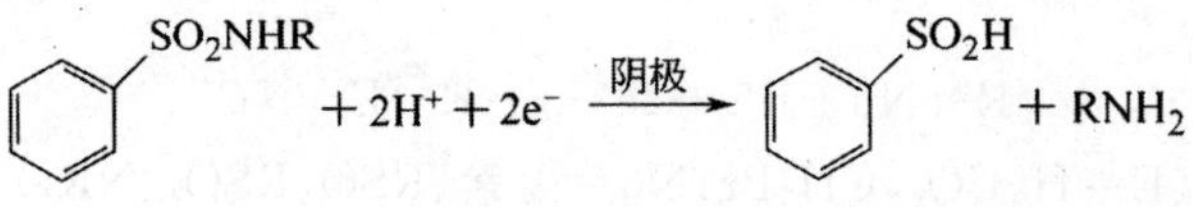

阳极氧化裂解反应：

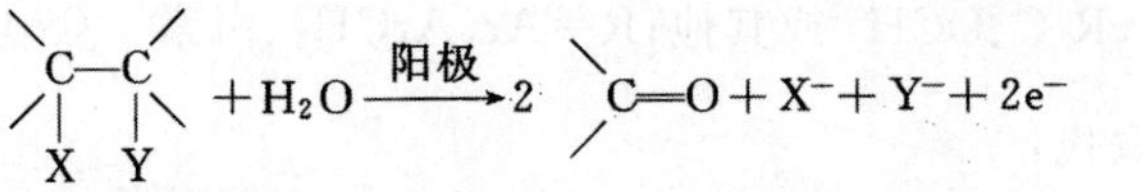

$$(X、Y＝NR_2、OR、C_6H_6S)$$

7. 电环化反应

阳极电环化反应：

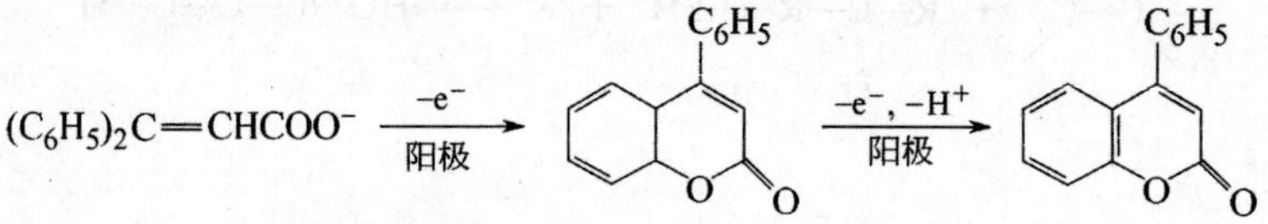

阴极电环化反应：

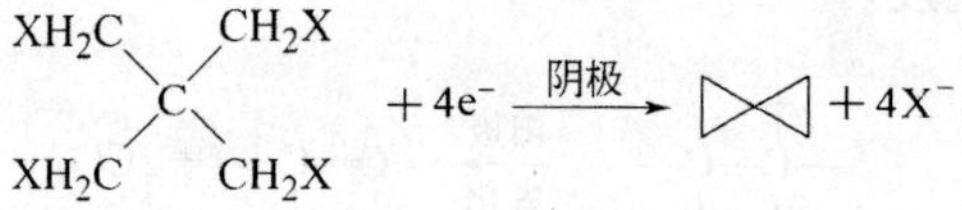

8. C-C 偶合反应

阳极 C-C 偶合反应可用下列通式来表示：

$$2R—E \xrightarrow{阳极} R—R+2E^+ +2e^-$$

或

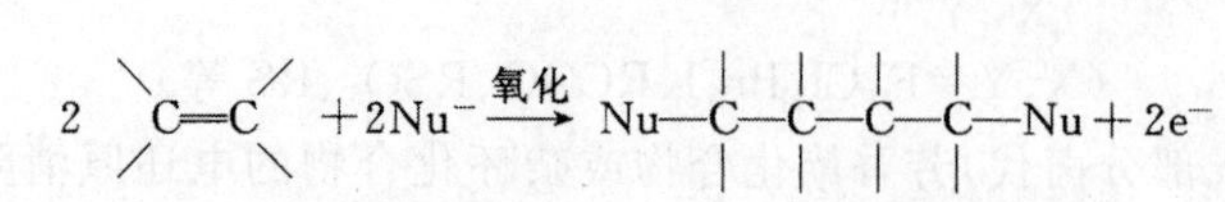

具体反应如下：

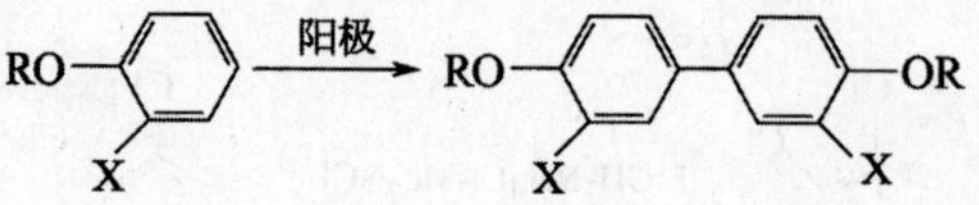

阴极 C-C 偶合反应可用下列通式来表示：

$$2R—Nu+2e^- \xrightarrow{\text{阴极}} R—R+2Nu^-$$

或

$$2\,C{=}C + 2E^+ + 2e^- \xrightarrow{\text{阴极}} E{-}|\,|\,|\,|{-}E$$

如有机卤代物的还原脱卤反应：

$$2\,Br{\diagup}OH \xrightarrow[\text{Cu 阴极}]{\text{H}_2\text{O-NH}_4\text{OH-NH}_4\text{Cl}} HO—(CH_2)_4—OH$$

11.8　生物催化有机合成

11.8.1　生物催化概述

生物催化(Biocatalysis)是指利用酶或有机体(细胞、细胞器等)作为催化剂进行化学转化的过程,也称为生物转化(Blotransformation)。不对称合成(Asymmetric Synthesis)是指无手性或潜手性的底物,在手性条件下,通过手性诱导产生手性产物的过程。所以,生物催化的不对称合成就是指利用酶或有机体催化无手性或潜手性的底物生成手性产物的过程。

人类利用细胞内酶作为生物催化剂实现生物转化已有几千年的历史。我国从有记载的资料得知,4000 多年前的夏禹时代酿酒已盛行。酒是酵母发酵的产物,是细胞内酶作用的结果。2500 多年前的春秋战国时期,我国劳动人民就已能制酱和制醋,在酿酒工艺中,利用霉菌淀粉酶(曲)对谷物淀粉进行糖化,然后利用酵母菌进行酒精发酵曲种有根霉、米曲霉、酵母菌、红曲霉或毛霉等微生物。真正对酶的认识和研究还应归功于近代科学技术的发展。酶(Enzymes)这一术语在 1878 年由库内(Kuhner)创造用以表述催化活性。1894 年,费歇尔(Fischer)提出了"锁-钥学说"用来解释酶作用的立体专一性。1896 年,德国学者布赫奈纳(Buchner)兄弟发现用石英砂磨碎的酵母的细胞或无细胞滤液和酵母细胞一样将 1 分子葡萄糖转化成 2 分子乙醇和 2 分子 CO_2,他把这种能发酵的蛋白质成分称为酒化酶,表明了酶能以溶解状态、有活性状态从破碎细胞中分离出来而非细胞本身,从而说明了上述化学变化是由溶解于细胞液中的酶引起的。这些工作为近代酶学研究奠定了基础。

物体的手性认识,开始于巴斯德,1848 年他借助放大镜、用镊子从外消旋酒石酸钠铵盐晶体混合物中分离出(＋)-和(－)-酒石酸钠铵盐两种晶体,随后的分析测试表明它们的旋光性相反。1858 年他又研究发现外消旋酒石酸铵在微生物酵母或灰绿青霉生物转化下,天然右旋光性(＋)-酒石酸铵盐会逐渐被分解代谢,而非天然的(－)-酒石酸铵盐被积累而纯化,该过程被称为不对称分解作用。1906 年,瓦尔堡(Warburg)采用肝脏提取物水解消旋体亮氨酸丙酯制备 L-亮氨酸。1908 年,罗森贝格(Rosenberg)用杏仁(D-醇氰酶)作催化剂合成具有光学活性的氰醇。这些创造性研究工作促进了生物催化不对称合成的研究与发展。1916 年,纳尔逊(Nelson)、格里芬(Griffin)发现转化酶(蔗糖酶)结合于骨炭粉末上仍有酶活性。1926 年,姆纳(Sumner)从刀豆中分离纯化得到脲酶晶体。1936年,姆(Sym)发现姨脂肪酶在有机溶剂苯存在下能改进酶催化的酯合成。1952年,得逊(Peterson)发现黑根霉能使孕酮转化为 11α-羟基孕酮,使原来需要 9 步反应才能在 11 位引入 α-羟基的反应用微生物转化一步即可完成,产物得率高、光学纯度好,从此解决了甾体类药物合成中的最大难题。我国从 1958 年开始,由微生物学家方心芳教授和有机化学家黄鸣龙教授合作开展这一领域的研究,并取得成功。1960年,诺华(NOVO)公司通过对地衣形芽孢杆菌(Bacillus Licheniformis)深层培养发酵大规模制备了蛋白酶,从此开始了酶的商业化生产。经过近半世纪的研究,生物催化已成为有机合成中的一种方法。生物催化的不对称合成已成功地用于光学活性氨基酸、有机酸、多肽、甾体转化、抗生素修饰和手性原料(源)等制备,这是有机合成化学领域的一项重要进展。

生物催化之所以在有机合成特别是在不对称合成中得到快速的发展,其原因与生物催化的特点有关。酶作为催化剂,其特点如下:

(1)酶催化的专一性

酶催化具有高度专一性,包括底物专一性和产物专一性。酶活性中心的特殊结构使酶只能对特定的底物起特定作用,能有效地催化一般化学反应内较难进行的反应。底物专一性包括立体专一性和非立体专一性。立体专一性包括对映体专一性、顺反专一性、异头专一性等。非立体专一性则是从底物分子内部的键以及组成该键的基团来分类的专一性。产物专一性则指生产产物的立体结构的专一性。

(2)反应条件温和

酶催化反应一般在温和条件下进行,反应的 pH 值为 5~8,一般在 7 左右,反应温度在 20℃~40℃,一般为 30℃左右,投资小,能耗少,且操作安全性高。在这样的反应条件下,还可以减少不必要的副反应。

(3)催化效率高

酶催化的反应速率比非酶催化的反应速率一般要快 10^6~10^{12} 倍,酶催化的反应中酶的用量为 10^{-6}~10^{-5}(物质的量比),具有极高的催化效率。与其他催化剂一样,酶催化仅能加快反应速率,但不影响热力学平衡,酶催化的反应往往是可逆的。

(4)手性化合物的合成

酶是高度手性的催化剂,其所催化的反应具有高度的立体选择性。在手性技术中,无论是手性合成还是手性拆分都涉及生物催化法。因此,生物催化的手性合成具有巨大的发展潜力。生物催化剂不像无机金属催化剂,它使用后可被降解,是环境友好的催化剂;生物催化反应具有高度的立体选择性,能使潜手性化合物只生成 2 个对映体中的一种,避免了另一种无用对映体的生成,从而减少了废物的排放,这是绿色化学研究的重要组成内容。

(5)环境友好

酶本身来自天然,本身是可以生物降解的蛋白质,是理想的绿色催化剂,对产物和环境影响极小。

11.8.2　生物催化剂——酶

生物催化剂有各种不同的类型,包括离体酶、固定化酶、微生物细胞、固定化形式使用的微生物细胞、植物及动物细胞等。酶是由生物细胞产生的具有催化化学反应的一类生物催化剂。

在生物体内存在两类生物催化剂，一类是以蛋白质为主要成分称为酶(Enzyme)，另一类则以核糖核酸为主称为核酶(Ribozymes)。迄今人们已经发现和鉴定的酶约有 8000 多种，其中有 200 多种得到了结晶。但用于催化有机合成的酶为数还不多，有待于进一步开发利用。

1. 酶的分类和命名

国际酶学委员会(International Enzyme Commission)曾经制定了一套完整的酶的分类系统。主要根据酶催化反应的类型，将酶分为 6 大类。

① 氧化还原酶(Oxidordeuctase)：催化分子发生氧化还原反应。

② 转移酶(Transferase)：催化分子间基团的转移。

③ 水解酶(Hydrolase)：催化水解反应。

④ 裂解酶(Lyase)：催化分子裂解成两个部分，其中之一含有双键，这与水解酶不同。这类酶催化的反应具有可逆性，裂解的键可以是 C—C、C—O、C—N、C—S、C—X、P—O 等键。

⑤ 异构化酶(Isomerase)：催化分子进行异构化反应。

⑥ 合成酶(Ligase)：催化两分子连接成一个分子。

酶的命名是根据酶学委员会的建议，每一种酶都给以两个名称：一个是系统名，一个是惯用名。系统名要求能确切地表明底物的化学本质及酶的催化性质，所以它包括两部分，底物名称及反应类型。如果酶反应中有两种底物起反应，则这两种底物均需表明，当中用"："分开，例如，草酸氧化酶其系统名称为草酸：氧氧化酶。

系统名一般都很长，使用起来很不方便，因此一般叙述时可采用惯用名。惯用名要求比较简短，使用方便，虽然也反映底物名称及作用方式，但不需要非常精确。通常依据酶所作用的底物及其反应类型来命名。如催化乳酸脱氢变为丙酮酸的酶称为乳酸脱氢酶。对于催化水解作用的酶，一般在酶的名字上省去反应类型，如水解蛋白的酶称为蛋白酶，水解淀粉的酶称为淀粉酶。此外，还有酯酶、脲酶、酰胺酶等。有时为区别同一类酶，还可以在酶的名称前面标上来源。如胃蛋白酶、胰蛋白酶、木瓜蛋白酶等。

2. 酶催化反应机制

酶的催化作用一般是通过其活性中心，通常是其氨基酸侧链基团先与底物形成一个中间复合物，随后再分解成产物，并释放出酶。酶的活性部位(Active Site)是它结合底物和将底物转化为产物的区域，通常是整个酶分子相当小的一部分，它是由在线性多肽链中可能相隔很远的氨基酸残基形成的三维实体。活性部位通常在酶的表面空隙或裂缝处，形成促进底物结合的优越的非极性环境。在活性部位，底物被多重的、弱的作用力结合(静电相互作用、氢键、范德华力、疏水相互作用、π-π 弱相互作用)，在某些情况下被可逆的共价键结合。酶结合底物分子，形成酶底物复合物(Enzyme-Substrate Complex)。酶活性部位的活性残基与底物分子结合。首先将它转变为过渡态，然后生成产物，释放到溶液中。这时游离的酶与另一分子底物结合，开始它的又一次循环。

解释酶如何结合底物，目前流行的方法是诱导锲合学说。诱导锲合学说是由 Koshland 于 1958 年提出的，其要点可叙述为：酶分子活性部位的结构原来并非和底物的结构互相吻合，但酶的活性部位不是僵硬不变的结构，它具有一定的柔性。当底物与酶相遇时，可诱导酶蛋白的构象发生相应的变化，使活性部位上有关的各个基团达到正确的排列和定向，因而使酶和底物契合而结合成中间产物,并引起底物发生反应。

　　各种酶起催化作用的机制不尽相同,即使是催化相同的反应,不同的酶也可能有不同的催化机制。胰凝乳蛋白酶是研究得较早的一个酶,经过多年的研究其催化机制已被阐明。该酶活性中心的必需基团由 B 链上的 His57、Asp102 和 C 链上的 Ser195 组成,三者有特定的空间位置,彼此以氢键联系,从而形成电荷中继系统:

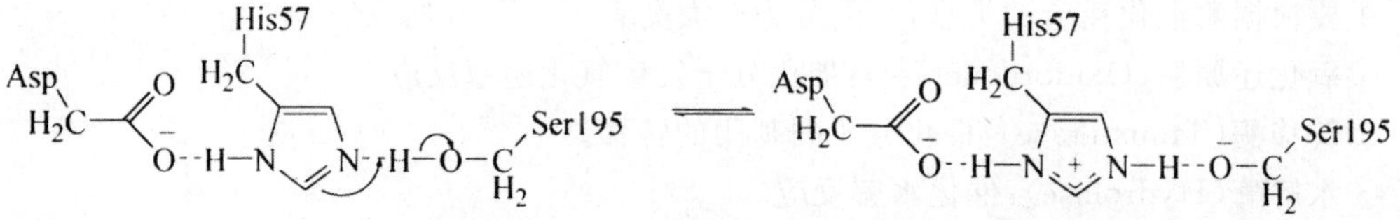

　　在电荷中继系统中,His57 是重要的催化基团,能从 Ser195 的羟基获取质子而使其咪唑基带上正电荷,使 Sr195 羟基成为亲核性强的羟基负离子,从而有利于与底物敏感肽键的羰基碳发生亲核进攻,而 Asp102 一般以离子化形式(COO⁻)存在,其侧链羧基的负电荷则对 His57 带正电荷的咪唑基起稳定作用。这些是酶催化作用的必要条件。在反应过程中,组氨酸咪唑基起着广义酸碱催化作用。先促进丝氨酸的羟基亲核攻击底物的羰基碳原子,形成共价酰基-酶中间体复合物,再促进酰基-酶中间物上的酰基转移到水或其他的酰基受体上。通过这种电荷中继系统,进行酸碱催化和共价催化,从而提高催化反应速度。胰凝乳蛋白酶催化多肽底物水解存在酰基化和脱酰基化两个阶段,具体步骤表示为:

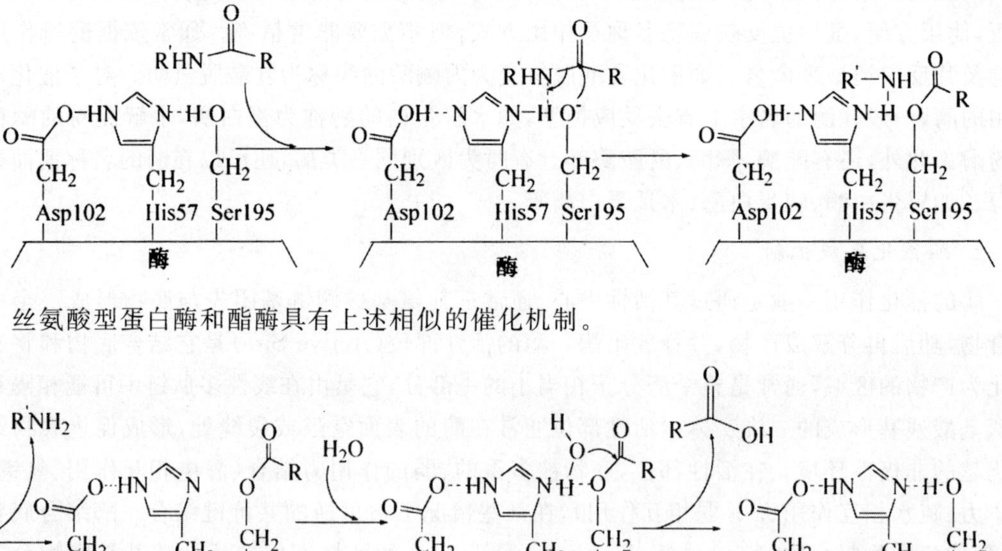

　　丝氨酸型蛋白酶和酯酶具有上述相似的催化机制。

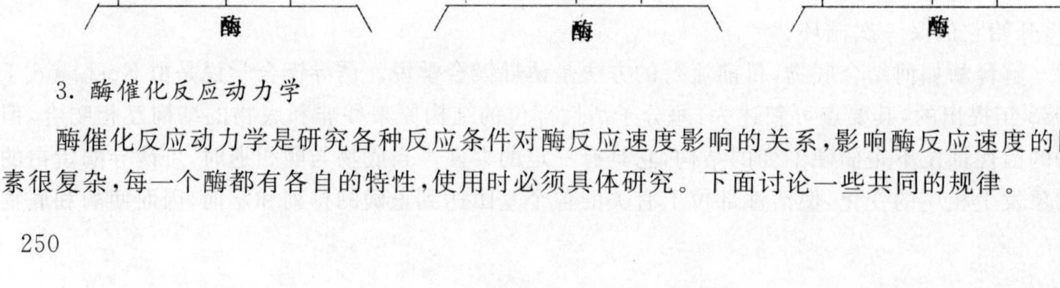

3. 酶催化反应动力学

　　酶催化反应动力学是研究各种反应条件对酶反应速度影响的关系,影响酶反应速度的因素很复杂,每一个酶都有各自的特性,使用时必须具体研究。下面讨论一些共同的规律。

(1)底物浓度对酶催化反应速度的影响

①酶反应的底物数。底物是酶催化反应动力学首先要讨论的重要因素,酶作用的底物有单、双、三底物之分。对有水参与的双底物酶,因水的浓度可视为饱和而恒定,在动力学上不作为一个有意义的底物,这些有水参加的反应服从单底物的酶催化反应动力学,称为假单底物反应。对双、三底物的酶来说,如果一(或二)个底物的浓度很大,其中只有一个底物是限速因子,则其反应也符合单底物动力学。所以单底物动力学是最基本、也是最重要的动力学。

②Michaelis-Menten 方程。酶作为生物催化剂,与其他催化剂一样,其催化反应的速度直接取决于酶的浓度。在过量底物存在时,反应速度随酶浓度的增加而增加,如图 11-8 所示。

当酶浓度一定而增加底物浓度时,可以看出底物浓度增加,反应速度上升极快。然而,当底物浓度不断增加时,反应速度的增加逐渐变慢,底物浓度增加到相当大时,反应速度达到最大,而不再进一步改变,如图 11-9 所示。

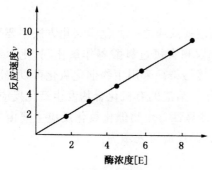

图 11-8　酶浓度对反应速度的影响

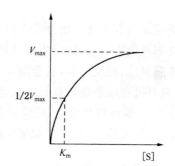

图 11-9　底物浓度对反应速度的影响

早在 20 世纪初,Michaelis 和 Menten 就对这种实验现象进行了研究,并提出了酶的中间产物理论学说,酶先和底物结合形成中间体 ES 后,酶催化底物转化为产物,其过程表示为:

$$E+S \underset{k_2}{\overset{k_1}{\rightleftharpoons}} ES \xrightarrow{k_3} P+E$$

式中,E 代表酶;S 代表底物;ES 代表酶和底物两者形成的中间体复合物;P 代表产物;k_1,k_2,k_3 表示各反应的速度常数。据此提出了著名的 Michaelis-Menten 方程式:

$$v=\frac{V_{max}[S]}{K_m+[S]}$$

式中,v 是在一定底物浓度[S]时测得的反应初速度;V_{max}在底物浓度饱和时的最大值;K_m 称为米氏常数,mol/L,$K_m=\dfrac{k_2+k_3}{k_1}$。

当底物浓度[S]较低时,[S]相对于 K_m 很小,[S]忽略不计,则 $v=\dfrac{V_{max}}{K_m}[S]$,初速度 v 与[S]成正比,属一级反应。[S]$\gg K_m$ 时,K_m 可忽略不计,则 $v=V_{max}$,构成零级反应。如果[S]与 K_m 值差别不大,则构成一级与零级反应之间的混合级反应。当 $v=\dfrac{1}{2}V_{max}$时,$K_m=[S]$,即 K_m 等于最大反应速度一半时的底物浓度反应速度。

(2)抑制剂对酶催化反应速度的影响

凡使酶的必需基团或酶活性部位中基团的化学性质改变而降低酶活力甚至使酶完全丧失

活性的物质,称为抑制剂。按作用分为不可逆抑制和可逆抑制。

(3)其他因素对酶催化反应速度的影响

温度升高可加快反应速度,但温度过高时,酶就可能变性失活(耐高温酶除外)。一定的条件下,反应速度达到最大时的温度称为酶的最适温度。就整个生物界而言,动物组织的各种酶的最适温度一般在 35℃~40℃,植物和微生物各种酶的最适温度范围较大,大约在 32℃~60℃之间。少数酶的最适温度在 60℃以上。pH 值的改变会引起酶活性的变化,所以酶催化反应具有最适 pH 值。各种酶在一定的条件下都有一定的最适 pH 值。一般来说,大多数酶最适 pH 值在 5~8 之间,植物和微生物酶的最适 pH 值多在 4.5~6.5 左右,动物体内的酶最适 pH 值在 6.5~8.0 左右。

11.8.3 生物催化在有机合成中的应用

1. 氧化反应

氧化反应是向有机化合物分子中引入功能基团的重要反应之一。化学氧化方法主要采用金属化合物如六价铬、七价锰衍生物以及乙酸铅、乙酸汞和有机过氧酸等作氧化剂,化学氧化法缺少立体选择性、副反应多,且金属氧化剂会造成环境污染。采用生物催化氧化可以解决这些问题,这对有机合成来说用处很大。生物催化剂可使不活泼的有机化合物发生氧化反应,如催化烷烃中的碳-氢键羟化反应,反应具有区域和对映选择性。生物催化氧化反应主要由三大类酶所催化,单加氧酶、双加氧酶和氧化酶,它们所催化的反应可表示为:

$$Sub + NAD(P)H + O_2 \xrightarrow[\text{辅酶循环}]{\text{单加氧酶}} SubO + NAD(P)^+ + H_2O$$

$$Sub + O_2 \xrightarrow{\text{双加氧酶}} SubO_2$$

$$O_2 + 2e^- \xrightarrow{\text{氧化酶}} O_2^{2-} \xrightarrow{+2H^+} H_2O_2$$

$$O_2 + 4e^- \xrightarrow{\text{氧化酶}} 2O_2^{2-} \xrightarrow{+4H^+} 2H_2O_2$$

单加氧酶和双加氧酶能直接在底物分子中加氧,而氧化酶则是催化底物脱氢,脱下的氢再与氧结合生成水或过氧化氢。脱氢酶与氧化酶相似,也是催化底物脱氢,但它催化脱下的氢是与氧化态 NAD(P)$^+$ 结合,而不是与氧结合,这是两者的主要区别。氧化反应表面上看是加氧或脱氢,其本质是电子的得失。单加氧酶、双加氧酶和氧化酶是催化底物氧化失去电子,并将电子交给氧,即氧是电子的受体;脱氢酶催化底物氧化失去电子,它将电子交给 NAD(P)$^+$,然后还原型 NAD(P)H 再通过呼吸链或 NAD(P)H 氧化酶将电子最终交给氧并生成水。

2. 还原反应

生物催化的还原反应在不对称合成中有着重要的应用。脱氢酶被广泛用于醛或酮羰基以及烯烃碳-碳双键的还原,这种生物催化反应可使潜手性底物转化为手性产物:

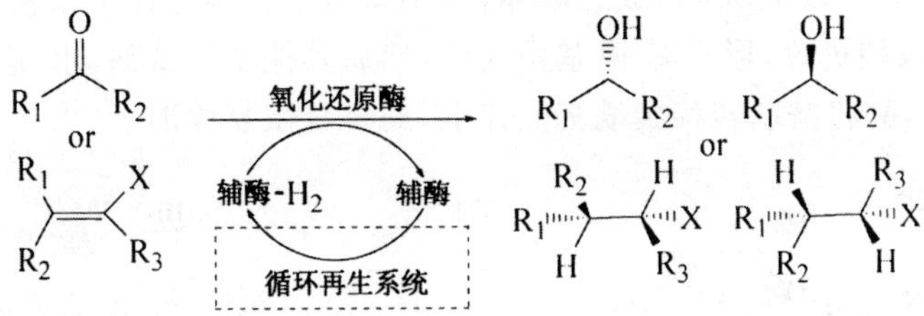

反应中氧化还原酶需要辅酶作为反应过程中氢或电子的传递体。常用辅酶有烟酰胺腺嘌呤二核苷酸 NADH 和烟酰胺腺嘌呤二核苷酸磷酸 NADPH，它们是氧化还原酶的主要辅酶；少数氧化还原酶以黄素单核苷酸 FMN 和黄素腺嘌呤二核苷酸 FAD 作辅酶。以 NADH 为例，辅酶在还原羰基时的作用机制可表示为：

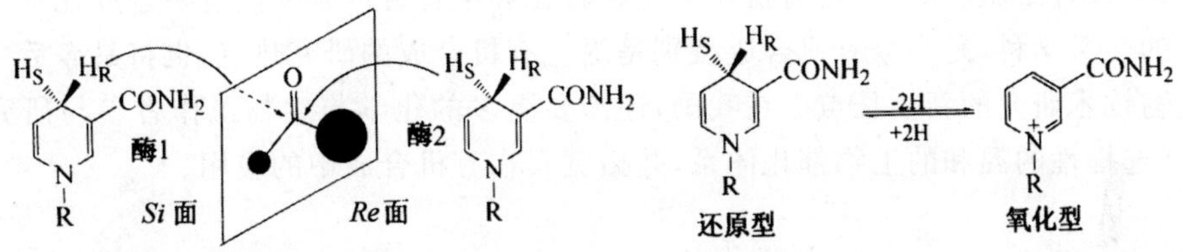

反应由还原型辅酶 NADH 提供的氢，在氧化还原酶的作用下从 *Re* 或 *Si* 面进攻羰基生成相应的单一对映体醇。同时辅酶被转化成氧化型 NAD$^+$。为了使反应一直进行下去，需要不断地补充还原型辅酶 NAD(P)H。但该类辅酶一般不稳定，价格昂贵，而且不能用一般的合成物所代替，不可能在反应过程中加入化学计量需要的辅酶，所以反应中产生的氧化态辅酶需要再生为还原态，这样能使辅酶保持在催化剂量水平，从而降低成本。

3. 水解反应

水解酶是最常用的生物催化剂，占生物催化反应用酶的 65%。它们能水解酯、酰胺、蛋白质、核酸、多糖、环氧化物和腈等化合物。生物催化的水解反应类有：

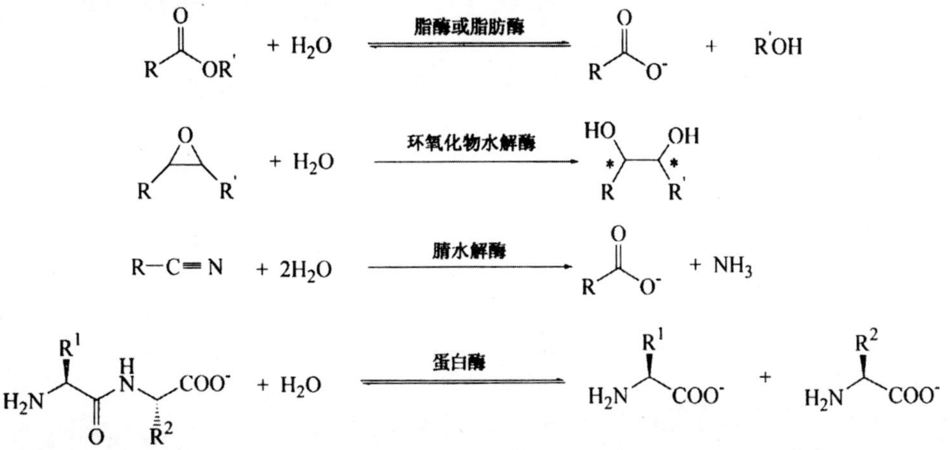

其中，酯酶、脂肪酶和蛋白酶是生物催化手性合成中最常用的水解酶。

酶催化底物水解反应的机理与底物在碱性条件下的化学水解反应机理很相似。丝氨酸型水解酶活性中心的 Asp、His、Ser 组成三联体,其中丝氨酸的羟基作为亲核基团向底物酯或酰胺中的羰基碳进行亲核进攻,形成酶-酰基中间体,然后其他亲核试剂(水、胺、醇、过氧化氢等)进攻酶-酰基中间体,酶将酰基转移到酰基受体上,酶自身恢复原形。

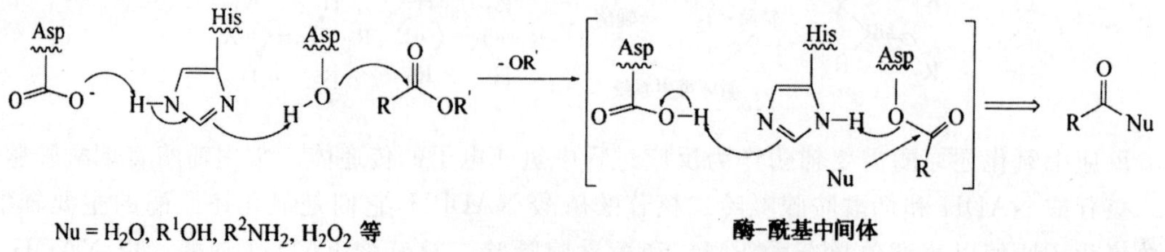

$Nu = H_2O, R^1OH, R^2NH_2, H_2O_2$ 等 　　　　　　　酶-酰基中间体

生物催化这一新的合成方法在有机合成中得到了广泛应用,但仍处于发展阶段。利用生物催化剂(如各种细胞和酶)实现有机物的生物转化和生物合成是一门有机合成化学与生物学密切相关的交叉学科,是当今有机合成特别是绿色有机合成的研究热点,也将是今后生物有机化学和生物技术研究的新生长点。在我国,还需要更多的化学与生物工作者参与研究和开发更高效、高选择性的温和的生物催化体系,并拓宽其在有机合成中的应用。

参考文献

[1]石承辉.有机合成技术[M].北京:化学工业出版社,2014.

[2]孔祥文.基础有机合成反应[M].北京:化学工业出版社,2014.

[3]纪顺俊,史达清等.现代有机合成新技术[M].2 版.北京:化学工业出版社,2014.

[4]梁静,刘凤华.有机合成路线设计[M].北京:化学工业出版社,2014.

[5]朱彬.有机合成[M].成都:西南交通大学出版社,2014.

[6]王玉炉.有机合成化学[M].3 版.北京:科学出版社,2014.

[7]张大国.精细有机单元反应合成技术手册[M].北京:化学工业出版社,2014.

[8]王利民,邹刚.精细有机合成[M].上海:华东理工大学出版社,2012.

[9]赵德明.有机合成工艺[M].杭州:浙江大学出版社,2012.

[10]吕亮.精细有机合成单元反应[M].北京:化学工业出版社,2012.

[11]孙昌俊,王秀菊,孙风云.有机化合物合成手册[M].北京:化学工业出版社,2011.

[12]唐培堃,冯亚青,王世荣.精细有机合成工艺学[M].北京:化学工业出版社,2011.

[13]魏荣宝.高等有机合成[M].北京:北京大学出版社,2011.

[14]张青山.有机合成反应基础[M].2 版.北京:高等教育出版社,2011.

[15]杨光富.有机合成[M].上海:华东理工大学出版社,2010.

[16]叶非,黄长干,徐翠莲.有机合成化学[M].北京:化学工业出版社,2010.

[17]陈治明.有机合成原理及路线设计[M].北京:化学工业出版社,2010.

[18]郭保国,赵文献.有机合成重要单元反应[M].郑州:黄河水利出版社,2009.

[19]陆国元.有机反应与有机合成[M].北京:科学出版社,2009.

[20]薛叙明.精细有机合成技术[M].2 版.北京:化学工业出版社,2009.

[21]郝素娥,强亮生.精细有机合成单元反应与合成设计[M].哈尔滨:哈尔滨工业大学出版社,2008.

[22]马军营,任运来等.有机合成化学与路线设计策略[M].北京:科学出版社,2008.

[23]巨勇,席婵娟,赵国辉.有机合成化学与路线设计[M].2 版.北京:清华大学出版社,2007.

[24]郭生金.有机合成新方法及其应用[M].北京:中国石油出版社,2007.

[25]高桂枝,陈敏东.有机合成化学[M].北京:科学出版社,2007.

[26]谢如刚.现代有机合成化学[M].上海:华东理工大学出版社,2007.

[27]薛永强,张蓉.有机合成方法与技术[M].2 版.北京:化学工业出版社,2007.